职业本科教育**机电类**专业教材

工厂供配电技术

GONGCHANG
GONGPEIDIAN JISHU

李　泉　主编
李俊秀　主审

化学工业出版社
·北京·

介

书以工厂10kV供配电系统为背景，按照工学结合的教学组织原则，系统地介绍了工电的知识、技术和相关技能。全书分13章和1个附录，包括电力系统与工厂供配电电力负荷及其计算、工厂供配电的一次设备、变配电所电气主接线、短路电流及其计电气设备的选择与校验、供配电系统的保护装置、二次回路与自动装置、电气接地与电全、工厂电气照明、供电的技术管理、电气运行与检修试验和供配电系统新技术等内每个章节相对独立，又互为体系，内容覆盖面宽，选择性强，可满足不同层次、不同专教学的需求。

本书内容丰富、实用性强，紧密结合理论与实践，突出技术应用、技能培养。它适用于业本科院校和高职高专院校中的电气工程及自动化、电力工程及自动化、电气自动化技术、发电厂及电力系统、机电设备维修与管理、电气技术等相关专业的学生作为教材使用。此外，对于参与工厂供配电系统设计、运行和管理工作的工程技术人员，该教材同样适用，既可以作为日常工作的参考资料，也可以作为专业培训的教材使用。

图书在版编目（CIP）数据

工厂供配电技术 / 李泉主编 .—北京：化学工业出版社，2024. 5

职业本科教育机电类专业教材

ISBN 978-7-122-45353-2

Ⅰ. ①工… Ⅱ. ①李… Ⅲ. ①工厂-供电系统-教材②工厂-配电系统-教材 Ⅳ. ①TM727. 3

中国国家版本馆 CIP 数据核字（2024）第 067731 号

责任编辑：廉　静　　　　文字编辑：陈　喆

责任校对：宋　夏　　　　装帧设计：王晓宇

出版发行：化学工业出版社

（北京市东城区青年湖南街 13 号　邮政编码 100011）

印　　装：三河市双峰印刷装订有限公司

787mm×1092mm　1/16　印张 16¾　字数 416 千字

2024 年 6 月北京第 1 版第 1 次印刷

购书咨询：010-64518888　　　　售后服务：010-64518899

网　　址：http://www.cip.com.cn

凡购买本书，如有缺损质量问题，本社销售中心负责调换。

定　　价：58.00 元

前 言

电力，是现代工业生产的主要能源和动力，是人民生活重要的基础资源。随着我国工业现代化的飞速发展和人们生活水平的日益提高，对电力的需求与日俱增，这不仅使企业供配电系统和民用电网快速发展，也要求有更多的电气技术人员从事供配电系统和设备的运行、维护、检修与管理工作。如何对电力进行合理的分配、有效的控制，使之安全、可靠的运行，同时又能节约电能，是企业用电必须要解决的问题。

工厂供配电技术是研究电力供应、分配和控制技术的一门专业课程。本课程的任务是培养学生掌握中小型工业企业 10kV 及以下供配电系统设计、安装、维护、检修和试验所必需的技术和技能，具有安全用电、计划用电、节约用电的基本知识和系统运行管理的初步能力。

为了适应新形势下高职教育对技术技能型人才培养的要求，本书以技术应用、技能培养为主线，按照工学结合的教学组织原则，系统地介绍了工厂供配电的知识、技术和相关技能。全书分 13 章和 1 个附录，包括电力系统与工厂供配电系统、电力负荷及其计算、工厂供配电的一次设备、变配电所电气主接线、短路电流及其计算、电气设备的选择与校验、供配电系统的保护装置、二次回路与自动装置、电气接地与电气安全、工厂电气照明、供电的技术管理和电气运行与检修试验、供配电系统新技术等内容。教材的特点是：

· 目标明确　以培养高技能应用型电气技术人才为教学目标，理论以“够用”为度，技能培养贯穿始终。

· 工学结合　教学内容以工厂 10kV 供配电系统为背景，理论联系实际，突出了工厂供配电系统运行、维护、试验、检修等实际操作技能的培养。

· 适用性强　每个章节相对独立，又互为体系，内容覆盖面宽，选择性强，可满足不同层次、不同专业教学的需求。

· 技术先进　体现了新技术、新设备、新标准的渗透及应用。

全书第 1 章至第 6 章由李泉编写，第 7 章 7.1 至 7.2 由曾益保编写，第 7 章 7.3 由杨昱鑫编写，第 7 章 7.4 至 7.5 由魏孔贞编写，第 8 章 8.1 至 8.2 由郭斌编写，第 8 章 8.3 至 8.7 由刘晓丽编写，第 9 章至第 12 章、附录由马丽红编写，第 13 章 13.1 由张晓伟编写，第 13 章 13.2 至 13.4 由中意电气王建民编写。李泉担任主编，负责全书的统稿工作。本书由李俊秀教授担任主审。

本书在编写过程中，得到了中国化工教育协会、化学工业出版社及许多院校、企业和个人的大力支持和帮助，在此表示诚挚的谢意！

由于编者水平有限，书中不足之处及错漏在所难免，恳请广大读者批评指正。

编者

2024 年 2 月

目　录

第1章　电力系统与工厂供配电系统 …… 1
1.1　电力系统 …… 1
1.1.1　发电厂 …… 1
1.1.2　变电所 …… 2
1.1.3　电力线路 …… 2
1.1.4　电能用户 …… 3
1.1.5　电力网 …… 3
1.1.6　电力系统 …… 3
1.1.7　动力系统 …… 4
1.2　电力系统中性点的运行方式 …… 4
1.2.1　中性点不接地系统 …… 4
1.2.2　中性点经消弧线圈接地系统 …… 6
1.2.3　中性点直接接地系统 …… 6
1.3　电力网的额定电压 …… 7
1.3.1　电力网的电压等级 …… 7
1.3.2　电压等级的选择 …… 8
1.4　工厂供配电系统 …… 9
1.4.1　对工厂供电的基本要求 …… 9
1.4.2　工厂供配电系统简介 …… 9
思考题与习题 …… 10
第2章　电力负荷及其计算 …… 11
2.1　电力负荷的概念 …… 11
2.1.1　电力负荷 …… 11
2.1.2　负荷分级及对供电的要求 …… 11
2.2　用电设备工作制 …… 12
2.3　负荷曲线 …… 12
2.3.1　负荷曲线的类型及绘制 …… 12
2.3.2　与负荷曲线有关的物理量 …… 13
2.4　电力负荷的计算 …… 14
2.4.1　计算负荷的概念 …… 14
2.4.2　用需要系数法确定计算负荷 …… 14
2.4.3　用二项式法确定计算负荷 …… 17
2.4.4　单相用电设备计算负荷的确定 …… 19
2.4.5　供配电系统功率损耗的计算 …… 20
2.4.6　尖峰电流的计算 …… 21
2.5　工厂计算负荷的确定 …… 22
2.5.1　按逐级计算法确定工厂计算负荷 …… 22
2.5.2　按需要系数法确定工厂计算负荷 …… 23
2.5.3　按估算法确定全厂计算负荷 …… 23
思考题与习题 …… 24
第3章　工厂供配电的一次设备 …… 25
3.1　概述 …… 25
3.2　电力变压器 …… 25
3.2.1　电力变压器概述 …… 25
3.2.2　电力变压器的容量及过负荷能力 …… 28
3.2.3　电力变压器并列运行的条件 …… 28
3.2.4　电力变压器的选择 …… 29
3.3　互感器 …… 29
3.3.1　电流互感器 …… 30
3.3.2　电压互感器 …… 33
3.4　高压开关与保护电器 …… 35
3.4.1　高压隔离开关 …… 35
3.4.2　高压负荷开关 …… 36
3.4.3　高压断路器 …… 37
3.4.4　高压熔断器 …… 40
3.4.5　高压开关柜 …… 42
3.5　低压开关与保护电器 …… 43
3.5.1　低压刀开关 …… 43
3.5.2　低压负荷开关 …… 43
3.5.3　低压断路器 …… 44
3.5.4　低压熔断器 …… 46
3.5.5　低压配电屏 …… 48
思考题与习题 …… 49
第4章　变配电所电气主接线 …… 50
4.1　概述 …… 50
4.2　电气主接线的基本形式 …… 50
4.2.1　单母线主接线 …… 50
4.2.2　双母线主接线 …… 52
4.2.3　桥式主接线 …… 52
4.2.4　环网主接线 …… 53
4.3　工厂变配电所电气主接线 …… 54
4.3.1　总降压变电所电气主接线 …… 54
4.3.2　配电所电气主接线 …… 54
4.3.3　车间变电所电气主接线 …… 55
4.4　工厂电力线路 …… 57
4.4.1　电力线路的接线方式 …… 57

4.4.2 架空线路的结构与敷设 …………… 60
4.4.3 电缆线路的结构与敷设 …………… 61
4.4.4 车间线路的结构与敷设 …………… 64
4.4.5 配电线路电气安装图 ……………… 65
思考题与习题 …………………………………… 68
第 5 章 短路电流及其计算 ……………… 69
5.1 概述 …………………………………………… 69
5.2 无限大容量系统三相短路的过程 ……… 70
5.2.1 无限大容量电力系统 ………………… 70
5.2.2 短路电流的变化过程 ………………… 71
5.3 三相短路电流的计算 ……………………… 73
5.3.1 采用欧姆法进行短路计算 …………… 73
5.3.2 采用标幺值法进行短路计算 ……… 77
5.3.3 两相和单相短路电流的计算 ……… 80
5.4 短路电流的效应 …………………………… 81
5.4.1 短路电流的电动效应和动稳定度 … 81
5.4.2 短路电流的热效应和热稳定度 …… 82
思考题与习题 …………………………………… 83
第 6 章 电气设备的选择与校验 ………… 84
6.1 电气设备选择的原则 ……………………… 84
6.2 高压开关电器的选择 ……………………… 85
6.3 互感器的选择 ……………………………… 86
6.3.1 电流互感器的选择 …………………… 86
6.3.2 电压互感器的选择 …………………… 87
6.4 导线和电缆截面的选择 …………………… 88
6.4.1 按允许发热条件选择导线和电缆截面 …… 88
6.4.2 按经济电流密度选择导线截面 …… 90
6.4.3 线路电压损耗的计算 ………………… 90
6.4.4 按机械强度条件校验导线截面 …… 93
6.5 保护电器的选择 …………………………… 95
6.5.1 熔断器的选择 ………………………… 95
6.5.2 低压断路器的选择 …………………… 97
6.5.3 电动机综合保护装置简介 ……… 100
思考题与习题 ………………………………… 100
第 7 章 供配电系统的保护装置 ……… 102
7.1 保护装置概述 …………………………… 102
7.1.1 保护装置的任务 …………………… 102
7.1.2 对保护装置的基本要求 ………… 102
7.1.3 保护常用继电器 …………………… 103
7.1.4 保护装置的接线方式 ……………… 106
7.2 高压配电网的继电保护 ………………… 108
7.2.1 概述 ……………………………………… 108
7.2.2 带时限的过电流保护 ……………… 108
7.2.3 电流速断保护 ………………………… 114
7.2.4 单相接地保护 ………………………… 116
7.3 电力变压器的继电保护 ………………… 119
7.3.1 电力变压器保护的设置 ………… 119
7.3.2 电力变压器的过电流保护 ……… 119
7.3.3 电力变压器的瓦斯保护 ………… 122
7.3.4 电力变压器的差动保护 ………… 123
7.3.5 电力变压器的单相短路保护 …… 125
7.4 高压电动机的继电保护 ………………… 125
7.4.1 高压电动机保护的设置 ………… 125
7.4.2 高压电动机的过电流保护 ……… 126
7.4.3 高压电动机的差动保护 ………… 126
7.4.4 高压电动机单相接地保护 ……… 127
7.5 微机保护装置 …………………………… 127
7.5.1 微机保护系统的组成 …………… 128
7.5.2 微机保护装置的功能 …………… 129
7.5.3 微机保护装置的应用 …………… 130
7.5.4 RGP601 通用型微机保护装置…… 130
思考题与习题 ………………………………… 134
第 8 章 二次回路与自动装置 ………… 135
8.1 二次回路概述 …………………………… 135
8.2 二次回路操作电源 ……………………… 136
8.2.1 直流操作电源 ……………………… 136
8.2.2 交流操作电源 ……………………… 137
8.3 电气测量回路 …………………………… 137
8.3.1 对电气测量仪表的一般要求 …… 138
8.3.2 供配电系统中测量仪表的配置 … 138
8.3.3 电气测量回路的接线 …………… 138
8.4 断路器控制回路 ………………………… 141
8.4.1 概述 ………………………………… 141
8.4.2 灯光监视的断路器控制回路 …… 142
8.5 变电所信号装置 ………………………… 144
8.6 供配电系统自动装置 …………………… 146
8.6.1 备用电源自动投入装置 ………… 146
8.6.2 线路自动重合闸装置 …………… 148
8.7 二次回路接线图 ………………………… 151
8.7.1 原理接线图 ………………………… 151
8.7.2 展开式接线图 ……………………… 151
8.7.3 安装接线图 ………………………… 151
思考题与习题 ………………………………… 155
第 9 章 电气接地与电气安全 ………… 157
9.1 供配电系统的接地 ……………………… 157
9.1.1 电气接地和接地装置 …………… 157
9.1.2 接地的类型 ………………………… 158

9.1.3 接地装置的装设 …………………… 161
9.2 电气安全 ……………………………… 162
9.2.1 触电事故及其影响因素 ………… 162
9.2.2 电气安全的措施 ………………… 163
9.3 过电压与防雷保护 ………………… 167
9.3.1 过电压 …………………………… 167
9.3.2 防雷保护装置 …………………… 167
9.3.3 供配电系统的防雷措施 ………… 170
思考题与习题 ……………………………… 172
第 10 章 工厂电气照明 ………………… 173
10.1 电气照明的基本知识 …………… 173
10.1.1 电气照明及照明方式 ………… 173
10.1.2 光的概念 ……………………… 173
10.2 常用电光源和灯具 ……………… 175
10.2.1 常用电光源的类型及特性 ……… 175
10.2.2 常用灯具的类型及选择 ………… 177
10.3 照度计算 ………………………… 180
10.3.1 照明的照度标准 ……………… 180
10.3.2 照度的计算 …………………… 180
10.4 照明供配电系统 ………………… 182
10.4.1 照明供配电系统的接线方式 …… 182
10.4.2 照明配电系统导线的选择 ……… 183
思考题与习题 ……………………………… 184
第 11 章 供电的技术管理 ……………… 186
11.1 供配电系统的无功补偿 ………… 186
11.1.1 提高功率因数的意义 ………… 186
11.1.2 系统功率因数的确定 ………… 187
11.1.3 提高功率因数的方法 ………… 187
11.1.4 采用并联电容器补偿功率因数 … 188
11.2 供配电系统的电能节约 ………… 191
11.2.1 节约电能的意义 ……………… 191
11.2.2 节约电能的一般措施 ………… 191
11.3 供配电系统电能质量的调控 …… 193
11.3.1 供电频率及调整措施 ………… 193
11.3.2 供电电压及调整措施 ………… 193
11.3.3 供电可靠性及要求 …………… 197
思考题与习题 ……………………………… 197
第 12 章 电气运行与检修试验 ………… 199
12.1 电气运行与倒闸操作 …………… 199
12.1.1 变电所的运行管理 …………… 199
12.1.2 变电所的倒闸操作 …………… 200
12.2 供配电系统的巡检与维护 ……… 202
12.2.1 电力变压器的运行维护 ……… 202
12.2.2 配电装置的运行维护 ………… 203
12.2.3 配电线路的运行维护 ………… 203
12.3 电气检修与试验 ………………… 205
12.3.1 电力变压器的检修试验 ……… 205
12.3.2 配电线路的检修试验 ………… 212
思考题与习题 ……………………………… 218
第 13 章 供配电系统新技术 …………… 220
13.1 电力物联网 ……………………… 220
13.1.1 电力物联网基本特征概述 ……… 220
13.1.2 电力物联网的建设 …………… 222
13.2 分布式能源 ……………………… 230
13.2.1 分布式能源及其主要特征 ……… 230
13.2.2 分布式发电简介 ……………… 231
13.2.3 分布式能源对传统配电系统的影响 ……………………………… 234
13.3 微电网技术 ……………………… 235
13.3.1 微电网及其主要特征 ………… 235
13.3.2 微电网的结构 ………………… 236
13.3.3 微电网的关键技术 …………… 237
13.4 智能变电站 ……………………… 237
13.4.1 智能变电站的概念 …………… 237
13.4.2 智能变电站的结构 …………… 238
13.4.3 智能变电站的主要特征 ……… 238
思考题与习题 ……………………………… 239
附录 …………………………………… 240
附表 1 民用建筑用电设备组的需要系数及功率因数参考值 ………………… 240
附表 2 工业用电设备组的需要系数、二项式系数及功率因数参考值 …………… 241
附表 3 部分工厂的需要系数、功率因数及年最大有功负荷利用小时参考值 … 241
附表 4 并联电容器的无功补偿率（Δq_C） ……………… 242
附表 5 部分并联电容器的主要技术数据 … 242
附表 6 部分 10kV 级电力变压器的主要技术数据 …………………………… 242
附表 7 部分高压断路器的主要技术数据 … 243
附表 8 部分 10kV 高压隔离开关技术数据 ……………………………… 244
附表 9 LQJ-10 型电流互感器的主要技术数据 ……………………………… 244
附表 10 部分 DW 型低压断路器的主要技术数据……………………………… 245
附表 11 DZ10、DZ20 系列低压断路器的技术数据……………………………… 245

附表 12　RM10 型低压熔断器的主要技术数据…… 246
附表 13　RT0 型低压熔断器的主要技术数据…… 246
附表 14　电力变压器配用的高压熔断器规格…… 246
附表 15　绝缘导线和电缆的电阻和电抗值…… 246
附表 16　导体在正常和短路时的最高允许温度及热稳定系数…… 247
附表 17　LJ 型铝绞线、LGJ 型钢芯铝绞线和 LMY 型硬铝母线的主要技术数据…… 248
附表 18　10kV 常用三芯电缆的允许载流量及校正系数…… 249
附表 19　部分绝缘导线明敷、穿钢管和穿塑料管时的允许载流量…… 250
附表 20　架空裸导线的最小截面积…… 253
附表 21　绝缘导线芯线的最小截面积…… 253
附表 22　GL-11、15、21、25 型电流继电器的主要技术数据…… 254
附表 23　部分电力装置要求的工作接地电阻值…… 254
附表 24　GGY-125 型工厂配照灯的主要技术数据…… 254
附表 25　主要电气设备型号的含义…… 255
附表 26　电气设备常用的文字符号…… 258
附表 27　变配电所主要电气设备和导线的图形符号和文字符号…… 259
参考文献 …… 260

第1章 电力系统与工厂供配电系统

1.1 电力系统

电能不仅是现代工业生产的主要能源和动力，而且直接影响着国民经济的发展和人民的生活。电能是由发电厂生产出来的（发电）；发电厂一般建在一次能源所在地，距离城市和工业用户比较远，这就有一个电能输送的问题（输电）；为了实现电能的经济输送和满足用户对工作电压的要求，就需要在电能输送的过程中变换电能电压（变电）；为了解决用户对用电的需求，还有一个合理分配电能的问题（配电）；电能不能大量存储，电能从生产到使用几乎是同一时间完成的，因此电能用户（用电）也是电力系统重要的一个环节。图1-1表明了电力系统从发电到用电的整个过程。

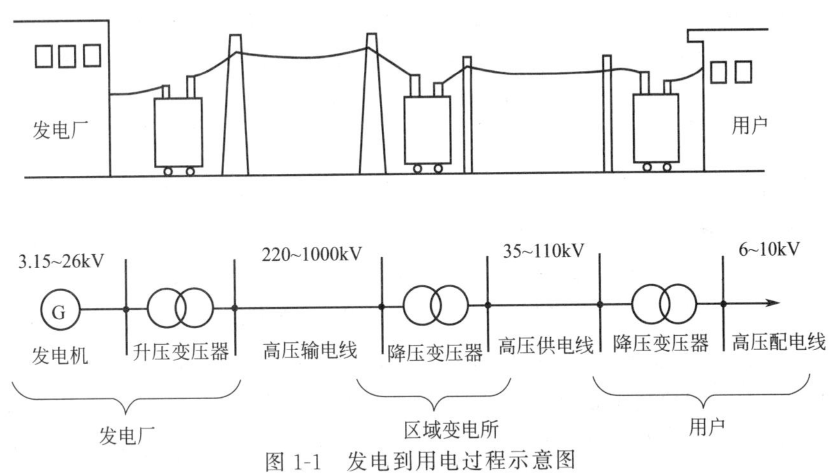

图1-1 发电到用电过程示意图

1.1.1 发电厂

发电厂是生产电能的工厂，又称发电站。发电厂是将自然界中的各种一次能源，如煤炭、石油、天然气、水能、核能、风能、地热、潮汐、太阳能等，通过发电设备转换为电能。发电厂按其利用的一次能源不同，分为火力发电厂、水力发电厂、核能发电厂、风力发电厂、潮汐发电厂、地热发电厂、太阳能发电厂等类型。目前我国以火力发电和水力发电为主，其次是核能发电和其他形式的发电，风力发电和太阳能发电等新能源发电具有更广阔的发展前景。

① 火力发电厂（火电厂） 火电厂是利用煤炭、石油、天然气等作为燃料生产电能的工厂。我国火电厂以燃烧煤为主。为了提高燃料的效率，现代火电厂都将煤块粉碎成煤粉燃

烧。煤粉在锅炉的炉膛内充分燃烧，将锅炉内的水变成高温高压的蒸汽，推动汽轮机带动发电机旋转发电。其能量的转换过程是：燃烧的化学能→热能→机械能→电能。火电厂又分为凝汽式火电厂和热电厂。

② 水力发电厂（水电站） 水电站是利用水流的位能和动能生产电能的工厂。水电厂的原动机为水轮机，通过水轮机将水能转换为机械能，再由水轮机带动发电机将机械能转换为电能。其能量的转换过程是：水流位能和动能→机械能→电能。水电站可分为堤坝式、引水式和混合式。我国三峡水电站即为堤坝式水电厂，总装机容量达 2250 万 kW，年发电量约 1000 亿 kW·h，居世界首位。

③ 核能发电厂（核电站） 核电站是利用原子核的裂变能来生产电能的工厂。其生产电能的过程是利用核裂变能量转换为热能，再按火力发电厂方式发电的，只是它的“锅炉”为原子能反应堆，以少量的核燃料代替了大量的煤炭。其能量的转换过程是：核裂变能→热能→机械能→电能。我国已建成了浙江秦山、广东大亚湾和岭澳等多座大型核电站。

④ 新能源发电 新能源发电是指利用风力、地热、太阳能等可再生能源生产电能。风能是清洁的可再生能源；地热发电不消耗燃料，运行费用低；太阳能是安全、经济、无污染的能源。因此，发展新能源发电大有可为。

1.1.2 变电所

变电所又称变电站，是接受电能、变换电能电压和分配电能的场所，是联系发电厂和用户的中间环节。变电所由电力变压器、母线、开关设备和配电装置等组成。变电所如果只有配电设备而无电力变压器，仅用于接受电能和分配电能，则称为配电所。

变电所按其性质和任务不同，分为升压变电所和降压变电所。升压变电所建在发电厂内，用于将电能电压升高后进行长距离输送。降压变电所建在用电区域，用于将电能电压降低后对某地区或用户供电。

降压变电所按其地位和作用不同，可分为枢纽变电所、区域变电所和用户变电所。

① 枢纽变电所 枢纽变电所位于电力系统的枢纽点，连接电力系统的几个部分，汇集多个电源，变电容量大，出线回路多，电压等级一般为 330～1000kV。

② 区域变电所 区域变电所用于对一个大的用电区域供电，从 220～1000kV 超高压电网或发电厂接受电能，将其变换为 35～110kV 向该区域用户供电。

③ 用户变电所 用户变电所包括工厂总降压变电所和车间变电所。工厂总降压变电所位于用户的负荷中心，从区域变电所 35～110kV 母线受电，将其变换为 6～10kV 向各个车间供电。车间变电所从总降压变电所 6～10kV 母线受电，将其变换为 220V/380V 低压，直接对车间各用电设备供电。

1.1.3 电力线路

电力线路又称输电线。电力线路的作用是输送电能，并将发电厂、变配电所和电能用户连接起来。电力线路按功能不同，可分为输电线路和配电线路。输电线路用于远距离输送较大的电功率，其电压等级为 110～500kV 。配电线路用于向用户或者各负荷中心分配电能，其电压等级为 3～110kV 的，称为高压配电线路。低压配电变压器低压侧引出的 0.4kV 配电线路，称为低压配电线路。电力线路按照线路结构或所用器材不同，可分为架空线路和电缆线路。电力线路按照传输电流的种类又可分为交流线路和直流线路。

1.1.4　电能用户

电能用户又称电力负荷。在电力系统中，一切消费电能的用电设备均称为电能用户。电能用户可分为工业电能用户和民用电能用户。我国工业用电占全年总发电量的 60％以上，是最大的电能用户。

1.1.5　电力网

不同电压等级的电力线路与其所连接的变电所，统称为电力网，简称电网，其作用是输送、控制和分配电能。电力网是电力系统的一部分。

电力网按其电压高低可分为低压电网（1kV 以下）、中压电网（1～20kV）、高压电网（35～220kV）、超高压电网（330kV、330kV 以上），特高压电网（交流 1000kV、直流±800kV）。电力网按种类特征的不同，可分为直流电网和交流电网。

电网或系统，往往以电压等级来区分，如 10kV 电网或 10kV 系统，实际上是指与这一电压等级相关的整个供电网络。

1.1.6　电力系统

由发电厂的发电机、升压及降压变电设备、电力网及电能用户（用电设备）组成的系统统称为电力系统，如图 1-2 所示。

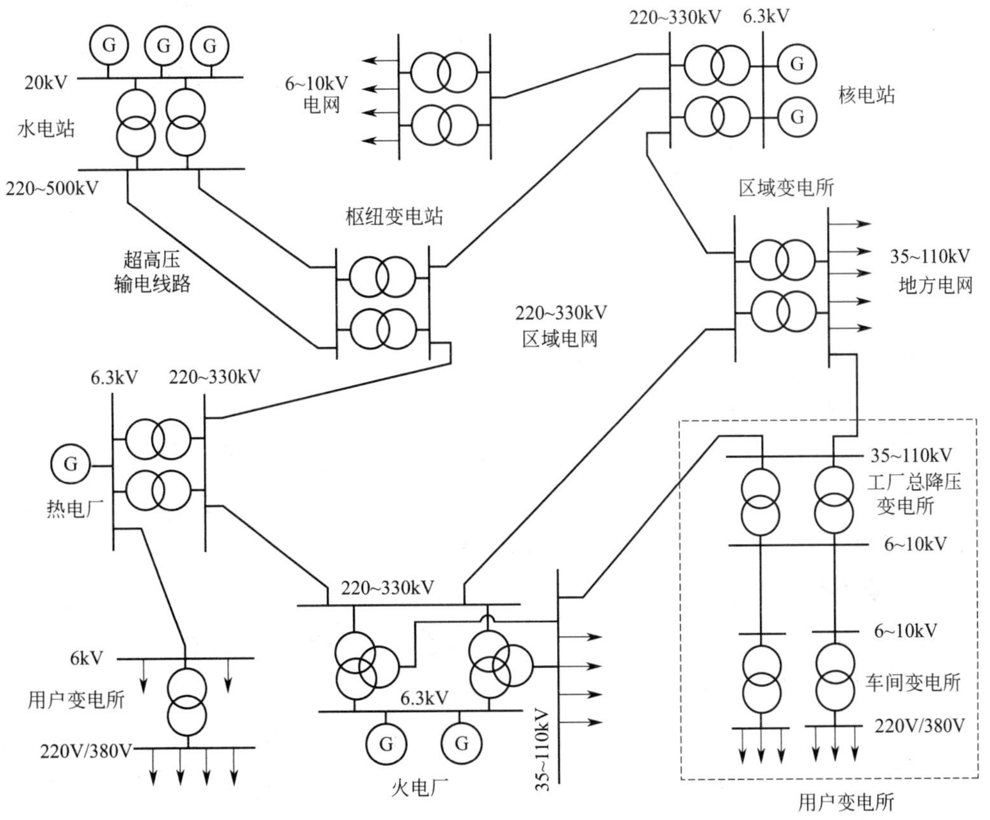

图 1-2　电力系统示意图

电能从生产到供给用户使用，一般都要经过发电、输电、变电、配电和用电几个环节，这在客观上就形成了电力系统，并且电能生产具有以下特点。

① 同时性　电能不能大量存储。电能生产、输送、分配以及使用的全过程，几乎是同时进行的。

② 集中性　电能是一种特殊的商品。电能的生产必须集中统一，有统一的质量标准；统一的调度管理；统一的生产和销售。

③ 快速性　电力系统中各元件（如线路和设备）的投入和切除，几乎是在瞬间完成。因此，要保证电力系统安全、可靠地运行，除要求电气运行人员具备相关的技术和业务能力外，还必须装设完善的保护和自动装置。

④ 先行性　电力工业发展的速度（发电量），应大于国民经济总产值的增长速度，才能保证国民经济的持续发展。

1.1.7　动力系统

在电力系统的基础上，把发电厂的动力部分（例如火力发电厂的锅炉、汽轮机和水力发电厂的水库、水轮机以及核动力发电厂的反应堆等）包含在内的系统称为动力系统。动力系统、电力系统、电力网三者的联系与区别如图 1-3 所示。

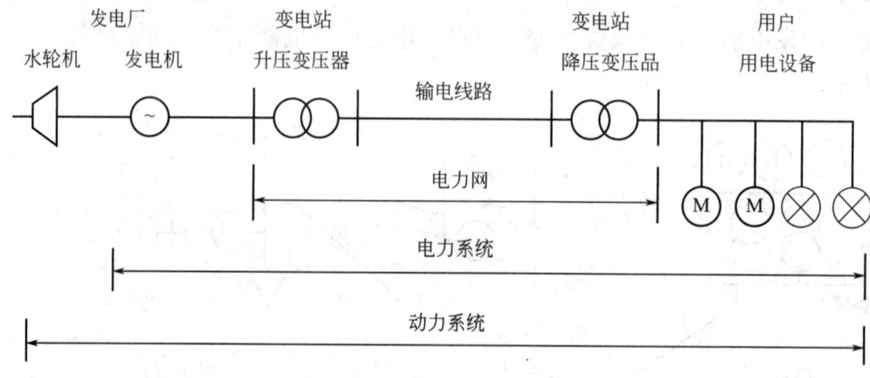

图 1-3　动力系统、电力系统、电力网三者的联系与区别

1.2　电力系统中性点的运行方式

电力系统中，作为供电电源的发电机和变压器的中性点有三种运行方式：中性点不接地运行、中性点经消弧线圈接地运行和中性点直接接地运行。中性点不接地或经消弧线圈接地的系统称小电流接地系统，中性点直接接地系统称为大电流接地系统。

1.2.1　中性点不接地系统

中性点不接地的电力系统，正常运行时的电路图和相量图如图 1-4 所示，三相线路与地间的分布电容，用集中电容 C 来表示。

系统正常运行时，三个相电压 $\dot{U}_A$、$\dot{U}_B$、$\dot{U}_C$ 是对称的，三相对地的电容电流 $\dot{I}_{C0}$ 也是对称的，如图 1-4（b）所示，其相量和为零，因此没有电流在地中流过。各相对地电压均为相电压，三个线电压 $\dot{U}_{AB}$、$\dot{U}_{BC}$、$\dot{U}_{CA}$ 也是对称的。

当系统发生单相接地故障时，各相对地的电压将发生变化。假设 C 相发生接地，如图 1-5 所示，这时 C 相对地电压为零，而非故障相（A、B 相）对地电压等于 A、B 两相的相电压加上零序电压（$-\dot{U}_C$），即

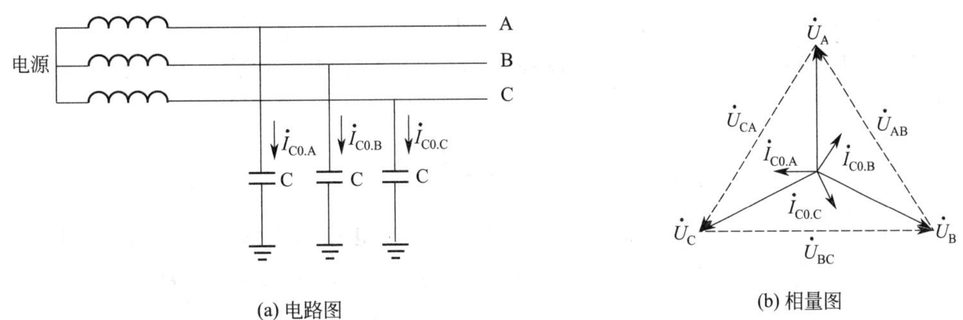

(a) 电路图　　(b) 相量图

图 1-4　电网正常运行时中性点不接地的电力系统

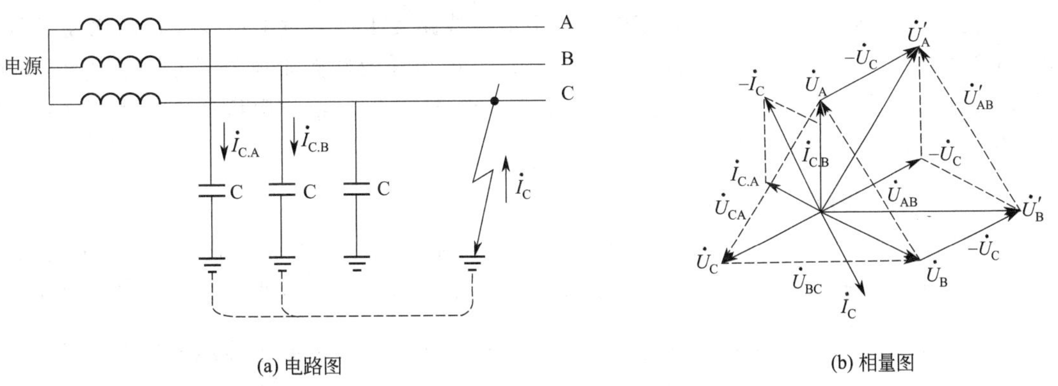

(a) 电路图　　(b) 相量图

图 1-5　电网单相接地时中性点不接地的电力系统

$$\dot{U}'_A=\dot{U}_A+(-\dot{U}_C)=\dot{U}_{AC} \tag{1-1}$$

$$\dot{U}'_B=\dot{U}_B+(-\dot{U}_C)=\dot{U}_{BC} \tag{1-2}$$

$$\dot{U}'_C=\dot{U}_C+(-\dot{U}_C)=0 \tag{1-3}$$

由此可见，C 相发生接地故障时，非故障相（A、B 相）对地电压值升高$\sqrt{3}$倍，变为线电压，因此这种系统的相绝缘，应按线电压来考虑。

C 相发生单相接地时，系统的三个线电压

$$\dot{U}'_{AB}=\dot{U}'_A-\dot{U}'_B=\dot{U}_{AB} \tag{1-4}$$

$$\dot{U}'_{BC}=\dot{U}'_B-\dot{U}'_C=\dot{U}'_B-0=\dot{U}_{BC} \tag{1-5}$$

$$\dot{U}'_{CA}=\dot{U}'_C-\dot{U}'_A=0-\dot{U}'_A=-\dot{U}'_A=\dot{U}_{CA} \tag{1-6}$$

即系统三个线电压的大小和相位都未发生变化，因此系统中所有设备仍可继续运行，这可提高系统供电的可靠性。但运行的时间一般规定不超过 2h，以免在另一相又接地时形成两相短路。为此，中性点不接地系统必须装设单相接地保护或绝缘监视装置，当系统发生单相接地故障时，以便发出报警信号，提醒运行人员注意，及时采取措施，如将重要负荷转移到备用线路上，使故障线路退出运行并进行检修。

C 相接地时，系统的接地电流 I_C 为非故障相对地电容电流之和，即

$$\dot{I}_C=-(\dot{I}_{C.A}+\dot{I}_{C.B}) \tag{1-7}$$

由图 1-5（b）可见，单相接地的电容电流，在大小上为正常运行时相对地电容电流的 3 倍，即

$$I_C = 3I_{C0} \tag{1-8}$$

由于线路对地的分布电容C不容易准确确定，因此工程上通常采用下列经验公式来计算单相接地的电容电流，即

$$I_C = \frac{U_N(l + 35L)}{350} \tag{1-9}$$

式中，I_C 为中性点不接地系统单相接地的电容电流（A）；U_N 为电网的额定电压（kV）；l 为同一电压 U_N 下具有电气联系的架空线路总长度（km）；L 为同一电压 U_N 下具有电气联系的电缆线路总长度（km）。

必须指出，在中性点不接地系统中，有一种情况相当危险，即在发生单相接地时，如果接地电流较大，将在接地点产生断续电弧，可能使线路发生谐振过电压现象，从而使线路上出现危险的过电压（可达相电压的2.5～3倍），这可能导致线路上绝缘薄弱处的绝缘击穿。因此，如果3～10kV系统中接地电流大于30A，20kV及以上系统中接地电流大于10A时，则系统应采用中性点经消弧线圈接地的运行方式。

1.2.2　中性点经消弧线圈接地系统

中性点经消弧线圈接地的系统如图1-6所示。消弧线圈实际上是一种带有铁芯的电感线圈，其电阻很小，感抗很大，而且可以调节。系统正常运行时，中性点电位为零，没有电流流过消弧线圈。当系统发生单相接地故障时，流过接地点的总电流是接地电容电流 $\dot{I}_C$ 与流过消弧线圈电感电流 $\dot{I}_L$ 的相量和。由于 $\dot{I}_C$ 超前 $\dot{U}_C 90°$，而 $\dot{I}_L$ 滞后 $\dot{U}_C 90°$，所以 $\dot{I}_C$ 和 $\dot{I}_L$ 在接地点互相补偿，可使接地电流小于发生电弧的最小电流，从而消除接地点的电弧以及由此引起的谐振过电压。

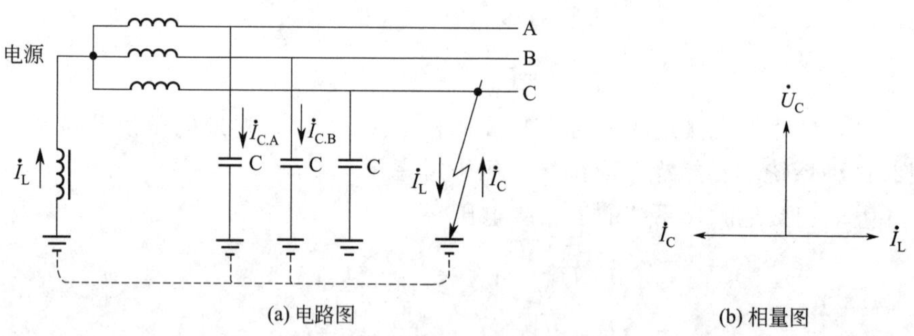

图1-6　中性点经消弧线圈接地的系统

中性点经消弧线圈接地的系统发生单相接地故障时，与中性点不接地的系统中发生单相接地故障时一样，接地相对地电压为零，非故障相对地电压升高$\sqrt{3}$倍。由于相间电压的相位和大小均未改变，因此三相设备仍可以照常运行，供电可靠性较高。但也不能长期运行，以免发展为两相接地短路。同样，该系统也必须装设单相接地保护或绝缘监视装置，以便单相接地时给出报警信号，提醒运行人员及时采取措施。

中性点经消弧线圈接地的运行方式，主要用于35～66kV的电力系统。

1.2.3　中性点直接接地系统

中性点直接接地系统发生单相接地时的情况，如图1-7所示，是大电流接地系统。因为系统一旦发生单相接地，通过接地的中性点就形成了单相短路，短路电流比负荷电流大得

多，会使线路保护装置立即动作（如自动开关跳闸或熔断器熔断），切除接地的故障部分，使供电中断。所以，该系统供电的可靠性低。

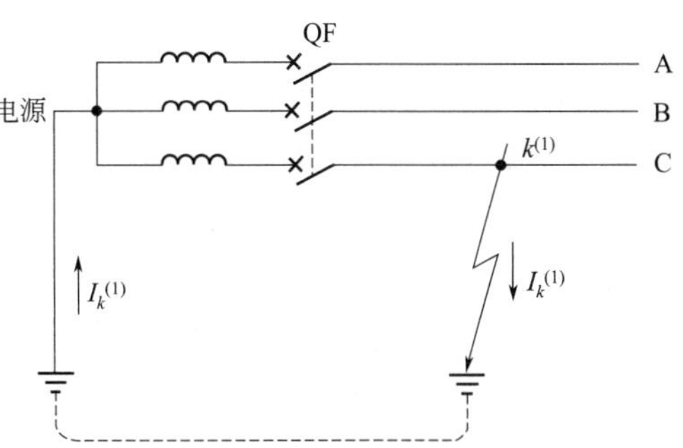

图 1-7　中性点直接接地或经低阻接地的系统发生单相接地时的情况

中性点直接接地系统，发生单相接地时，接地相电压为零，中性点电位为零，因此未故障相（A、B 相）对地电压不会升高，仍维持相电压。这样，中性点直接接地系统中设备的绝缘只需按相电压来设计，这对 110kV 及以上的超高压系统来说，具有显著的经济技术价值。因为对高压电器，特别是超高压电器，其绝缘要求的降低，直接降低了电器的造价，同时改善了电器的性能。因此我国 110kV 及以上的电力系统，通常都采用中性点直接接地的运行方式。

在低压配电系统中，三相四线制的 TN 系统（见图 9-4）和 TT 系统（见图 9-5）也采用中性点直接接地的运行方式，这主要是为了满足低压三相设备和单相设备同时配电的需要，另外也考虑到在单相接地时相线对地电压不会升高，可降低触电的危险程度，有利于人身安全的保障。

综上所述，我国 3～66kV 的电力系统，尤其是 3～10kV 系统，为提高系统运行的可靠性，一般采用中性点不接地的运行方式；当单相接地电流大于规定值（3～10kV 系统大于 30A，20kV 以上系统大于 10A）时，一般采用经消弧线圈接地的运行方式。我国低压系统和 110kV 及以上的电力系统，为了低压配电和降低超高压系统造价，一般采用中性点直接接地的运行方式。

1.3　电力网的额定电压

1.3.1　电力网的电压等级

按照国家标准 GB/T 156—2007《标准电压》规定，我国三相交流电网和电力设备的额定电压，如表 1-1 所示。

表 1-1　我国三相交流电网和电气设备的额定电压

分类	电网和用电设备额定电压/kV	发电机额定电压/kV	电力变压器额定电压/kV	
			一次绕组	二次绕组
低压	0.38	0.40	0.38	0.40
	0.66	0.69	0.66	0.69
高压	3	3.15	3,3.15	3.15,3.3
	6	6.3	6,6.3	6.3,6.6
	10	10.5	10,10.5	10.5,11
	—	13.8,15.75,18,20,22,24,26	13.8,15.75,18,20,22,24,26	—
	35	—	35	38.5
	66	—	66	72.5
	110	—	110	121
	220	—	220	242
	330	—	330	363
	500	—	500	550
	750	—	750	825(800)
	1000	—	1000	1100

(1) 电网的额定电压

电网(电力线路)的额定电压，是国家根据国民经济发展的需要和电力工业发展的水平，经全面的技术经济分析后确定的，它是确定各类电力设备额定电压的基本依据。

(2) 用电设备的额定电压

由于用电设备直接与电力线路相连，所以用电设备的额定电压规定与同级电网的额定电压相同。实际上，负荷电流会在线路上产生压降，使得线路上的电压随着线路的延伸略有降低，如图 1-8 中虚线所示。因此，用电设备的额定电压等于线路的平均电压，即电网的额定电压 U_N。

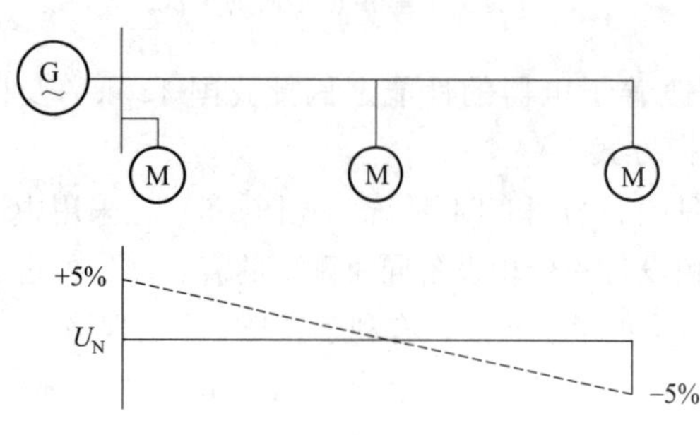

图 1-8 用电设备和发电机的额定电压

(3) 发电机的额定电压

电力线路允许的电压偏差一般为±5%，即整个线路允许有 10% 的电压损耗。因此，为了维持线路的平均电压在额定值，线路首端(电源端)的电压应比线路额定电压高 5%，而线路末端的电压可比线路额定电压低 5%，如图 1-8 所示。所以发电机额定电压规定高于同级电网额定电压 5%。

(4) 电力变压器的额定电压

① 电力变压器一次绕组的额定电压 如果变压器直接与发电机相连时，如图 1-9 中的变压器 T_1，其一次绕组额定电压应与发电机额定电压相同，即高于同级电网额定电压 5%；如果变压器直接与线路相连时，如图 1-9 中的变压器 T_2，变压器相当于线路上的用电设备，其一次绕组额定电压应与电网额定电压相同。

② 电力变压器二次绕组的额定电压 如果变压器二次侧供电线路较长，如图 1-9 中变压器 T_1，其额定电压应高于同级电网额定电压的 10%，以补偿变压器二次绕组内阻抗压降和线路上的电压损耗；如果变压器二次侧供电线路较短时，如图 1-9 中变压器 T_2，其额定电压只需高于电网额定电压的 5%，以补偿变压器二次绕组内 5%的阻抗压降。

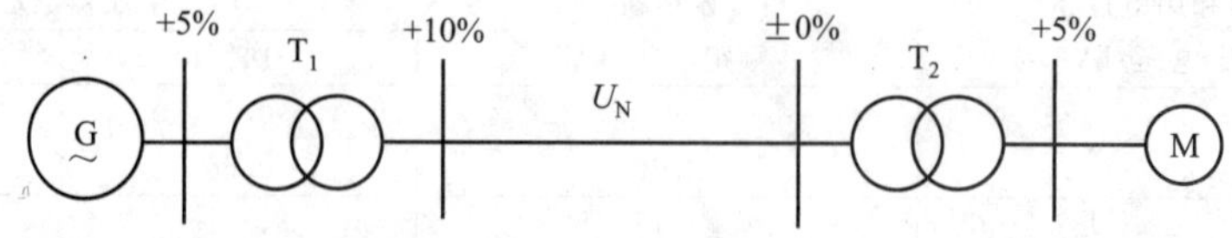

图 1-9 电力变压器的额定电压

1.3.2 电压等级的选择

在我国电力系统中，220kV 及以上电压等级主要用于大型电力系统输电的主干线；110kV 多用于区域电网输电线路；35～110kV 电压等级用于对大型用户供电；6～10kV 电压等级用于对中小用户供电，从技术经济指标来看，最好应采用 10kV 供电；220V/380V 电压等级用于低压系统的配电，其中 380V 主要用于对三相动力设备配电，220V 用于对照明设备及其它单相用电设备配电。表 1-2 给出了在不同电压等级下，电力线路经济的输送功率和输送距离。

表 1-2　不同电压等级电力线路的经济输送功率和输送距离

额定电压/kV	输送功率/kW	输送距离/km	额定电压/kV	输送功率/kW	输送距离/km
0.22	≤50	0.15	10	200～2 000	6～20
0.38	≤100	0.6	35	2 000～10 000	20～50
3	100～1 000	1～3	110	10 000～50 000	50～150
6	100～1 200	4～15	220	100 000～500 000	100～300

1.4　工厂供配电系统

工厂供配电系统，是指工业用户所需的电力从进厂到用电设备的整个供配电系统。工厂供配电系统，一般由总降压变电所或高压配电所、车间变电所、高低压配电线路、变配电设备和用电设备等组成。

1.4.1　对工厂供电的基本要求

电能，是现代工业生产的主要能源和动力。工厂供配电技术是研究工业用户所需电能的供应、分配和使用的应用技术。为了保证工厂的正常生产，工厂供配电系统应满足以下四项基本要求。

① 安全　在电能的供应和使用中，不应发生人身事故和设备事故。

② 可靠　应满足电力用户对供电可靠性即连续供电的要求。

③ 优质　应满足电力用户对电压和频率质量等方面的要求。

④ 经济　应使供配电系统的投资小，运行费用低，电能利用率高。

1.4.2　工厂供配电系统简介

（1）总降压变电所

工厂总降压变电所，简称“总降”。工厂总降压变电所，从区域变电所接受电能，把35～110kV 电压降为 6～10kV，再向厂区车间变电所供电。

为了保证供电的可靠性，总降压变电所通常有两条或多条电源进线，装设两台或多台电力变压器，采用桥式或双母线主接线。电力变压器容量可从几千到几万千伏安，供电范围由供电容量决定，一般在 10km 以内。

（2）高压配电所

高压配电所，又称为“开闭所”或“开关站”。一般从 6～10kV 电网接受电能，不变换电能电压，直接向高压用电设备和车间变电所供电。

（3）车间变电所

车间变电所，从总降压变电所或高压配电所接受电能，将 6～10kV 的电压降为 220V/380V，对低压用电设备直接供电。

车间变电所，一般有 1～2 条电源进线，装设 1～2 台电力变压器，采用单母线或单母线分段主接线。单台变压器的容量通常为 1000kV · A 及以下，供电范围一般在 500m 以内。

（4）高低压配电线路

工厂高低压配电线路，用于厂内供电和配电。

厂区 6～10kV 线路，多为高压电缆线路，采用电缆沟或电缆桥架敷设，受外界因素影响小，供电可靠性高。高压配电线路用于从总降压变电所或高压配电所向车间变电所及高压用电设备配电，并配有完善的继电保护装置或微机保护装置及自投装置，大大提高了高压系统运行的可靠性。

厂区 220V/380V 线路，均为低压电缆线路，采用电缆沟敷设、明敷或穿管敷设。低压配电线路用于从车间变电所向低压动力箱、照明配电箱、低压动力设备及单相用电设备配电，每条线路都配有控制与保护设备，能满足安全、可靠供电的要求。

（5）变配电设备及用电设备

变配电设备包括电力变压器、高低压开关设备、保护设备、测量设备、补偿设备、高压开关柜和低压配电屏等。

工厂用电设备以动力设备为主，如空压机、通风机、水泵、破碎机、球磨机、搅拌机、制氧机以及润滑油泵等生产机械的拖动电动机，其次是各种电焊设备、起重设备、电热及电镀设备、照明设备和仪器仪表等。

思考题与习题

1-1　什么叫电力系统？ 电力系统由哪些环节组成？

1-2　什么是电力网？ 对电网频率的偏差有何要求？

1-3　电能生产有什么特点？ 为什么要建立大型联合电网？

1-4　工厂供配电系统由哪些部分组成？ 各部分的功能是什么？

1-5　如何确定电网中发电机、用电设备和电力变压器的额定电压？

1-6　电力系统额定电压等级有哪些？ 如何选择电力系统中的电压等级？

1-7　电力系统中性点有哪几种运行方式？ 小电流接地系统和大电流接地系统运行的特点是什么？

1-8　工厂高、低压供电系统各采用什么运行方式？ 为什么？

1-9　对工厂供电的基本要求是什么？ 什么是安全性和可靠性？

1-10　试确定图 1-10 所示供电系统中发电机和变压器的额定电压。

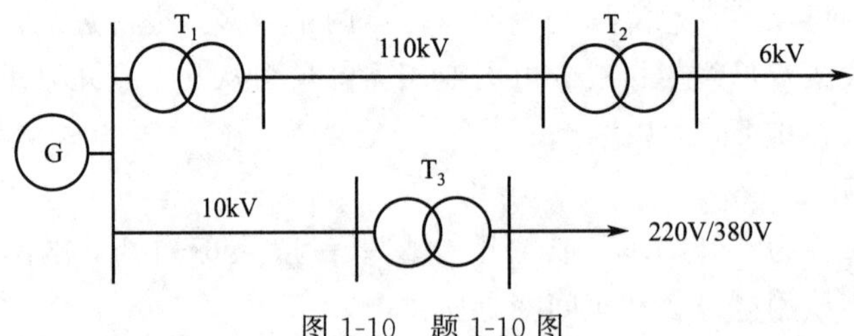

图 1-10　题 1-10 图

第 2 章 电力负荷及其计算

2.1 电力负荷的概念

2.1.1 电力负荷

电力负荷也称为电力负载，是指耗用电能的用电设备或用电单位（用户），有时也把用电设备或用电单位所耗用的电功率或电流大小称为电力负荷。工厂各种用电设备都是电力负荷，根据其用途和用电特点不同，可分为以下几类。

① 动力负荷 拖动生产机械的电动机都属于动力负荷。如水泵、通风机、压缩机、搅拌机等，这些设备一般都是长期连续运行，且负荷基本均匀稳定；金属切削机床多数也是长期连续运行，但其设备利用率较低；起重机、卷扬机、吊车等设备是间歇性工作的，负荷变化较大。动力负荷在工厂总负荷中所占比例大，可达70%以上。

② 电焊电镀负荷 电焊设备也是间歇工作的，其工作时间和停歇时间不断交替，负荷不稳定。电镀设备是长期连续工作的，需要直流工作电源，负荷电流稳定。

③ 电热负荷 电阻加热炉、电弧炉、感应炉、红外线加热、微波加热和等离子加热等都属于电热负荷。电热设备多数是长期连续工作方式，除电弧炉外，负荷比较稳定。

④ 照明负荷 照明设备属于单相负荷，长期连续工作。除白炽灯、卤钨灯的功率因数为1外，其他类型灯具（如荧光灯和各种气体放电灯）的功率因数均较低，一般在0.5左右。照明负荷在工厂总负荷中所占比例小，通常在10%左右。

不同类型的负荷其工况及用电情况不同，所消耗的有功功率和无功功率也不同，所以从供电系统取用电能的需要系数和功率因数是不同的。

2.1.2 负荷分级及对供电的要求

工厂电力负荷，按GB 50052—1995《供配电系统设计规范》规定，根据其对供电可靠性的要求及中断供电所造成的损失或影响程度，将电力负荷分为三级。

① 一级负荷 一级负荷是特别重要的负荷，一旦中断供电，将会造成人身伤亡事故，或发生中毒、爆炸和火灾事故，或在政治、经济上造成重大损失，如重大设备损坏、连续生产过程打乱造成大量产品报废等。

一级负荷要求由两个独立电源供电，对特别重要的一级负荷，还应增设应急电源。

② 二级负荷 二级负荷是重要的负荷，中断供电一般不会造成人身伤亡事故，但会在政治、经济上造成重大损失，或影响重要场所的正常工作，如大型会议中心、大型商场和交通枢纽等。

二级负荷要求由两回线路供电，两回线路应引自不同的变压器或母线段。

③ 三级负荷　三级负荷属于一般负荷，对供电无特殊要求，允许较长时间停电。

三级负荷一般采用单回路供电。

2.2 用电设备工作制

工厂用电设备的种类很多，用途及用电情况也不尽相同，为便于统计设备功率，按其工作情况将其分为连续工作制、短时工作制和断续周期工作制三种。

（1）连续工作制

连续工作制的设备长期连续运行，负荷比较稳定，如动力负荷、电热电镀负荷、照明负荷等。

（2）短时工作制

短时工作制设备的工作时间较短，停歇时间较长，如机床工作台调整电动机、拖动电动阀门的电动机等负荷。由于这部分设备负荷所占比例小，在计算设备功率时，直接按连续工作制设备考虑。

（3）断续周期工作制

断续周期工作制设备的工作呈现一定的周期性，时而工作时而停歇，如此反复，且工作周期一般不超过 10min，如吊车负荷和电焊机负荷等。在计算其设备功率时，需要按其等效的设备功率计入。等效设备功率的计算与其负荷持续率有关。

负荷持续率，也称暂载率，它表示在一个工作周期内，工作时间占整个工作周期的百分比，即

$$\varepsilon=\frac{t}{T}\times100\%=\frac{t}{t+t_0}\times100\% \tag{2-1}$$

式中，ε 为负荷持续率；t 为工作时间；t_0 为停歇时间；T 为工作周期。

由于吊车电动机铭牌的额定暂载率不一定相同，如 15%、25%、40%和 60%等，电焊设备铭牌的额定暂载率也有 20%、40%、50%、65%、75%和 100%等多种，而且其铭牌额定容量 P_N，是对应于某一额定暂载率 ε_N 的，所以在计算这类设备的设备功率时，需要按等效发热的原则进行等效换算。

如果设备在额定暂载率 ε_N 下的额定功率为 P_N，则换算到要求的暂载率 ε 下的设备功率 P_e 为

$$P_e=P_N\sqrt{\frac{\varepsilon_N}{\varepsilon}} \tag{2-2}$$

2.3 负荷曲线

2.3.1 负荷曲线的类型及绘制

负荷曲线是表示电力负荷随时间变动情况的一种图形。负荷曲线通常绘制在直角坐标系中，横坐标表示负荷变动的时间（一般以小时为单位），纵坐标表示负荷大小（有功功率或无功功率）。

负荷曲线按负荷对象分，有工厂的、车间的或某台设备的负荷曲线；按负荷的功率性质分，分为有功和无功负荷曲线；按所表示负荷变动的时间分，有年的、月的、日的和工作班

的负荷曲线。

用户的负荷曲线可以是依点连成的负荷曲线，也可以是梯形的负荷曲线。负荷曲线多绘制成梯形，横坐标一般按半小时分格，以便确定“半小时最大负荷”。图 2-1 是某用户日有功负荷曲线。

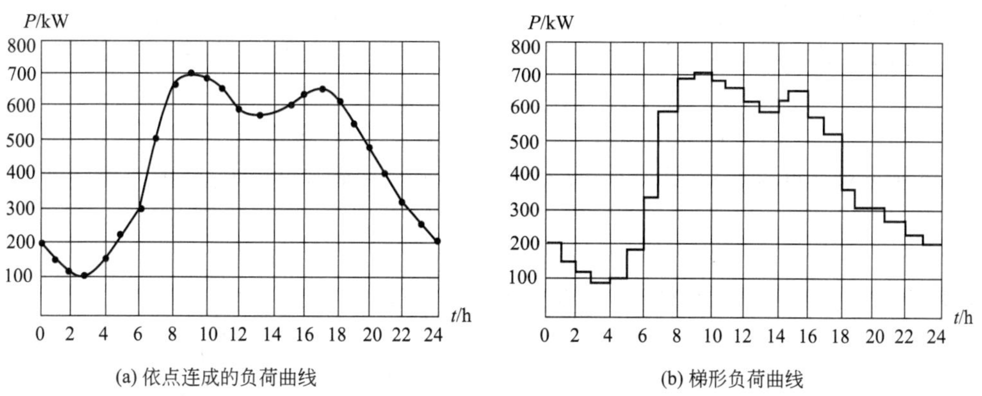

(a) 依点连成的负荷曲线　　(b) 梯形负荷曲线

图 2-1　日有功负荷曲线

2.3.2　与负荷曲线有关的物理量

（1）年最大负荷和年最大负荷利用小时

年负荷曲线，通常以每日持续半小时的最大负荷为依据，并按从大到小的顺序依次排列绘制，如图 2-2 所示。

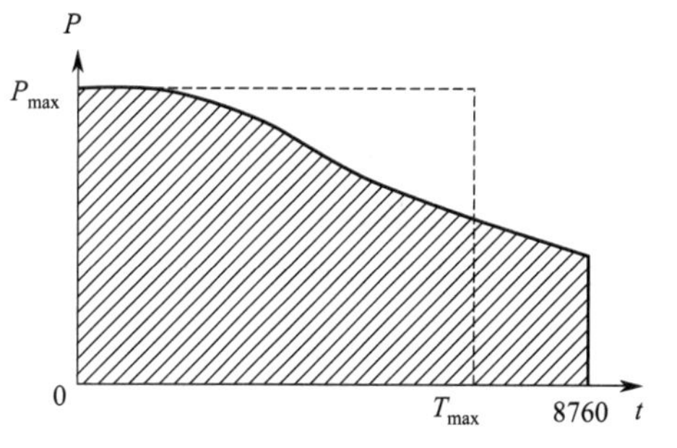

图 2-2　年负荷曲线与 T_{max}

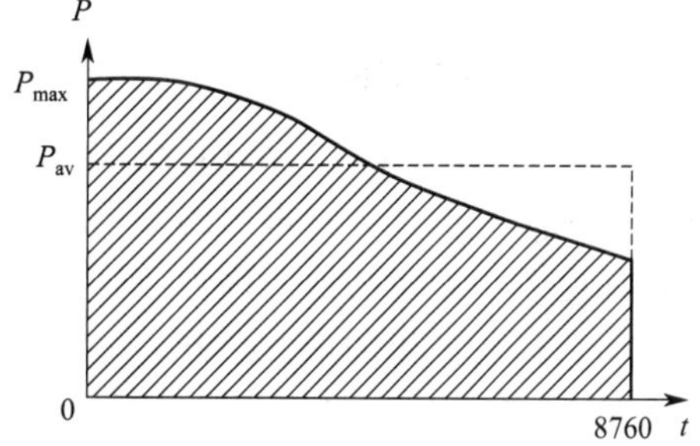

图 2-3　年负荷曲线与年平均负荷

① 年最大负荷 P_{max}　年负荷曲线上的最大负荷就是年最大负荷（图 2-2 中的 P_{max}），它是全年负荷最大的工作班（这一工作班的最大负荷不是偶然出现的，而是全年至少出现过 2～3 次）消耗电能最多的半小时平均负荷 P_{30}。

② 年最大负荷利用小时 T_{max}　年最大负荷利用小时是一个假想时间，在 T_{max} 时间内，电力负荷假设按年最大负荷 P_{max} 持续运行所耗用的电能（矩形面积），恰好等于实际电力负荷全年所耗用的电能 W_a（曲线下阴影面积），如图 2-2 所示，则

$$T_{max}=\frac{W_a}{P_{max}} \tag{2-3}$$

年最大负荷利用小时是反映电力负荷特征的一个重要参数，它与用户的生产班制有一定的关系。对一班制工厂，$T_{max}=1800\sim3000$h；两班制工厂，$T_{max}=3500\sim4800$h；三班制工厂，$T_{max}=5000\sim7000$h。

(2) 平均负荷和负荷系数

① 平均负荷 P_{av}　平均负荷是电力负荷在一定时间 t 内平均消耗的功率 W_t，即

$$P_{av}=\frac{W_t}{t} \tag{2-4}$$

如图 2-3 所示，年平均负荷 P_{av} 与年运行时间 8760h 所对应的矩形面积，恰好等于曲线下阴影部分的面积，即实际电力负荷全年所耗用的电能 W_a。因此，年平均负荷为

$$P_{av}=\frac{W_t}{8760} \tag{2-5}$$

② 负荷系数（负荷率）　负荷系数是平均负荷 P_{av} 与最大负荷 P_{max} 的比值，即

$$K_L=\frac{P_{av}}{P_{max}} \tag{2-6}$$

对用电设备，负荷系数是设备实际输出功率 P 与设备额定容量 P_N 的比值，即

$$K_L=\frac{P}{P_N} \tag{2-7}$$

对负荷曲线来说，负荷系数又称为负荷曲线填充系数，它表示了负荷曲线不平坦的程度，即负荷变动的程度。

从发挥整个电力系统的效能来说，应使工厂变化较大的负荷曲线通过“削峰填谷”趋于平坦，以提高负荷系数。这就是工厂供电系统运行中，必须要实行的负荷调整问题。

2.4 电力负荷的计算

2.4.1 计算负荷的概念

由于用电的随机性，供电系统中的实际负荷是变化的，并不等于所有用电设备额定功率之和。通过负荷统计计算求出的等效负荷，以代替实际变动的负荷，并作为按允许发热条件设计供配电系统的负荷值，称为计算负荷。其物理意义是：计算负荷所产生的恒定温升等于实际变动负荷所产生的最大温升。

由于 $16mm^2$ 以上导线的发热时间常数 τ 均在 10min 以上，而导线达到稳定温升的时间需 $(3\sim4)\tau$，所以只有持续半小时以上的负荷值，才有可能引起导体的最大温升。因此，一般取负荷曲线上持续半小时的最大负荷 P_{max}（年最大负荷）作为计算负荷 P_{30}，对应的无功计算负荷、视在计算负荷和计算电流相应地表示为 Q_{30}、S_{30} 和 I_{30}。

计算负荷是供配电系统设计的基本依据。计算负荷确定得是否准确，直接影响到设备和导线选择是否经济合理。如果计算负荷确定得偏大，将使电器和导线电缆选择得过大，造成投资和有色金属的浪费；如果计算负荷确定得偏小，又将使电器和导线电缆处于过负荷运行状态，产生过热，导致绝缘过早老化甚至烧毁。所以，正确确定计算负荷，是供配电系统设计中一项重要的工作。

目前，常用需要系数法和二项式系数法确定供配电系统的计算负荷。

2.4.2 用需要系数法确定计算负荷

(1) 用电设备组设备功率的确定

用电设备组设备功率 P_e（不含备用设备的功率）的计算，与用电设备的工作制有关。

① 长期连续工作制和短时工作制用电设备组，其设备功率就是所有设备铭牌额定容量

之和，即 $P_e=\sum P_N$。

② 断续周期工作制用电设备组，其设备功率是将不同负荷持续率下的设备铭牌额定容量，换算到统一负荷持续率下的设备功率之和。

对吊车电动机组，其铭牌额定容量要求统一换算到 25%的暂载率 ε_{25} 下，即

$$P_e=P_N\sqrt{\frac{\varepsilon_N}{\varepsilon_{25}}}=2P_N\sqrt{\varepsilon_N} \tag{2-8}$$

式中，P_N 为电动机铭牌额定容量；ε_N 为与电动机铭牌额定容量对应的负荷持续率；ε_{25} 为 25%的负荷持续率。

对电焊机组，其铭牌额定容量要求统一换算到 100%的暂载率 ε_{100} 下，即

$$P_e=P_N\sqrt{\frac{\varepsilon_N}{\varepsilon_{100}}}=S_N\cos\varphi\sqrt{\varepsilon_N} \tag{2-9}$$

式中，P_N、S_N 为电焊机铭牌额定容量；ε_N 为与电焊机铭牌额定容量对应的负荷持续率；ε_{100} 为 100%的负荷持续率；$\cos\varphi$ 为电焊机额定功率因数。

（2）用电设备组计算负荷的确定

用电设备的工作性质不同，其负荷曲线也不相同。因此进行负荷计算时，需要将用户所有用电设备按其工作性质进行分组，即把用电特点相近、负荷曲线相似的设备分成一个组，其设备功率为 P_e。但同一组设备不一定同时运行，运行的设备也不一定都满负荷，同时设备本身和配电线路上还有功率损耗。因此，用电设备组的计算负荷 P_{30} 为

$$P_{30}=\frac{K_\Sigma K_L}{\eta_e\eta_{WL}}P_e \tag{2-10}$$

式中，K_Σ 为设备组同时系数；K_L 为设备组负荷系数；η_e 为设备组平均效率；η_{WL} 为配电线路平均效率。

令 $K_d=\dfrac{K_\Sigma K_L}{\eta_e\eta_{WL}}$，则

有功计算负荷
$$P_{30}=K_dP_e \tag{2-11}$$

K_d 称为需要系数，它是一个综合系数，不仅与用电设备组的设备运行、工作性质、设备效率和线路损耗等因素有关，而且与生产组织等多种因素有关，详见附表 2。需要系数的物理意义是它反映了用电设备组的最大用电程度。

在求出有功计算负荷 P_{30} 后，可按下列各式分别求出其余计算负荷。

无功计算负荷
$$Q_{30}=P_{30}\tan\varphi \tag{2-12}$$

视在计算负荷
$$S_{30}=\sqrt{P_{30}^2+Q_{30}^2} \tag{2-13}$$

计算电流
$$I_{30}=\frac{S_{30}}{\sqrt{3}U_N} \tag{2-14}$$

式中，$\tan\varphi$ 为用电设备组功率因数角的正切值；U_N 为用电设备组额定电压。

对单台三相感应电动机，其计算电流为额定电流，即

$$I_{30}=I_N=\frac{P_N}{\sqrt{3}U_N\eta\cos\varphi} \tag{2-15}$$

计算负荷常用单位：有功功率为“千瓦”（kW），无功功率为“千乏”（kvar），视在功率为“千伏安”（kV·A），电流为“安”（A），电压为“千伏”（kV）。

（3）多组用电设备计算负荷的确定

确定具有多个用电设备组的配电干线或车间变电所低压母线上的计算负荷时，应考虑各用电设备组的最大负荷不同时出现的因素。因此，需要将多组用电设备的有功和无功计算负荷相加后，乘以对应的有功同时系数 $K_{\Sigma p}$ 和无功同时系数 $K_{\Sigma q}$。

对车间干线，取

$$K_{\Sigma p}=0.85\sim0.95$$
$$K_{\Sigma q}=0.90\sim0.97$$

对低压母线，分两种情况。

① 由用电设备组计算负荷直接相加来计算时，取

$$K_{\Sigma p}=0.80\sim0.90$$
$$K_{\Sigma q}=0.85\sim0.95$$

② 由车间干线计算负荷直接相加来计算时，取

$$K_{\Sigma p}=0.90\sim0.95$$
$$K_{\Sigma q}=0.93\sim0.97$$

考虑了同时系数后，多组用电设备的计算负荷为

总的有功计算负荷 $$P_{30}=K_{\Sigma p}\sum P_{30.i} \tag{2-16}$$

总的无功计算负荷 $$Q_{30}=K_{\Sigma q}\sum Q_{30.i} \tag{2-17}$$

以上两式中的 $\sum P_{30.i}$ 和 $\sum Q_{30.i}$ 分别为各组设备的有功和无功计算负荷之和。

总的视在计算负荷 $$S_{30}=\sqrt{P_{30}^2+Q_{30}^2} \tag{2-18}$$

总的计算电流 $$I_{30}=\frac{S_{30}}{\sqrt{3}U_N} \tag{2-19}$$

注意： 由于各组设备的功率因数不一定相同，因此总的视在计算负荷和计算电流，一般都不能用各组的视在计算负荷和计算电流之和求得，而应用式(2-18)、式(2-19) 计算。

【例 2-1】 某机械厂金工车间低压配电屏上，配接有车、铣、刨床 22 台，额定容量共 166kW；镗、磨、钻床 9 台，额定容量共 44kW；砂轮机 2 台，额定容量共 2.2kW；通风机 2 台，额定容量共 3kW；吊车 1 台，额定容量 8.2kW（$\varepsilon_N=25\%$）；电焊机 2 台，额定容量共 44kV·A（$\cos\varphi=0.5$，$\varepsilon_N=60\%$）。试计算该车间的计算负荷。

解： 以车间为范围，根据设备的工作性质将其分为冷加工机床组、通风机组、起重机组和电焊机组 4 组，用需要系数法分别对其负荷进行计算。

① 冷加工机床组：

设备功率 $$P_{e.1}=166+44+2.2=212.2(\text{kW})$$

查附表 2，取 $K_d=0.2$，$\cos\varphi=0.5$，$\tan\varphi=1.73$

则 $$P_{30.1}=K_{d1}P_{e.1}=0.2\times212.2=42.44(\text{kW})$$
$$Q_{30.1}=P_{30.1}\tan\varphi=42.44\times1.73=73.42(\text{kvar})$$

② 通风机组：

设备功率 $$P_{e.2}=3\text{kW}$$

查附表 2，取 $K_d=0.8$，$\cos\varphi=0.8$，$\tan\varphi=0.75$

则

$$P_{30.2}=K_{d2}P_{e.2}=0.8\times3=2.4(\text{kW})$$

$$Q_{30.2}=P_{30.2}\tan\varphi=2.4\times0.75=1.8(\text{kvar})$$

③ 起重机组：

设备功率　$P_{e.3}=8.2\text{kW}(\varepsilon_N=25\%$，不需换算)

查附表 2，取 $K_d=0.15$，$\cos\varphi=0.5$，$\tan\varphi=1.73$

则

$$P_{30.3}=K_{d3}P_{e.3}=0.15\times8.2=1.23(\text{kW})$$

$$Q_{30.3}=P_{30.3}\tan\varphi=1.23\times1.73=2.13(\text{kvar})$$

④ 电焊机组：

60%暂载率下的设备额定功率应换算到 100%的暂载率下，依据式(2-9) 得

设备功率　$P_{e.4}=S_N\cos\varphi\sqrt{\varepsilon_N}=44\times0.5\times\sqrt{0.6}=17.04(\text{kW})$

查附表 2，取 $K_d=0.35$，$\cos\varphi=0.35$，$\tan\varphi=2.68$

则

$$P_{30.4}=K_{d4}P_{e.4}=0.35\times17.04=5.96(\text{kW})$$

$$Q_{30.4}=P_{30.4}\tan\varphi=5.96\times2.68=15.98(\text{kvar})$$

对车间干线，取同时系数 $K_{\Sigma p}=0.85$，$K_{\Sigma q}=0.90$。依据式(2-16) 和式(2-17) 得车间总的计算负荷为

$$P_{30}=K_{\Sigma p}\sum P_{30.i}=0.85\times(42.44+2.4+1.23+5.96)=44.2(\text{kW})$$

$$Q_{30}=K_{\Sigma q}\sum Q_{30.i}=0.90\times(73.42+1.8+2.13+15.98)=84.0(\text{kvar})$$

则

$$S_{30}=\sqrt{P_{30}^2+Q_{30}^2}=\sqrt{44.2^2+84.0^2}=94.9(\text{kV}\cdot\text{A})$$

$$I_{30}=\frac{S_{30}}{\sqrt{3}U_N}=\frac{94.9}{\sqrt{3}\times0.38}=144.2(\text{A})$$

在工程设计计算中，为便于审核，常采用计算表格的形式计算负荷，如表 2-1 所示。

表 2-1　某金工车间负荷计算（需要系数法）

序号	用电设备组名称	台数 n	设备功率 P_e/kW	需要系数 K_d	$\cos\varphi$	$\tan\varphi$	计算负荷			
							P_{30}/kW	Q_{30}/kvar	S_{30}/kV·A	I_{30}/A
1	机床机组	33	212.2	0.2	0.5	1.73	42.44	73.42		
2	通风机组	2	3	0.8	0.8	0.75	2.4	1.8		
3	起重机组	1	8.2	0.15	0.5	1.73	1.23	2.13		
4	电焊机组	2	17.04	0.35	0.35	2.68	5.96	15.98		
车间负荷		38	240.44				52.03	93.33		
		取 $K_{\Sigma p}=0.85$　$K_{\Sigma q}=0.90$					44.2	84.0	94.9	144.2

需要系数法计算负荷方法简便，适用于车间及以上供配电系统负荷的计算。但由于需要系数法未考虑用电设备组中大容量设备对计算负荷的影响，在确定用电设备台数较少而容量差别较大的低压干线的计算负荷时，所得结果往往偏小。

2.4.3　用二项式法确定计算负荷

（1）用电设备组计算负荷的确定

二项式法是考虑到用电设备组中一定数量大容量用电设备对计算负荷的影响而得出的计

算方法。其计算负荷的基本公式为

$$P_{30}=bP_{e}+cP_{x} \tag{2-20}$$

式中 bP_e——用电设备组的平均负荷，其中 P_e 是用电设备组的设备容量；

cP_x——用电设备组中 x 台大容量设备投入运行时增加的附加负荷，其中 P_x 是 x 台大容量设备的总容量；

b，c——二项式系数，其值随用电设备组的类别和台数而定。

P_{30} 确定后，Q_{30}、S_{30} 和 I_{30} 分别按式(2-12)、式(2-13) 和式(2-14) 计算。

附表 2 给出了部分用电设备组的二项式系数和大容量设备的台数 x 值，供参考。

在实际设计计算中，如果设备总台数 n 少于附表 2 中规定的大容量设备台数 x 的 2 倍（即 $n<2x$），其大容量设备台数 x 宜取 $n/2$，并按“四舍五入”规则取整。如果用电设备组只有 1～2 台用电设备时，则可认为 $P_{30}=P_e$。

（2）多组用电设备计算负荷的确定

采用二项式系数法确定多组用电设备的计算负荷时，除了要考虑各用电设备组的平均负荷外，对大容量设备投入运行所引起的附加负荷，只需计入各用电设备组中最大一组的附加负荷 $(cP_x)_{max}$ 即可。其计算公式为

$$P_{30}=\sum(bP_{e})_{i}+(cP_{x})_{max} \tag{2-21}$$

$$Q_{30}=\sum(bP_{e}\tan\varphi)_{i}+(cP_{x})_{max}\tan\varphi_{max} \tag{2-22}$$

式中 $\sum(bP_e)_i$——各用电设备组有功平均负荷之和；

$\sum(bP_e\tan\varphi)_i$——各用电设备组无功平均负荷之和；

$(cP_x)_{max}$——用电设备组中最大的一个有功附加负荷；

$\tan\varphi_{max}$——与 $(cP_x)_{max}$ 对应的功率因数角正切值。

【例 2-2】 某金工车间的 380V 低压干线上接有冷加工机床 26 台，其中 30kW 的 1 台，20kW 的 2 台，10kW 的 8 台，7.5kW 的 12 台，2.8kW 的 3 台；起重机 3 台，其中 23.2kW 的 2 台，5.1kW 的 1 台，$\varepsilon=25\%$；车间照明面积为 $1000m^2$，照明密度为 $12W/m^2$。试确定车间干线上的计算负荷。

解： ① 求各用电设备组平均负荷和附加负荷。

a. 金属切削机床组：

设备功率 $P_{e.1}=30\times1+20\times2+10\times8+7.5\times12+2.8\times3=248.4(kW)$

由附表 2 查得：$b=0.14$，$c=0.5$，$x=5$，$\cos\varphi=0.5$，$\tan\varphi=1.73$，则

x 台大容量设备功率 $P_{x.1}=30\times1+20\times2+10\times2=90$ (kW)

平均负荷 $bP_{e.1}=0.14\times248.4=34.78$ (kW)

附加负荷 $cP_{x.1}=0.5\times90=45$ (kW)

b. 起重机组（$\varepsilon=25\%$，设备额定功率不需换算）：

设备功率 $P_{e.2}=23.2\times2+5.1\times1=51.5$ (kW)

由附表 2 查得：$b=0.06$，$c=0.2$，$x=3$（$n<2x$，取 $x=2$），$\cos\varphi=0.5$，$\tan\varphi=1.73$，则

x 台大容量设备功率 $P_{x.2}=23.2\times2=46.4$ (kW)

平均负荷 $bP_{e.2}=0.06\times51.5=3.09$ (kW)

附加负荷　　　$cP_{x.2}=0.2\times46.4=9.28$ (kW)

c. 照明设备组：

设备功率　　　$P_{e.3}=12\times10^{-3}\times1000=12$ (kW)

对车间照明负荷，无二项式计算系数，$\cos\varphi=1$。取 $K_d=0.9$，则其平均负荷为

$$bP_{e.3}=0.9\times12=10.8\ \text{(kW)}$$

② 求车间干线总计算负荷。

以上各用电设备组中，附加负荷以 $cP_{x.1}$ 为最大，因此总计算负荷为

$$P_{30}=(34.78+3.09+10.8)+45=93.7\text{(kW)}$$

$$Q_{30}=(34.78\times1.73+3.09\times1.73+10.8\times0)+45\times1.73=143.4\text{(kvar)}$$

$$S_{30}=\sqrt{93.7^2+143.4^2}=171.3\text{(kV·A)}$$

$$I_{30}=\frac{171.3}{\sqrt{3}\times0.38}=260.3\text{(A)}$$

工程设计计算中，所采用的计算表格形式如表 2-2 所示。

表 2-2　某车间干线电力负荷计算（二项式系数法）

序号	用电设备组名称	设备台数		容量/kW		二项式系数		$\cos\varphi$	$\tan\varphi$	计算负荷			
		总台数 n	大容量台数 x	P_e	P_x	b	c			P_{30} /kW	Q_{30} /kvar	S_{30} /kV·A	I_{30} /A
1	金属切削机床	26	5	248.4	90	0.14	0.5	0.5	1.73	34.78+45	60.17+77.85		
2	起重机	3	2	51.5	46.4	0.06	0.2	0.5	1.73	3.09+9.28	5.35+16.05		
3	车间照明			12				1	0	10.8	0		
车间干线负荷		29		311.9						93.7	143.4	171.3	260.3

二项式法不仅考虑了用电设备组的平均负荷，还考虑了少数大容量设备投入运行时对计算负荷的影响。因此与需要系数法相比，二项式法计算结果往往偏大。二项式法只适用于机械加工车间、装配车间以及热处理车间中用电设备台数较少而容量差别较大的低压干线的负荷计算。

2.4.4　单相用电设备计算负荷的确定

供配电系统中，除了大量的三相设备外，还有电焊机、电炉和照明等单相用电设备。单相用电设备有的接在相电压上，有的接在线电压上，但应尽可能均衡地分配在三相线路上，使三相负荷平衡。当单相用电设备的总容量小于三相设备总容量的 15%时，无论单相设备如何分配，均可直接按三相平衡负荷计算；若单相用电设备总容量大于三相设备总容量的 15%时，应将单相用电设备容量换算成等效的三相设备功率，再确定其计算负荷。

（1）单相设备接于相电压时等效的三相负荷

等效三相设备功率 P_e 等于最大负荷相单相设备容量 $P_{e.m\varphi}$ 的 3 倍，即

$$P_e=3P_{e.m\varphi} \tag{2-23}$$

式中，$P_{e.m\varphi}$ 为最大负荷相的单相设备容量，kW；P_e 为等效的三相设备功率，kW。

等效为三相设备功率后，其计算负荷可按前述需要系数法计算。

（2）单相设备接于线电压时等效的三相负荷

首先需要将接于线电压的单相设备容量换算为接于相电压的单相设备容量，再分别计算各相的设备容量，然后取最大负荷相设备容量的 3 倍作为等效的三相设备功率，计算公式同式(2-23)。等效为三相设备功率后，其计算负荷的计算与前述方法相同。

接于线电压的单相设备容量换算为接于相电压的单相设备容量时，换算公式为

A 相
$$P_A = p_{AB\text{-}A}P_{AB} + p_{CA\text{-}A}P_{CA} \tag{2-24}$$
$$Q_A = q_{AB\text{-}A}P_{AB} + q_{CA\text{-}A}P_{CA} \tag{2-25}$$
B 相
$$P_B = p_{BC\text{-}B}P_{BC} + p_{AB\text{-}B}P_{AB} \tag{2-26}$$
$$Q_B = q_{BC\text{-}B}P_{BC} + q_{AB\text{-}B}P_{AB} \tag{2-27}$$
C 相
$$P_C = p_{CA\text{-}C}P_{CA} + p_{BC\text{-}C}P_{BC} \tag{2-28}$$
$$Q_C = q_{CA\text{-}C}P_{CA} + q_{BC\text{-}C}P_{BC} \tag{2-29}$$

式中 P_{AB}，P_{BC}，P_{CA}——接于 AB，BC，CA 相间的单相有功功率，kW；

P_A，P_B，P_C——换算为 A、B、C 相的单相有功功率，kW；

Q_A，Q_B，Q_C——换算为 A、B、C 相的单相无功功率，kvar；

$p_{AB\text{-}A}$，$q_{AB\text{-}A}$，… ——换算系数，如表 2-3 所示。

表 2-3 相间负荷换算为相负荷的功率换算系数

功率换算系数	负荷功率因数								
	0.35	0.4	0.5	0.6	0.65	0.7	0.8	0.9	1.0
$p_{AB\text{-}A}$、$p_{BC\text{-}B}$、$p_{CA\text{-}C}$	1.27	1.17	1.0	0.89	0.84	0.8	0.72	0.64	0.5
$p_{AB\text{-}B}$、$p_{BC\text{-}C}$、$p_{CA\text{-}A}$	−0.27	−0.17	0	0.11	0.16	0.2	0.28	0.36	0.5
$q_{AB\text{-}A}$、$q_{BC\text{-}B}$、$q_{CA\text{-}C}$	1.05	0.86	0.58	0.38	0.3	0.22	0.09	−0.05	−29
$q_{AB\text{-}B}$、$q_{BC\text{-}C}$、$q_{CA\text{-}A}$	1.63	1.44	1.16	0.96	0.88	0.8	0.67	0.53	0.29

当单相负荷接于同一线电压时，其等效三相设备功率按单相设备容量的$\sqrt{3}$倍计算。即

$$P_e = \sqrt{3}P_{e.\varphi} \tag{2-30}$$

式中，$P_{e.\varphi}$ 为接于线电压单相设备容量，kW；P_e 为等效的三相设备功率，kW。

（3）单相设备接于线电压及相电压时等效的三相负荷

首先应将接于线电压的单相设备容量换算为接于相电压的单相设备容量，再加上接于相电压的单相设备容量，然后分别计算各相的设备功率和计算负荷。总的等效三相有功和无功计算负荷为其最大相有功和无功计算负荷的 3 倍，即

$$P_{30} = 3P_{30.m\varphi} \tag{2-31}$$
$$Q_{30} = 3Q_{30.m\varphi} \tag{2-32}$$

2.4.5 供配电系统功率损耗的计算

在确定车间及全厂计算负荷时，有时需要计入有关线路和变压器的功率损耗。

（1）线路的功率损耗

线路功率损耗包括有功功率损耗和无功功率损耗两部分。有功功率损耗是电流在线路电阻上产生的，无功功率损耗是电流在线路电抗上产生的。其计算公式为

$$\Delta P_{WL} = 3I_{30}^2R_{WL} \times 10^{-3} \tag{2-33}$$
$$\Delta Q_{WL} = 3I_{30}^2X_{WL} \times 10^{-3} \tag{2-34}$$

式中 ΔP_{WL}——线路有功功率损耗，kW；

ΔQ_{WL}——线路无功功率损耗，kvar；

I_{30}——线路的计算电流，A；

R_{WL}——线路每相电阻，Ω（$R_{WL}=R_0 l$，R_0 为线路单位长度的电阻，Ω/km，l 为线路长度，km）；

X_{WL}——线路每相电抗，Ω（$X_{WL}=X_0 l$，X_0 为线路单位长度的电抗，Ω/km，l 为线路长度，km）。

部分导线和电缆单位长度的电阻和电抗值可查附表 15。

（2）变压器的功率损耗

电力变压器的功率损耗也包括有功功率损耗和无功功率损耗两部分。

① 变压器有功功率损耗　变压器的有功功率损耗分两部分，一部分是主磁通在铁芯中产生的铁耗，它与负荷电流无关，近似为变压器空载损耗 ΔP_0；另一部分是负荷电流在变压器绕组中产生的铜损，近似为短路损耗 ΔP_K，它与负荷电流的平方成正比，即

$$\Delta P_T \approx \Delta P_0 + \Delta P_K \beta^2 \tag{2-35}$$

式中，ΔP_T——变压器有功功率损耗，kW；

ΔP_0——变压器空载损耗，kW；

ΔP_K——变压器短路损耗，kW；

β——变压器负荷系数（$\beta=S_{30}/S_N$，S_{30} 为变压器计算负荷，S_N 为变压器额定容量，kV・A）。

② 变压器无功功率损耗　变压器的无功功率损耗也分两部分，一部分是用来产生主磁通的无功功率损耗 ΔQ_0，它近似与励磁电流（空载电流）的百分值成正比；另一部分是负荷电流在变压器绕组电抗上产生的无功损耗 ΔQ_N，它近似与阻抗电压（短路电压）的百分值成正比，即

$$\Delta Q_T \approx S_N\left(\frac{I_0\%}{100}+\frac{U_k\%}{100}\beta^2\right) \tag{2-36}$$

式中　ΔQ_T——变压器无功功率损耗，kvar；

$I_0\%$——变压器空载电流占额定电流的百分值；

$U_k\%$——变压器阻抗电压（短路电压）占额定电压的百分值。

以上各式中 ΔP_0、ΔP_K、$I_0\%$、$U_k\%$均可从变压器技术数据中查得（见附表 6）。

在工程设计中，对低损耗变压器，其有功功率损耗和无功功率损耗也可按下式估算：

$$\Delta P_T \approx 0.015 S_{30} \tag{2-37}$$

$$\Delta Q_T \approx 0.06 S_{30} \tag{2-38}$$

2.4.6　尖峰电流的计算

由于电动机启动所引起的短时（一般为 1～2s）最大电流，称为尖峰电流。

尖峰电流主要用来选择熔断器和低压断路器、整定继电保护装置及校验电动机自启动条件等。

（1）单台用电设备尖峰电流

单台用电设备的尖峰电流就是其启动电流，即

$$I_{pk}=I_{st}=K_{st} I_N \tag{2-39}$$

式中，I_N 为用电设备额定电流；I_{st} 为用电设备启动电流；K_{st} 为用电设备启动电流倍数，笼型电动机 $K_{st}=5$～7，绕线转子电动机 $K_{st}=2$～3，直流电动机 $K_{st}=1.7$，电焊变压器 $K_{st}\geqslant 3$。

（2）多台用电设备尖峰电流

接有多台电动机的配电干线，其尖峰电流可按下式计算

$$I_{pk}=K_{\Sigma}\sum_{i=1}^{n-1}I_{N\cdot i}+I_{st.max} \tag{2-40}$$

或

$$I_{pk}=I_{30}+(I_{st}-I_{N})_{max} \tag{2-41}$$

式中，$I_{st.max}$、$(I_{st}-I_{N})_{max}$ 为用电设备中启动电流与额定电流之差为最大的那台设备的启动电流和启动电流与其额定电流之差；$\sum_{i=1}^{n-1}I_{N\cdot i}$ 为除启动电流与额定电流之差为最大的那台设备外，其他 $n-1$ 台设备的额定电流之和；K_{Σ} 为上述 $n-1$ 台设备的同时系数，按台数多少选取，一般取 0.7～1；I_{30} 为全部设备投入运行时的计算电流。

2.5 工厂计算负荷的确定

确定全厂计算负荷常用的方法有：逐级计算法、需要系数法和估算法等几种。

2.5.1 按逐级计算法确定工厂计算负荷

下面以图 2-4 所示工厂供配电系统为例，说明全厂负荷的计算。

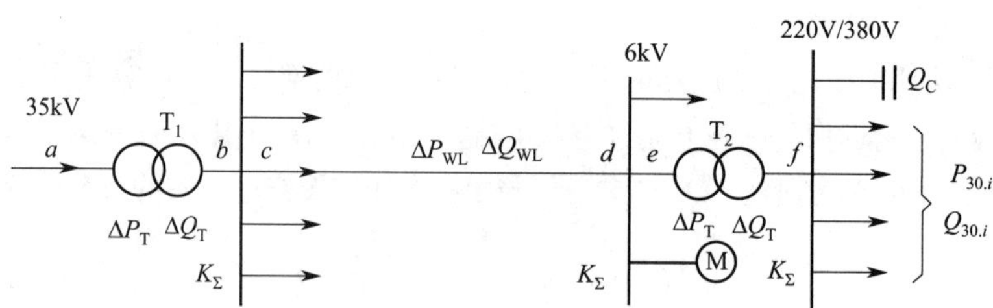

图 2-4 全厂负荷计算示意图

（1）车间变电所低压母线计算负荷

车间变电所低压母线计算负荷，可通过低压干线计算负荷相加求得，或通过低压用电设备组计算负荷相加求得。

① 用低压干线计算负荷相加求低压母线计算负荷　先计算低压干线计算负荷（$P_{30.i}$、$Q_{30.i}$），以此为依据选择低压配电干线及线路上的设备。然后将各干线计算负荷相加，再乘以同时系数 K_{Σ}，即得低压母线计算负荷（f 点处）。

② 用低压用电设备组计算负荷相加求低压母线计算负荷　先对车间所有用电设备进行分组，求出各用电设备组计算负荷（$P_{30.i}$、$Q_{30.i}$），然后将各组计算负荷相加，再乘以同时系数 K_{Σ}，即得低压母线计算负荷（f 点处）。

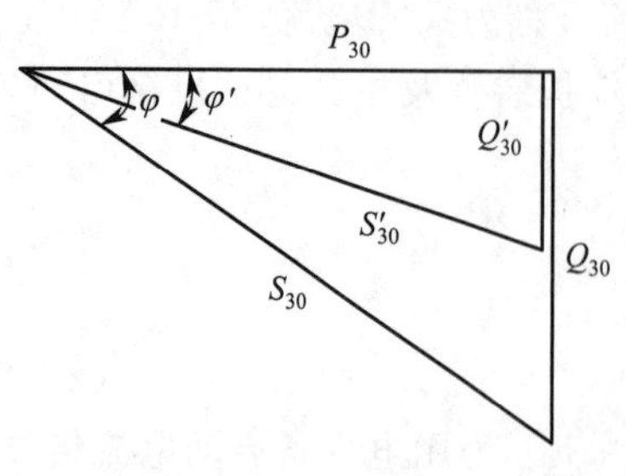

图 2-5 无功补偿量 Q_C 的计算

计算出低压母线计算负荷后，核算车间变电所低压侧功率因数（$\cos\varphi=P_{30}/S_{30}$）。如果功率因数不符合要求，则应对其进行无功补偿。若无功补偿量为 Q_C（见图 2-5），则补偿后低压母线的计算负荷为

$$S'_{30}=\sqrt{P_{30}^{2}+(Q_{30}-Q_{C})^{2}} \tag{2-42}$$

S'_{30} 是选择车间变电所电力变压器的依据。

（2）无功补偿量 Q_C 的计算

如图 2-5 所示，要使功率因数由 $\cos\varphi$ 提高到 $\cos\varphi'$，必须装设无功补偿装置（如并联电容器），其补偿量为

$$Q_C = Q_{30} - Q'_{30} = P_{30}(\tan\varphi - \tan\varphi') \tag{2-43}$$

或

$$Q_C = \Delta q_C P_{30} \tag{2-44}$$

式中，$\Delta q_C = \tan\varphi - \tan\varphi'$，称为无功补偿率。它表示 1kW 的有功功率由 $\cos\varphi$ 提高到 $\cos\varphi'$所需要的无功补偿量 kvar 值。

附表 4 列出了并联电容器的无功补偿率，可利用补偿前和补偿后的功率因数查取。

确定了总的补偿量后，可根据所选单个电容器的容量 q_C，确定电容器的个数，即

$$n = Q_C / q_C \tag{2-45}$$

由式(2-45) 确定的电容器个数 n，应取 3 的整数倍，以便三相均衡分配。

常用并联电容器的主要技术数据详见附表 5。

（3）车间变电所高压母线计算负荷

低压母线计算负荷，加上变压器损耗（ΔP_T、ΔQ_T），即得变压器高压侧计算负荷（e 点处）。它是变压器高压侧电气设备选择的依据。

变压器高压侧计算负荷与高压母线上的其他计算负荷相加，再乘以同时系数 K_Σ，即得车间变电所计算负荷（d 点处），并以此为依据选择高压配电线路及线路上的设备。

（4）总降压变电所二次母线计算负荷

车间变电所计算负荷，加上线路损耗（ΔP_{WL}、ΔQ_{WL}），即为总降压变电所二次高压馈电线路的计算负荷（c 点处），再加上其他线路上的计算负荷，并乘以同时系数 K_Σ，即为总降压变电所二次母线计算负荷（b 点处）。它是选择“总降”电力变压器的依据。

（5）工厂总计算负荷

“总降”二次母线计算负荷，加上变压器损耗（ΔP_T、ΔQ_T），就是变压器一次侧计算负荷（a 点处），即工厂总计算负荷。它是“总降”电源进线及电气设备选择的依据。

2.5.2 按需要系数法确定工厂计算负荷

将全厂用电设备的总容量 P_e（不计备用设备容量），乘以工厂的需要系数 K_d（与工厂的类型及用电情况有关），可得到全厂的有功计算负荷 P_{30}，计算公式同式(2-11)。然后根据功率因数即可确定无功计算负荷 Q_{30} 和视在计算负荷 S_{30}，计算公式同式(2-12) 和式(2-13)。

附表 3 列出了部分工厂的需要系数和功率因数，供参考。

2.5.3 按估算法确定全厂计算负荷

在进行初步设计或方案比较时，工厂的计算负荷可用以下方法估算。

（1）单位产品耗电量法

将工厂的年产量 A 乘以单位产品耗电量 a，即可得到工厂年电能需要量 W_a，即

$$W_a = Aa \tag{2-46}$$

各类工厂单位产品耗电量 a，可根据实测统计确定，也可查有关设计手册。

得到年电能需要量 W_a 后，根据式(2-3)，可得工厂的计算负荷，即

$$P_{30} = P_{max} = W_a / T_{max} \tag{2-47}$$

其余负荷 Q_{30} 和 S_{30} 分别由式(2-12) 和式(2-13) 计算。

(2) 单位产值耗电量法

将工厂的年产值 B 乘以单位产值耗电量 b，即可得到工厂年电能需要量 W_a，即

$$W_a = Bb \tag{2-48}$$

各类工厂单位产值耗电量 b，可根据实测统计确定，也可查有关设计手册。

按式(2-47)、式(2-12) 和式(2-13)，可计算 P_{30}、Q_{30} 和 S_{30}。

思考题与习题

2-1 工厂负荷如何分级？ 各级负荷对供电的要求是什么？

2-2 什么是负荷持续率？ 它表征哪类设备的工作特性？

2-3 什么是年最大负荷和年最大负荷利用小时？ 什么是负荷系数？

2-4 什么是计算负荷？ 确定计算负荷目的何在？

2-5 什么是需要系数？ 其物理意义是什么？

2-6 需要系数法和二项式法各有什么特点？ 各适用哪些场合？

2-7 如何在三相系统中分配单相用电设备负荷？ 如何将单相设备负荷换算为等效的三相负荷？

2-8 电力变压器的有功和无功功率损耗如何计算？ 如何估算变压器的功率损耗？

2-9 什么是尖峰电流？ 如何计算尖峰电流？

2-10 试说明按逐级计算法确定全厂计算负荷的思路和方法。

2-11 某金工车间 380V 线路上配有冷加工机床电动机 30 台，总容量 96kW，其中较大容量电动机有 10kW 的 1 台，7.5kW 的 3 台，4.5kW 的 3 台，2.8kW 的 12 台。 试确定该车间的计算负荷。

2-12 某机修车间 380V 线路上，有冷加工机床 52 台，共 200kW；行车 1 台，5.1kW（ε_N = 15%）；通风机 6 台，共 5kW；点焊机 3 台，共 10.5kW（ε_N=65%）。 试确定该车间的计算负荷。

2-13 某实验室拟装设 5 台 220V 单相加热器，其中 1kW 的 3 台，3kW 的 2 台。 试将上述设备合理分配于 220V/380V 线路上，并计算其计算负荷 P_{30}、Q_{30}、S_{30}、I_{30}。

2-14 某 220V/380V 线路上，接有如表 2-4 所列的用电设备。 试确定该线路的计算负荷 P_{30}、Q_{30}、S_{30}、I_{30}。

表 2-4 习题 2-14 的负荷明细表

设备名称	380V 单头手动弧焊机			220V 电热箱		
接入相序	AB	BC	CA	A	B	C
设备台数	1	1	2	2	1	1
单台设备容量	21kV·A (ε_N=65%)	17kV·A (ε_N=100%)	10.3kV·A (ε_N=50%)	3kW	6kW	4.5kW

2-15 有一条 380V 的线路，供电给 4 台电动机 1M～4M，其中 1M～4M 的额定电流分别为 5.8A、5A、35.8A、27.6A；1M～4M 的启动电流分别为 40.6A、35A、197A、193.2A。 试计算该线路上的尖峰电流。

2-16 某厂变电所装有一台 S9-630/10 型电力变压器，其低压侧有功计算负荷为 420kW，无功计算负荷为 350kvar。 试求变电所高压侧计算负荷及最大负荷时的功率因数。 若此功率因数未达到 0.91 时，拟在变电所低压母线上并联电容器进行无功补偿。 问补偿多少容量才能达到要求？ 如果采用 BW0.4-14-3 型并联电容器，需要多少个？

第3章 工厂供配电的一次设备

3.1 概述

工厂供配电系统中，承担输送和分配电能任务的电路，称为一次电路或一次回路，也称为主电路或主接线。用来控制、指示、测量和保护一次电路及其电气设备运行的电路，称为二次电路或二次回路，也称为二次接线。

供配电系统中的电气设备按其所属电路分为两大类：一次电路中所有的电气设备，称为一次设备或一次元件。二次回路中所有的电气设备，称为二次设备或二次元件。

工厂供配电系统的一次设备，按其功能可分以下几类。

① 变换设备　变换设备是按系统工作要求来改变电压或电流的设备，如电力变压器、电压互感器和电流互感器等。

② 控制设备　控制设备是按系统工作要求来控制电路通断的设备，如各种高、低压开关设备。

③ 保护设备　保护设备是用来对系统进行过电流和过电压保护的设备，如高、低压熔断器和避雷器等。

④ 无功补偿设备　无功补偿设备是用来补偿系统中的无功功率、提高功率因数的设备，如并联电容器等。

⑤ 成套配电装置　成套配电装置是按照一定线路接线方案的要求，将有关一次设备和二次设备组合为一体的电气装置，如高低压开关柜、动力和照明配电箱等。

3.2 电力变压器

3.2.1 电力变压器概述

电力变压器是变电所中最关键的一次设备，其主要功能是将电力系统中的电能电压升高或降低，以利于电能的合理输送、分配和使用。

（1）电力变压器的分类

电力变压器可按其功能、相数、绕组、容量、调压方式和冷却方式等进行分类。

① 电力变压器按功能分，有升压变压器和降压变压器两大类。

② 电力变压器按相数分，有单相变压器和三相变压器。工厂变电所通常采用三相电力变压器，而单相变压器一般供小容量单相设备专用。

③ 电力变压器按绕组导体的材质分，有铜绕组变压器和铝绕组变压器。

④ 电力变压器按绕组形式分，有双绕组变压器、三绕组变压器和自耦式变压器。

⑤ 电力变压器按容量系列分，有 R8 系列和 R10 系列两类。我国大多采用 IEC 推荐的 R10 系列容量，即变压器容量按 $R10=\sqrt[10]{10}=1.26$ 的倍数递增，如 100kV・A、125kV・A、160kV・A、200kV・A、250kV・A、315kV・A、400kV・A、500kV・A、630kV・A、800kV・A、1000kV・A 等。容量在 500kV・A 及以下的为小型；630～6300kV・A 的为中型；8000kV・A 及以上的为大型。

⑥ 电力变压器按电压调节方式分，有无载调压变压器和有载调压变压器两种。

⑦ 电力变压器按冷却方式和绕组绝缘分，有油浸式、干式和充气式（SF6）等，其中油浸式又分自冷式、风冷式、水冷式和强迫油循环等冷却方式。

⑧ 电力变压器按结构性能分，有普通变压器、全封闭变压器和防雷变压器等。

工厂变电所一般采用铜绕组、油浸自冷式三相变压器；干式变压器常用在宾馆、楼宇、大厦等场所；防雷变压器，适合多雷地区变电所使用。

（2）电力变压器的结构和型号

① 电力变压器的结构　电力变压器的外形如图 3-1 所示，其基本结构包括铁芯和绕组两大部分。图 3-1(a) 是三相油浸自冷式电力变压器，它由油枕、油位指示器（油标）、吸湿器、瓦斯继电器（气体继电器）、防爆管、高压出线套管和接线端子、低压出线套管和接线端子、分接开关、油箱、铁芯、绕组、放油阀、接地端子、小车（底座）和铭牌等部分组成，油箱中的变压器油起绝缘和散热作用。

(a) 油浸式

(b) 干式

图 3-1　三相电力变压器

图 3-1(b) 是环氧树脂浇注绝缘的三相干式电力变压器，它由铁芯、环氧树脂浇注绝缘的绕组（内低压、外高压）、高压绕组相间连接导杆、高压分接头连接片、高压出线接线端子、低压出线接线端子、上夹件、下夹件、上下夹件拉杆、小车（底座）和铭牌等部分组成。

② 电力变压器的型号　电力变压器的型号表示和含义如下：

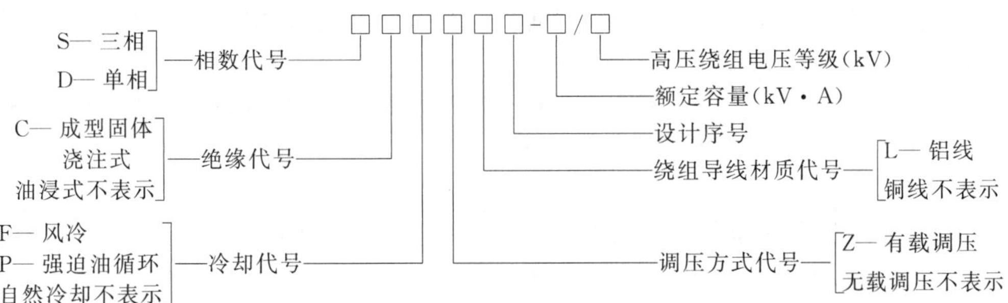

如 S9-1000/10 表示三相铜绕组油浸自冷式电力变压器，其设计序号为 9，额定容量为 1000kV・A，高压绕组额定电压为 10kV。

附表 6 列出了部分 S9 和 SC9 系列配电变压器的主要技术数据，供参考。

(3) 电力变压器的连接组别

电力变压器的连接组别，是指变压器一、二次绕组因采用不同的连接方式而形成变压器一、二次侧对应线电压之间的不同相位关系。

车间变电所使用的 6～10kV 配电变压器（二次侧电压为 220V/380V），通常采用 Yyn0 或 Dyn11 连接组别。

① Yyn0 连接组别　Yyn0 连接如图 3-2 所示，其一次线电压和对应的二次线电压之间的相位关系，如同时钟在 0 点时时针与分针的位置关系一样。

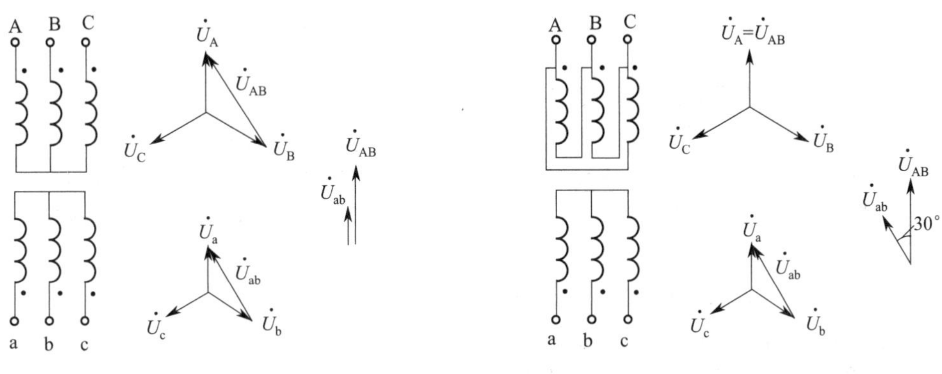

图 3-2　变压器 Yyn0 连接组别

图 3-3　变压器 Dyn11 连接组别

Yyn0 连接变压器，二次侧的谐波电流会注入公共的高压电网中，其中性线的电流规定不能超过相电流的 25%。因此，在负荷严重不平衡或 $3n$ 次谐波电流比较突出的场合，不宜采用 Yyn0 连接。

② Dyn11 连接组别　Dyn11 连接如图 3-3 所示，其一次线电压和对应的二次线电压之间的相位关系，如同时钟在 11 点时时针与分针的位置关系一样。配电变压器采用 Dyn11 连接比采用 Yyn0 连接有以下优点。

a. 有利于抑制高次谐波。Dyn11 连接变压器，其一次绕组为三角形连接，$3n$ 次谐波电流在其一次绕组中形成环流，不致注入高压公共电网，有抑制高次谐波的作用。

b. 有利于单相短路保护动作。Dyn11 连接变压器的零序阻抗比 Yyn0 连接变压器的小得多，故低压侧单相短路电流比 Yyn0 连接变压器大得多，从而更有利于低压单相短路保护的动作和故障的切除。

c. 承载不平衡负荷的能力大。Dyn11 连接变压器，其低压中性线的电流可达相电流的

75%，更适合负荷不平衡的供电系统。因此，GB50052—1995 规定，低压 TN 及 TT 系统，宜于选用 Dyn11 连接变压器。

近年来 Dyn11 连接配电变压器得到推广使用，但 Yyn0 连接变压器比 Dyn11 连接变压器成本低。因此，当低压 TN 及 TT 系统中性线电流未超过相电流的 25%时，仍可选用 Yyn0 连接变压器。

3.2.2 电力变压器的容量及过负荷能力

（1）电力变压器的额定容量与实际容量

电力变压器的额定容量（铭牌容量），是指它在规定的环境温度条件下，室外安装时，在规定的使用年限（一般为 20 年）内所能连续输出的最大视在功率（kV·A）。

GB 1094—1996 规定，电力变压器正常使用的最高年平均气温为+20℃。如果变压器安装地点的年平均气温 $\theta_{0.av} \neq 20℃$，则年平均气温每升高 1℃，变压器的容量应相应减小 1%。因此变压器的实际容量 S_T 应计入一个温度校正系数 K_θ。

对室外变压器，其实际容量为

$$S_T = K_\theta S_{N.T} = \left(1 - \frac{\theta_{0.av} - 20}{100}\right) S_{N.T} \tag{3-1}$$

式中 $S_{N.T}$——变压器额定容量。

对室内变压器，由于散热条件差，变压器的环境温度一般会比户外温度高出 8℃，因此其实际容量应减少 8%，故其实际容量为

$$S_T = K'_\theta S_{N.T} = \left(0.92 - \frac{\theta_{0.av} - 20}{100}\right) S_{N.T} \tag{3-2}$$

（2）电力变压器的正常过负荷能力

电力变压器运行过程中，它实际所带的负荷总是变化的。变压器的容量是按计算负荷（年最大负荷）选择的，就一昼夜来说，在很多时间变压器所带负荷都低于计算负荷。因此，变压器在运行过程中，实际上并没有充分发挥其带负荷的能力。从维持变压器规定的使用年限（寿命）来考虑，变压器在必要时完全可以过负荷运行。

对油浸式电力变压器，其允许过负荷包括以下两项。

① 由于昼夜负荷不均所允许的过负荷。

② 由于季节性负荷差异所允许的过负荷。

以上两项可同时考虑，但对室内变压器，其允许过负荷不得超过 20%；对室外变压器，其允许过负荷不得超过 30%。

（3）电力变压器的事故过负荷能力

电力变压器在事故情况下，允许短时间较大幅度的过负荷运行，但这种事故过负荷运行的时间不得超过表 3-1 所规定的时间。

表 3-1 电力变压器事故过负荷量及允许运行的时间

油浸自冷式变压器	过负荷百分值/%	30	45	60	75	100	200
	过负荷时间/min	120	80	45	20	10	1.5
干式变压器	过负荷百分值/%	10	20	30	40	50	60
	过负荷时间/min	75	60	45	32	16	5

3.2.3 电力变压器并列运行的条件

两台或多台电力变压器并列运行时，必须满足以下几个基本条件。

① 并列运行变压器的一次额定电压和二次额定电压必须对应相等，即电压比必须相同，其允许偏差为±5%。如果并列变压器的电压比不相同，二次电压较高的绕组将向二次电压较低的绕组提供电流，在二次回路内出现环流，引起绕组过热。

② 并列运行变压器的阻抗电压必须相等，其允许偏差为±10%。由于并列运行变压器二次侧负荷电流与其阻抗电压值成反比，如果并列运行变压器的阻抗电压值不相等，将会导致阻抗电压值较小的变压器过负荷甚至烧毁。

③ 并列运行变压器的连接组别必须相同，保证一次电压和二次电压的相序和相位相同，以避免环流。如果并列运行的两台变压器，一台为 Yyn0 连接，一台为 Dyn11 连接，其二次电压将会出现 30°相位差，并产生电位差 ΔU。ΔU 将在两台变压器的二次绕组回路产生很大的环流，有可能使变压器绕组烧毁。

此外，并列运行变压器的容量应尽量相同或接近，其最大容量与最小容量之比，一般不宜超过 3∶1。

3.2.4　电力变压器的选择

（1）变压器台数的选择

工厂变电所中变压器的台数，应根据下列原则选择。

① 应满足用电负荷对供电可靠性的要求。对供有大量一、二级负荷的变电所应采用两台变压器；对只有二级负荷的变电所，也可只采用一台变压器，并在低压侧增设与其他变电所的联络线作为备用电源。

② 对季节性负荷或昼夜负荷变动较大的工厂变电所，可考虑采用两台变压器。

③ 一般的三级负荷，可采用一台变压器。

（2）变压器容量的选择

① 只装一台变压器的变电所。变压器的额定容量 $S_{N.T}$ 应满足全部用电设备总计算负荷 S_{30} 的需要，即

$$S_{N.T} \geqslant S_{30} \tag{3-3}$$

② 装两台变压器的变电所。每台变压器的额定容量 $S_{N.T}$ 应同时满足以下两个条件：

$$S_{N.T} \geqslant 0.7S_{30} \tag{3-4}$$

$$S_{N.T} \geqslant S_{30(\mathrm{I}+\mathrm{II})} \tag{3-5}$$

式中　$S_{30(\mathrm{I}+\mathrm{II})}$——任一台变压器单独运行时，应能承担的全部一、二级负荷。

③ 车间变电所变压器容量。车间变电所变压器的容量，受低压断路器断流能力和短路稳定性的限制，其额定容量一般不宜大于 1000kV·A。对安装在楼上或居民小区变电所的电力变压器，单台容量不宜大于 630kV·A。

④ 适当考虑 5～10 年电力负荷的增长，选择变压器容量时，应留有一定的余地。

必须指出，变电所主变压器台数和容量的确定，还应结合变电所主接线方案的选择，通过对多个方案的技术经济比较后择优确定。

3.3　互感器

电流互感器和电压互感器统称为互感器，它是一次电路和二次电路的联络元件。从基本结构和工作原理来说，互感器是一种特殊变压器，用以分别向测量仪表、继电器的电流线圈

和电压线圈供电，以准确反映电气设备的正常运行及故障情况。

① 将一次回路的大电流和高电压变为二次回路标准的小电流和低电压，以扩大仪表、继电器等二次设备的使用范围，并使测量仪表和保护装置标准化、小型化。

② 使测量仪表、继电器等二次设备与一次电路绝缘，这既可避免一次电路的高电压直接引入仪表、继电器等二次设备，又可防止仪表、继电器等二次设备的故障影响一次电路，提高一、二次电路的安全性和可靠性，并保证人身和设备安全。

3.3.1 电流互感器

电流互感器，简称 TA 或 CT。其功能是将一次电路的大电流变换成标准的小电流，为二次电路测量仪表和电流继电器等设备供电。

（1）电流互感器的结构原理

电流互感器的结构原理如图 3-4 所示，它由一次绕组、铁芯和二次绕组组成。其结构特点是：

① 一次绕组串接在一次电路中，匝数少、导线粗，故一次绕组中的电流完全取决于被测电路的负荷电流，而与二次电流大小无关。

② 二次绕组匝数多，导体较细，与所接仪表和继电器的电流线圈串联，形成一个闭合回路。二次绕组的额定电流一般为 5A 或 1A。正常工作时，二次绕组所接的仪表、继电器等电流线圈的阻抗很小，因此电流互感器二次回路接近于短路工作状态。

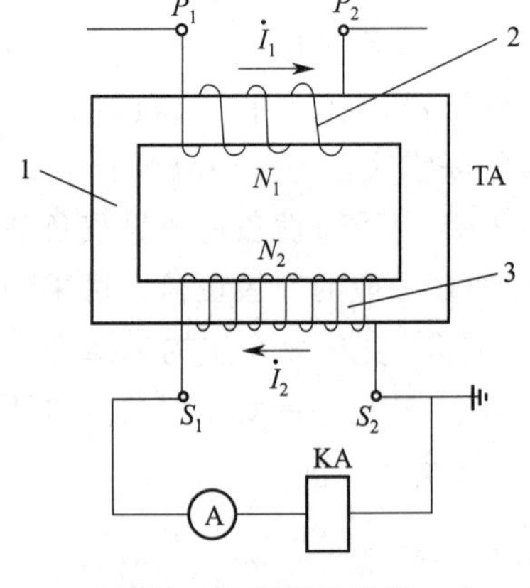

图 3-4 电流互感器

1—铁芯；2—一次绕组；3—二次绕组

电流互感器一次电流 I_1 与其二次电流 I_2 之间的关系为

$$I_1 \approx \frac{N_2}{N_1} I_2 = K_i I_2 \tag{3-6}$$

式中，N_1、N_2 为电流互感器一次和二次绕组匝数；K_i 为电流互感器的变流比，其为电流互感器一次和二次额定电流之比，即 $K_i = I_{1N}/I_{2N}$，例如 100A/5A。

（2）电流互感器的类型和型号

电流互感器的类型按一次绕组的匝数分，有单匝式（包括母线式、芯柱式、套管式）和多匝式（包括线圈式、线环式、串级式）；按一次电压不同分，有高压和低压两大类；按用途分，有测量用和保护用两大类；按绝缘和冷却方式分类，可分为油浸式和干式；按准确度等级分，有测量用的和保护用的。

测量用电流互感器有 0.1、0.2、0.5、1、3、5 六级；保护用电流互感器有 5P 和 10P 两级。实验室精确测量选用 0.1 或 0.2 级；工程上用于计量收取电费的测量，应选用 0.5 级；运行中只作监视或估算电量用的，可选 1、3 或 5 级；供保护装置用的电流互感器，选用 5P 和 10P 级；对差动保护用的电流互感器应选用 0.5（或 D）级。

如果一只电流互感器既要供给测量仪表，又要供给保护装置，可以选择具有两个铁芯和不同准确度级的电流互感器。

图 3-5 是 LQJ-10 型电流互感器的外形。它有两个铁芯和两个二次绕组，分别为 0.5 级和 3 级，0.5 级用于测量，3 级用于继电保护。

图 3-6 是 LMZJ1-0.5 型电流互感器的外形。它没有一次绕组，安装时穿过其铁芯的母线就是其一次绕组（相当于 1 匝），用于 500V 以下的配电装置中。

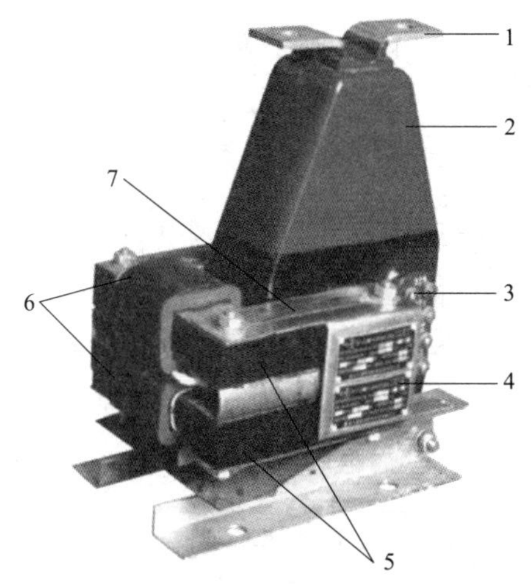

图 3-5　LQJ-10 型电流互感器

1—一次接线端子；2—一次绕组（树脂浇注）；3—二次接线端子；4—铭牌；5—铁芯；6—二次绕组；7—警示牌（上写“二次侧严禁开路”等字样）

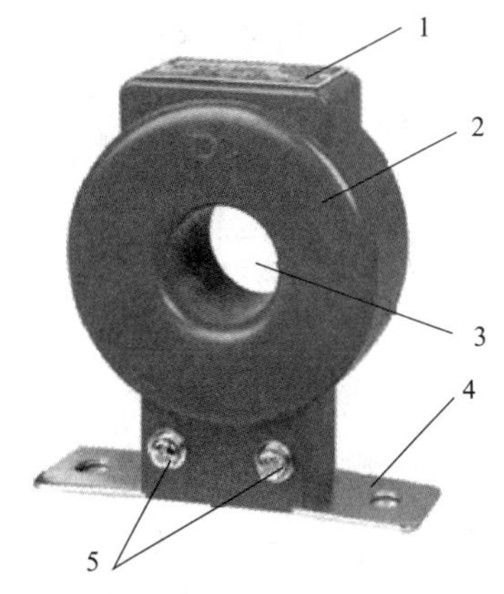

图 3-6　LMZJ1-0.5 型电流互感器

1—铭牌；2—铁芯；3—一次母线穿孔，外绕二次绕组，树脂浇注；4—安装板；5—二次接线端子

电流互感器全型号的表示及含义如下：

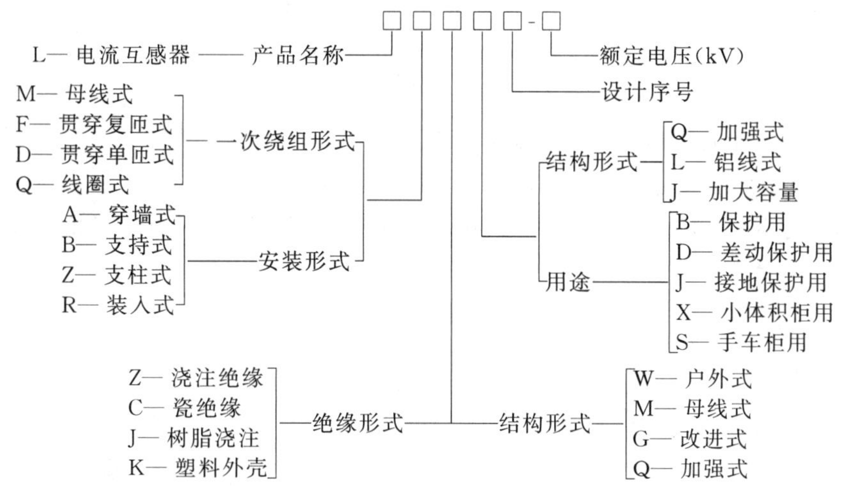

(3) 电流互感器的接线方式

电流互感器在三相电路中有四种常用的接线方式，如图 3-7 所示。

① 一相式接线　如图 3-7(a) 所示，电流线圈中通过的电流，反映一次电路对应相的电流，一般用于负荷平衡的三相电路中，供测量电流或过负荷保护装置之用。

② 两相 V 形接线　如图 3-7(b) 所示，这种接线也称为两相不完全星形接线。在继电保护装置中，这种接线称为两相两继电器式接线。在 6～10kV 中性点不接地的三相三线制高压电路中，这种接线广泛用于测量三相电流、电能及作过电流保护之用。电流互感器通常安装在 A、C 两相，由图 3-8 所示的相量图可知，其二次侧公共线上的电流正好等于未接电流互感器的 B 相电流，即 $\dot{I}_a+\dot{I}_c=-\dot{I}_b$。

③ 两相电流差式接线　如图 3-7(c) 所示，这种接线也称为两相一继电器式接线。流过电流继电器线圈的电流为 $\dot{I}_a-\dot{I}_c$，由相量图 3-9 可知，其量值是相电流的 $\sqrt{3}$ 倍。这种接线

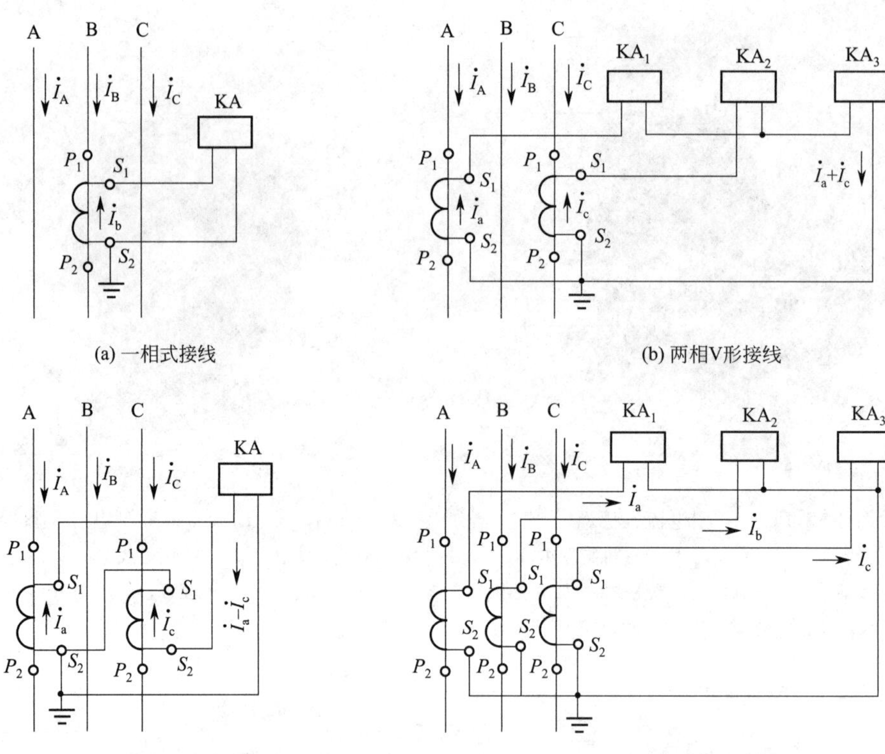

图 3-7　电流互感器的接线方式

适用于中性点不接地的三相三线制系统中，作过电流保护之用。

④ 三相星形接线　如图 3-7(d) 所示，各相电流回路正好反映对应相电流。这种接线广泛用于三相负荷不平衡的三相四线制系统中，也用于负荷可能不平衡的三相三线制系统中，作三相电流、电能测量及过电流保护之用。

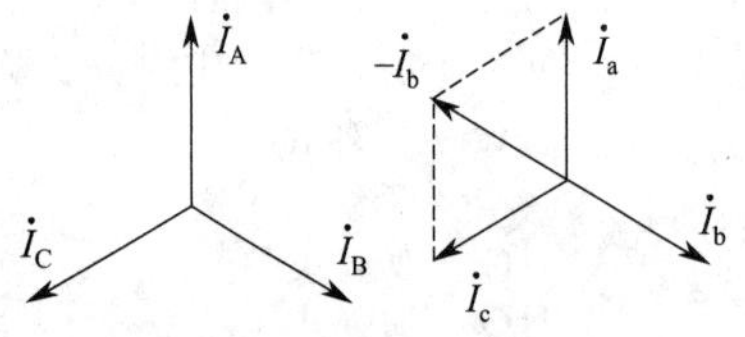

图 3-8　两相 V 形接线电流互感器的一、二次侧电流相量图

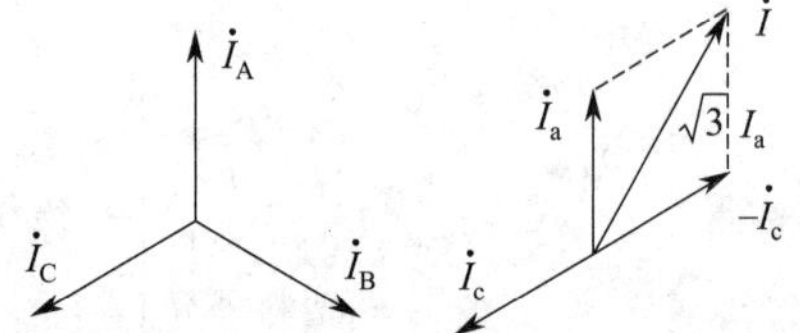

图 3-9　两相电流差接线电流互感器的一、二次侧电流相量图

（4）电流互感器使用注意事项

① 电流互感器工作时二次侧不得开路。如果开路，二次侧会感应出危险的高电压，危及人身和设备安全；同时，互感器铁芯会由于磁通剧增而过热，会烧毁线圈，并产生剩磁，导致互感器准确度降低。

② 电流互感器的二次侧有一端必须接地。这是为了防止一、二次绕组间绝缘击穿时，一次侧高电压窜入二次侧，危及设备和人身安全。

③ 电流互感器在接线时，要注意其端子的极性。新标准规定，电流互感器的一、二次侧绕组端子分别用 P_1、P_2 和 S_1、S_2 表示，P_1 和 S_1、P_2 和 S_2 为同极性端。如果一次电流 I_A 从 P_1 流向 P_2，则二次电流 I_a 由 S_2 流向 S_1，如图 3-7 所示。

在安装和使用电流互感器时，一定要注意其端子极性，否则将会造成不良后果或事故。在图 3-7(b) 中，如果 C 相电流互感器的 S_1 和 S_2 端子接反，则二次侧公共线上的电流就不是相电流，而是相电流的 $\sqrt{3}$ 倍，可能使电流表烧毁。

3.3.2　电压互感器

电压互感器，简称 TV 或 PT，其功能是将一次电路的高电压变换成标准的低电压，为二次电路测量仪表和电压继电器等设备供电。

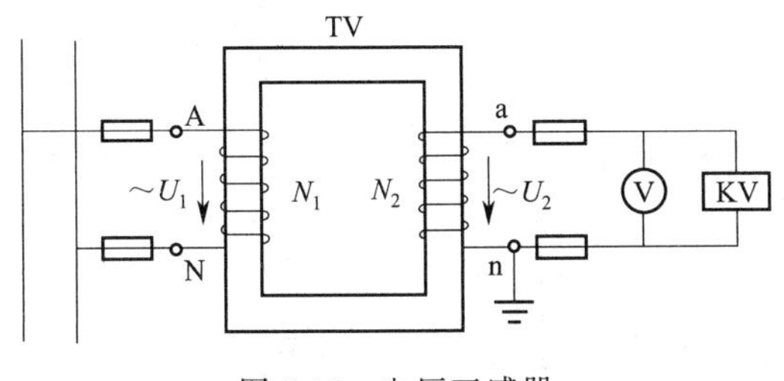

图 3-10　电压互感器

(1) 电压互感器的结构原理

电压互感器的结构原理如图 3-10 所示，它由一次绕组、铁芯和二次绕组组成。其结构特点是：

① 一次绕组匝数很多，二次绕组匝数很少，相当于降压变压器。二次绕组的额定电压一般为 100V。

② 工作时，一次绕组并接在一次电路中，二次绕组并接仪表和继电器的电压线圈。由于这些电压线圈的阻抗很大，所以电压互感器的二次侧接近于空载工作状态。

电压互感器一次电压 U_1 与其二次电压 U_2 之间的关系为

$$U_1 \approx \frac{N_1}{N_2} U_2 = K_u U_2 \tag{3-7}$$

式中，N_1，N_2 为电压互感器一次和二次绕组匝数；K_u 为电压互感器变压比，一般表示为其一、二次额定电压之比，即 $K_u = U_{1N}/U_{2N}$，如 10000V/100V。

(2) 电压互感器的类型与型号

电压互感器的类型按相数分，有单相和三相两类；按结构原理分，有电容分压式和电磁感应式；按绝缘方式分，有干式和油浸式；按用途分，有测量用的和保护用的。

测量用电压互感器，其准确度要求较高，计费测量用 0.5 级，一般测量用 1.0～3.0 级；保护用准确度为 3P 和 6P 级。

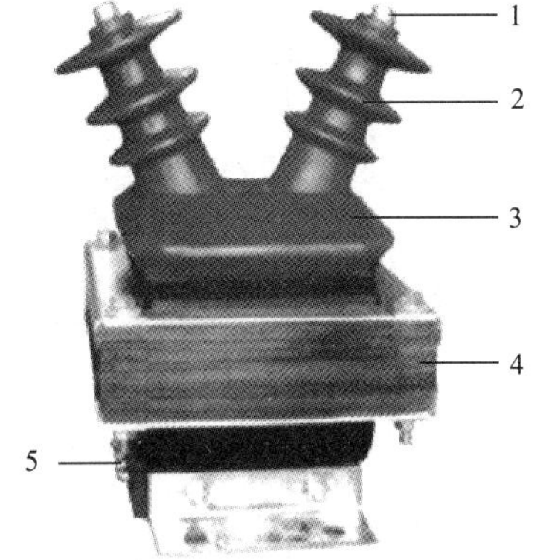

图 3-11　JDZJ-10 型电压互感器

1—一次接线端子；2—高压绝缘套管；3—一、二次绕组环氧树脂浇注；4—铁芯；5—二次接线端子

JDZJ-10 型电压互感器如图 3-11 所示，它是环氧树脂浇注绝缘的单相电压互感器，广泛用于 6～10kV 配电系统。

电压互感器型号的表示及含义如下：

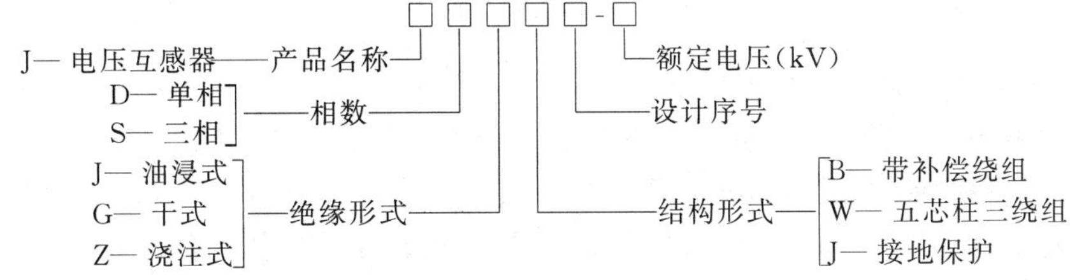

(3) 电压互感器的接线方式

电压互感器在三相电路中的接线方式如图 3-12 所示。

① —/—形接线　一个单相电压互感器接成—/—形，如图 3-12(a) 所示。这种接线用于某两相之间线电压的测量，适用于电压对称的三相电路。

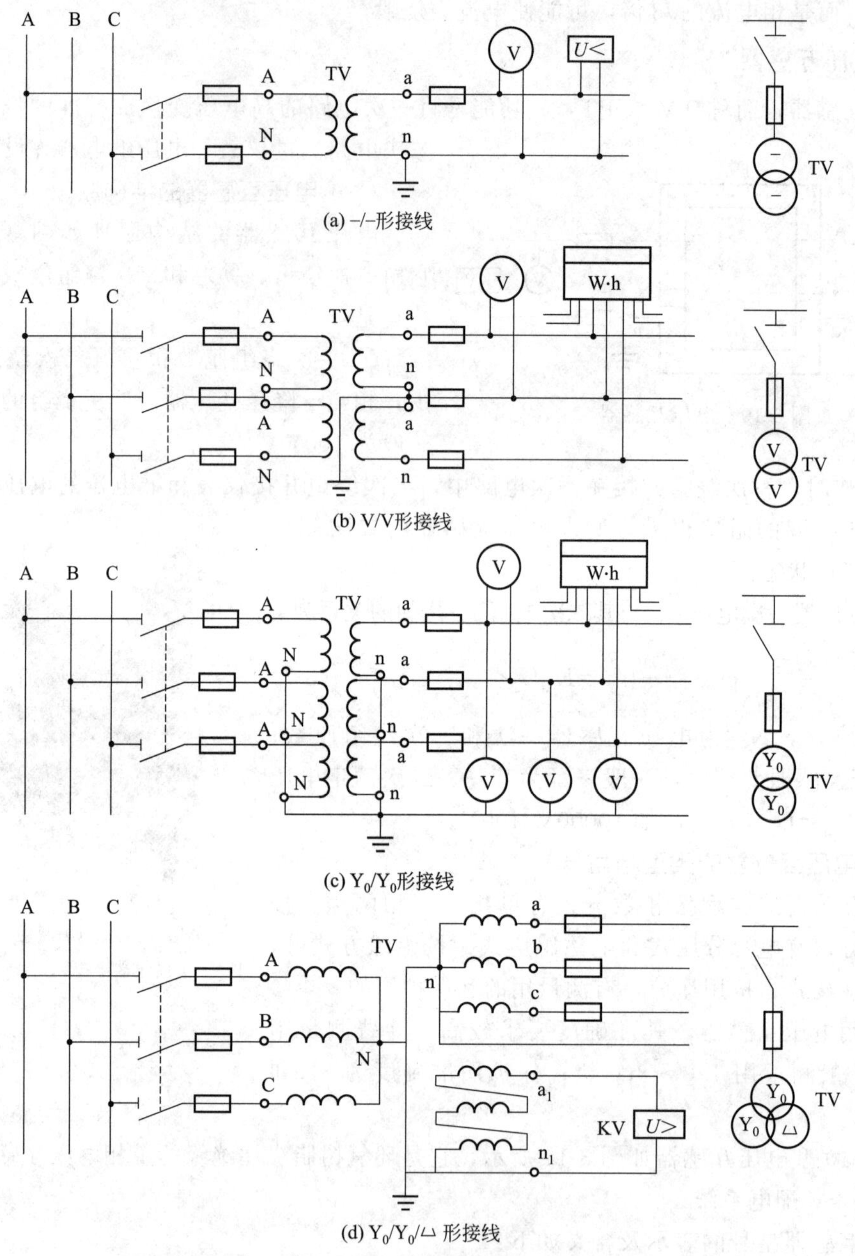

(a) —/—形接线

(b) V/V形接线

(c) Y_0/Y_0形接线

(d) $Y_0/Y_0/\triangle$ 形接线

图 3-12　电压互感器的接线方式

② V/V 形接线　两个单相电压互感器接成 V/V 形，如图 3-12(b) 所示。用于三相三线制电路三个线电压的测量，适用工厂变配电所 6～10kV 高压配电装置。

③ Y_0/Y_0 形接线　三个单相电压互感器接成 Y_0/Y_0 形，如图 3-12(c) 所示。用于给要求线电压的仪表和继电器供电，同时给接相电压做绝缘监视的电压表供电。这种接线方式中，接在相电压上的电压表应按线电压选择。

④ $Y_0/Y_0/\triangle$(开口三角) 形接线　三个单相三绕组电压互感器或一个三相五芯柱三绕组

电压互感器接成 $Y_0/Y_0/\triangle$形，如图 3-12(d) 所示。接成 Y_0 形的二次绕组，给需要线电压的仪表、继电器及需要相电压的电压表供电；接成开口三角形的辅助二次绕组，接电压继电器，构成一次电路绝缘监视装置。一次电路正常工作时，三个相电压对称，开口三角形两端电压接近于 0V。当某一相接地时，开口三角形两端将出现近 100V 的零序电压，使电压继电器动作，发出单相接地信号。

(4) 电压互感器使用注意事项

① 电压互感器工作时其二次侧不得短路。由于电压互感器二次回路中的负载阻抗很大，其二次回路接近于开路工作状态。二次侧一旦发生短路，将产生很大的短路电流，有可能烧毁电压互感器，甚至影响一次电路的安全运行。因此，电压互感器的一、二次侧必须装设熔断器进行短路保护。

② 电压互感器二次侧有一端必须接地，以防止一、二次绕组间绝缘击穿时，一次侧的高电压窜入二次侧，危及人身和设备安全。

③ 电压互感器接线时，要注意其端子的极性。新标准规定，单相电压互感器一、二次绕组端子标以 A、N 和 a、n，端子 A 与 a、N 与 n 为“同名端”或“同极性端”。三相电压互感器，一次绕组端子分别标以 A、B、C、N，二次绕组端子分别标以 a、b、c、n，端子 A 与 a、B 与 b、C 与 c、N 与 n 分别为“同名端”或“同极性端”。接线时，要注意一、二次端子极性的一致性。

3.4　高压开关与保护电器

高压开关与保护电器，包括隔离开关、负荷开关、断路器、熔断器和高压开关柜等配电设备。针对工厂供配电系统，主要介绍 35kV 及以下设备。

3.4.1　高压隔离开关

(1) 高压隔离开关的功能

高压隔离开关（QS）没有专门的灭弧装置，不能接通和切断负荷电流。其主要用途是隔离高压电源，以保证其他设备和线路的安全检修。

① 隔离电源　隔离开关断开后有明显可见的断开间隙，将高压电源与需要检修的部分可靠地隔离，能保证人身和设备的安全。

② 倒闸操作　供配电系统运行方式的改变及设备的投切，都需要借助隔离开关进行倒闸操作。如在双母线主接线的变电所中，利用隔离开关将设备或线路从一组母线切换到另一组母线。

③ 接通或切断小电流电路　如励磁电流不超过 2A 的空载变压器、电容电流不超过 5A 的空载线路及电压互感器和避雷器等回路。

注意：隔离开关与断路器配合操作的顺序为：送电时，先合隔离开关，后合断路器；断电时，先断开断路器，后拉开隔离开关。

(2) 隔离开关的结构与类型

隔离开关类型很多，根据安装地点，分为户内式和户外式；按绝缘支柱数目，分为单柱式、双柱式和三柱式；按有无接地刀闸，分为无接地刀闸、一侧有接地刀闸和两侧有接地刀闸；按操作机构，分为手动式、电动式、气动式和液压式。但其结构大致相同，均由静触头、动触头、支柱绝缘子和传动机构等组成。

高压隔离开关型号的表示和含义如下：

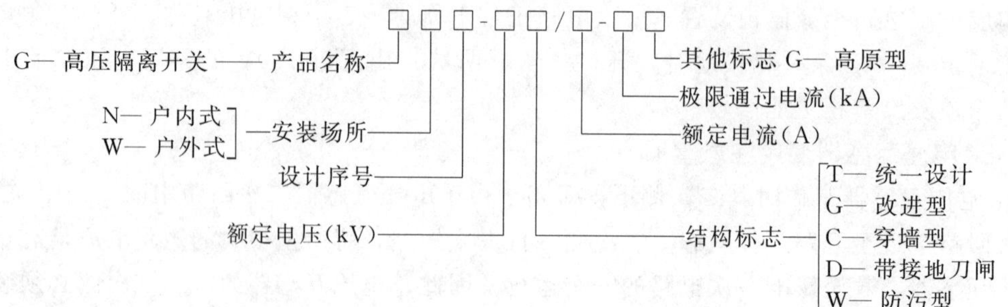

图 3-13 是 GN8-10 型户内高压隔离开关结构。它的三相刀闸安装在同一底座上，刀闸采用回转运动方式。手动操动机构通过操作杆驱动转轴旋转，转轴通过拐臂驱动升降绝缘子带动动触头分闸或合闸。为保证动、静触头接触良好，在接触处装有片形弹簧。

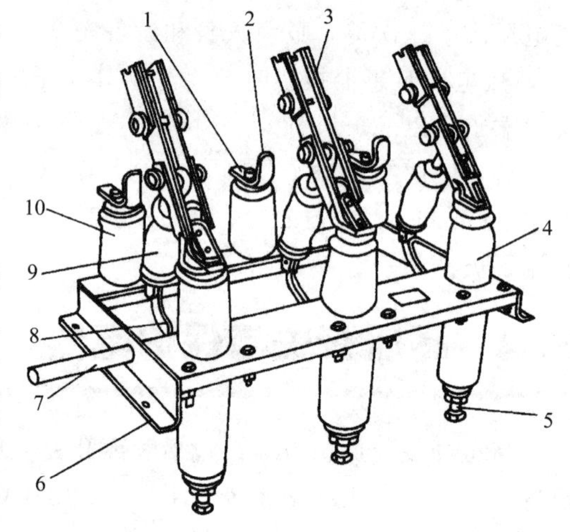

图 3-13　GN8-10 型户内高压隔离开关

1—上接线端子；2—静触头；3—动触头（刀闸）；4—套管绝缘子；5—下接线端子；6—框架；7—转轴；8—拐臂；9—升降绝缘子；10—支柱绝缘子

3.4.2　高压负荷开关

（1）高压负荷开关的功能

高压负荷开关（QL），具有简单的灭弧装置，能通断一定的负荷电流和过负荷电流。但它不能断开短路电流，必须与高压熔断器配合使用，借助熔断器来切断短路故障。负荷开关断开后，与隔离开关一样，具有明显可见的断开间隙，因此还具有隔离电源、保证安全检修的功能。

（2）高压负荷开关的结构与类型

高压负荷开关的类型，按安装地点，分为户内式和户外式；按灭弧方式，分为产气式、压气式、油浸式、真空式和 SF_6 式等。

高压负荷开关型号的表示及含义如下：

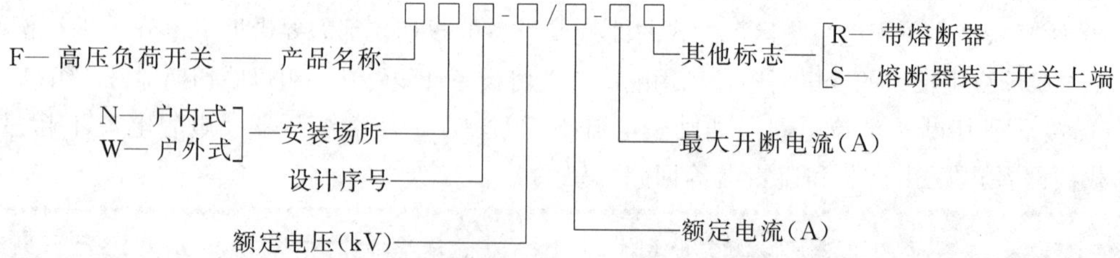

图 3-14 是 FZN16-12 型户内高压负荷开关，它是高压负荷开关与高压熔断器的组合电器。这种负荷开关的结构与隔离开关很相似，实际上就是在隔离开关的基础上增设了一个简单的灭弧装置，用以切断负荷电流。负荷开关的上绝缘子不仅起支柱绝缘子的作用，而且起灭弧室的作用。其内部有一个汽缸，装有与负荷开关操作机构联动的活塞，绝缘子上部装有绝缘喷嘴和弧静触头。

负荷开关分闸时，主触头先分离（免受电弧烧蚀），弧动触头与弧静触头后分离（引弧

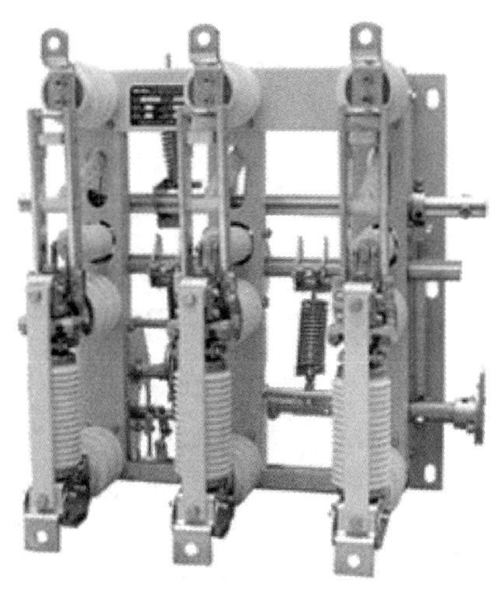

图 3-14　FZN16-12 型高压负荷开关

以保护主触头)。在此过程中，闸刀一端的弧动触头与绝缘子上的弧静触头之间便产生电弧；主轴转动带动活塞运动，压缩汽缸中的空气从喷嘴向外吹弧，使电弧迅速熄灭。

负荷开关断流灭弧的能力有限，只能分断一定的负荷电流和过负荷电流。负荷开关下部配装的高压熔断器，可切断短路电流。

3.4.3　高压断路器

高压断路器（QF）具有完善的灭弧装置，不仅能通断正常的负荷电流，而且能接通和承受一定时间的短路电流，并能在保护装置作用下自动、迅速地切除短路故障。

高压断路器按使用场合，分为户内式和户外式；按其采用的灭弧介质不同，分为油断路器、真空断路器和六氟化硫（SF_6）断路器等。以往多使用少油断路器，而现在广泛使用的是真空断路器和六氟化硫断路器。

高压断路器型号的表示和含义如下：

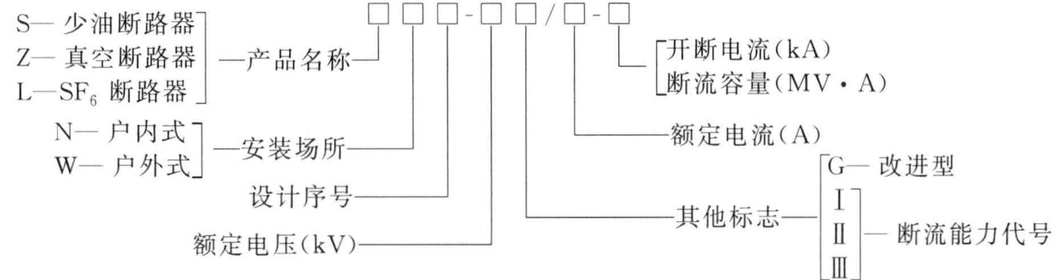

(1) 少油断路器

SN10-10 型高压少油断路器的内部结构如图 3-15 所示。其导电回路是：上接线端子 3→插座式静触头 5→动触头（导电杆）7→中间滚动触头 8→下接线端子 9。

断路器分闸时，动触头（导电杆）向下运动。当导电杆离开静触头时，在动、静触头间产生电弧，使油分解产生气泡，导致静触头周围油压增大，迫使逆止阀关闭。这时电弧在近乎封闭的空间内燃烧，从而使灭弧室内的油压骤增。当导电杆继续向下运动，相继打开一、二、三道灭弧沟及下面的油囊时，油气流强烈地横吹和纵吹电弧，加之导电杆向下运动形成的附加油流射向电弧，使电弧强烈地去游离而得以熄灭。

断路器油箱上部设有油气分离室，使灭弧过程中产生的油气混合物旋转分离，气体从油箱顶部的排气孔排出，油液回流到灭弧室。

少油断路器具有较强的灭弧能力，但不能频繁操作。根据其断流容量的大小，分为Ⅰ、Ⅱ、Ⅲ型。Ⅰ型断流容量为 300MV·A，Ⅱ型断流容量为 500MV·A，Ⅲ型断流容量为 750MV·A。

SN10-10 型少油断路器可配用 CS2 等型手动操作机构、CD10 等型电磁操作机构或 CT7 等型弹簧操作机构。电磁操作机构不仅能手动和远距离操作断路器分、合闸，而且还能实现自动分、合闸及自动重合闸，控制的自动化程度高，应用广泛。

(2) 真空断路器

真空断路器，是利用真空（气压为 $10^{-6}\sim10^{-2}$ Pa）灭弧的断路器。其特点是体积小、重量轻、动作快、寿命长、安全可靠和便于维护检修，开断能力强，适用于频繁操作和安全要求较高的场所，已广泛应用在35kV及以下的高压配电装置中。

ZN12-12型高压真空断路器的结构如图3-16所示。

真空断路器的动、静触头密封在真空室内，由于真空中不存在气体游离问题，所以分闸时在高电场和热电发射机理下产生的真空电弧比较小，当电流过零时电弧就会熄灭，导电离子迅速扩散，动、静触头间真空的绝缘强度迅速恢复，并不会再次击穿。即真空电弧在电流第一次过零时就能完全熄灭，使电路可靠切断。

真空断路器可配用CD10型电磁操作机构或CT7型弹簧操作机构。

ABB公司生产的VD4型高压真空断路器，采用整体浇注极性和具有特殊形状的螺旋触头，大大提高了断路器的灭弧能力和可靠性。其整体结构如图3-17(a)所示，灭弧室如图3-17(b)所示，螺旋触头如图3-17(c)所示。

随着断路器动、静触头的分离，在阴极触头表面形成多个炽热的斑点，炽热斑点产生的金属蒸气产生了真空电弧。

负荷电流产生的真空电弧是发散型的，其特征是电弧扩散覆盖触头整个表面并平均分配热应力，对动、静触头几乎没有影响。

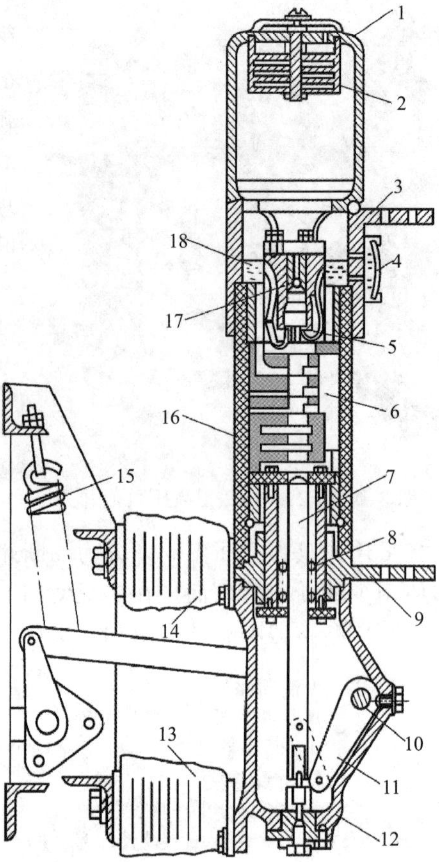

图3-15　SN10-10型高压少油断路器内部结构

1—铝帽；2—油气分离室；3—上接线端子；4—油标；5—插座式静触头；6—灭弧室；7—动触头（导电杆）；8—中间滚动触头；9—下接线端子；10—转轴；11—拐臂；12—基座；13—下支柱绝缘子；14—上支柱绝缘子；15—断路（分闸）弹簧；16—绝缘筒；17—逆止阀；18—绝缘油

短路电流产生的真空电弧是收缩型的，电弧从阳极开始收缩，并随着电流的增加而收缩得更加明显，造成燃弧区域触头温度升高，同时带来巨大的热应力。为了防止触头过热及过度烧蚀，VD4型真空断路器采用特殊形状的螺旋触头，可在弧柱运动的范围内产生一个横向的磁场。电磁场由电弧本身产生，切线方向的电流分量产生的磁场促使电弧围绕触头轴线快速旋转，这不仅减少了触头上的热应力，还大幅减小了触头的烧蚀。当电流过零时电弧自然熄灭，残留的电荷和金属蒸气快速复合或凝聚，在微秒级的时间内，触头间的绝缘强度就可以建立起来。

VD4真空断路器配弹簧操作机构，可频繁操作。适用于交流50Hz、额定电压12～24kV、额定电流630～2500A的高压配电系统中，用来分配电能、控制与保护高压供电线路和设备，其开断电流可达16～40kA，是控制负荷和切断短路电流优良的解决方案，它已在我国很多企业有大量的应用。

(3) 六氟化硫 (SF_6)断路器

六氟化硫（SF_6）断路器，是以SF_6气体作为绝缘和灭弧介质的断路器。SF_6气体是一种无色、无味、无毒、不燃烧的惰性气体。在150℃以下，其化学性能相当稳定。SF_6气体

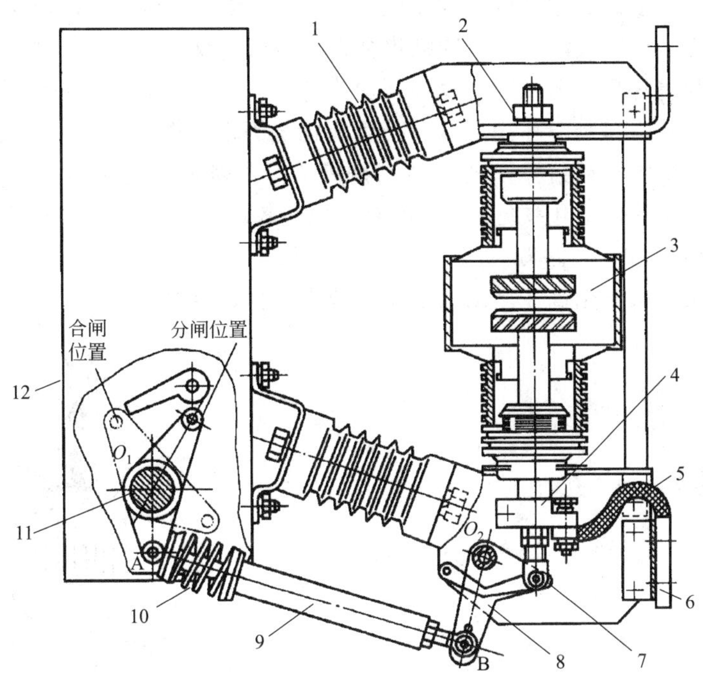

图 3-16　ZN12-12 型高压真空断路器

1—绝缘子；2—上出线端；3—真空灭弧室；4—出线导电夹；5—出线软连接；6—下出线端；7—万向杆端轴承；8—转向杠杆；9—绝缘拉杆；10—触头压力弹簧；11—主轴；12—操作机构箱

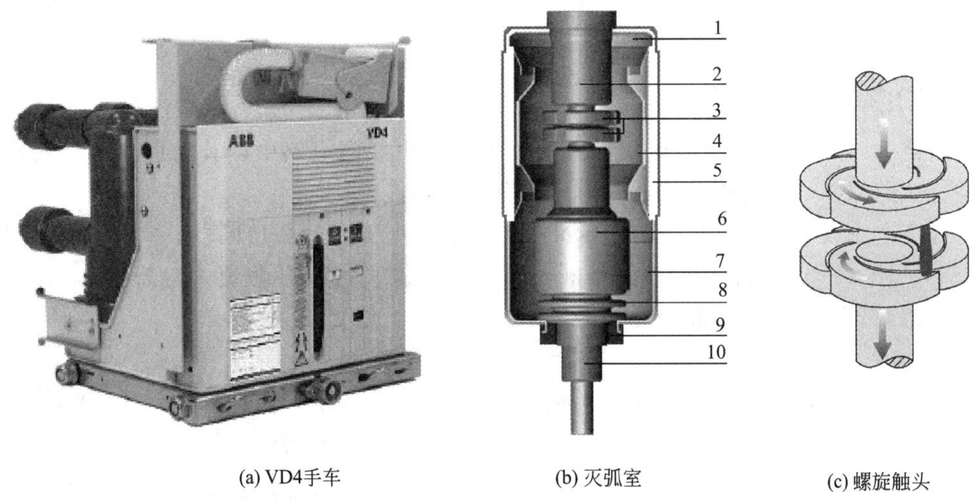

(a) VD4手车　(b) 灭弧室　(c) 螺旋触头

图 3-17　VD4-12 型高压真空断路器

1,7—端盖；2—静出线杆；3—动、静触头；4,6—屏蔽罩；5—陶瓷绝缘外壳；8—波纹管；9—扭转保护环；10—动出线杆

除具有优良的物理化学性能外，还具有优良的绝缘性能和灭弧能力。因此，SF_6 断路器具有断流能力大、灭弧速度快、无燃烧爆炸危险、绝缘性能好、检修周期长等优点。适于频繁操作，但对其密封性能要求严格，价格相对较贵。

LW8-40.5 型六氟化硫断路器的外形如图 3-18 所示，其灭弧原理如图 3-19 所示。六氟化硫断路器分闸时，动触头连同汽缸向下运动（活塞固定），SF_6 气体受压并从绝缘喷嘴喷出。在电弧作用下，SF_6 气体分解为低氟化合物，大量吸收电弧能量，使电弧强烈地去游离而得以熄灭。电弧熄灭后，低氟化合物又还原为 SF_6 气体，为再次灭弧创造了条件。SF_6 气体本身无毒性，但在电弧高温作用下，会产生氟化氢等剧毒物质，检修时应注意防毒。

SF_6 断路器主要用于频繁操作及有易燃易爆危险的场所，特别是用作全封闭组合电器中。我国 35kV 及以下的配电系统，SF_6 断路器应用较少，而 110kV 及以上的高压和超高压系统中，一般都使用 SF_6 断路器。

附表 7 给出了部分常用高压断路器的主要技术数据，供参考。

图 3-18　LW8-40.5 型 SF_6 断路器

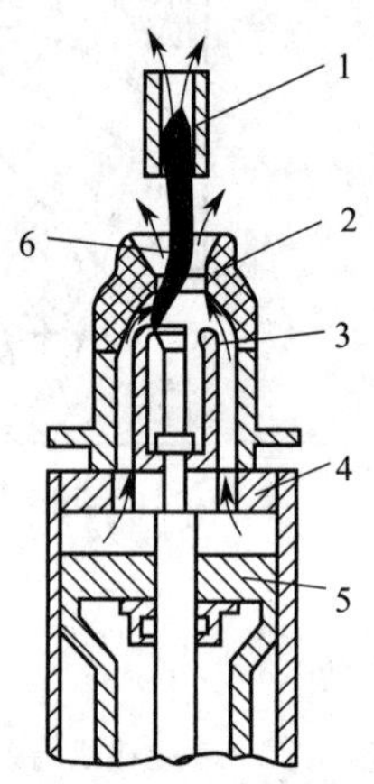

图 3-19　SF_6 断路器灭弧原理

1—静触头；2—绝缘喷嘴；3—动触头；4—汽缸（与动触头联动）；5—压气活塞（固定）；6—电弧

3.4.4 高压熔断器

熔断器（FU）是一种过电流保护电器。熔断器串联在电路中，其功能主要是对线路和设备进行短路保护，有的熔断器还具有过负荷保护功能。

厂区配电系统中，室内广泛使用 RN1 和 RN2 等型高压管式熔断器，室外多使用 RW4-10、RW10-10（F）等型高压跌开式熔断器和 RW10-35 等型高压限流式熔断器。

高压熔断器型号的表示和含义如下：

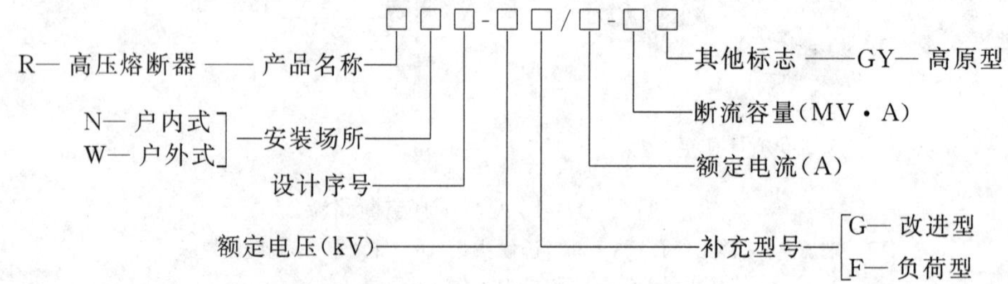

（1） RN 系列户内高压管式熔断器

RN 系列管式熔断器的结构基本相同，主要由瓷熔管、熔体、石英砂填料（灭弧介质）、金属管帽、弹性触座、熔断指示器、接线端子、瓷支柱绝缘子和底座等部分组成。

RN1、RN3 型主要用于高压线路和设备的短路和过负荷保护，其熔体要承载主电路的大电流，额定电流可达 100A。RN2、RN4 和 RN5 型只用于高压电压互感器一次侧的短路保护，其额定电流为 0.5A。RN6 型主要用于高压电动机的短路保护。

RN 系列管式熔断器，其熔管结构如图 3-20 所示。瓷质熔管内装有工作熔体、指示熔体和石英砂填料，工作熔体（铜熔丝）上焊有小锡球。当过负荷电流通过工作熔体时，铜丝上锡球受热熔化，铜锡分子相互渗透形成熔点较低的铜锡合金（这种效应称为“冶金效应”），使铜熔丝能在过负荷电流下熔断，实现过负荷保护。当出现短路电流时，由于多根并联铜丝熔断时产生的电弧比较细小，加之电弧又分包在灭弧介质石英砂内，所以灭弧速度很快，能在短路后不到半个周期的时间内，即短路电流未达到冲击电流值之前就能将电弧完全熄灭。具有这种特性的熔断器属于“限流”式熔断器。

熔断器动作时，工作熔体熔断后，指示熔体相继熔断，其红色的熔断指示器弹出，给出熔体熔断的信号。

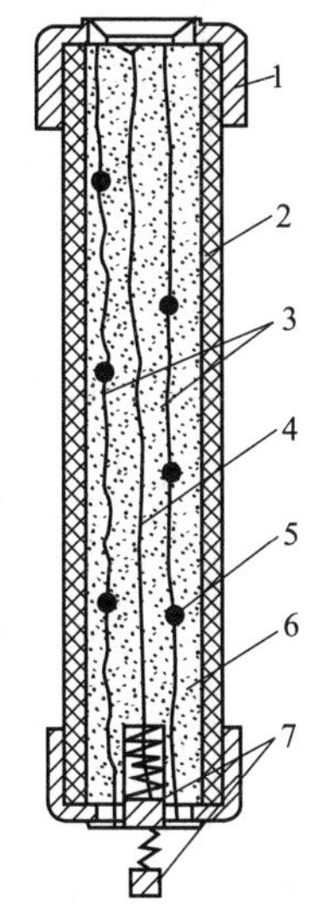

图 3-20　RN 系列熔断器熔管内部结构

1—金属管帽；2—瓷管；3—工作熔体；4—指示熔体；5—锡球；6—石英砂填料；7—熔断指示器（熔断后弹出状态）

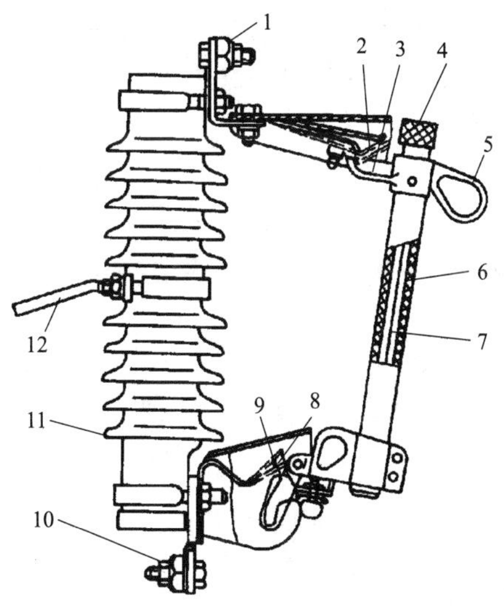

图 3-21　RW4-10（G）型高压跌开式熔断器

1—上接线端子；2—上静触头；3—上动触头；4—管帽；5—操作环；6—熔管；7—铜熔丝；8—下动触头；9—下静触头；10—下接线端子；11—绝缘瓷瓶；12—固定安装板

（2）RW 系列户外高压跌开式熔断器

RW 系列户外高压跌开式熔断器，又称跌落式熔断器，如图 3-21 所示。它由固定的支持部件和活动的熔管及熔体组成。熔管外壁由酚醛纸管或环氧玻璃钢构成，内壁套纤维质消弧管。正常运行时，熔管串联在线路中，熔管上端的动触头借熔丝张力拉紧后，利用绝缘钩棒将此动触头推入上静触头内锁紧，同时下动触头与下静触头也相互压紧，使电路接通。当线路发生故障时，短路电流使熔体熔断并产生电弧，电弧高温使消弧管壁产生大量气体，管内压力增高，高压气体将从管内喷出，形成纵向吹弧，使电弧熄灭。同时在熔体熔断后，熔管上端的动触头因失去熔丝张力而下翻，锁紧机构释放熔管，熔管靠自身重力绕轴跌落，形成明显可见的断开间隙，可起到隔离电源的作用。

RW4、RW11 型高压跌开式熔断器，广泛用于环境正常的户外场所，既可作 6～10kV 线路和设备的短路保护，又可在一定条件下，直接用高压绝缘钩棒来操作熔管的分合。在农网配电系统中应用更为常见。RW4-10(G) 型跌开式熔断器，只能在无负荷下操作，或通断小容量的空载变压器或空载线路，其操作要求与高压隔离开关相同。RW10-10(F) 负荷型跌开式熔断器，则能带负荷操作，可断开负荷电流。

跌开式熔断器的灭弧能力有限，灭弧速度不快，故属于“非限流”式熔断器。

3.4.5 高压开关柜

高压开关柜是按一定的线路接线方案，将有关一、二次设备组装而成的一种高压成套配电装置。在变电所中作为控制和保护高压设备和线路之用，其中安装有母线、绝缘子、高压开关设备、电流互感器、电压互感器、保护电器、微机保护单元和测量仪表等。

高压开关柜按其主要设备安装方式分，有固定式和移开式（手车式）两大类；按开关柜间隔结构分，有铠装型、间隔型、箱型和半封闭型等；按功能作用分，有馈线柜、电压互感器柜、高压电容器柜、电能计量柜、高压环网柜等。

各种高压开关柜必须具有“五防”功能，即：防止误跳、误合断路器；防止带负荷拉、合隔离开关；防止带电挂接地线；防止带接地线合隔离开关；防止人员误入开关柜的带电间隔。高压开关柜通过装设机械或电气闭锁装置实现“五防”功能，从而防止电气误操作和保障人身安全。

国产新系列高压开关柜型号表示及含义如下：

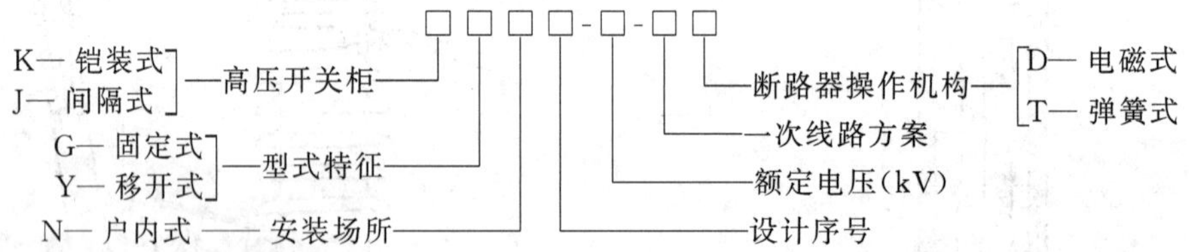

（1）固定式高压开关柜

固定式高压开关柜，常用的有 GG-1A、GG-7、GG-10、GG-1A(F) 等型号。这种开关柜结构简单，造价低廉，但其内部主要设备发生故障或需要检修时，必须中断供电，适用中小型工厂和对供电可靠性要求不高的场所。

（2）手车式（移开式）高压开关柜

手车式高压开关柜，其高压断路器等主要设备是装在可以拉出和推入开关柜的手车上的。断路器等设备需要检修时，可随时将手车拉出，再推入同类备用手车，即可恢复供电。手车式开关柜，具有检修安全、供电可靠性高等优点，但制造成本较高，主要用于大中型工厂及对供电可靠性要求高的场所。

手车式高压开关柜的主要产品有 GC 系列、KYN 系列、JYN 系列等。图 3-22 所示为 KYN 系列铠装移开式（手车式）高压开关柜。该开关柜由金属板分隔成手车室、母线室、电流互感器及电缆室、继电器仪表室、小母线室等。手车室配少油断路器或真空断路器，因有“五防”联锁，只有当断路器处于分闸位置时，手车才能拉出或推入。手车在工作位置时，一次、二次回路都接通；手车在试验位置时，一次回路断开，二次回路接通；手车在断开位置时，一次、二次回路都断开。断路器与接地开关间设有机械联锁，只有断路器处于跳闸位置手车被拉出，接地开关才能合闸。当接地开关在合闸位置时，手车只能推到试验位置，有效防止了带接地线合闸。当设备检修时，可随时拉出手车，再推入同类型备用手车，即可恢复供电。因此，手车式高压开关柜具有检修方便、安全和供电可靠性高等优点。

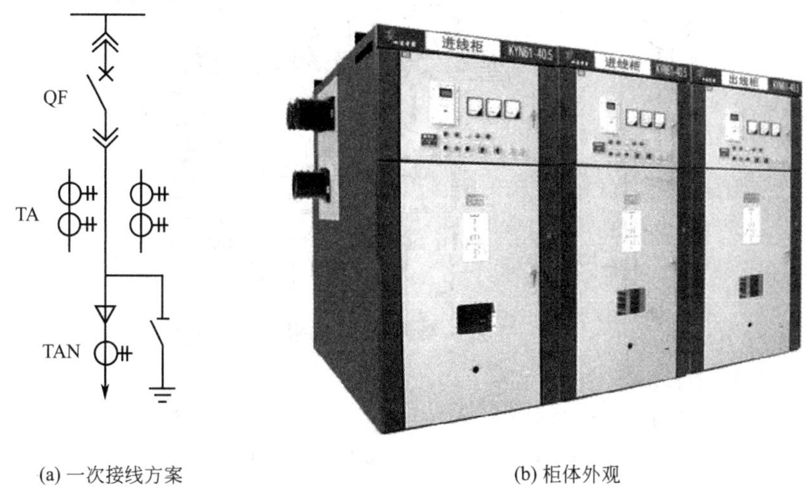

(a) 一次接线方案　　　　(b) 柜体外观

图 3-22　KYN 型铠装移开式高压开关柜

3.5　低压开关与保护电器

低压开关与保护电器用于低压电路的通、断控制和保护，主要有低压刀开关、低压负荷开关、低压断路器和低压熔断器等。

3.5.1　低压刀开关

低压刀开关是一种手动电器。用于不频繁接通或分断小电流电路或直接控制小容量电动机，也可用来隔离电源，保证检修安全。

低压刀开关的类型很多，分单投、双投；单极、双极和三极；不带灭弧罩和带灭弧罩等多种类型。刀开关全型号的表示及含义如下：

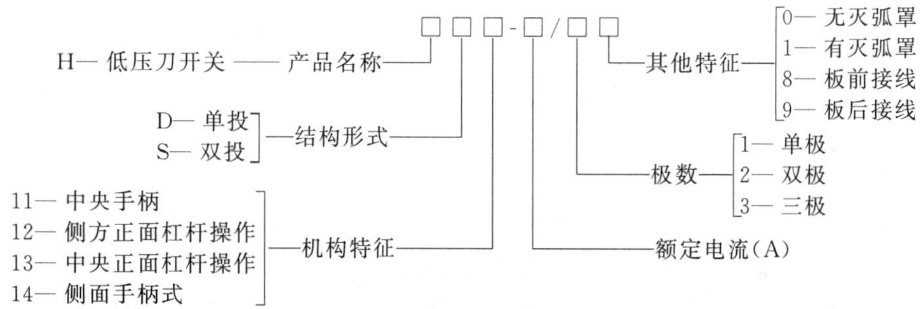

不带灭弧罩的刀开关一般只能在无负荷下操作，作隔离开关使用；带有灭弧罩的刀开关，能通断一定的负荷电流。常用的刀开关如 HD13、HD17、HS13 等。HD13 型低压刀开关的外形结构如图 3-23 所示。将 HD 型刀开关的闸刀换以具有刀形触头的 RT0 型熔断器，所组成的开关称为刀熔开关，刀熔开关具有刀开关和熔断器的双重功能。

3.5.2　低压负荷开关

低压负荷开关是由带灭弧装置的刀开关与熔断器串联组合而成的一种开关电器，既可带负荷操作，又能进行短路保护。常用的低压负荷开关有开启式胶盖负荷开关（HK 系列）和封闭式铁壳开关（HH 系列）。

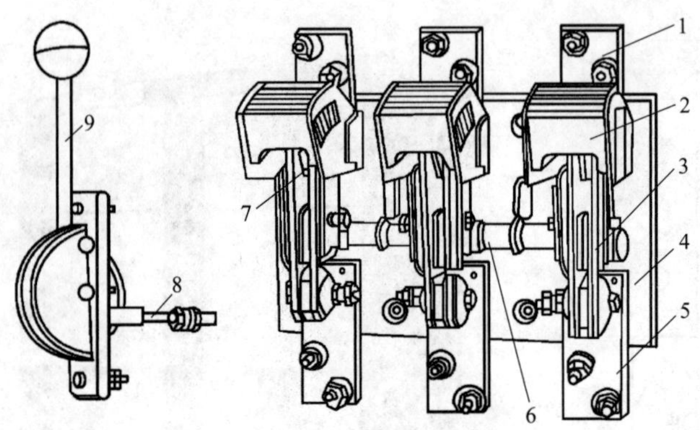

图 3-23　HD13 型低压刀开关

1—上接线端子；2—灭弧栅；3—闸刀；4—底座；5—下接线端子；6—主轴；7—静触头；8—连杆；9—操作手柄

3.5.3　低压断路器

（1）低压断路器的功能和型号

低压断路器又称为自动空气开关，是一种控制与保护电器。在电路正常工作时，作为电源开关使用，可不频繁地接通和分断负荷电路；在电路发生短路等故障时，又能自动跳闸切断故障电流，起到过流、过载、失压（欠压）等保护作用。低压断路器广泛用于大负荷干线及支线的低压配电装置中。

低压断路器的种类很多，按用途分有配电用、电动机用、照明用和漏电保护用；按灭弧介质分有空气断路器和真空断路器；按极数分有单极、双极、三极和四极断路器等。配电用低压断路器按结构形式分有塑料外壳式（DZ 系列）和框架式（DW 系列）两大类。

低压断路器的型号表示和含义如下：

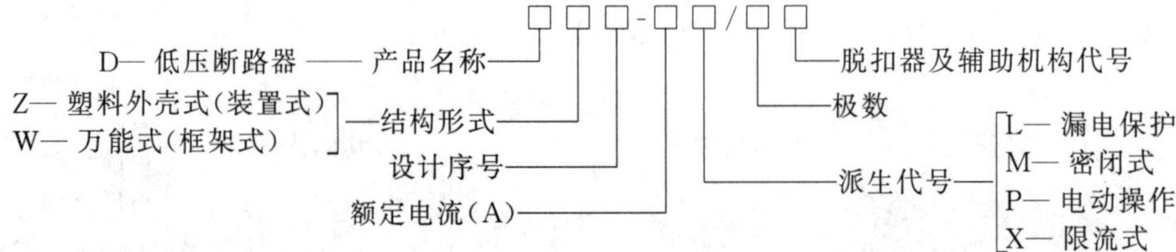

（2）低压断路器结构原理

低压断路器主要由触头系统、灭弧装置、分闸弹簧、操作机构、锁扣、过流脱扣器、热脱扣器、欠压或失压脱扣器和分励脱扣器等部分组成。

如图 3-24(b) 所示，当线路上出现短路故障时，其过流脱扣器动作使开关跳闸，实现短路保护；如出现过负荷时，串接在一次线路中的加热元件发热，双金属片弯曲使开关跳闸，实现过载保护；当线路电压严重下降或电压消失时，其失压脱扣器动作使开关跳闸，实现欠压或失压保护；如果按下按钮 6 或 7，使分励脱扣器通电或失压脱扣器失电，可实现开关的远距离跳闸操作。

国产低压断路器常用的有 DZ10、DZ10X（限流式）、DZ20、DZ15 等系列。DZ20 系列四极断路器主要用于额定电压 400V 及以下、额定电流 100～630A 的三相五线制系统中。DZ47 系列小型断路器主要用于额定电压 240V/415V 及以下、额定电流至 60A 的电路中。

(a) DZ系列断路器外形

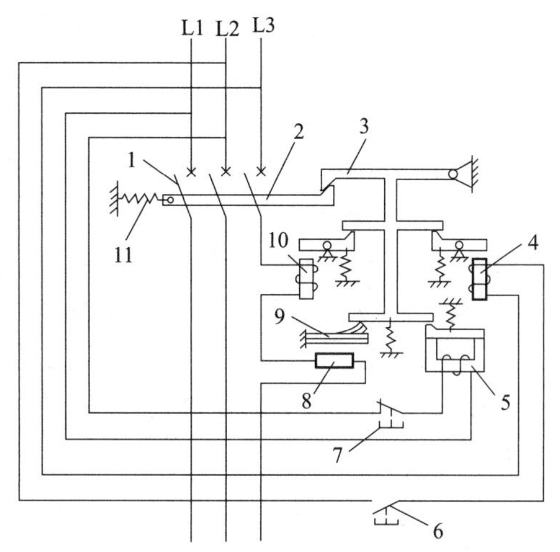

(b) 结构原理

图 3-24　低压断路器

1—主触头；2—跳钩；3—锁扣；4—分励脱扣器；5—失压脱扣器；6—分励脱扣按钮；7—失压脱扣按钮；8—加热元件；9—热脱扣器；10—过流脱扣器；11—分闸弹簧

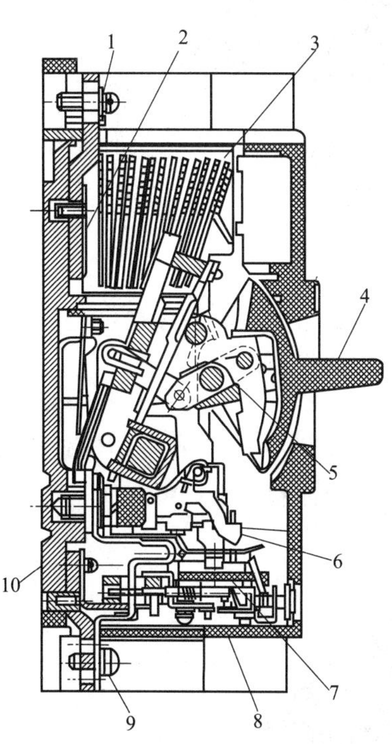

图 3-25　DZ20 型低压断路器内部结构

1—引入线接线端子；2—主触头；3—灭弧室；4—操作手柄；5—跳钩；6—锁扣；7—过电流脱扣器；8—塑料外壳；9—引出线接线端子；10—塑料底座

引进技术生产的有西门子公司的 3VE 系列，ABB 公司的 M611（DZ106）、SO60 系列，施耐德公司的 C45N（DZ47）系列等。

① 塑料外壳式低压断路器　DZ20 系列塑料外壳式低压断路器如图 3-25 所示，其操作手柄有三个工作位置。

合闸位置：手柄扳向上方，跳钩被锁扣扣住，断路器处于合闸状态。

自由脱扣位置：手柄在中间位置。此位置是当断路器因故障自动跳闸后，跳钩被锁扣脱扣，主触头已在断开位置。

分闸和再扣位置：手柄扳向下方，这时主触头还在断开位置，但跳钩被锁扣扣住，为下次合闸做好准备。断路器自动跳闸后，必须把手柄扳在此位置，才能将断路器重新进行合闸，否则是合不上的（框架式断路器手柄操作也是如此）。

② 框架式低压断路器　DW16 型框架式低压断路器（又称万能式）如图 3-26(a) 所示。框架式低压断路器的操作方式较多，既有手柄操作，又有杠杆操作、电磁操作和电动操作等，其安装地点也很灵活，既可装在配电装置中，又可安装在墙上或支架上。相对于 DZ 系列断路器，DW 系列断路器的额定电流和断流能力较大，但其分断电路的速度较慢（断路时间一般大于 0.02s）。

框架式低压断路器一般安装在低压配电柜中，作主开关起总保护作用，如做配电变压器低压侧的总开关、低压母线的分段开关和低压出线的主开关等。目前，应用较多的有DW15、DW16、DW18、DW40、CB11（DW48）等系列和引进国外技术生产的ME系列、AH系列等。

DW45智能型低压断路器如图3-26(b) 所示。它采用智能型脱扣器，可实现微机保护。适用于交流50Hz，额定电压400V、690V，额定电流630～6300A的配电系统中，用来分配电能、不频繁控制与保护低压配电线路和设备。该断路器具有多种智能化保护功能，可对线路和设备进行短路、过载、欠电压和单相接地等保护，保护选择性强，能提高供电的可靠性，可避免不必要的停电。

DW40系列低压断路器，其技术性能已达国际先进水平，额定电流可达6300A；分断电流可达120kA。

(a) DW16-200型

(b) DW45-1000智能型

图3-26 框架式（万能型）低压断路器外形

3.5.4 低压熔断器

熔断器是一种过流保护电器，串接在被保护的电路中，当电路中电流超过规定值一定时间后，以其本身产生的热量使熔体熔化而分断电路，起到保护的作用。

（1）熔断器的型号及特性

熔断器主要由熔体、熔管和熔座三部分组成，如图3-27所示。熔体一般为丝状或片状，制作熔体的材料一般为铅锡合金、锌、铜和银；熔管用于安装熔体和填充灭弧介质；熔座起固定熔管和连接引线的作用。

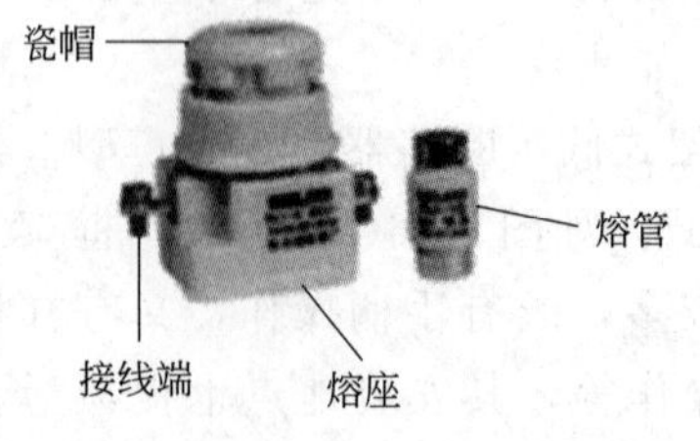

(a) 螺旋式熔断器

(b) NT系列刀形触点熔断器

图3-27 熔断器

低压熔断器型号的表示和含义如下：

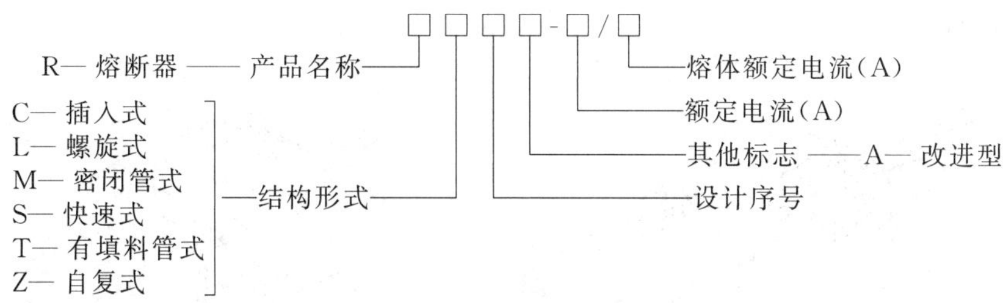

常用的熔断器有瓷插式（RC 系列）、螺旋式（RL 系列）、无填料封闭管式（RM 系列）、有填料封闭管式（RT 系列）和快速熔断器（RS 系列）等。引进技术生产的有 gF 系列、aM 系列和 NT 系列等。供配电系统中，用得较多的是 RM10 系列和 RT0 系列两种，其型号规格详见附表 12 和附表 13。

通过熔断器的电流越大，熔体熔断越快，熔断器的这一特性称为安秒特性或保护特性，如表 3-2 所示。表中 I_N 为熔体的额定电流。

表 3-2　熔断器的熔断电流与熔断时间

熔断电流/A	$1.25I_N$	$1.6I_N$	$2I_N$	$2.5I_N$	$3I_N$	$4I_N$	$8I_N$
熔断时间/s	∞	3600	40	8	4.5	2.5	1

（2） RM10 型无填料密闭管式熔断器

RM10 系列熔断器如图 3-28 所示。它由纤维熔管、变截面锌片、触刀、管帽和管夹等组成。熔片制成宽窄不一的变截面，有利于改善灭弧特性。当短路电流通过熔片时，熔片窄部（阻值较大）首先熔断，在熔管内形成几段串联电弧，由于各段熔片跌落，迅速拉长电弧，加之管内气压剧增，促使离子复合，使电弧快速熄灭。过负荷电流通过熔片时，由于电流加热时间较长，而熔片窄部散热好，往往在熔片宽窄之间的斜部熔断。由此，可根据熔片熔断的部位来判断过电流的性质。

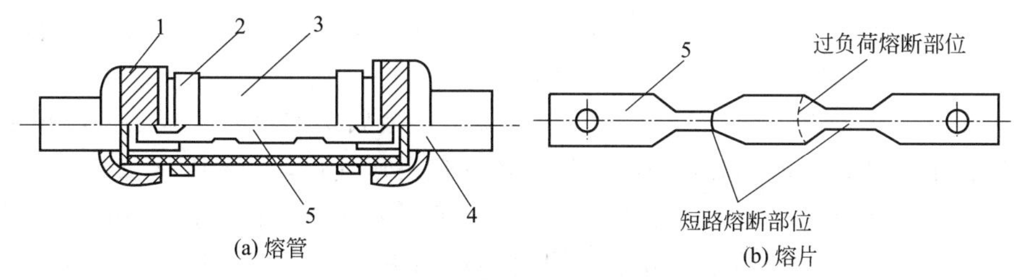

图 3-28　RM10 型低压熔断器

1—铜管帽；2—管夹；3—纤维质熔管；4—刀形触头；5—变截面锌熔片

RM10 系列熔断器的灭弧能力有限，不能在短路冲击电流出现以前完全熄灭电弧，因此属“非限流”式熔断器。但 RM10 结构简单，运行成本低，在低压配电系统中应用较多。

（3） RT0 型有填料封闭管式熔断器

RT0 型低压熔断器如图 3-29 所示，其主要由瓷熔管、栅状铜熔体和底座等几部分组成。其栅状铜熔体具有引燃栅，由于引燃栅的等电位作用，可使熔体在短路电流通过时形成多根并联电弧；栅状熔体还可将粗弧分细，将长弧分为多段短弧；加之灭弧介质石英砂的隔断与冷却作用，使电弧强烈去游离而迅速熄灭。这种熔断器的熔体上还有“锡桥”，利用“冶金效应”可使熔体在过负荷电流下熔断，实现过负荷保护。熔体熔断后，熔断指示器弹出，以便运行人员监视。

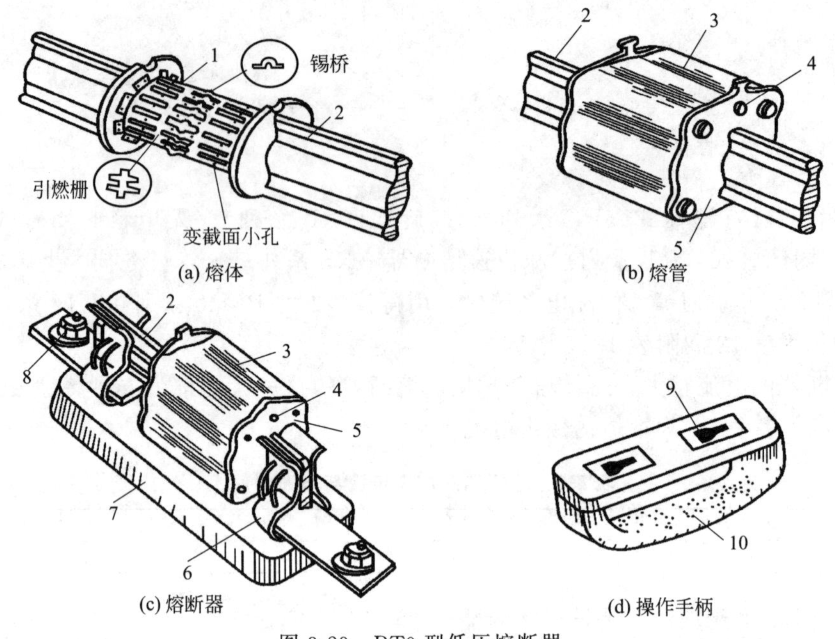

图 3-29　RT0 型低压熔断器

1—栅状铜熔体；2—刀形触头；3—瓷熔管；4—熔断指示器；5—端面盖板；6—弹性触座；7—瓷质底座；8—接线端子；9—扣眼；10—绝缘拉手手柄

RT0 型熔断器具有很强的灭弧能力，保护性能好，属“限流”式熔断器。适用于重要的供电线路或断流能力要求高的场所。但熔体为不可拆式，熔体熔断后熔管报废，故运行成本高。

（4） RZ1 型自复式熔断器

普通熔断器的熔体一旦熔断，必须更换熔体后才能恢复供电。停电时间长，往往给生产造成较大损失。自复式熔断器采用可复原的金属钠熔体，既能切断短路电流，又能在故障消除后自动恢复供电，无需更换熔体，供电可靠性高。

RZ1 型自复式熔断器如图 3-30 所示。在常温下，金属钠的电阻率很小，可正常通过负荷电流；短路电流通过金属钠熔体时，使钠熔体受热迅速气化，其电阻率急剧增大，可限制短路电流。在金属钠气化限流的过程中，装在中间的活塞将压缩氩气而迅速后退，降低了由于钠气化而产生的压力，以防熔管爆裂。限流动作结束后，钠气体由于冷却而还原为固态钠，活塞在被压缩的氩气作用下，将金属钠推回原位，使之恢复了正常工作状态。

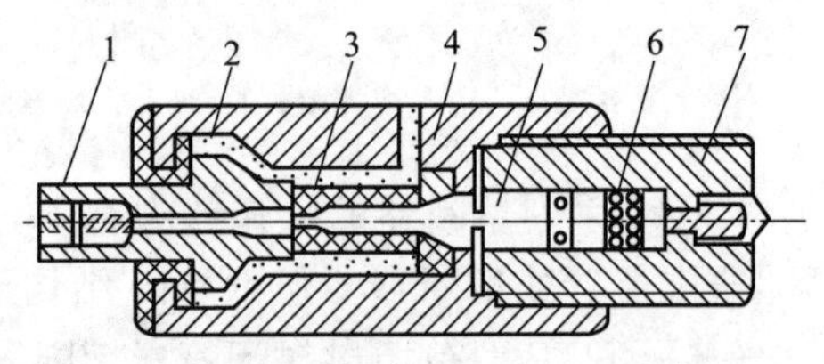

图 3-30　RZ1 型自复式熔断器

1—接线端子；2—云母玻璃；3—氧化铍瓷管；4—不锈钢外壳；5—钠熔体；6—氩气；7—接线端子

我国生产的 DZ10-100R 型低压断路器，是将 DZ10-100 型低压断路器和 RZ1-100 型自复式熔断器组合为一体的组合电器。既能切断短路电流，又能带负荷控制电路的通断，降低了对断路器分断能力的要求，提高了供电可靠性。

3.5.5　低压配电屏

低压配电屏是按一定的线路接线方案，将有关

一、二次设备组装而成的一种低压成套配电装置，在低压配电系统中作动力和照明配电之用。

低压配电屏按其结构形式，分为固定式和抽屉式两大类。根据使用要求不同，屏内可配装母线、低压断路器、刀开关、接触器、熔断器、互感器等不同设备。

低压配电屏型号的表示和含义如下：

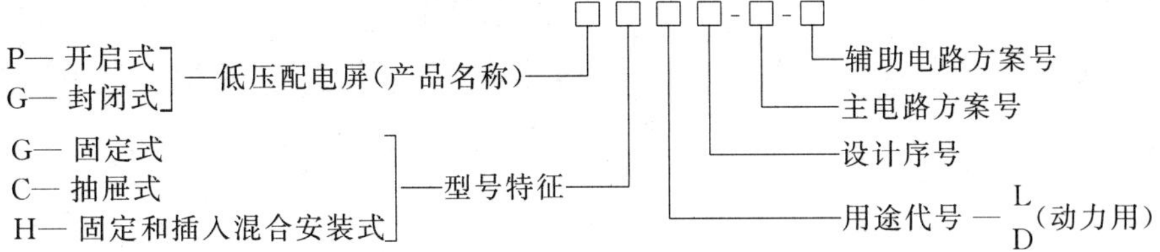

固定式低压配电屏常用 PGL1、PGL2（开启式）和 GGL（封闭式）型。抽屉式低压配电屏为封闭式结构，主要设备均安装在抽屉内或手车上。回路故障或检修时，换上备用抽屉或手车，可迅速恢复供电。抽屉式低压配电屏常用 GCL、GCS、GCK、GHT1 等型。

思考题与习题

3-1　工厂供配电系统中的一次设备是如何分类的?

3-2　什么是变压器的实际容量?　室内和室外变压器允许的过负荷是多少?

3-3　车间变电所电力变压器一般采用哪种连接组别?　Dyn11 连接组变压器较 Yyn0 连接组变压器有什么优点?

3-4　电力变压器并列运行的条件是什么?

3-5　如何选择电力变压器的台数和容量?

3-6　电流互感器和电压互感器的功能是什么?　各有哪些接线方式?

3-7　电流互感器和电压互感器使用时应注意哪些事项?

3-8　高压隔离开关和高压负荷开关的功能有什么不同?　各适用于什么场合?

3-9　高压断路器的功能是什么?　不同类型高压断路器的灭弧性能如何?　各适用于什么场合?

3-10　为什么真空断路器和 SF_6 断路器可频繁操作?　而油断路器不能频繁操作?

3-11　刀开关的功能是什么?　刀熔开关的功能是什么?

3-12　低压断路器是如何实现其保护功能的?

3-13　熔断器的功能是什么?　什么是“冶金效应”?　什么是“限流”式和“非限流”式熔断器?

3-14　低压熔断器有哪些类型?　各适用于什么场合?

3-15　试解释下列设备型号的含义：

① DZ20-100/3;

② LQJ-10-400/5;

③ S9-800/10;

④ RT0-100/60;

⑤ ZN12-12;

⑥ SN10-10Ⅰ。

第 4 章 变配电所电气主接线

4.1 概述

供配电系统中，输送和分配电能的电路是主电路。用规定的图形符号和文字符号所画出的主电路图称为主接线或一次接线，它表示电力变压器、高压断路器、高压隔离开关、互感器、母线和电缆等电气一次设备的连接关系。考虑到三相系统的对称性，电气主接线通常用单线图表示；若某处三相电路不对称，则局部可用三线图表示。

为了保证供电的可靠性和安全性，电气主接线应满足以下要求。

① 安全　应符合国家标准有关技术规范的要求，能充分保证人身和设备的安全。

② 可靠　能满足电力负荷特别是其中一、二级负荷对供电可靠性的要求。

③ 灵活　能适应各种不同的运行方式，便于倒闸操作和检修，并能适应负荷发展的需求。

④ 经济　在满足上述要求的前提下，尽可能使主接线简单，投资少，运行费用低。

4.2 电气主接线的基本形式

为了适应不同等级电力负荷配电的要求，电气主接线的形式是多种多样的，其基本形式可分为单母线主接线、双母线主接线、桥式主接线和环网主接线。

4.2.1 单母线主接线

为便于接线，变配电所一般都设有母线。母线是汇集和分配电能的金属导体，在原理上它仅是电路中的一个电气节点，故称母线或汇流排。

单母线主接线，是最基本的一种接线方式，又分为单母线不分段主接线和单母线分段主接线。

（1）单母线不分段主接线

单母线不分段主接线如图 4-1 所示。变配电所只有一组母线，电源进线和所有出线都接在同一组母线上，每一回路都配置了断路器 QF 和隔离开关 QS。断路器用于投、切正常负荷电流和切断短路故障电流。靠近母线侧的隔离开关称为母线隔离开关，作为检修断路器时，隔离母线电源之用；靠近线路侧的隔离开关称为线路隔离开关，作为检修断路器时，防止从用户侧反向送电，保证检修人员安全。

隔离开关和断路器在运行操作时，必须严格遵守操作顺序，保证隔离开关“先通后断”或在等电位状态下进行操作。送电时，一定要按照母线侧隔离开关→线路侧隔离开关→高压断路器的顺序依次操作；停电时，一定要按照高压断路器→线路侧隔离开关→母线

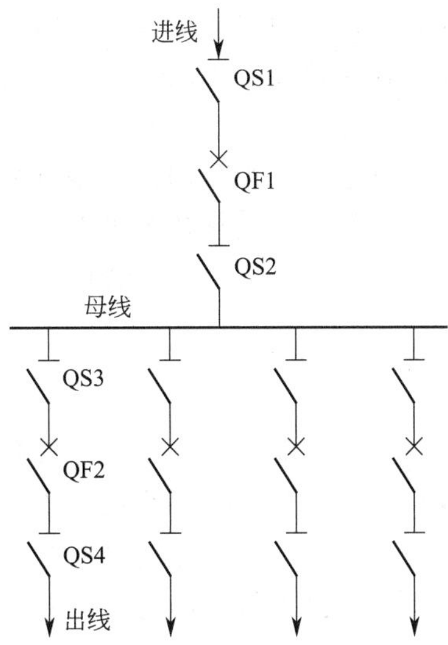

图 4-1　单母线不分段主接线

侧隔离开关的顺序依次操作。

单母线不分段主接线，其接线简单清晰，操作方便，投资少，便于扩建；但可靠性和灵活性较差，当母线或母线隔离开关故障检修时，各回路都要停止供电。因此，对供电可靠性要求不高的三级负荷，或有备用电源的二级负荷用户，可选用这种接线方式。

（2）单母线分段主接线

为了提高供电可靠性，将单母线分成两段（Ⅰ段和Ⅱ段），形成单母线分段主接线，如图 4-2 所示。单母线分段主接线配有两回电源进线，分别供给两段母线；向负荷配电的出线分接到母线的Ⅰ段和Ⅱ段；母线间用隔离开关或断路器连接，即母联。

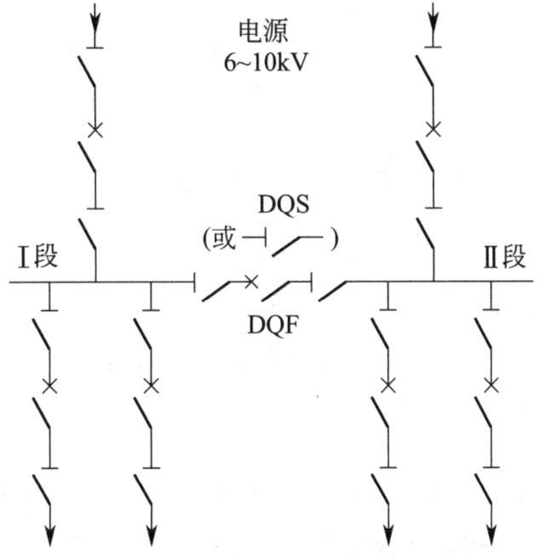

图 4-2　单母线分段主接线

DQS—分段隔离开关；DQF—分段断路器

采用隔离开关分段时，如需对母线或母线隔离开关检修，可将母联隔离开关断开后分段运行（分列运行）。并列运行中，当母线发生故障时，经过短时倒闸操作将故障段切除，非故障段仍可继续运行，但会造成非故障段用户短时中断供电。

采用断路器分段时，除具有可分段检修母线及母线隔离开关的优点外，还可在母线发生故障时，对应进线断路器和母联断路器自动跳闸，以保证非故障部分连续供电。

上述两种单母线分段主接线，当母线检修或发生故障时，仍会有50%左右的用户停电。为了进一步缩小停电的范围，单母线主接线可采用多分段形式(如三段)，对重要用户可由两段母线同时供电，以提高供电的可靠性。

单母线分段主接线，两回电源进线可互为备用，母线可分段运行，也可不分段运行，供电的可靠性和灵活性较高，但对重要的一、二级负荷供电时，必须采用双回路供电。

若采用备用电源自动投入装置，更能提高单母线分段主接线供电的可靠性。这种接线在中小型变配电所中被广泛应用。

4.2.2 双母线主接线

双母线主接线如图4-3所示。母线Ⅰ和母线Ⅱ通过母联断路器MQF连接，每一电源进线和引出线，都经断路器和母线隔离开关分别接到两组母线上。正常运行时，母联断路器不投，母线Ⅰ工作，母线Ⅱ备用，与母线Ⅰ连接的母线隔离开关都处于接通状态，而与母线Ⅱ连接的母线隔离开关都处于分断状态。投上母联断路器（母线Ⅰ和母线Ⅱ等电位)，在不中断供电的情况下通过倒闸操作，可使母线Ⅱ工作，母线Ⅰ停电检修。

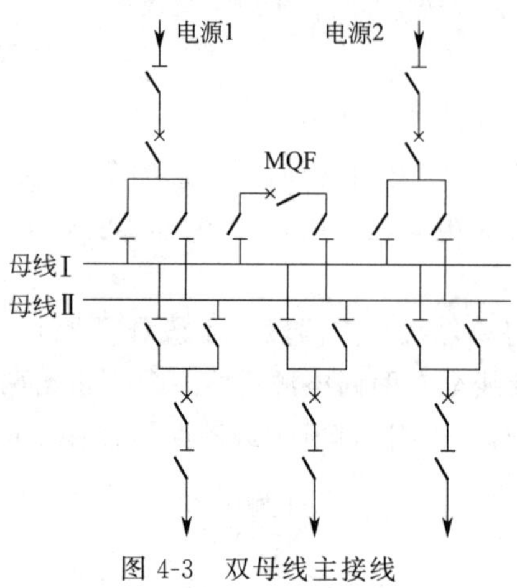

图4-3 双母线主接线

双母线主接线，两个电源、两条母线都可互为备用；每一负荷，既可从母线Ⅰ取得电源，也可从母线Ⅱ取得电源，运行的可靠性和灵活性高，它适用对一、二级负荷供电的大、中型变配电所。但这种接线使用开关设备多，投资较大，经济性差；当工作母线出现故障时，仍会短时中断供电，需要短时切换较多的开关设备，操作过程的任何失误，都将引起严重的后果。

4.2.3 桥式主接线

桥式主接线是由单母线分段主接线演变而成的一种更实用的接线方式，其特点是设有跨接两条电源进线的“桥”回路。根据桥路位置不同，可分为内桥和外桥两种接线方式。

(1) 内桥主接线

内桥主接线如图4-4所示，桥路在进线控制断路器的内侧，靠近电力变压器。内桥接线运行的灵活性好，供电可靠性高，适用于一、二级负荷。如果电源线路WL1发生故障或停电检修时，断开QF11，投入QF10（其两侧QS已先合)，即可由电源线路WL2恢复对变压器T1的供电，形成“一线两变”的运行方式。

内桥接线多用于电源进线较长、发生故障和停电检修的机会较多、变电所负荷稳定不需经常切换主变压器的总降压变电所。

（2）外桥主接线

外桥主接线如图 4-5 所示，桥路在进线断路器的外侧，靠近电源线路侧。外桥接线运行的灵活性也好，供电可靠性高，适用于一、二级负荷。但外桥接线与内桥接线运行的情况不同，如果变压器 T1 发生故障或停电检修时，断开 QF11、QF21，投入 QF10、QF20（其两侧 QS 已先合），形成“两线一变”的运行方式，恢复两回电源进线的并列运行。

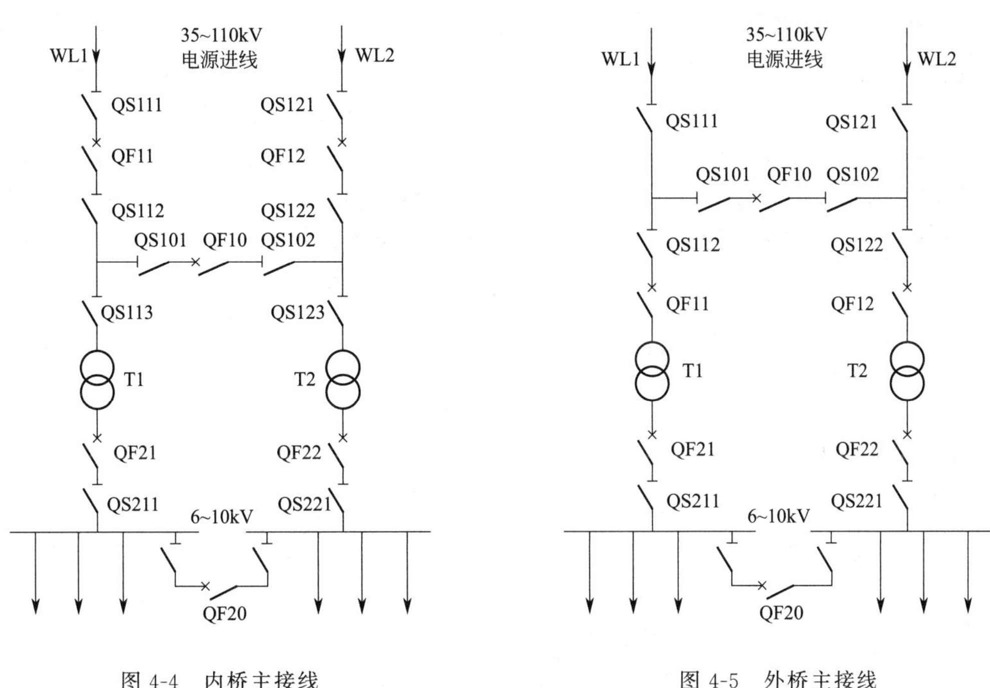

图 4-4　内桥主接线　　　　图 4-5　外桥主接线

外桥接线适用于电源进线较短、企业负荷变动较大、需要经常切换主变压器的总降压变电所。

4.2.4　环网主接线

环网主接线如图 4-6 所示。它也是由单母线分段主接线演变而成的一种系统配电方式，其特点是通过线路和母线构成供配电的环形网络，以提高系统供电的可靠性。这种接线保证每个变电所具有 1～3 回电源进线（可设 1～3 段母线），变电所与变电所之间设有联络线路

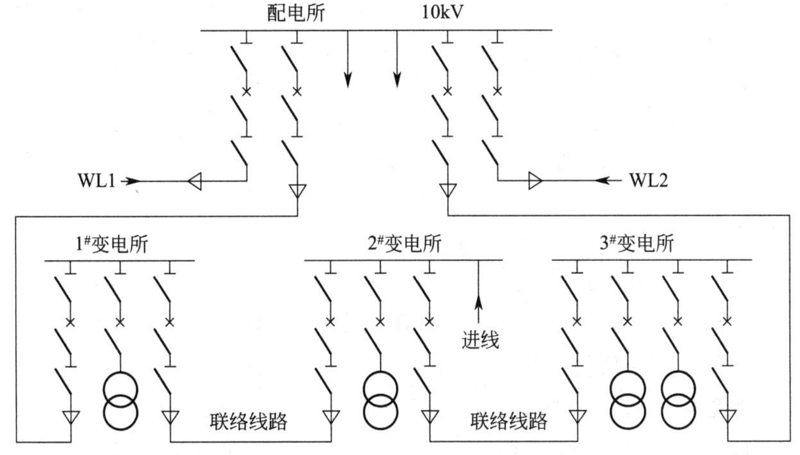

图 4-6　环网主接线

(通常开环运行),备用性好,供电可靠性高,适用于一、二级负荷,多用于厂区变电所与变电所之间的联网接线。

4.3 工厂变配电所电气主接线

4.3.1 总降压变电所电气主接线

某总降压变电所电气主接线如图 4-7 所示。“总降”从附近区域变电所取得电源,有两回 110kV 电源进线,110kV 母线采用双母线接线方式。主变压器选用三绕组电力变压器,35kV 向距“总降”较远的“中变”供电,35kV 母线也采用双母线接线方式;6kV 向距“总降”较近的车间变电所配电,6kV 母线采用单母线分段接线方式。系统中两回电源进线、两台变压器、双母线互为备用,运行灵活方便,能满足一、二级负荷对供电可靠性的要求。

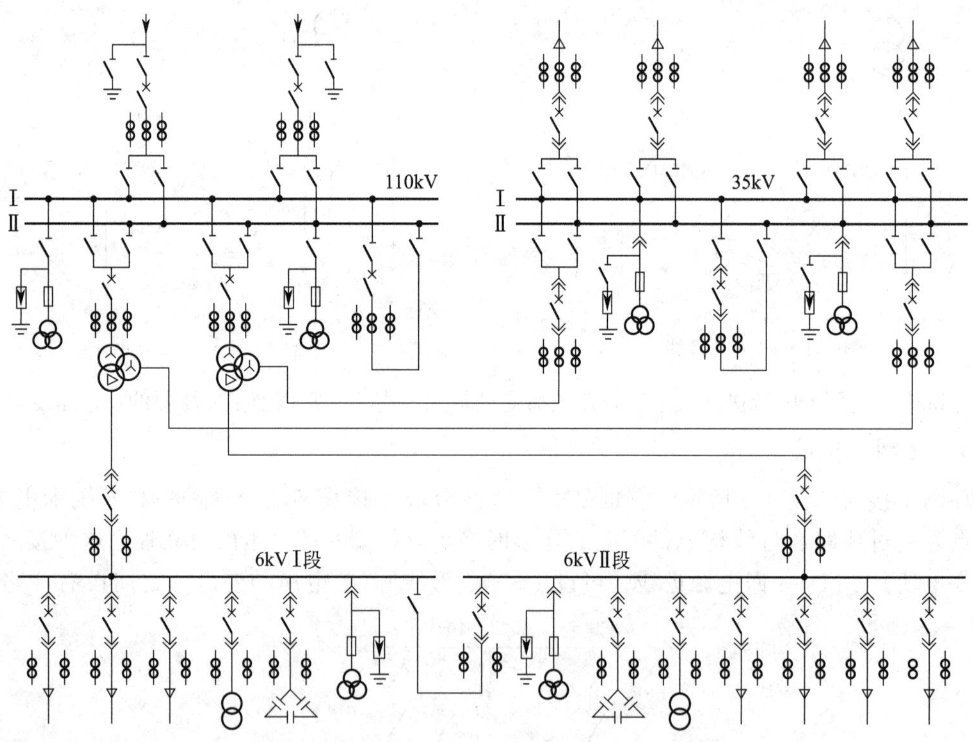

图 4-7 某总降压变电所电气主接线

4.3.2 配电所电气主接线

某 10kV 高压配电所电气主接线如图 4-8 所示。配电所有一回 10kV 电源进线(进线设有计量和保护环节),单母线电气主接线,采用 XGN15-12 型固定式开关柜,电源进线间隔 1 个,配电间隔 n 个(根据负荷需要配置),其中一个间隔配电给 S11-M-1600 型油浸式电力变压器。0.4kV 侧也采用单母线接线,配有进线 1 回(2500A),出线 8 回,其中 800A 的 4 回,400A 的 4 回,补偿用电容器间隔 2 回(300kvar)。该配电系统接线简单,投资少,但供电可靠性低,只能用于对三级负荷配电。

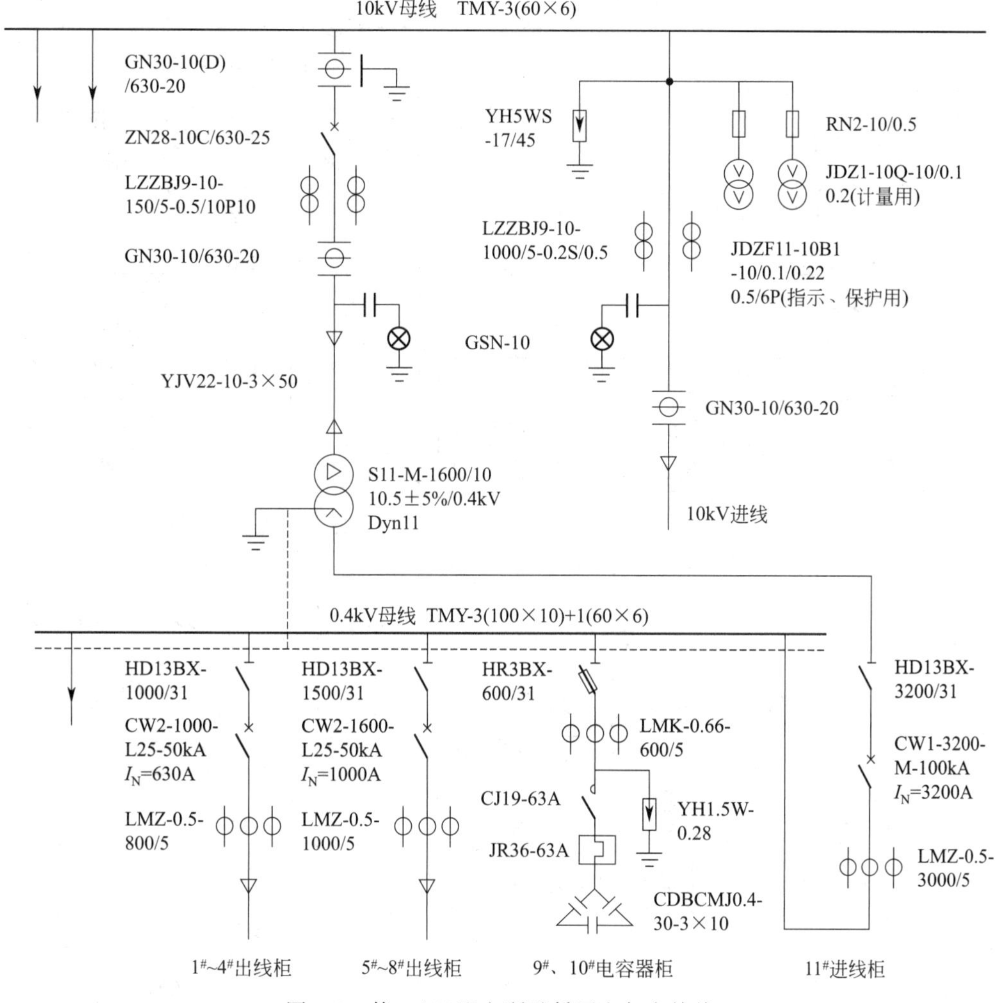

图 4-8 某 10kV 配电所及低压电气主接线

4.3.3 车间变电所电气主接线

车间变电所是将 6～10kV 高压降为 220V/380V 低压的终端变电所，对于一般负荷，可采用比较简单的主接线，如单回路电源进线、单台电力变压器和单母线主接线；但对于比较重要的负荷，一般采用双回路电源进线、两台电力变压器和单母线分段主接线，通过热备用提高供电可靠性，如图 4-9 所示。图中每回电源进线用高压断路器控制，并接有电压互感器和电流互感器，用于计量、监视和保护。电流互感器有两个二次绕组，其中一个接测量仪表，一个接继电保护装置。避雷器用于防止雷电过电压。为了抑制低压侧高次谐波电流，避免对高压公用电网造成谐波污染，变压器选用 Dyn11 接线方式。变压器二次侧及母联均选用智能型低压断路器，操作灵活方便，可靠性高。低压母线除动力和照明配电线路外，所接电容补偿柜，用于补偿系统无功功率，保证用户功率因数符合供电部门要求。

图 4-7～图 4-9 所示变配电所电气主接线，是按照供、配电的顺序画出的，它表达了主接线的全貌，但并不反映各成套配电装置实际的排列位置，故称为“系统式”主接线图，一般用于系统运行管理。为了便于设备安装施工，在供电设计中，电气主接线一般按照高压或低压配电装置之间相互连接和排列位置绘制，这种图称为“装置式”电气主接线图，如图 4-10 所示。

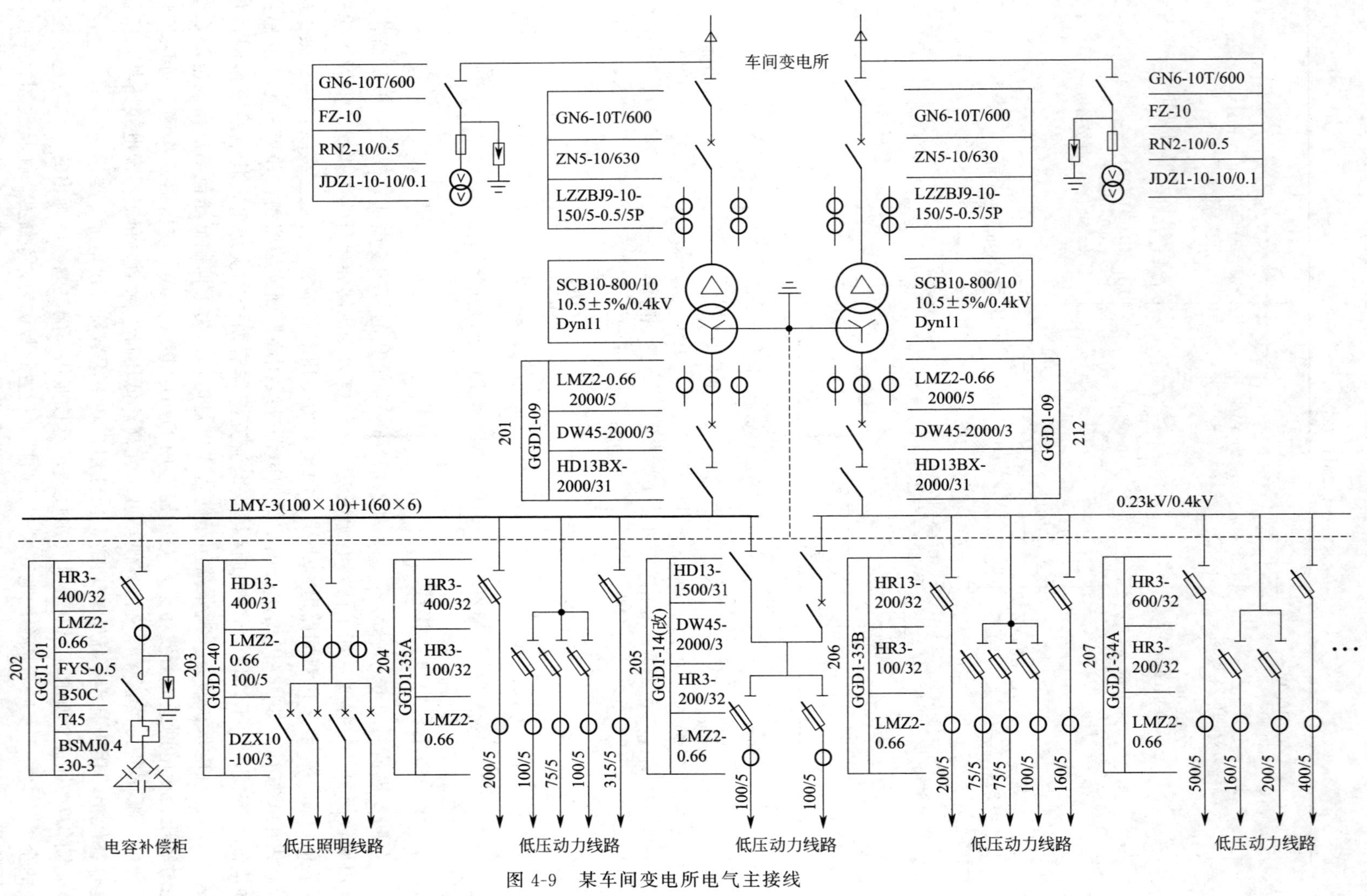

图 4-9　某车间变电所电气主接线

开关柜编号	1	2	3	4	5	6	7	8	
开关柜名称	馈出线	电容器	1# 变压器	Ⅰ段进线	Ⅰ段 TV	Ⅰ-Ⅱ母联	Ⅱ段 TV	Ⅱ段进线	
母线型号规格 LMY-3(80×10) 一次接线	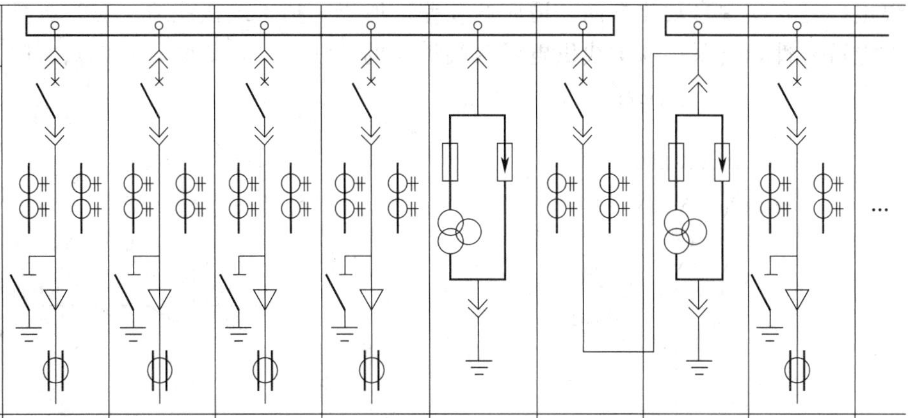								
柜型号、方案编号	JYN2-10-02	JYN2-10-02	JYN2-10-02	JYN2-10-02	JYN2-10-20	JYN2-10-07	JYN2-10-24	JYN2-10-02	
高压断路器	SN10-10Ⅰ	SN10-10Ⅰ	SN10-10Ⅰ	SN10-10Ⅰ		SN10-10Ⅰ		SN10-10Ⅰ	
电流互感器	LZZB6-10-60/5	LZZB6-10-60/5	LZZB6-10-40/5	LZZB6-10-315/5		LZZB6-10-200/5		LZZB6-10-315/5	
电压互感器					JDZJ-10		JDZJ-10		
高压熔断器					RN2-10		RN2-10		
避雷器					FS2-6		FS2-6		
接地开关	JN16-10	JN16-10	JN16-10	JN16-10				JN16-10	
零序电流互感器	LJZ-ϕ65	LJZ-ϕ65	LJZ-ϕ65	LJZ-ϕ65				LJZ-ϕ65	
电缆型号规格	YJV_{22}-10-3×25	YJV_{22}-10-3×25	YJV_{22}-10-3×25	YJV_{22}-10-3×185				YJV_{22}-10-3×185	

图 4-10　配电装置式电气主接线

4.4　工厂电力线路

4.4.1　电力线路的接线方式

电力线路承担着输送和分配电能的任务，是供电系统重要的组成部分。电力线路按电压等级分，有高压线路（1000V 及以上）和低压线路（1000V 以下）。电力线路按结构形式分，有架空线路、电缆线路和车间（室内）线路等。电力线路按接线方式分，有放射式、树干式和环形三种基本形式。

（1）高压线路接线方式

① 放射式接线　高压放射式接线如图 4-11 所示，每一回线路从高压母线上引出，直接向车间变电所或高压用电设备配电，各线路相对独立互不影响，供电可靠性较高。但每回线路都需要配置高压开关设备及高压开关柜，从而使投资增加。这种接线方式线路发生故障或检修时，该线路供电的负荷都要停电。

为了提高供电可靠性，可在各车间变电所高压侧之间或低压侧之间敷设联络线；或采用双回路或多回路电源进线，经分段母线对用户进行交叉供电；或采用单回路加公共备用线的接线方式。

② 树干式接线　高压树干式接线如图 4-12 所示。树干式接线与放射式相比，采用的开

关数量少，能减少线路有色金属的消耗量，投资较少。但树干式接线供电可靠性较差，由于多个用户共用一条干线供电，当配电干线发生故障或检修时，接在干线上的所有变电所都要停电，且在实现自动化方面，适应性较差。所以，树干式接线适于对三级负荷配电。要提高供电可靠性，可采用双干线供电或两端供电的接线方式，如图 4-13(a)、(b) 所示。

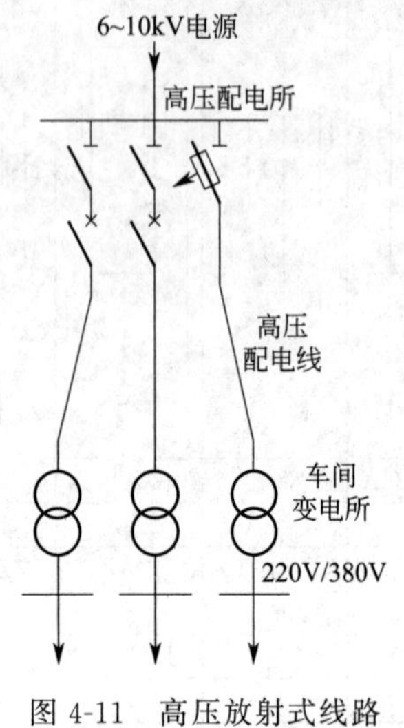

图 4-11　高压放射式线路

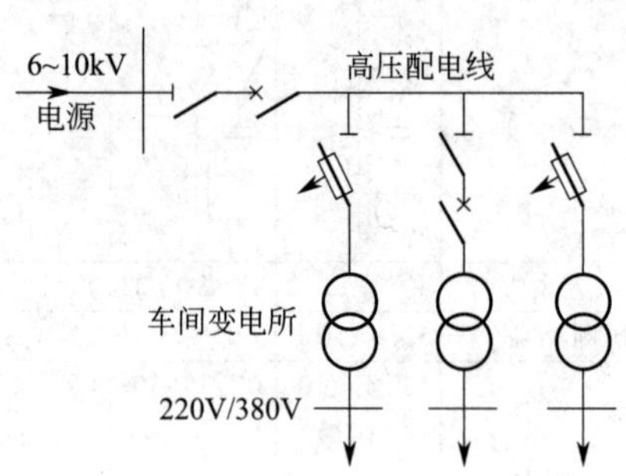

图 4-12　高压树干式线路

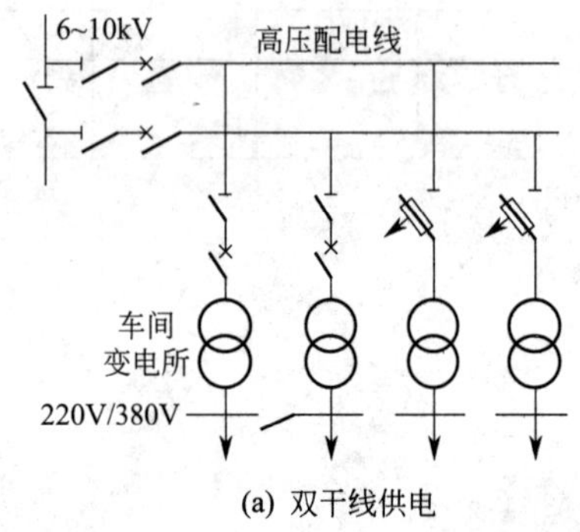

(a) 双干线供电

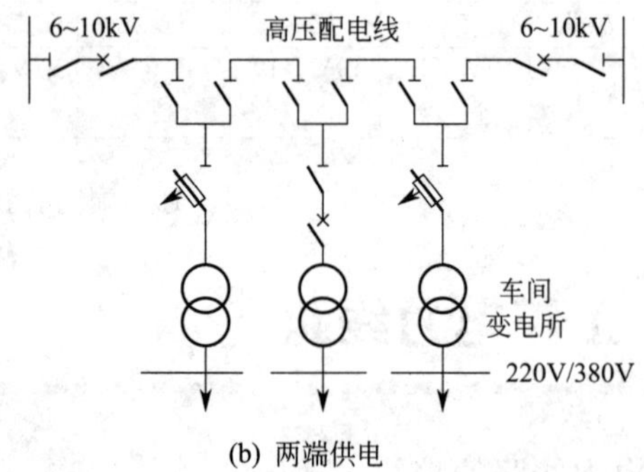

(b) 两端供电

图 4-13　双干线供电和两端供电的树干式线路

③ 环形接线　高压环形接线实际上是两端供电的树干式接线，如图 4-14 所示。这种接线在现代化城市电网中应用较为广泛。由于环形接线闭环运行的继电保护整定较复杂，同时也为避免环形线路上发生故障时影响整个电网，因此大多数环形线路采用“开环”运行方式，即环形线路中有一处开关是断开的。

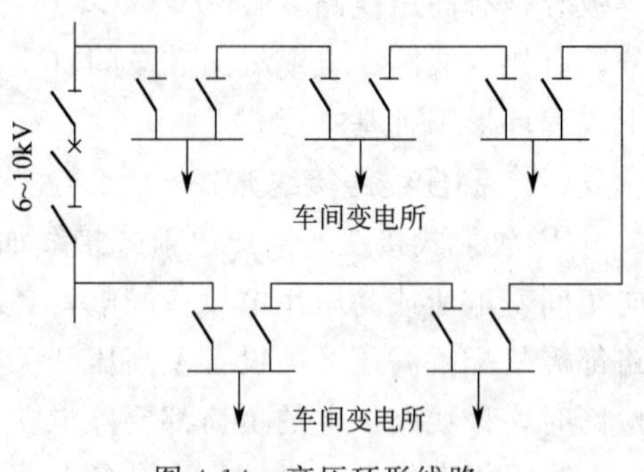

图 4-14　高压环形线路

高压配电系统的接线，往往是几种接线方式的组合，应根据负荷对供电可靠性的要求，经技术、经济综合比较后确定。一般来说，高压配电系统宜优先考虑采用放射式，因为放射式供电可靠性高，且便于运行管理。对于供电可靠性要求不高的辅助生产区和生活住宅区，可考虑采用树干式或环形配电，比较经济。

（2）低压线路接线方式

低压配电线路，也有放射式、树干式和环形等接线方式。

① 放射式接线　低压放射式接线如图 4-15 所示。这种接线从变压器低压母线上引出若干条回路，经低压配电屏直接配电给下一级配电箱或低压用电设备。放射式接线，供电线路相互独立，引出线发生故障时互不影响，供电可靠性较高，但有色金属消耗量较多。放射式接线适用于设备容量大或对供电可靠性要求较高的场合，如大型消防泵、电弧炉、生活水泵和中央空调的冷冻机组等。

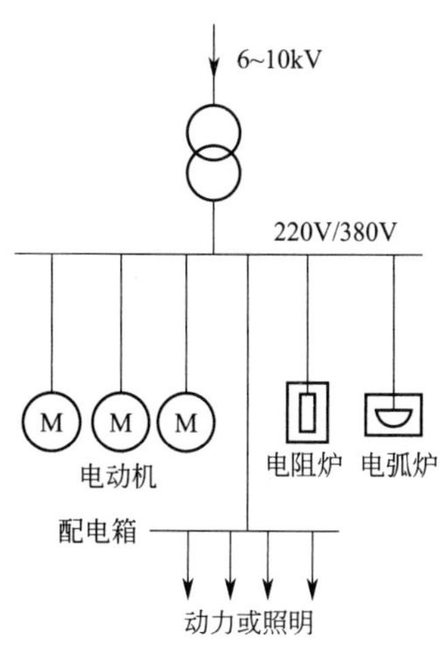

图 4-15　低压放射式接线

② 树干式接线　树干式接线是从低压母线上引出干线，在干线上再引出若干条支线，配电至各用电设备。树干式接线使用的开关设备较少，但干线发生故障时，影响范围大，供电可靠性较低。

图 4-16(a) 所示为低压干线树干式接线。这种接线多采用成套封闭式母线槽，比较安全。适用于用电容量较小、分布均匀的场所，如机械加工车间中小型机床设备配电和照明配电。

图 4-16(b) 所示为低压“变压器-干线组”树干式接线。该接线方式省去了变电所低压侧成套配电装置，从而使变电所结构大为简化，投资大为降低。为了提高干线供电的可靠性，一般接出的分支线路不宜超过 10 回，且不适用于对容量较大的冲击性负荷和对电压质量要求较高的设备供电。

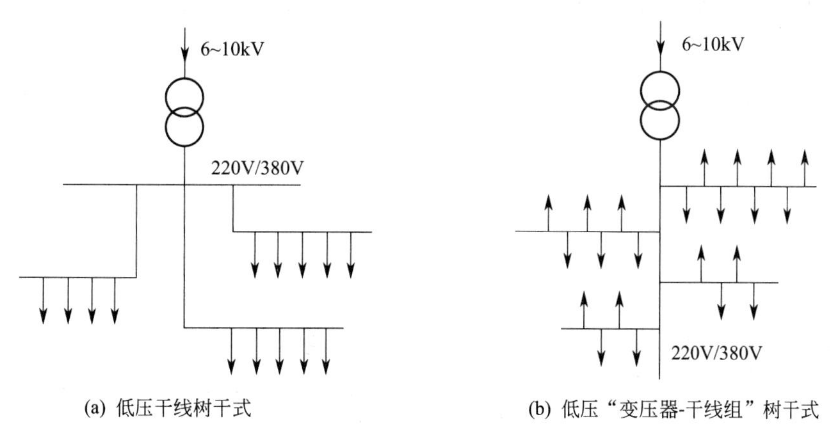

(a) 低压干线树干式　　(b) 低压“变压器-干线组”树干式

图 4-16　低压树干式接线

(a) 连接配电箱　　(b) 连接电动机

图 4-17　低压链式接线

图 4-17(a)、(b) 是一种变型的树干式接线，通常称为链式接线。链式接线的特点与树干式基本相同，适用于用电设备相距很近、容量较小的次要用电设备配电。链式接线相连的

配电箱不宜超过3台，相连的设备一般不宜超过5台，且总容量不宜超过10kW。

③ 环形接线　图4-18所示是由一台变压器供电的低压环形接线方式。环形接线供电可靠性较高，任一段线路上发生故障或检修时，一旦切换电源的操作完成，即能恢复供电，不会造成供电中断。环形接线，可使电能损耗和电压损耗减少，但环形接线的保护装置及其整定配合比较复杂，如配合不当，容易发生误动作，反而扩大故障停电范围。因此，低压环形接线一般采用“开环”运行方式。实际上，厂内某些车间变电所的低压侧，也可以通过低压联络线相互连接构成环形，如前所述的环网接线方式。

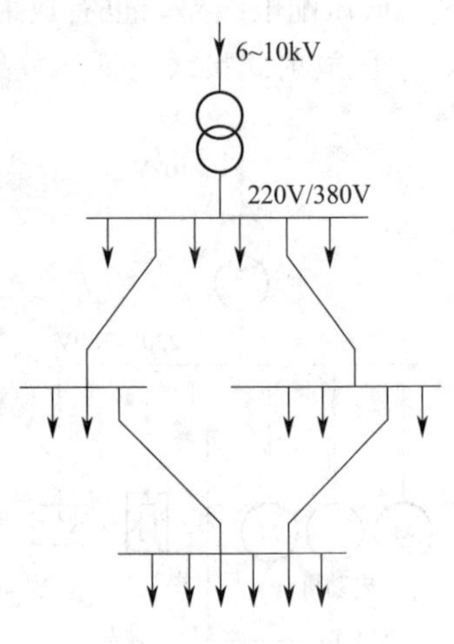

图4-18　低压环形接线

低压配电系统中，往往是几种接线方式的组合，依具体情况而定。在正常环境的车间和建筑内，当大部分用电设备的容量不是很大而又无特殊要求时，宜采用树干式配电。

总之，电力线路（包括高压和低压）的接线应力求简单。运行经验证明，供电系统接线复杂，层次过多，不仅浪费投资，维护不便，而且由于电路中连接的元件过多，因误操作或元件故障而发生的事故概率会随之增多，且事故处理和恢复供电的操作也比较麻烦，从而延长了停电时间。同时由于配电级数多，继电保护级数也相应增多，动作时间也相应延长，对供电系统的保护十分不利。因此，GB 50052—1995《供配电系统设计规范》规定：“供电系统应简单可靠，同一电压供电系统的配电级数不宜多于两级。”此外，高低压配电线路应尽量深入负荷中心，以减少电能损耗和有色金属消耗量，提高电压水平。

4.4.2　架空线路的结构与敷设

（1）架空线路的结构

架空线路与电缆线路相比有很多优点，如成本低、投资少、敷设容易，易于发现和排除故障，维护和检修方便等，所以架空线路在一般用户中应用相当广泛。

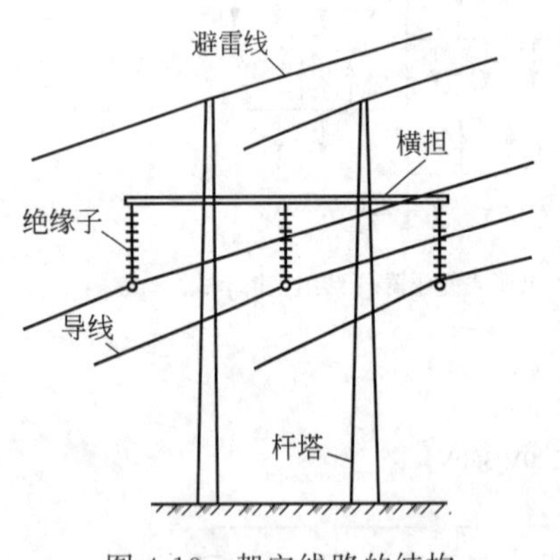

图4-19　架空线路的结构

架空线路主要由导线、电杆（杆塔）、横担、绝缘子和线路金具等部分组成，如图4-19所示。为了防雷，高压架空线路上都装设有避雷线；为了加强电杆的稳定性，有的电杆上还装有拉线或板桩。

① 导线　导线是线路的主体，担负着输送电能的功能。导线材质有铜、铝和钢三种。铜的导电性能好，机械强度高，但铜是贵重金属，常用在有腐蚀介质的环境中。铝的机械强度较差，但其导电性较好，且质轻价廉，应优先采用铝导线。钢的机械强度高，但导电性差，功率损耗大，容易生锈，钢线一般用作避雷线，而且必须镀锌防锈。

架空线路一般采用铝绞线（LJ型），但对机械强度要求较高和35kV及以上的架空线路，宜采用钢芯铝绞线（LGJ型），在有盐雾或化学腐蚀气体存在的区域，宜采用防腐钢芯铝绞线（LGJF型）或铜绞线（TJ型）。

② 电杆　电杆用于支撑导线。电杆分水泥杆、钢杆和铁塔等。铁塔主要用在220kV及以上超高压、大跨度的线路上，钢杆多用在城镇电网中，一般线路多采用水泥杆。一条架空

线路要由许多电杆来支撑，这些电杆根据其在线路上所处的位置和所起的作用不同，分直线杆、终端杆、耐张杆、转角杆、分支杆和跨越杆等。

③ 横担　横担用来在电杆上安装绝缘子以固定导线。常用的横担有钢横担（镀锌）和瓷横担等。

④ 绝缘子　绝缘子用来将导线架设在电杆上，并使导线与横担、杆塔之间保持足够的绝缘强度。绝缘子有针式绝缘子和悬式绝缘子两大类。针式绝缘子用于 10kV 及以下线路，悬式绝缘子用于 35kV 及以上线路。

⑤ 金具　金具是用来固定导线、横担和绝缘子等的金属零部件。如压接管、并沟线夹、U 形抱箍和花篮螺丝等。

⑥ 拉线　拉线用以平衡电杆所受的不平衡力，增强电杆的稳定性。

（2）架空线路的敷设

沿着规划的路线装设架空线路，称为架空线路的敷设。整个施工过程中，特别是组杆、立杆和架线时，要注重安全，应采取有效的安全措施，防止发生事故。敷设架空线路时，应遵循以下原则。

① 遵守有关技术规程规定，保证施工质量。

② 合理选择路径，做到路径短、转角小、交通运输方便、便于施工架设与维护，尽量避开河洼和雨水冲刷地带及易撞、易燃、易爆等危险场所，并与建筑物保持一定的安全距离，还应与工厂和城镇的建设规划相协调。

③ 三相四线制的导线一般采用水平排列，中性线架设在靠近电杆的位置。

④ 不同电压等级的线路应采用不同的挡距，一般 380V 线路挡距为 50～60m；6～10kV 线路挡距为 80～120m。

⑤ 同杆导线的线距，由线路电压等级和挡距等因素确定，一般 380V 线路线距为 0.3～0.5m，10kV 线路线距为 0.6～1m。

⑥ 弧垂（一个挡距内，导线最低点与悬挂点间的垂直距离）要合适，应根据线路挡距、导线类型与截面积等因素确定。避免导线过松、摆幅过大击穿或导线过紧绷断。

4.4.3　电缆线路的结构与敷设

电缆线路与架空线路相比，具有成本高、投资大、不易发现和排除故障、维修不便等缺点，但是电缆线路有运行可靠、不易受外界影响、不占地面、不碍交通等优点。因此，在厂区及住宅小区，一般都使用电缆线路。

（1）电缆结构

电缆主要由导体、绝缘层（包括分相绝缘和统包绝缘）和保护层（包括内护层、铠装层和外护层）三部分组成，其截面结构如图 4-20 所示。

① 导体　导体一般由多股铜线或铝线绞合而成，可以弯曲，便于敷设。

② 绝缘层　绝缘层用于导体线芯之间或线芯与大地之间绝缘，油浸纸绝缘电缆以油浸纸作为绝缘层，塑料电缆以聚氯乙烯或交联聚乙烯作为绝缘层。

③ 保护层　保护层又可分为内护层、铠装层和外护层三部分。内护层用以保护绝缘层，常用的材料有铅、铝和塑料等。铠装层用以承受电缆在运输、敷设和运行中所承受的机械力，通常用钢带或钢丝构成钢铠。外护层为沥青、麻被或塑料护套，使电缆密封，阻断潮气侵入，防止钢铠腐蚀。

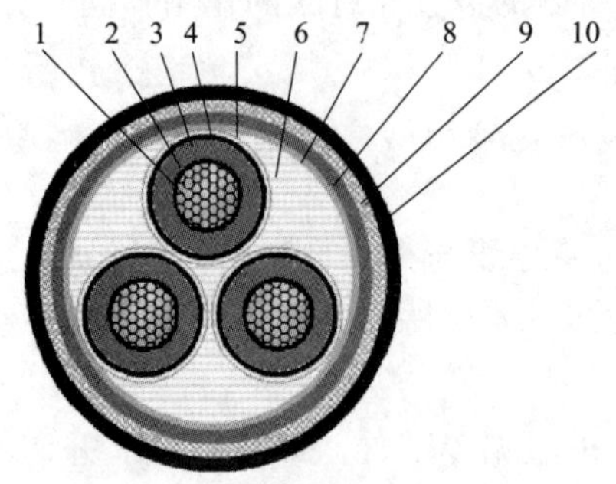

(a) 高压交联聚乙烯绝缘电缆截面结构

1—无氧纯铜（或铝）紧压导体；2—半导电内屏蔽层；3—交联聚乙烯绝缘层；4—半导电外屏蔽层；5—绕包软铜带屏蔽及标识带；6—聚丙烯网带填充；7—成缆绕包无纺布；8—90℃聚氯乙烯内护套；9—涂漆钢带铠装层；10—90℃聚氯乙烯外护套

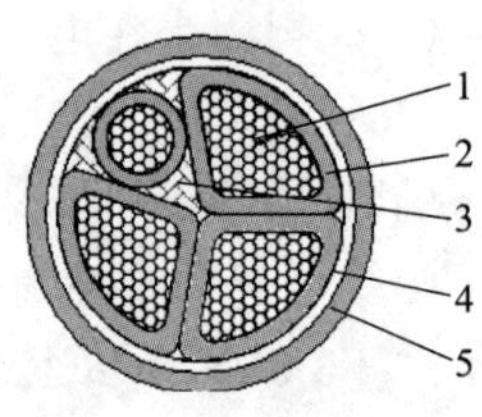

(b) 低压聚氯乙烯绝缘电缆截面结构

1—导体；2—PVC 绝缘；3—PP 填充；4—无纺布；5—PVC 护套

图 4-20　电缆截面结构

（2）电缆头

电缆头指电缆的终端头和两条电缆的中间接头。按制作电缆头所使用的绝缘材料或充填材料分，有充填电缆胶的、环氧树脂浇注的、缠包式的和热缩材料的等。图 4-21 所示为户

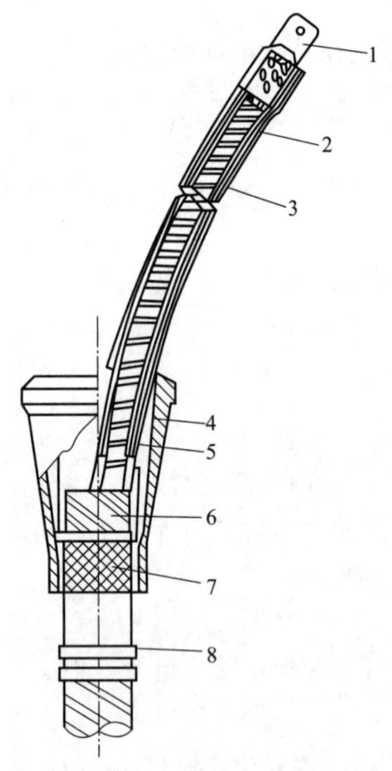

图 4-21　环氧树脂终端头

1—缆芯接线鼻子；2—缆芯绝缘；3—缆芯外包绝缘层；4—预制环氧外壳；5—环氧树脂胶；6—绕包绝缘；7—铅包；8—接地线卡子

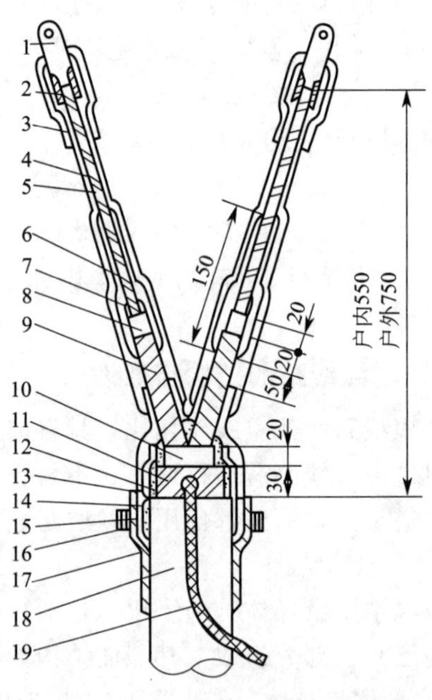

图 4-22　交联电缆热缩终端头

1—缆芯接线鼻子；2—密封胶；3—热缩密封管；4—热缩绝缘管；5—缆芯绝缘；6—热缩应力控制管；7—应力疏散胶；8—半导体层；9—铜屏蔽层；10—内护层；11—钢铠；12—填充胶；13—热缩环；14—密封胶；15—热缩三芯手套；16—喉箍；17—热缩密封套；18—外护套；19—钢铠接地线

内环氧树脂电缆终端头结构示意图；图 4-22 所示为户内热缩电缆终端头结构示意图。热缩终端头用于户外时，每相应套入热缩伞裙，然后加热固定。电缆头是电缆线路的薄弱环节，为保证制作质量，在施工中应由专业人员进行操作。

（3）电缆型号

电力电缆按电压可分为高压电缆和低压电缆；按线芯数可分为单芯、双芯、三芯和四芯电缆；按绝缘材料可分为油浸纸绝缘电缆、塑料（聚氯乙烯）绝缘电缆、交联聚乙烯绝缘电缆和橡皮绝缘电缆等。

油浸纸绝缘电缆，耐压强度高，耐热性能好，使用寿命长，但其中的浸渍油在运行中会流动，故不宜用在有较高落差的场所。塑料绝缘电缆，结构简单，成本低，耐水、抗腐蚀、不延燃，敷设高差不受限制，但塑料受热易老化变形。交联聚乙烯绝缘电缆，电气性能优异，耐压强度高，耐热性能好，在 10～35kV 线路上应用越来越广。橡皮绝缘电缆，弹性好，性能稳定，耐水防潮，一般用作低压移动电缆。

电缆型号中各符号的含义及标注示例如表 4-1 所示。

表 4-1　电缆型号中各符号的含义及标注示例

项目	型号	含　义	旧符号	项目	型号	含　义	旧符号
绝缘	Z	油浸纸绝缘	Z	外护层	02	聚氯乙烯套	—
	V	聚氯乙烯绝缘	V		03	聚乙烯套	1,11
	YJ	交联聚乙烯绝缘	YJ		20	裸钢带铠装	20,120
	X	橡皮绝缘	X		(21)	钢带铠装纤维外被	2,12
导体	L	铝芯	L		22	钢带铠装聚氯乙烯套	22,29
	T	铜芯(一般不注)	T		23	钢带铠装聚乙烯套	
内护层	Q	铅包	Q		30	裸细钢丝铠装	30,130
	L	铝包	L		(31)	细圆钢丝铠装纤维外被	3,13
	V	聚氯乙烯护套	V		32	细圆钢丝铠装聚氯乙烯套	23,39
特征	P	滴干式	P		33	细圆钢丝铠装聚乙烯套	
	D	不滴流式	D		(40)	裸粗圆钢丝铠装	50,150
	F	分相铅包式	F		41	粗圆钢丝铠装纤维外被	
					(42)	粗圆钢丝铠装聚氯乙烯套	59,25
					(43)	粗圆钢丝铠装聚乙烯套	
					441	双粗圆钢丝铠装纤维外被	
标注示例	ZLQ20-10000-3×120 铝芯纸绝缘铅包裸钢带铠装电力电缆—ZLQ20；额定电压 10000V—10000；三芯—3；线芯截面 120mm²—120						

10kV 常用三芯电缆的规格及技术数据见附表 18。

低压（500V）电缆主要用于车间（室内）线路的配电。常用的绝缘导线有：BLV 型（塑料绝缘铝芯线），BV 型（塑料绝缘铜芯线），BLVV 型（塑料绝缘塑料护套铝芯线），BVV 型（塑料绝缘塑料护套铜芯线），BVR 型（塑料绝缘铜芯软线）；BLX 型（橡皮绝缘铝芯线），BX 型（橡皮绝缘铜芯线）；BBLX 型（玻璃丝编织橡皮绝缘铝芯线），BBX 型（玻璃丝编织橡皮绝缘铜芯线）；BXR 型（棉纱编织橡皮绝缘软铜线）等。

常用塑料绝缘导线和橡皮绝缘导线的规格及技术数据见附表 19。

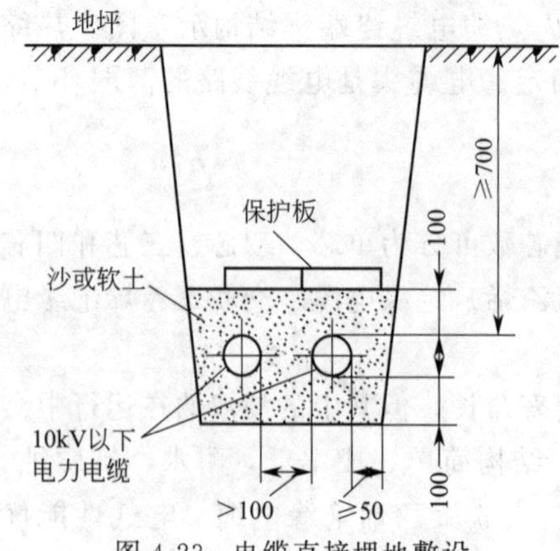

图 4-23　电缆直接埋地敷设

（4）电缆线路的敷设

厂区电缆线路常用的敷设方式，有直接埋地敷设、电缆沟敷设和电缆桥架敷设等。直接埋地敷设如图 4-23 所示，电缆沟内敷设如图 4-24 所示。

敷设电缆，要严格遵守有关技术规程的规定和设计要求，确保线路施工质量。为此，电缆敷设应注意以下要求。

① 电缆类型要符合所选敷设方式的要求。如直接埋地电缆应有钢铠和防腐层。

② 电缆长度应留有 1.5%～2%的余量，作为安装和检修时备用；直埋电缆宜作波浪式敷设。

③ 电缆敷设的路径，力求弯曲少，弯曲半径与电缆外径的倍数关系应符合有关规定，以免损伤电缆。

④ 沿陡坡敷设的油纸电缆，最高点与最低点之间的落差不应超过规定值。

⑤ 电缆从建筑物引入、引出或穿过楼板及主要墙壁处；电缆从电缆沟引出到电杆，或沿墙敷设的电缆距地面 2m 高度及埋入地下小于 0.25m 深度的一段；电缆与道路、铁路交叉的一段，均应穿钢管保护（钢管内径不能小于电缆外径的两倍）。

⑥ 直埋电缆埋地深度不得小于 0.7m，并列埋地电缆相互间的距离应不小于 0.1m。电缆沟距建筑物基础应大于 0.6m，距电杆基础应大于 1m。

⑦ 不允许在煤气管、天然气管及液体燃料管的沟道中敷设电缆；一般不要在热力管道的明沟或隧道中敷设电缆，特殊情况时，可允许少数电缆敷设在热力管道的另一侧或热力管道的下面，但必须保证不至于使电缆过热；允许在水管或通风管的明沟或隧道中敷设少数电缆，或电缆与之交叉。

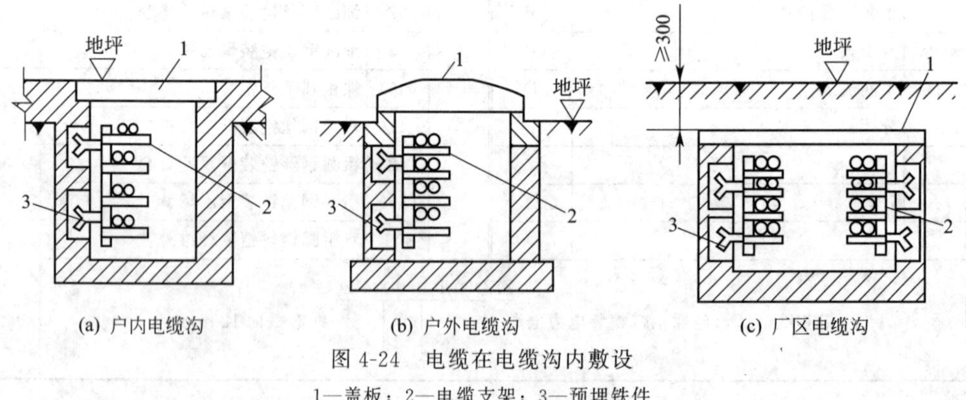

图 4-24　电缆在电缆沟内敷设

1—盖板；2—电缆支架；3—预埋铁件

⑧ 户外电缆沟的盖板应高出地面（但厂区户外电缆沟盖板应低于地面 0.3m），户内电缆沟的盖板应与地面平齐，见图 4-24。电缆沟从厂区进入厂房处应设防火隔板，沟底应有不小于 0.5%的排水坡度。

⑨ 电缆的金属外皮、电缆头、保护钢管和金属支架等，均应可靠接地。

4.4.4　车间线路的结构与敷设

车间内配电线路的结构与敷设如图 4-25 所示。配电干线或分支线大多选用 LMY 型硬铝裸母线，采用母线槽敷设。其特点是安全、美观，载流量大，便于分支，但耗用钢材较多，投资较大。

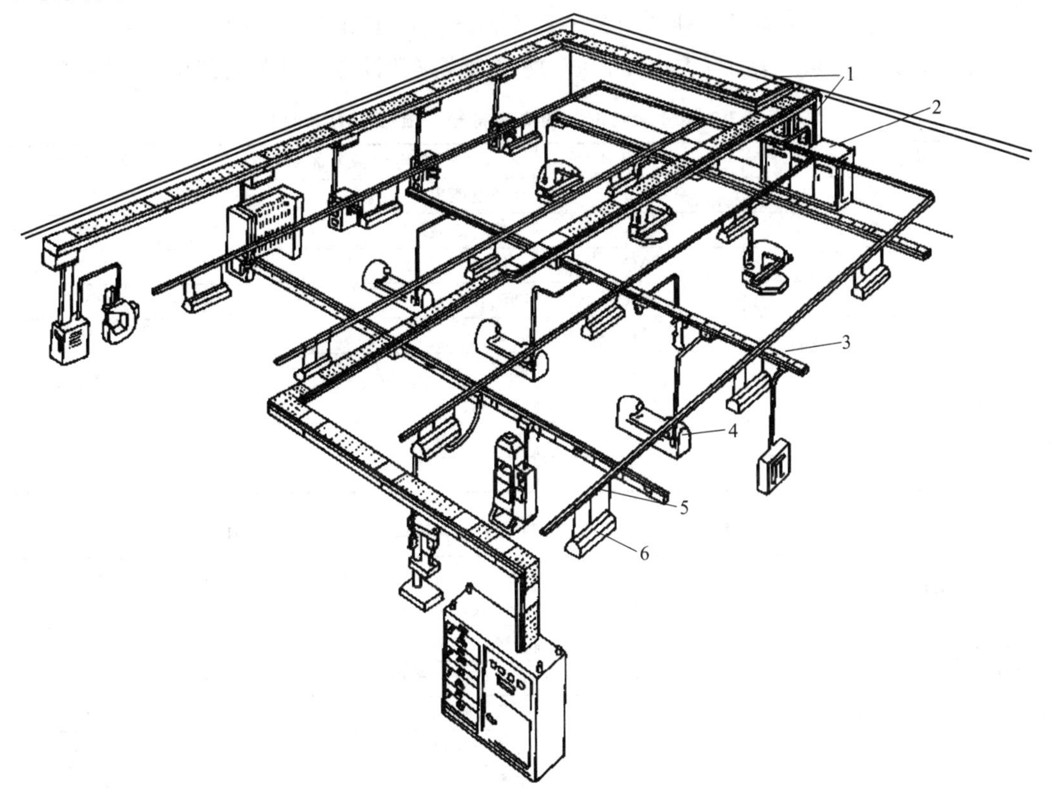

图 4-25　车间内配电线路的结构与敷设

1—馈电母线槽；2—配电装置；3—插接式母线槽；4—机床；5—照明母线槽；6—灯具

对绝缘导线，有明敷和暗敷两种方式。明敷是指导线穿在管子、线槽等保护体内，敷设在墙壁、顶棚的表面以及桁架、支架等处。暗敷是指在建筑物的墙壁、地坪及楼板内预埋穿线管（钢管或塑料管），再在管内穿上导线。但穿管的绝缘导线在管内不允许有接头，接头必须设在专用的接线盒内。穿金属管或金属线槽的交流线路，应将同一回路的所有相线和中性线穿于同一管槽内。电线管路与热水管、蒸汽管同侧敷设时，应敷设在水、汽管的下方。有困难时，可敷设在其上方，但间距应适当增大或采取隔热措施。根据原建设部标准，穿管暗敷的导线必须选用铜芯线。

为了便于识别裸导线的相序，以利于运行维护和检修，GB 2681—1981《电工成套装置中的导线颜色》规定，交流三相系统中的裸导线应按表 4-2 所示涂色。

表 4-2　交流三相系统中裸导线的涂色

裸导线类型	A 相	B 相	C 相	N 线和 PEN 线	PE 线
涂漆颜色	黄	绿	红	淡蓝	黄绿双色

4.4.5　配电线路电气安装图

配电线路电气安装图，又称线路电气施工图，是线路施工、验收、运行维护和检修的重要依据。线路电气安装图，反映车间动力线路的敷设位置、敷设方式、导线穿管种类、线管管径、导线截面及导线根数，同时还反映配电设备及用电设备的安装数量、型号及相对位置，应按照国家有关标准规定的文字符号和图形符号绘制。

（1）设备的文字符号

表 4-3 是原建设部颁布的《建筑电气工程设计常用图形和文字符号》（00DX001）规定的配电设备的文字符号；表 4-4 是 00DX001 规定的线路敷设方式及敷设部位的文字符号。

表 4-3　部分配电设备的文字符号（根据 00DX001）

配电设备名称	文字符号	配电设备名称	文字符号
高压开关柜	AH	有功电能表	PJ
交流(低压)配电屏	AA	无功电能表	PJR
控制箱(柜)	AC	电压表	PV
并联电容器屏	ACC	电流表	PA
直流配电屏、直流电源柜	AD	插头	XP
动力配电箱	AP	插座	XS
照明配电箱	AL	信息插座	XTO
电度表箱	AW	空气调节器	EV
插座箱	AX	蓄电池	GB

表 4-4　线路敷设方式及敷设部位的文字符号（根据 00DX001）

敷设方式	文字符号	敷设方式	文字符号
穿焊接钢管敷设	SC(G)	沿梁或跨梁(屋架)敷设	AB(L)
穿电线管敷设	MT(DG)	暗敷在梁内	BC
穿硬塑料管敷设	PC(VG)	沿柱或跨柱敷设	AC(Z)
穿阻燃半硬聚氯乙烯管敷设	FPC	暗敷在柱内	CLC
电缆桥架敷设	CT	沿墙面敷设	WS(Q)
金属线槽敷设	MR(CB)	暗敷在墙内	WC
塑料线槽敷设	PR	沿天棚或顶板面敷设	CE(P)
钢索敷设	M(S)	暗敷在屋面或顶板内	CC
直接埋地敷设	DB(A)	吊顶内敷设	SCE
电缆沟敷设	TC	地板或地面下敷设	F(D)

注：括号中文字符号为旧符号。

（2）配电设备及线路的标注方式

根据 00DX001 规定，部分配电设备及线路在电气安装图上的标注方法如下。

① 用电设备：a/b

式中，a 为设备编号；b 为设备功率，kW。

② 配电设备：$a+b/c$

式中，a 为设备种类代号；b 为设备安装位置代号；c 为设备型号。

③ 照明灯具：$a-b\dfrac{c\times d\times L}{e}f$

式中，a 为灯数；b 为型号或编号；c 为每盏灯具的灯泡数；d 为灯泡安装容量；e 为灯泡安装高度，m；f 为安装方式；L 为光源种类。

④ 配电线路：$a-b(c\times d)e-f$

式中，a 为回路编号；b 为导线型号；c 为导线根数；d 为导线截面；e 为敷设方式及穿管管径；f 为敷设部位。

（3）低压配电系统电气安装图示例

① 车间动力配电　图 4-26 是某机加工车间平面动力配电系统（部分）。该车间电源进

线采用低压铝芯塑料电缆，其型号为 BLV-500-(3×25＋1×16)，穿钢管（SC）埋地（F）敷设，通过动力箱 AP6（型号为 XL-21）分别向 35～42 号机床设备配电。由于各配电支线的型号、规格和敷设方式相同，故在图上统一加注说明。

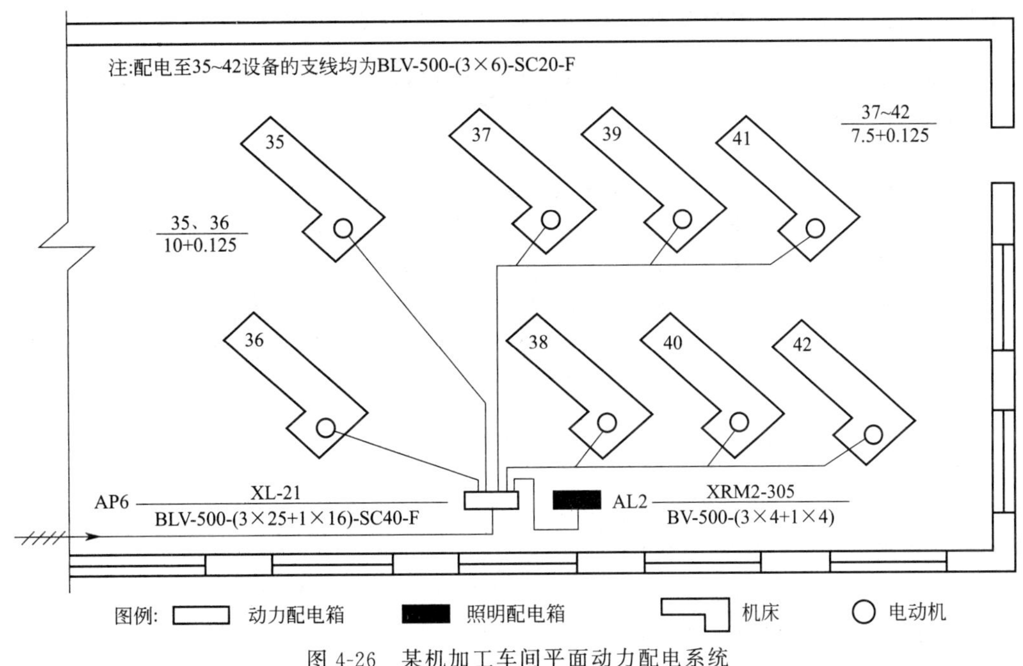

图 4-26　某机加工车间平面动力配电系统

② 楼宇住宅配电　图 4-27 是某住宅楼的配电系统。该住宅楼为六层，砖混结构，共有三个单元，每层三户。其低压配电电源为 220V/380V 的 TN-S 系统，进户线采用 BX-500 型

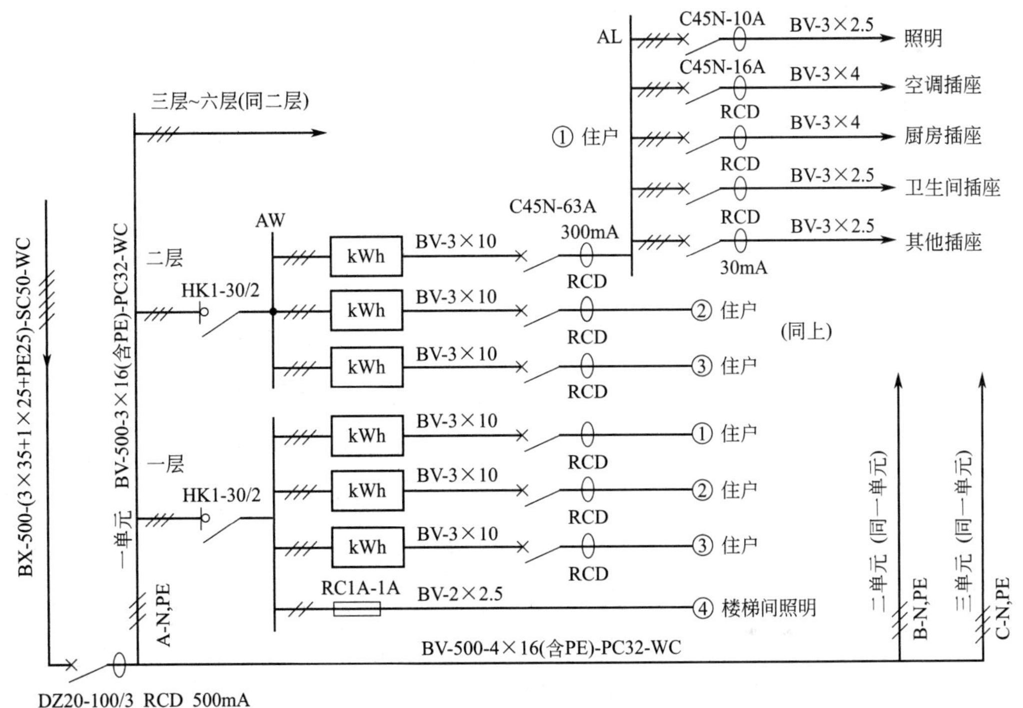

图 4-27　某住宅楼配电系统

铜芯橡皮绝缘导线架空引入，再穿钢管（SC）沿墙暗敷（WC）引至各楼层带有控制开关的电度表箱（AW）。各住户均采用BV-500型铜芯塑料绝缘线穿硬塑料管（PC）暗敷。住户的分配电箱（AL）均采用小型断路器及其附件组装，分五路配电，除照明和空调外，均配有漏电保护RCD，其动作电流从进户到支线分别为300mA和30mA。

思考题与习题

4-1 什么是电气主接线？ 对电气主接线的基本要求是什么？

4-2 电气主接线的基本接线形式有哪些？ 分析说明其优缺点和适用范围。

4-3 什么是内桥接线和外桥接线？ 各适用于什么场合？

4-4 什么是“系统式”主接线和“装置式”主接线？ 其用途有什么不同？

4-5 在什么情况下高压断路器两侧需装设高压隔离开关？ 在什么情况下高压断路器可只在一侧装设高压隔离开关？

4-6 厂区高压和低压配电线路的接线方式有哪些？

4-7 放射式线路和树干式线路各有何优缺点？ 各适用于什么情况？

4-8 架空线路和电缆线路各有何优缺点？

4-9 试述架空线路和电缆线路的结构。

4-10 LJ-95和LGJ-95各表示什么导线？ 其中的“95”表示什么意义？

4-11 敷设电力电缆线路应注意哪些事项？

4-12 橡皮绝缘导线和塑料绝缘导线各有什么特点？ 各适用于哪些场合？

4-13 某电缆线路的标注为：YJV20-10000-3×120，其中各项的意义是什么？

4-14 某低压线路标注为：BV-500-(3×95+1×50+PE50)-SC70，其中各项的意义是什么？

4-15 试述车间线路的结构与敷设方式。

4-16 线路电气安装图应反映线路施工的哪些内容？

第5章 短路电流及其计算

按计算电流所选择的电气设备和导线，只能保证其在正常工作条件下安全运行。供配电系统在运行过程中，难免出现短路故障，极大的短路电流，会使系统的正常运行遭到破坏，甚至烧毁电气设备或导线。因此，为了正确地选择电气设备，保证其在通过短时最大短路电流时不致损坏，需要计算供配电系统在短路故障条件下的短路电流。

5.1 概述

（1）短路的原因

所谓短路，是指供配电系统正常运行之外的相与相或相与地之间的低阻性短接。造成短路的原因是多种多样的，主要原因是电气设备或线路绝缘的失效。

① 设备绝缘失效　如设备绝缘材料的自然老化，线路绝缘外力损伤，设备缺陷未发现和消除，设计安装有误等。

② 运行管理不当　如违反操作规程发生误操作，技术水平低，管理不善等。

③ 自然灾害所致　如雷电过电压击穿设备绝缘；洪水、大风、冰雪、地震等引起的线路倒杆、断线；鸟、鼠等小动物在裸露的相线之间或相线与接地体之间的跨越等。

（2）短路的后果

系统发生短路时，由于电路的阻抗比正常运行时电路的阻抗小得多，因此，短路电流会急剧地增加，如在大容量电力系统中，短路电流可达几万安甚至几十万安。在电流急剧增加的同时，系统中的电压将大幅度下降。所以，短路的后果往往都是破坏性的。

① 极大的短路电流，会产生很大的电动力和很高的温度，使故障元件和短路电路中的其他元件遭到破坏。

② 短路时母线电压会大幅下降，将严重影响其他电气设备的正常工作。

③ 短路会造成停电事故，而且越靠近电源，短路引起停电的范围越大，给国民经济造成的损失越大。

④ 严重的短路故障，会影响电力系统运行的稳定性，可使并列运行的发电机组失去同步，造成系统解裂，引起大面积停电。

⑤ 单相短路故障，其短路电流会产生很强的不平衡磁场，对附近的通信线路、信号系统及电子设备产生电磁干扰，影响其正常工作，甚至发生误动作。

由此可见，短路的后果是十分严重的。在电力系统的设计、施工和运行中，应设法消除可能引起短路的一切原因。

（3）短路的形式

在三相供电系统中，短路的形式有三相短路、两相短路、两相接地短路和单相短路等，如图 5-1 所示。

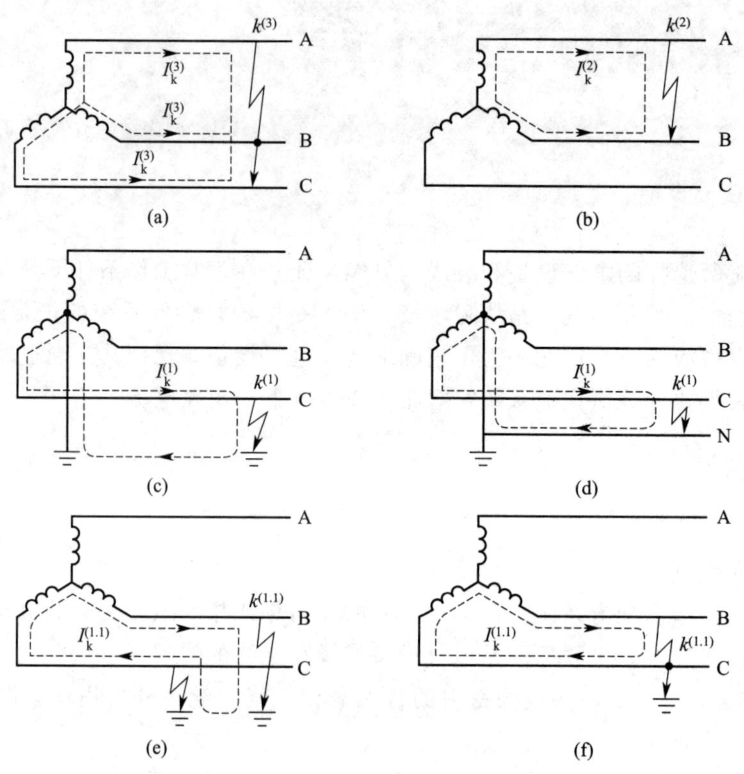

图 5-1　短路的形式（虚线表示短路电流的路径）

$k^{(3)}$ —三相短路；$k^{(2)}$ —两相短路；$k^{(1)}$—单相短路；$k^{(1.1)}$ —两相接地短路

图 5-1(a) 所示的三相短路，属对称性短路；其他形式的短路，都属非对称性短路。在电力系统中，发生单相短路的概率最大，而发生三相短路的可能性最小。但从短路电流的大小来看，三相短路的短路电流最大，造成的危害也最严重。为了使系统中的电气设备在最严重的短路状态下能短时稳定地工作，作为选择校验电气设备用的短路计算，一般以最严重的三相短路电流计算为主。

5.2　无限大容量系统三相短路的过程

5.2.1　无限大容量电力系统

无限大容量电力系统是一个相对的概念，是指其容量相对于工厂供电系统容量大得多的电力系统。其特点是当工厂供电系统的负荷变动甚至发生短路时，电力系统馈电母线上的电压基本维持不变。如果电力系统电源的总阻抗小于短路回路总阻抗的 5%～10%，或电力系统的容量超过工厂供电系统容量的 50 倍时，可将电力系统看做无限大容量系统。

对于一般电能用户的工厂供配电系统，由于工厂供配电系统的容量远比电力系统总容量小，其阻抗又较电力系统大得多，因此工厂供配电系统内发生短路时，电力系统馈电母线上的电压基本不变，完全符合无限大容量电力系统的特征。在等值电路图中，无限大容量电力系统表示为：$S_s=\infty$，$X_s=0$ 和 $U=U_{av}$（母线平均额定电压）。

按无限大容量电力系统计算所得的短路电流是短路回路通过的最大短路电流。

5.2.2　短路电流的变化过程

（1）无限大容量系统三相短路的暂态过程

图 5-2(a) 为无限大容量供电系统中发生三相短路的电路图。图中 R_{kL}、X_{kL} 为短路回路的电阻和电抗，R_L、X_L 为负荷的电阻和电抗。由于三相短路为对称性短路，所以可用等效单相电路来分析，如图 5-2(b) 所示。

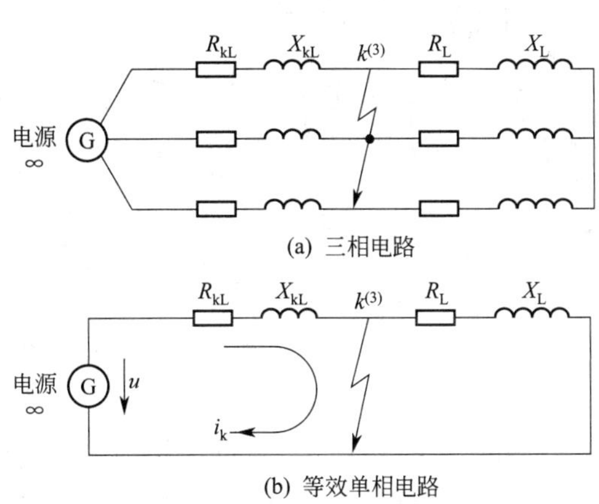

图 5-2　无限大容量电力系统中发生三相短路

系统正常运行时，电路中的电流取决于电源电压和电路中所有元件包括负荷在内的总阻抗。发生三相短路时，系统中负荷阻抗和部分线路阻抗被短接，由于回路阻抗突然减小，回路电流（短路电流）就要急剧增大。但是，由于短路回路中存在着电感，根据楞次定律，电流不能突变，因而将引起一个过渡过程，即短路的暂态过程。

设电源相电压 $u_\varphi=U_{\varphi m}\sin\omega t$，正常负荷电流 $i=I_m\sin(\omega t-\varphi)$。若在 $t=0$ 时刻短路，则对图 5-2(b) 所示等效电路，其电压方程为

$$u_\varphi=R_{kL}i_k+L_{kL}\frac{di_k}{dt} \tag{5-1}$$

式中，u_φ 为相电压的瞬时值；i_k 为每相短路电流瞬时值；R_{kL}、L_{kL} 为短路回路总的电阻和电感。

式(5-1) 为一阶线性微分方程，其解为

$$i_k=I_{km}\sin(\omega t-\varphi_k)+Ce^{-\frac{t}{\tau}}=i_p+i_{np} \tag{5-2}$$

式中，$I_{km}=\dfrac{U_{\varphi m}}{Z_{kL}}=\dfrac{U_{\varphi m}}{\sqrt{R_{kL}^2+X_{kL}^2}}$为短路电流周期分量幅值；$\varphi_k=\arctan(X_{kL}/R_{kL})$为短路电路的阻抗角；$C=I_{km}\sin\varphi_k-I_m\sin\varphi$ 为由初始条件决定的积分常数；$\tau=L_{kL}/R_{kL}$ 为短路电路的时间常数；i_p 为短路电流周期分量；i_{np} 为短路电流非周期分量。

图 5-3 表示了无限大容量电力系统中发生三相短路前后电压、电流变化的规律。由图可以看出，无限大容量系统发生三相短路时，短路全电流 i_k 由周期分量 i_p 和非周期分量 i_{np} 决定。周期分量按正弦规律变化，其大小取决于电源电压和短路回路的阻抗，幅值在整个短路过程中不变；非周期分量按指数规律衰减，其值在短路瞬间最大，是由于电感电路中的电流不能突变而产生的感生电流，当其衰减为零时，短路过渡过程结束，系统进入短路的稳定状态。图中 i_{sh} 为短路冲击电流。

（2）短路有关的物理量

① 短路电流周期分量　假设在电压 $u_\varphi=0$ 时发生三相短路，由式(5-2) 可知，短路电流周期分量

$$i_p=I_{km}\sin(\omega t-\varphi_k) \tag{5-3}$$

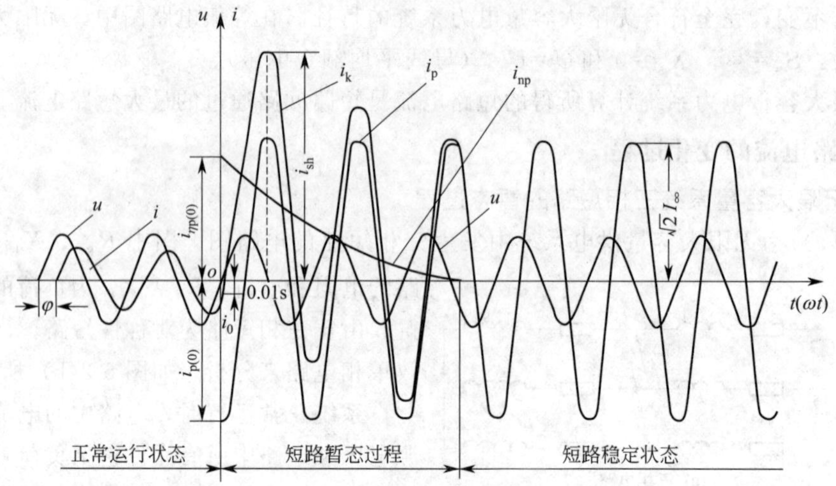

图 5-3 无限大容量电力系统发生三相短路时的电压、电流变化曲线

由于短路回路的电抗一般远大于电阻，即 $X_{kL} \gg R_{kL}$，因此 $\varphi_k \approx 90°$。因此，短路瞬间（$t=0$ 时）短路电流周期分量的初值

$$i_{p(0)}=-I_{km}=-\sqrt{2}I'' \tag{5-4}$$

式中，I''为短路次暂态电流有效值，它是短路后第一个周期短路电流周期分量 i_p 的有效值。

② 短路电流非周期分量　由式(5-2) 可知，短路电流非周期分量

$$i_{np}=(I_{km}\sin\varphi_k-I_m\sin\varphi)e^{-\frac{t}{\tau}} \tag{5-5}$$

由于 $\varphi_k \approx 90°$，而 $I_m\sin\varphi \ll I_{km}$，故

$$i_{np} \approx I_{km}e^{-\frac{t}{\tau}}=\sqrt{2}I''e^{-\frac{t}{\tau}} \tag{5-6}$$

短路电流非周期分量从其初值 $i_{np(0)}$ 开始衰减，其时间常数 $\tau=L_{kL}/R_{kL}=X_{kL}/314R_{kL}$ 越小，衰减越快。

③ 短路全电流　短路全电流为短路电流周期分量与非周期分量之和，即

$$i_k=i_p+i_{np} \tag{5-7}$$

对某一时刻 t，短路全电流有效值 $I_{k(t)}$，是以时间 t 为中点的一个周期内，i_p 有效值 $I_{p(t)}$ 与 i_{np} 在 t 的瞬时值 $i_{np(t)}$ 的方均根值，即

$$I_{k(t)}=\sqrt{I_{p(t)}^2+i_{np(t)}^2} \tag{5-8}$$

④ 短路冲击电流　短路全电流的最大瞬时值，称为短路冲击电流。由图 5-3 可以看出，短路后经过半个周期（即 0.01s）i_k 达到最大值，此时的电流即为短路冲击电流。即

$$i_{sh}=i_{p(0.01)}+i_{np(0.01)} \approx \sqrt{2}I''(1+e^{-\frac{0.01}{\tau}}) \tag{5-9}$$

或

$$i_{sh} \approx K_{sh}\sqrt{2}I'' \tag{5-10}$$

式中，$K_{sh}=1+e^{-\frac{0.01}{\tau}}=1+e^{-\frac{0.01R_{kL}}{L_{kL}}}$ 为短路电流冲击系数。当 $R_{kL}\to 0$ 时，$K_{sh}\to 2$；当 $L_{kL}\to 0$ 时，$K_{sh}\to 1$。因此，$1<K_{sh}<2$。

短路全电流 i_k 的最大有效值，是短路后第一个周期短路电流的有效值，称为短路冲击电流的有效值 I_{sh}，即

$$I_{sh}=\sqrt{I_{p(0.01)}^2+i_{np(0.01)}^2} \approx \sqrt{I''^2+(\sqrt{2}I''e^{-\frac{0.01}{\tau}})^2} \tag{5-11}$$

或
$$I_{sh}=\sqrt{1+2(K_{sh}-1)^2}I'' \tag{5-12}$$

在高压电路中发生三相短路时，一般取 $K_{sh}=1.8$，则

$$i_{sh}=2.55I'' \tag{5-13}$$

$$I_{sh}=1.51I'' \tag{5-14}$$

在 1000kV·A 及以下电力变压器的二次侧及低压电路中发生三相短路时，一般取 $K_{sh}=1.3$，则

$$i_{sh}=1.84I'' \tag{5-15}$$

$$I_{sh}=1.09I'' \tag{5-16}$$

⑤ 短路稳态电流　短路电流非周期分量衰减完毕以后的短路全电流，称为短路稳态电流，其有效值用 I_{∞} 表示。在无限大容量系统中，由于系统母线电压维持不变，所以短路电流周期分量的有效值在短路全过程中是不变的，故

$$I''=I_{\infty}=I_k=I_p \tag{5-17}$$

三相短路电流、两相短路电流和单相短路电流通常表示为 $I_k^{(3)}$、$I_k^{(2)}$ 和 $I_k^{(1)}$，但一般情况下多计算的是三相短路电流，在不致引起混淆时，三相短路电流也可表示为 I_k。

5.3　三相短路电流的计算

5.3.1　采用欧姆法进行短路计算

欧姆法，又称有名单位制法，因其短路计算中的阻抗都采用有名单位“欧姆”而得名。欧姆法是短路计算的基本方法。

（1）短路计算公式

对无限大容量系统，三相短路电流周期分量的有效值可按下式计算

$$I_k^{(3)}=\frac{U_c}{\sqrt{3}\,|Z_{\Sigma}|}=\frac{U_c}{\sqrt{3}\sqrt{R_{\Sigma}^2+X_{\Sigma}^2}} \tag{5-18}$$

式中，Z_{Σ}、R_{Σ} 和 X_{Σ} 为短路回路的总阻抗、总电阻和总电抗值；U_c 为短路点的短路计算电压（或称平均额定电压）。由于线路首端短路时其短路最为严重，因此一般按线路首端电压考虑，即短路计算电压取线路额定电压 U_N 的 1.05 倍，如表 5-1 所示。

表 5-1　短路计算电压 U_c 与对应的额定电压 U_N　　kV

U_N	0.38	0.66	3	6	10	35	66	110	220	330	500
U_c	0.4	0.69	3.15	6.3	10.5	37	69	115	230	346	525

在高压电路的短路计算中，由于总电抗远比总电阻大，所以一般只计电抗，不计电阻。在计算低压电路的短路时，也只有当短路电路的 $R_{\Sigma}>X_{\Sigma}/3$ 时才计入电阻。若不计电阻，三相短路电流周期分量的有效值为

$$I_k^{(3)}=\frac{U_c}{\sqrt{3}X_{\Sigma}} \tag{5-19}$$

三相短路容量为

$$S_k^{(3)}=\sqrt{3}U_cI_k^{(3)} \tag{5-20}$$

（2）短路回路阻抗的计算

短路回路的阻抗，主要由电力系统（电源）、电力变压器、电力线路和电抗器等元件的

阻抗决定。对于系统中的母线、电流互感器一次绕组、低压断路器过流脱扣器等阻抗及开关接触电阻等，相对来说很小，在一般短路计算中可略去不计。

① 电力系统的阻抗　电力系统的电阻一般很小，可忽略不计。电力系统的电抗，一般用系统高压馈电线出口断路器的断流容量 S_{oc}（其相当于系统的极限短路容量 S_k）来估算，即

$$X_s=\frac{U_c^2}{S_{oc}} \tag{5-21}$$

式中，U_c 为电力系统馈电线的短路计算电压，kV；S_{oc} 为系统馈电线出口断路器的断流容量，MV·A，可查设备手册或附表 7。

② 电力变压器的阻抗　变压器的电阻 R_T，可由变压器的短路损耗 ΔP_k 近似地计算。

因 $$\Delta P_k\approx 3I_N^2R_T\approx 3(S_N/\sqrt{3}U_c)^2R_T=(S_N/U_c)^2R_T$$

故 $$R_T\approx\Delta P_k\left(\frac{U_c}{S_N}\right)^2 \tag{5-22}$$

式中，U_c 为短路点的短路计算电压，kV；S_N 为变压器的额定容量，kV·A；ΔP_k 为变压器的短路损耗，W，可查设备手册或附表 6。

变压器的电抗 X_T，可由变压器短路电压的百分值 $U_k\%$ 近似地计算。

因 $$U_k\%\approx(\sqrt{3}I_NX_T/U_c)\times 100\approx(S_NX_T/U_c^2)\times 100$$

故 $$X_T\approx\frac{U_k\%}{100}\times\frac{U_c^2}{S_N} \tag{5-23}$$

式中，U_c 为短路点的短路计算电压，kV；S_N 为变压器的额定容量，MV·A；$U_k\%$为变压器的短路电压（阻抗电压 $U_Z\%$）百分值，可查设备手册或附表 6。

③ 电力线路的阻抗　线路的电阻 R_{wL}，由导线或电缆单位长度的电阻 R_0 值求得，即

$$R_{wL}=R_0L \tag{5-24}$$

式中，R_0 为导线或电缆单位长度的电阻，Ω/km，可查有关手册或附表 15；L 为线路长度，km。

线路的电抗 X_{wL}，由导线或电缆单位长度的电抗 X_0 值求得，即

$$X_{wL}=X_0L \tag{5-25}$$

式中，X_0 为导线或电缆单位长度的电抗，Ω/km，可查有关手册或附表 15；L 为线路长度，km。

如果线路的结构数据不详时，X_0 可按表 5-2 取其电抗平均值。

表 5-2　电力线路每相单位长度电抗平均值　　Ω/km

线路结构	线路电压及对应的每相单位长度电抗平均值		
	35kV 及以上	6～10kV	220V/380V
架空线路	0.40	0.35	0.32
电缆线路	0.12	0.08	0.066

④ 电抗器的阻抗　电抗器的电阻值很小，一般可忽略不计。电抗器的电抗值为

$$X_L=\frac{X_L\%}{100}\times\frac{U_N}{\sqrt{3}I_N} \tag{5-26}$$

式中，$X_L\%$为电抗器的电抗百分值；U_N 为电抗器的额定电压，kV；I_N 为电抗器的额定电流，kA。

注意：按欧姆法计算的元件阻抗，与元件所在点的计算电压有关。因此，在计算短路电路阻抗时，若元件所在点的计算电压与短路点的计算电压不相等时，各元件的阻抗都应按短路点的计算电压进行换算。

阻抗等效换算的条件是元件的功率损耗不变。由 $\Delta P=U^2/R$ 和 $\Delta Q=U^2/X$ 可知，元件的阻抗与电压平方成正比，因此阻抗换算的公式为

$$R'=\left(\frac{U_c'}{U_c}\right)^2 R \tag{5-27}$$

$$X'=\left(\frac{U_c'}{U_c}\right)^2 X \tag{5-28}$$

式中，R、X 和 U_c 为换算前元件电阻、电抗和元件所在点处的短路计算电压；R'、X' 和 U_c' 为换算后元件电阻、电抗和短路点的短路计算电压。

实际上，短路计算中所考虑的几个主要元件的阻抗，只有电力线路和电抗器的阻抗需要换算。而电力系统和电力变压器的阻抗，由于它们的计算公式中均含有 U_c^2，因此计算阻抗时，只要公式中的 U_c 直接用短路点处的短路计算电压，就相当于其阻抗已经换算到短路点处了。

【例 5-1】 某工厂供电系统如图 5-4 所示。总降压变电所通过一条长 5km 的 10kV 架空线路供电给某车间变电所，系统出口控制断路器为 SN10-10Ⅰ型，车间变电所装有两台并列运行的 S9-1000（Dyn11）型电力变压器。试计算该车间变电所 10kV 母线上 k-1 点短路和低压 380V 母线上 k-2 点短路的三相短路电流和断流容量。

解：① 求 k-1 点的三相短路电流和短路容量（$U_{c1}=10.5\text{kV}$）。

a. 计算短路回路中各元件的电抗和总电抗。

● 电力系统的电抗，由附表 7 查得 SN10-10Ⅰ型断路器的断流容量 $S_{oc}=300\text{MV}\cdot\text{A}$，则电力系统的电抗为

$$X_1=\frac{U_c^2}{S_{oc}}=\frac{(10.5\text{kV})^2}{300\text{MV}\cdot\text{A}}=0.37\Omega$$

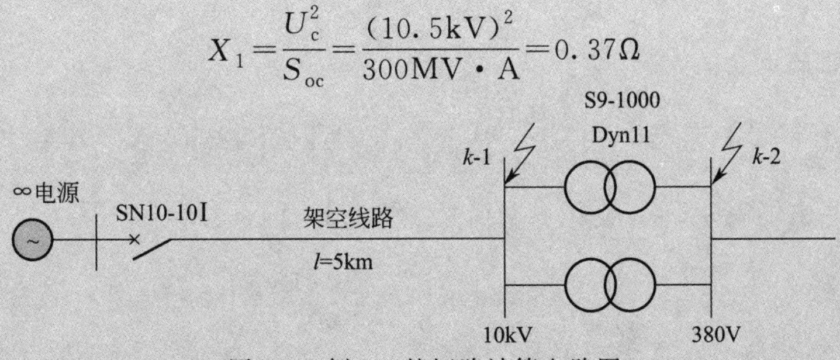

图 5-4　例 5-1 的短路计算电路图

● 架空线路的电抗，查表 5-2 取 $X_0=0.35\Omega/\text{km}$，则架空线路的电抗为

$$X_2=X_0L=0.35\Omega/\text{km}\times 5\text{km}=1.75\Omega$$

● 绘 k-1 点短路的等效电路图，如图 5-5(a) 所示，其短路回路总电抗为

$$X_{\Sigma(k-1)}=X_1+X_2=0.37\Omega+1.75\Omega=2.12\Omega$$

b. 计算 k-1 点的三相短路电流和短路容量。

● 三相短路电流周期分量有效值

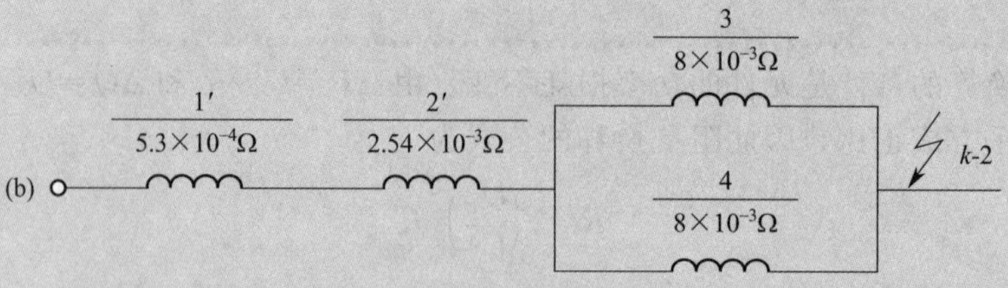

图 5-5 例 5-1 的短路等效电路图

$$I_{k-1}^{(3)}=\frac{U_{c1}}{\sqrt{3}X_{\Sigma(k-1)}}=\frac{10.5\text{kV}}{\sqrt{3}\times 2.12\Omega}=2.86\text{kA}$$

- 三相短路次暂态电流和稳态电流

$$I''^{(3)}=I_{\infty}^{(3)}=I_{k-1}^{(3)}=2.86\text{kA}$$

- 三相短路冲击电流的瞬时值及有效值

$$i_{sh}^{(3)}=2.55I''^{(3)}=2.55\times 2.86\text{kA}=7.29\text{kA}$$

$$I_{sh}^{(3)}=1.51I''^{(3)}=1.51\times 2.86\text{kA}=4.32\text{kA}$$

- 三相短路容量

$$S_{k-1}^{(3)}=\sqrt{3}U_{c1}I_{k-1}^{(3)}=\sqrt{3}\times 10.5\text{kV}\times 2.86\text{kA}=52.01\text{MV}\cdot\text{A}$$

② 求 k-2 点的短路电流和短路容量 ($U_{c2}=0.4\text{kV}$)。

a. 计算短路回路中各元件的电抗及总电抗。

- 电力系统的电抗

$$X_1'=\frac{U_{c2}^2}{S_{oc}}=\frac{(0.4\text{kV})^2}{300\text{MV}\cdot\text{A}}=5.3\times 10^{-4}\Omega$$

- 架空线路的电抗

$$X_2'=\left(\frac{U_{c2}}{U_{c1}}\right)^2 X_0 L=\left(\frac{0.4\text{kV}}{10.5\text{kV}}\right)^2\times 0.35\Omega/\text{km}\times 5\text{km}=2.54\times 10^{-3}\Omega$$

- 电力变压器的电抗，由附表 6 查得变压器的 $U_k\%=5$，则

$$X_3=X_4=\frac{U_k\%}{100}\times\frac{U_{c2}^2}{S_N}=\frac{5}{100}\times\frac{(0.4\text{kV})^2}{1\text{MV}\cdot\text{A}}=8\times 10^{-3}\Omega$$

- 绘 k-2 点短路的等效电路图，如图 5-5(b) 所示。其短路回路总电抗为

$$X_{\Sigma(k-2)}=X_1'+X_2'+X_3/\!/X_4$$

$$=5.3\times 10^{-4}\Omega+2.54\times 10^{-3}\Omega+\frac{8\times 10^{-3}\Omega}{2}=7.07\times 10^{-3}\Omega$$

b. 计算 k-2 点短路的三相短路电流和短路容量。

- 三相短路电流周期分量的有效值

$$I_{k-2}^{(3)}=\frac{U_{c2}}{\sqrt{3}X_{\Sigma(k-2)}}=\frac{0.4\text{kV}}{\sqrt{3}\times 7.07\times 10^{-3}\Omega}=32.67\text{kA}$$

● 三相短路次暂态电流和稳态电流

$$I''^{(3)}=I_{\infty}^{(3)}=I_{k-2}^{(3)}=32.67\text{kA}$$

● 三相短路冲击电流的瞬时值及有效值

$$i_{sh}^{(3)}=1.84I''^{(3)}=1.84\times32.67\text{kA}=60.11\text{kA}$$

$$I_{sh}^{(3)}=1.09I''^{(3)}=1.09\times32.67\text{kA}=35.61\text{kA}$$

● 三相短路容量

$$S_{k-2}^{(3)}=\sqrt{3}U_{c2}I_{k-2}^{(3)}=\sqrt{3}\times0.4\text{kV}\times32.67\text{kA}=22.63\text{MV}\cdot\text{A}$$

在工程设计计算中，一般要给出短路计算表，如表 5-3 所示。

表 5-3　例 5-1 的短路计算表

短路计算点	三相短路电流/kA					三相短路容量/MV·A
	$I_k^{(3)}$	$I''^{(3)}$	$I_{\infty}^{(3)}$	$i_{sh}^{(3)}$	$I_{sh}^{(3)}$	$S_k^{(3)}$
$k-1$	2.86	2.86	2.86	7.29	4.32	52.01
$k-2$	32.67	32.67	32.67	60.11	35.61	22.63

5.3.2　采用标幺值法进行短路计算

（1）标幺值的概念

标幺值法，即相对单位制法，标幺值中各元件的物理量均用相对值表示。任一物理量的标幺值 A^*，是其实际值 A 与所选定的基准值 A_d 的比值，即

$$A^*=\frac{A}{A_d} \tag{5-29}$$

用标幺值法进行短路计算时，一般应先选定基准容量 S_d 和基准电压 U_d。为计算方便，工程设计中通常取基准容量 $S_d=100\text{MV}\cdot\text{A}$；基准电压通常取元件所在点的短路计算电压，即 $U_d=U_c$。选定了基准容量和基准电压以后，基准电流 I_d 和基准电抗 X_d 按下式计算

$$I_d=\frac{S_d}{\sqrt{3}U_d}=\frac{S_d}{\sqrt{3}U_c} \tag{5-30}$$

$$X_d=\frac{U_d}{\sqrt{3}I_d}=\frac{U_c^2}{S_d} \tag{5-31}$$

（2）系统中元件电抗标幺值的计算

① 电力系统电抗标幺值

$$X_s^*=\frac{X_s}{X_d}=\frac{U_c^2/S_{oc}}{U_c^2/S_d}=\frac{S_d}{S_{oc}} \tag{5-32}$$

② 电力变压器电抗标幺值

$$X_T^*=\frac{X_T}{X_d}=\frac{U_k\%}{100}\times\frac{U_c^2}{S_N}\Big/\frac{U_c^2}{S_d}=\frac{U_k\%}{100}\times\frac{S_d}{S_N} \tag{5-33}$$

③ 电力线路电抗标幺值

$$X_{wL}^*=\frac{X_{wL}}{X_d}=\frac{X_0L}{U_c^2/S_d}=X_0L\frac{S_d}{U_c^2} \tag{5-34}$$

④ 电抗器电抗标幺值

$$X_{L}^{*}=\frac{X_{L}}{X_{d}}=\frac{U_{L}\%}{100}\times\frac{U_{N}}{\sqrt{3}I_{N}}\Big/\frac{U_{c}^{2}}{S_{d}}=\frac{X_{L}\%}{100}\times\frac{U_{N}}{U_{c}}\times\frac{I_{d}}{I_{N}} \tag{5-35}$$

由于各元件电抗均采用标幺值（即相对值），与短路计算点电压无关，因此进行短路计算时，无需根据电压进行换算，这也是标幺制法计算短路的优越之处。

（3）标幺值法短路计算公式

由于三相短路电流周期分量的标幺值

$$I_{k}^{(3)*}=\frac{I_{k}^{(3)}}{I_{d}}=\frac{U_{c}/\sqrt{3}X_{\Sigma}}{S_{d}/\sqrt{3}U_{c}}=\frac{U_{c}}{\sqrt{3}X_{\Sigma}I_{d}}=\frac{U_{c}^{2}}{S_{d}}\times\frac{1}{X_{\Sigma}}=\frac{X_{d}}{X_{\Sigma}}=\frac{1}{X_{\Sigma}^{*}}$$

所以，三相短路电流周期分量的有效值为

$$I_{k}^{(3)}=\frac{I_{d}}{X_{\Sigma}^{*}} \tag{5-36}$$

三相短路容量

$$S_{k}^{(3)}=\sqrt{3}U_{c}I_{k}^{(3)}=\frac{\sqrt{3}U_{d}I_{d}}{X_{\Sigma}^{*}}=\frac{S_{d}}{X_{\Sigma}^{*}} \tag{5-37}$$

【例 5-2】 图 5-6 是某供电系统简图，系统中架空线路、电力变压器及电抗器的相关参数如图中所示。试求系统中 k-1、k-2 和 k-3 点的三相短路电流和短路容量。

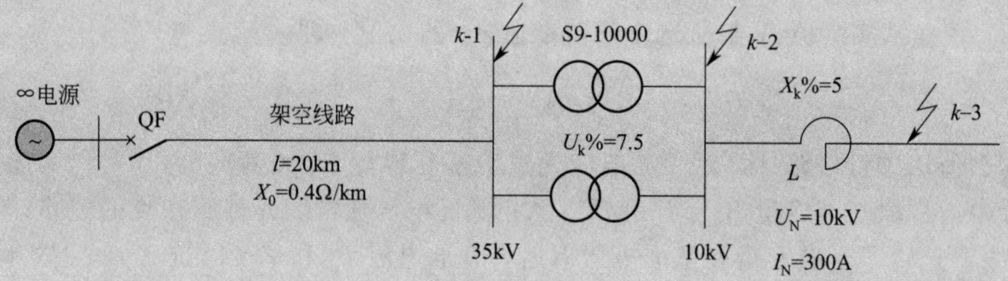

图 5-6　例 5-2 的短路计算电路图

解： ① 确定基准值，计算基准电流。

取 $S_{d}=100\text{MV}\cdot\text{A}$，$U_{c1}=37\text{kV}$，$U_{c2}=U_{c3}=10.5\text{kV}$

则
$$I_{d1}=\frac{S_{d}}{\sqrt{3}U_{c1}}=\frac{100\text{MV}\cdot\text{A}}{\sqrt{3}\times37\text{kV}}=1.56\text{kA}$$

$$I_{d2}=I_{d3}=\frac{S_{d}}{\sqrt{3}U_{c2}}=\frac{100\text{MV}\cdot\text{A}}{\sqrt{3}\times10.5\text{kV}}=5.5\text{kA}$$

② 计算各元件电抗标幺值。

a. 架空线路电抗标幺值

$$X_{1}^{*}=X_{0}L\frac{S_{d}}{U_{c1}^{2}}=0.4\Omega/\text{km}\times20\text{km}\times\frac{100\text{MV}\cdot\text{A}}{(37\text{kV})^{2}}=0.584$$

b. 电力变压器电抗标幺值

$$X_{2}^{*}=X_{3}^{*}=\frac{U_{k}\%}{100}\times\frac{S_{d}}{S_{N}}=\frac{7.5\times100\text{MV}\cdot\text{A}}{100\times10\text{MV}\cdot\text{A}}=0.75$$

c. 电抗器电抗标幺值

$$X_L^* = \frac{X_L\%}{100} \times \frac{U_N}{U_c} \times \frac{I_d}{I_N} = \frac{5 \times 10\text{kV} \times 5.5\text{kA}}{100 \times 10.5\text{kV} \times 0.3\text{kA}} = 0.873$$

d. 绘短路等效电路图，如图 5-7 所示。

③ 计算 k-1 点三相短路电流和短路容量（略）。

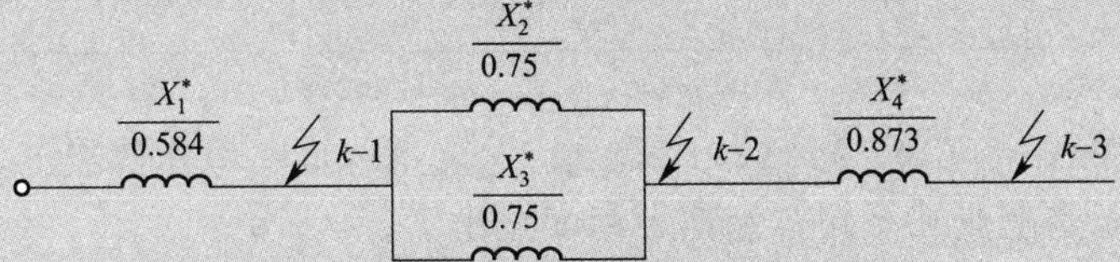

图 5-7　例 5-2 的短路等效电路图

④ 计算 k-2 点三相短路电流和短路容量。

a. 总电抗标幺值

$$X_{\Sigma(k-2)}^* = X_1^* + X_2^* /\!/ X_3^* = 0.584 + \frac{0.75}{2} = 0.959$$

b. 三相短路电流

$$I_{k-2}^{(3)} = \frac{I_{d2}}{X_{\Sigma(k-2)}^*} = \frac{5.5\text{kA}}{0.959} = 5.74\text{kA}$$

$$I''^{(3)} = I_\infty^{(3)} = I_{k-2}^{(3)} = 5.74\text{kA}$$

$$i_{sh}^{(3)} = 2.55 I''^{(3)} = 2.55 \times 5.74\text{kA} = 14.64\text{kA}$$

$$I_{sh}^{(3)} = 1.51 I''^{(3)} = 1.51 \times 5.74\text{kA} = 8.67\text{kA}$$

c. 三相短路容量

$$S_{k-2}^{(3)} = \frac{S_d}{X_{\Sigma(k-2)}^*} = \frac{100\text{MV} \cdot \text{A}}{0.959} = 104.3\text{MV} \cdot \text{A}$$

⑤ 计算 k-3 点三相短路电流和短路容量。

a. 总电抗标幺值

$$X_{\Sigma(k-3)}^* = X_1^* + X_2^* /\!/ X_3^* + X_4^* = 0.584 + \frac{0.75}{2} + 0.873 = 1.832$$

b. 三相短路电流

$$I_{k-3}^{(3)} = \frac{I_{d3}}{X_{\Sigma(k-3)}^*} = \frac{5.5\text{kA}}{1.832} = 3\text{kA}$$

$$I''^{(3)} = I_\infty^{(3)} = I_{k-3}^{(3)} = 3\text{kA}$$

$$i_{sh}^{(3)} = 2.25 I''^{(3)} = 2.55 \times 3\text{kA} = 7.65\text{kA}$$

$$I_{sh}^{(3)} = 1.51 I''^{(3)} = 1.51 \times 3\text{kA} = 4.53\text{kA}$$

c. 三相短路容量

$$S_{k-3}^{(3)} = \frac{S_d}{X_{\Sigma(k-3)}^*} = \frac{100\text{MV} \cdot \text{A}}{1.832} = 54.6\text{MV} \cdot \text{A}$$

⑥ 短路计算表如表 5-4 所示。

表 5-4 例 5-2 的短路计算表

短路计算点	三相短路电流/kA					三相短路容量/MV·A
	$I_{k}^{(3)}$	$I''^{(3)}$	$I_{\infty}^{(3)}$	$i_{sh}^{(3)}$	$I_{sh}^{(3)}$	$S_{k}^{(3)}$
$k-1$	2.67	2.67	2.67	6.81	4.03	171.2
$k-2$	5.74	5.74	5.74	14.64	8.67	104.3
$k-3$	3	3	3	7.65	4.53	54.6

由例 5-2 的计算结果可知，短路点 $k-2$ 和 $k-3$ 虽在同一电压等级下，但由于电抗器的作用，使 $k-3$ 点短路电流和短路容量都大幅度减小了。

5.3.3 两相和单相短路电流的计算

（1）两相短路电流的计算

在无限大容量系统中发生两相短路时，其两相短路电流可由下式计算

$$I_{k}^{(2)}=\frac{U_{c}}{2|Z_{\Sigma}|} \tag{5-38}$$

式中 U_c——短路点的短路计算电压（线电压）。

如果只计电抗，则两相短路电流为

$$I_{k}^{(2)}=\frac{U_{c}}{2X_{\Sigma}} \tag{5-39}$$

比较式(5-39) 与式(5-19)，可得两相短路电流与三相短路电流的关系

$$I_{k}^{(2)}=\frac{\sqrt{3}}{2}I_{k}^{(3)}=0.866I_{k}^{(3)} \tag{5-40}$$

上式表明，在无限大容量系统中，同一点的两相短路电流是三相短路电流的 0.866 倍。因此，只要计算出某一点的三相短路电流，其两相短路电流可由式(5-40) 求出。其他两相短路电流，如 $I''^{(2)}$、$I_{\infty}^{(2)}$、$i_{sh}^{(2)}$ 和 $I_{sh}^{(2)}$ 等，均可按前述三相短路对应的短路电流计算公式计算。

（2）单相短路电流的计算

在大电流接地系统或三相四线制系统中发生单相短路时，根据对称分量法可知单相短路电流为

$$\dot{I}_{k}^{(1)}=\frac{\sqrt{3}\dot{U}_{c}}{Z_{1\Sigma}+Z_{2\Sigma}+Z_{0\Sigma}} \tag{5-41}$$

式中，$Z_{1\Sigma}$、$Z_{2\Sigma}$、$Z_{0\Sigma}$ 分别为单相短路回路的正序、负序和零序阻抗。

在工程设计中，常用下列公式计算低压配电线路单相短路电流

$$I_{k}^{(1)}=\frac{U_{\varphi}}{|Z_{\varphi\text{-}0}|} \tag{5-42}$$

$$I_{k}^{(1)}=\frac{U_{\varphi}}{|Z_{\varphi\text{-PE}}|} \tag{5-43}$$

$$I_{k}^{(1)}=\frac{U_{\varphi}}{|Z_{\varphi\text{-PEN}}|} \tag{5-44}$$

式中，U_{φ} 为线路相电压；$Z_{\varphi\text{-}0}$ 为相线与 N 线短路回路的阻抗；$Z_{\varphi\text{-PE}}$ 为相线与 PE 线短路回路的阻抗；$Z_{\varphi\text{-PEN}}$ 为相线与 PEN 线短路回路的阻抗。

在无限大容量系统中发生短路时，两相短路电流和单相短路电流均较三相电路电流小，因此选择和校验电气设备时，应采用三相短路电流；两相短路电流主要用来校验相间短路保护的灵敏度；而单相短路电流主要用于整定单相短路保护装置。

5.4 短路电流的效应

电流通过电气设备或导体时，在电气设备或导体间会产生作用力，即电动力。正常负荷电流产生的电动力不大，但是极大的短路冲击电流所产生的电动力，可能导致电气设备破坏或导体变形，所以要求电气设备及导体有足够承受电动力的能力，即动稳定性。另外，短路电流通过电气设备和导体时，会产生大量的热量，使电气设备及导体的温度急剧升高，加速绝缘老化，甚至使其绝缘损坏。所以要求电气设备及导体有足够承受高温的能力，即热稳定性。电气设备及导体只有满足短时动、热稳定性的要求，才能安全地工作。

5.4.1 短路电流的电动效应和动稳定度

（1）短路时的最大电动力

理论分析证明，电力系统中发生三相短路时，三相短路冲击电流 $i_{sh}^{(3)}$ 在中间相上产生的电动力最大，其值为

$$F^{(3)}=\sqrt{3}\,i_{sh}^{(3)2}\ \frac{l}{a}\times 10^{-7} \tag{5-45}$$

式中，$F^{(3)}$ 为三相短路冲击电流产生的最大电动力，N；$i_{sh}^{(3)}$ 为三相短路冲击电流，A；a 为两导体轴线间距离，mm；l 为导体两相邻支持点间距离，mm，即挡距。

（2）短路动稳定度的校验

① 一般电器动稳定度校验条件

$$i_{max}\geqslant i_{sh}^{(3)} \tag{5-46}$$

或

$$I_{max}\geqslant I_{sh}^{(3)} \tag{5-47}$$

式中，i_{max}、I_{max} 为电器动稳定电流的峰值和有效值，可查设备手册或产品说明书。

② 绝缘子动稳定度校验条件

$$F_{al}\geqslant F_{c}^{(3)} \tag{5-48}$$

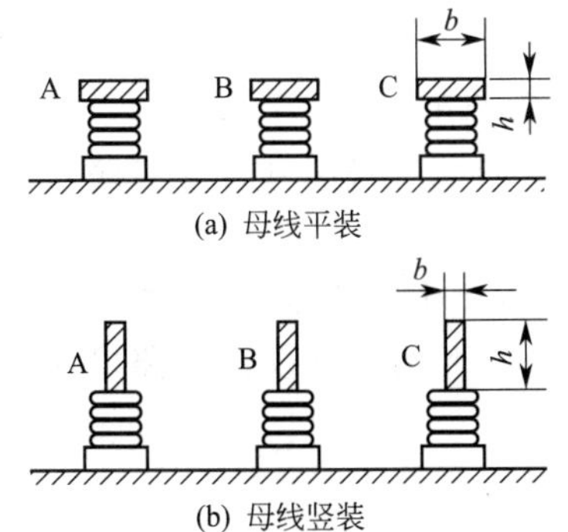

(a) 母线平装

(b) 母线竖装

图 5-8 母线的安装方式

式中，F_{al} 为绝缘子的最大允许载荷，可查设备手册或产品说明书，如果给出的是绝缘子的抗弯破坏载荷值，则应将抗弯破坏载荷值乘以 0.6 作为 F_{al}；$F_{c}^{(3)}$ 为短路时作用在绝缘子上的计算力，如果母线在绝缘子上平装，见图 5-8(a)，则 $F_{c}^{(3)}=F^{(3)}$，如果母线在绝缘子上竖装，见图 5-8(b)，则 $F_{c}^{(3)}=1.4F^{(3)}$。

③ 硬母线动稳定度校验条件

$$\sigma_{al}\geqslant\sigma_{c} \tag{5-49}$$

式中，σ_{al} 为母线材料的最大允许应力，MPa，硬铜母线为 140MPa，硬铝母线为 70MPa；σ_{c} 为 $i_{sh}^{(3)}$ 在母线中所产生的最大计算应力，MPa。最大计算应力按下式计算

$$\sigma_{c}=\frac{M}{W} \tag{5-50}$$

式中，M 为 $F^{(3)}$ 在母线上产生的弯曲力矩，N·m，当母线安装的挡数为 1～2 时，$M=F^{(3)}\ l/8$，当挡数大于 2 时，$M=F^{(3)}\ l/10$，l 为母线安装的挡距，m；W 为母线的截面系数（抗弯矩），mm^3，当母线平装时，$W=b^2h/6$，b 为母线截面的水平宽度，h 为母线截面的垂直高度，当母线竖装时，计算公式不变，但要注意所用 b、h 的尺寸变了。

对于电缆，因其机械强度较高，可不必校验其动稳定度。

5.4.2 短路电流的热效应和热稳定度

（1）短路时导体的发热过程和发热计算

导体通过正常负荷电流时，由于其电阻要产生电能损耗。电能损耗转换为热能，一方面使导体温度升高，另一方面向周围介质散热。当导体内产生的热量与导体向周围介质散失的热量相等时，导体就维持在一定的温度值。

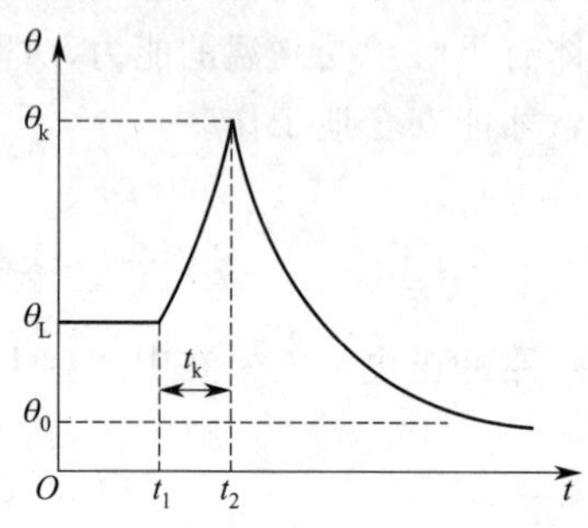

图 5-9 短路前后导体的温度变化

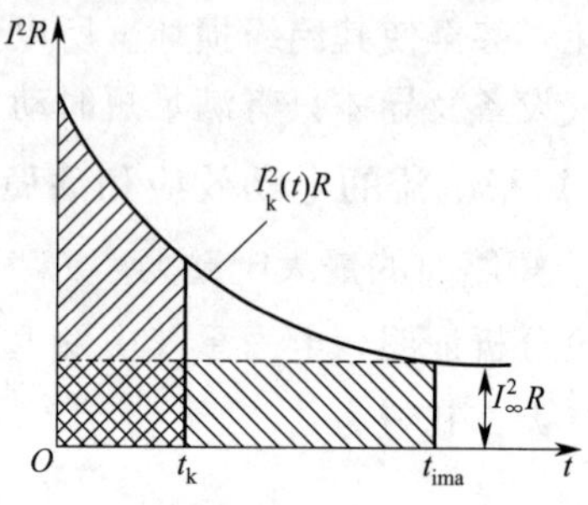

图 5-10 短路发热假想时间

线路发生短路时，极大的短路电流将使导体温度迅速升高。由于短路后线路的保护装置快速动作，会切除短路故障，短路电流通过导体的时间 t_k 通常不会超过 2～3s，因此其热量来不及向周围介质中散发。故在短路过程中，可以近似地认为短路电流在导体中产生的热量，全部用来使导体的温度升高。

短路前后导体温度的变化情况，如图 5-9 所示。正常负荷时导体的温度为 θ_L，设在 t_1 时发生短路，导体温度按指数规律迅速升高，在 t_2 时刻线路保护装置动作切除了故障，此时导体的温度已达 θ_k。短路切除后，线路断电，导体自然冷却至周围介质温度 θ_0。

如果短路时导体的发热温度 θ_k 未超过其最高允许发热温度 θ_{al}，导体就不会因过热而使其绝缘损坏，故认为导体具有承受短时高温的能力，即热稳定性。

短路时，导体的最高发热温度与短路前导体的温度、短路电流的大小及短路电流持续的时间等许多因素有关，而且实际的短路电流 $I_k(t)$ 是变化的。因此，要准确计算短路时导体产生的热量和达到的最高温度是非常困难的。

在工程计算中，常采用等效方法来计算导体在短路过程中所产生的热量 Q_k。如图 5-10 所示，假设短路电流稳态值 I_∞ 在假想时间 t_{ima} 内所产生的热量，恰好等于实际短路电流在短路持续时间 t_k 内所产生的热量，即

$$Q_k=\int_0^{t_k} I_k^2(t)R\,dt=I_\infty^2 R t_{ima} \tag{5-51}$$

式中，t_{ima} 为短路发热假想时间，如图 5-10 所示。t_{ima} 可用下式计算

$$t_{ima}=t_k+0.05\left(\frac{I''}{I_\infty}\right)^2 \tag{5-52}$$

在无限大容量系统中发生短路时，由于 $I''=I_\infty$，因此

$$t_{ima}=t_k+0.05 \tag{5-53}$$

当 $t_k>1s$ 时，可认为 $t_{ima}=t_k$。

短路时间 t_k，为短路保护装置实际最长的动作时间 t_{op} 与断路器的断路时间 t_{oc} 之和，即

$$t_k=t_{op}+t_{oc} \tag{5-54}$$

对一般高压断路器，如油断路器可取 $t_{oc}=0.2s$；对真空断路器和 SF_6 高速断路器，可取 $t_{oc}=0.1\sim0.15s$。

（2）短路热稳定度的校验

① 一般电器热稳定度校验条件

$$I_t^2 t \geqslant I_\infty^{(3)^2} t_{ima} \tag{5-55}$$

式中，I_t 为电器的热稳定电流；t 为电器的热稳定时间，可查设备手册或产品说明书。

② 母线及电缆热稳定度校验条件

$$\theta_{al} \geqslant \theta_k \tag{5-56}$$

式中，θ_{al} 为导体在短路时的最高允许发热温度，可查附表 16。

如前所述，θ_k 的确定比较困难，通常是根据热稳定度的要求来确定母线及电缆的最小允许截面 A_{min}，只要其实际截面 $A \geqslant A_{min}$，就能满足热稳定度的要求，即

$$A \geqslant A_{min} = \frac{I_\infty^{(3)}}{C}\sqrt{t_{ima}} \tag{5-57}$$

式中，A_{min} 为导体最小允许热稳定截面，mm^2；$I_\infty^{(3)}$ 为三相短路稳态电流，A；C 为导体的热稳定系数，$A\sqrt{s}/mm^2$，可查附表 16。

思考题与习题

5-1　什么是短路？ 短路的类型有哪些？ 造成短路的原因是什么？

5-2　哪种短路对系统危害最大？ 哪种短路发生的可能性最大？

5-3　什么叫无限大容量电力系统？ 它有什么特点？

5-4　在无限大容量电力系统中，短路电流是如何变化的？

5-5　什么是短路次暂态电流？ 什么是短路冲击电流？ 什么是短路稳态电流？

5-6　计算短路电流常用哪两种方法？ 各有什么特点？

5-7　短路计算电压与线路额定电压有什么关系？

5-8　用标幺值法计算短路电流时，如何计算系统中各元件电抗的标幺值？

5-9　在无限大容量系统中，两相短路电流与三相短路电流有什么关系？

5-10　什么是短路电流的电动力效应和热效应？

5-11　对一般电器，其短路动稳定度和热稳定度校验的条件是什么？

5-12　对母线，其短路动稳定度和热稳定度校验的条件是什么？

5-13　某厂总降压变电所通过一条长为 3km 的 6kV 电缆线路，供电给装有两台并列运行电力变压器的某车间变电所，总降压变电所出口断路器的断流容量为 300MV · A，电力变压器的型号为 S9-800（Yyn0 接线）。 试用欧姆法计算该车间变电所高压侧和低压侧的短路电流和短路容量，并列出短路计算表。

5-14　试用标幺值法计算习题 5-13 的短路电流和短路容量。

5-15　某车间变电所 380V 母线采用截面为 $100\times10mm^2$ 的硬铝母线，水平平装，挡距为 0.9m，挡数大于 2，相邻两母线的轴线距离为 0.16m，系统中三相短路冲击电流为 26kA。 试校验该母线在三相短路时的动稳定度。

5-16　某 10kV 铝芯聚氯乙烯电缆通过的三相短路稳态电流为 8.5kA，短路电流持续的时间为 2s，试按短路热稳定条件确定该电缆所要求的最小截面。

第6章 电气设备的选择与校验

6.1 电气设备选择的原则

正确地选择电气设备，是为了保证工厂供配电系统安全、可靠、经济地运行。为此，电气设备必须按正常工作条件进行选择，并按短路条件进行校验。

按正常工作条件选择电气设备，就是要考虑电气设备工作的环境条件和电气要求。环境条件是指电气设备的使用场所（户外或户内）、环境温度、海拔高度以及有无防尘、防腐、防火、防爆等要求。电气要求是指对设备电压、电流和断流能力等方面的要求。

按短路条件校验电气设备，就是要保证电气设备在短路故障情况下具有足够的动、热稳定度。

表6-1列出了高低压电气设备选择与校验的项目与条件，供参考。

表6-1 高低压电气设备选择与校验的项目与条件

电气设备名称	电压/kV	电流/A	断流能力/kA	短路校验		环境条件
				动稳定度	热稳定度	
高压断路器	√	√	√	√	√	●
高压隔离开关	√	√	—	√	√	●
高压负荷开关	√	√	√	√	√	●
高压熔断器	√	√	√	—	—	●
电流互感器	√	√	—	√	√	●
电压互感器	√	—	—	—	—	●
低压刀开关	√	√	√	○	○	●
低压断路器	√	√	√	○	○	●
低压负荷开关	√	√	√	—	—	●
并联电容器	√	—	—	—	—	●
支柱绝缘子	√	—	—	√	—	●
套管绝缘子	√	√	—	√	√	●
母线	—	√	—	√	√	●
电缆、绝缘导线	√	√	—	—	√	●
应满足的条件	$U_N \geqslant U_W$	$I_N \geqslant I_{30}$	$I_{oc} \geqslant I_k$ $S_{oc} \geqslant S_k$	式(5-46)～式(5-49)	式(5-55)或式(5-57)	

注：1. 表中"√"表示必须校验，"○"表示一般可不校验，"—"表示不需要校验，"●"表示需要满足使用的环境条件。

2. 表中U_N、I_N、I_{oc}（S_{oc}）分别为电气设备的额定电压、额定电流和额定开断电流（容量）；U_W、I_{30}、I_k（S_k）分别为电气设备安装地点的工作电压、计算电流和三相短路电流（容量）。

6.2 高压开关电器的选择

（1）按正常工作条件选择

高压隔离开关、高压负荷开关和高压断路器的选择，首先应满足安装和使用的工况要求，并保证其额定电压 U_N 不低于安装地点电路的工作电压 U_W，其额定电流 I_N 不小于电路的计算电流 I_{30}，即

$$U_N \geqslant U_W \tag{6-1}$$

$$I_N \geqslant I_{30} \tag{6-2}$$

（2）断流能力校验

① 高压隔离开关不允许带负荷操作，只作隔离电源用，因此不校验其断流能力。

② 高压负荷开关能带负荷操作，但不能切断短路电流，因此其断流能力应按最大过负荷电流来校验，即

$$I_{oc} \geqslant I_{OL.max} \tag{6-3}$$

式中，I_{oc} 为负荷开关的额定分断电流；$I_{OL.max}$ 为负荷开关所在电路的最大过负荷电流，可取为 $(1.5\sim3)I_{30}$，I_{30} 为电路的计算电流。

③ 高压断路器能分断短路电流，其断流能力应按三相短路电流校验，即

$$I_{oc} \geqslant I_k^{(3)} \tag{6-4}$$

或

$$S_{oc} \geqslant S_k^{(3)} \tag{6-5}$$

式中，I_{oc}、S_{oc} 为断路器的额定开断电流和额定断流容量；$I_k^{(3)}$、$S_k^{(3)}$ 为断路器安装地点的三相短路电流和三相短路容量。

（3）短路稳定度校验

高压开关电器均需进行短路动稳定度和热稳定度校验。动稳定度按式(5-46) 或式(5-47) 校验。热稳定度按式(5-55) 校验。

【例 6-1】 某 35kV/10kV 总降压变电所，装有一台 6300kV・A 主变压器，10kV 母线上三相短路电流的有效值为 12.6kA，继电保护动作的时间为 1.0s，断路器的开断时间为 0.1s。试选择变压器 10kV 侧高压断路器与隔离开关的型号。

解： 变压器 10kV 侧的计算电流为

$$I_{30}=\frac{S_N}{\sqrt{3}U_N}=\frac{6300}{\sqrt{3}\times10}=364(\text{A})$$

10kV 母线上三相短路电流的冲击值为

$$i_{sh}=2.55I_k=2.55\times12.6=32.13(\text{kA})$$

短路电流热效应的假想时间为

$$t_{ima}=t_k=t_{op}+t_{oc}=1.0+0.1=1.1(\text{s})$$

按照高压断路器和隔离开关的选择条件，查产品样本或附表 7、附表 8 选择户内 SN10-10Ⅰ/630 型高压断路器和 GN8-10/600 型隔离开关（选配 CD10Ⅰ型和 CS6-1T 型操动机构），其符合正常工作条件，并经短路动、热稳定度校验合格，如表 6-2 所示。

表 6-2　高压断路器和高压隔离开关选择校验

项目	设备安装地点电气条件	SN10-10Ⅰ/630 型 高压断路器	GN8-10/600 型 高压隔离开关	校验 结论
电压	$U_W=10kV$	$U_N=10kV$	$U_N=10kV$	合格
电流	$I_{30}=364A$	$I_N=630A$	$I_N=600A$	合格
开断能力	$I_k=I_\infty=12.6kA$	$I_{oc}=16kA$	—	合格
动稳定度	$i_{sh}=32.13kA$	$i_{max}=40kA$	$i_{max}=52kA$	合格
热稳定度	$I_\infty^2 t_{ima}=12.6^2\times1.1=175kA^2s$	$I_t^2 t=16^2\times4=1024kA^2s$	$I_t^2 t=20^2\times5=2000kA^2s$	合格

6.3　互感器的选择

6.3.1　电流互感器的选择

（1）额定电压和电流选择

电流互感器的额定电压应不低于安装地点电路的额定工作电压；其一次额定电流应不小于电路的计算电流。

电流互感器二次额定电流有 5A 和 1A 两种，一般强电系统用 5A，弱电系统用 1A。

（2）准确级的选择与校验

电流互感器准确级的选择，对计量用电流互感器，其准确级应选 0.5 级；对测量用电流互感器，其准确级可选 1.0～3.0 级。为了保证电流互感器的准确级，电流互感器二次侧所接负载容量（负荷）S_2 应不大于该准确级所规定的额定容量 S_{2N}，即

$$S_{2N}\geqslant S_2 \tag{6-6}$$

电流互感器二次回路的负荷 S_2，取决于二次回路的总阻抗 Z_2，即

$$S_2=I_{2N}^2 Z_2\approx I_{2N}^2(\sum Z_i+R_{WL}+R_{tou}) \tag{6-7}$$

或

$$S_2=I_{2N}^2 Z_2\approx \sum S_i+I_{2N}^2(R_{WL}+R_{tou}) \tag{6-8}$$

式中，I_{2N} 为电流互感器二次额定电流；$\sum S_i$、$\sum Z_i$ 为二次回路中所有串接的仪表、继电器线圈的额定容量（V·A）之和与阻抗（Ω）之和，其值可由仪表、继电器的产品样本或有关手册查得；R_{WL} 为二次回路连接导线电阻，$R_{WL}=l_c/(\gamma A)$，这里 γ 为导线的电导率，铜线 $\gamma_{Cu}=53m/(\Omega\cdot mm^2)$，铝线 $\gamma_{Al}=32m/(\Omega\cdot mm^2)$，$A$ 为导线截面积，mm^2，l_c 为二次回路导线的计算长度，m；R_{tou} 为二次回路中所有接头的接触电阻，一般取 0.1Ω。

电流互感器二次回路导线计算长度 l_c 与其接线方式有关。设从互感器二次端子到仪表、继电器端子的单向安装距离为 l，则互感器二次为 Y 形接线时，$l_c=l$；如互感器二次为 V 形接线时，$l_c=\sqrt{3}l$；如互感器二次为一相式接线时，$l_c=2l$。

如果不满足式(6-6) 的条件，则应改选较大二次容量或较大变流比的电流互感器或者适当加大二次连接导线的截面。按规定，电流互感器二次接线应采用截面不小于 $2.5mm^2$ 的铜芯绝缘导线。

（3）动、热稳定度校验

电流互感器的动稳定度校验，应满足式(5-46) 或式(5-47) 条件。但有的电流互感器的技术数据给出的是其动稳定倍数 K_{es}，因此其动稳定度应按下式校验

$$K_{es}\sqrt{2}I_{1N}\geqslant i_{sh}^{(3)} \tag{6-9}$$

电流互感器的热稳定度校验，应满足式(5-55) 条件。但有的电流互感器的技术数据给出的是其热稳定倍数 K_t，因此其热稳定度应按下式校验

$$(K_tI_{1N})^2t\geqslant I_{\infty}^{(3)^2}t_{ima} \tag{6-10}$$

电流互感器的热稳定时间 t 为 1s，因此其热稳定度校验的条件为

$$K_tI_{1N}\geqslant I_{\infty}^{(3)}\sqrt{t_{ima}} \tag{6-11}$$

附表 9 列出了 LQJ-10 型电流互感器的主要技术数据，供参考。

【例 6-2】 试按例 6-1 的电气条件，选择 10kV 侧柜内测量用电流互感器。已知电流互感器采用两相式接线，如图 6-1 所示，两个二次绕组，其中 0.5 级用于测量，接有三相有功电度表和三相无功电度表各一只，每一电流线圈消耗的功率为 0.5V・A，电流表一只，消耗功率为 3V・A。电流互感器二次回路采用 2.5mm² 的铜芯塑料线，互感器与仪表的单向安装距离为 2m，$t_k=1.0s$。

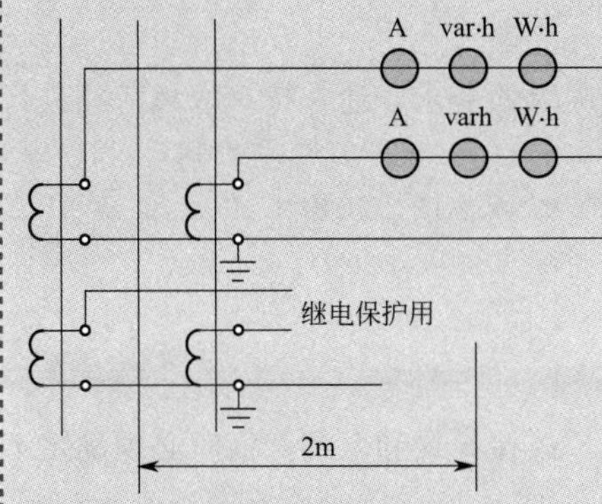

图 6-1　电流互感器与仪表的接线

解： 根据变压器二次侧额定电压 10kV，额定电流 364A，查附表 9，选变比为 400/5 的 LQJ-10 型电流互感器，其 $K_{es}=160$，$K_t=75$，$t=1s$，0.5 级二次绕组的额定阻抗为 0.4Ω。

① 准确度校验

$$S_{2N}=I_{2N}^2Z_2=5^2\times0.4=10(V\cdot A)$$

$$\begin{aligned}S_2=I_{2N}^2Z_2&\approx\sum S_i+I_{2N}^2(R_{WL}+R_{tou})\\&=(0.5+0.5+3)+5^2\times[\sqrt{3}\times2/(53\times2.5)+0.1]\\&=7.15V\cdot A<S_{2N}=10V\cdot A\end{aligned}$$

满足准确度要求。

② 动稳定度校验

$$K_{es}\sqrt{2}I_{1N}=160\times\sqrt{2}\times0.4=90.50kA>i_{sh}^{(3)}=32.13kA$$

满足动稳定度要求。

③ 热稳定度校验

$$(K_tI_{1N})^2t=(75\times0.4)^2\times1=900kA^2s>I_{\infty}^{(3)^2}t_{ima}=12.6^2\times1.1=174.6kA^2s$$

满足热稳定度要求。

所以选 LQJ-10 型 400/5 的电流互感器满足要求。

6.3.2 电压互感器的选择

(1) 额定电压的选择

电压互感器一次回路额定电压应不低于装设地点电网的额定电压。电压互感器二次额定电压与互感器的接线有关，通常一次绕组接于电网线电压时，二次绕组额定电压为 100V；当一次绕组接于电网相电压时，二次绕组额定电压为 $100/\sqrt{3}$ V。对中性点直接接地系统，

电压互感器辅助副绕组额定电压为 $100/\sqrt{3}$ V；对中性点非直接接地系统，电压互感器辅助副绕组额定电压为 100/3V。

（2）准确级的选择与校验

计量用电压互感器一般选 0.5 级以上；测量用选 1.0～3.0 级；保护用的选 3P 级或 6P 级。为了保证互感器的测量误差不超出所选准确度所允许的误差，电压互感器二次侧所接仪表和继电器的总负荷 S_2 不应超过所选准确级下的额定容量 S_{2N}，即

$$S_{2N} \geqslant S_2 \tag{6-12}$$

$$S_2 = \sqrt{(\Sigma S_i \cos\varphi_i)^2 + (\Sigma S_i \sin\varphi_i)^2} = \sqrt{(\Sigma P_i)^2 + (\Sigma Q_i)^2} \tag{6-13}$$

式中，S_i、P_i、Q_i 为各仪表的视在功率、有功功率和无功功率；$\cos\varphi_i$ 为各仪表的功率因数。

由于电压互感器三相负荷一般不相等，为了满足准确级的要求，通常按最大负荷相进行校验。

电压互感器的一、二次侧均有熔断器保护，因此不需要校验动、热稳定度。

6.4 导线和电缆截面的选择

为了使供配电系统安全、可靠、优质、经济地运行，选择导线和电缆截面时必须满足下列四个条件。

① 允许发热条件　导线和电缆通过最大负荷电流（计算电流）时所产生的发热温度，不应超过其正常运行时的最高允许发热温度。

② 允许电压损耗条件　导线和电缆通过最大负荷电流时所产生的电压损耗，不应超过其正常运行时允许的电压损耗。

③ 经济电流密度条件　对长距离大电流线路，其导线截面选择应满足年度费用支出最小的经济要求。

④ 机械强度条件　架空导线的截面应不小于规定的最小截面，以保证在外力载荷下不致拉断。

根据设计经验，一般对 10kV 以下高压线路及低压动力线路，通常先按允许发热条件选择导线和电缆截面，再校验其电压损耗和机械强度。对低压照明线路，因其对电压水平要求较高，通常先按允许电压损耗条件进行选择，再校验其允许发热条件和机械强度。对长距离大电流线路和 35kV 及以上的高压线路，可先按经济电流密度确定其经济截面，再校验其他条件。按上述经验进行选择校验，容易满足设计要求。

6.4.1 按允许发热条件选择导线和电缆截面

电流通过导线和电缆时，要产生电能损耗，使导线发热。裸导线的温度过高，会使导线接头处氧化加剧，接触电阻增大而过热，并进一步氧化，形成恶性循环，最终可发展到断线。绝缘导线和电缆的温度过高时，将加速其绝缘老化，甚至烧毁或引发火灾事故。因此，导线和电缆的正常发热温度，一般不得超过其额定电流时的最高允许发热温度。

（1）三相系统中相线截面的选择

按允许发热条件选择相线截面时，应使导线的允许载流量 I_{al} 不小于通过相线的计算电流 I_{30}，即

$$I_{al} \geqslant I_{30} \tag{6-14}$$

导线的允许载流量，就是在规定的环境温度条件下，导线能够连续承载而不致使其温度超过允许值的最大电流。如果导线敷设地点的实际环境温度 θ'_0 与导线允许载流量所采用的环境温度 θ_0 不同时，则导线的允许载流量应乘以温度修正系数 K_θ，即

$$I'_{al} = K_\theta I_{al} = \sqrt{\frac{\theta_{al} - \theta'_0}{\theta_{al} - \theta_0}} I_{al} \tag{6-15}$$

式中，θ_{al} 为导线允许载流量对应的最高允许发热温度；I'_{al} 为修正后导线允许的载流量。

这里所说的“环境温度”，是按允许发热条件选择导线截面所采用的特定温度。在室外，环境温度一般取当地最热月平均最高气温。在室内，则取当地最热月平均最高气温加 5℃。对土壤中直埋的电缆，则取当地最热月地下 0.8～1m 的土壤平均温度，亦可近似地取当地最热月平均气温。

附表 17 列出了裸导线和母线的允许载流量；附表 18 列出了 10kV 常用三相电缆的允许载流量及其温度修正系数；附表 19 列出了绝缘导线明敷、穿钢管敷设和穿塑料管敷设时的允许载流量，供参考。

按允许发热条件选择导线所用的计算电流 I_{30}，对变压器高压侧的导线，应取为变压器一次额定电流 $I_{1N.T}$。对电容器的引入线，由于电容器充电时有较大的涌流，应取为电容器额定电流 $I_{N.C}$ 的 1.35 倍。

（2）三相系统中性线、保护线和保护中性线截面的选择

① 中性线（N 线）截面的选择　三相四线制中的 N 线，要承载系统中的不平衡电流和零序电流，因此 N 线的允许载流量不应小于三相系统中的最大不平衡电流。根据设计经验，一般三相四线制系统中的中性线截面 A_0，应不小于相线截面 A_φ 的 50%，即

$$A_0 \geqslant 0.5A_\varphi \tag{6-16}$$

对两相三线线路和单相线路，由于其中性线电流与相线电流相等，因此中性线截面 A_0 应与相线截面 A_φ 相同，即

$$A_0 = A_\varphi \tag{6-17}$$

对三次谐波电流突出的三相四线制线路，由于各相的三次谐波电流都要通过中性线，使得中性线电流可能接近甚至超过相线电流，因此中性线截面 A_0 宜等于或大于相线截面 A_φ，即

$$A_0 \geqslant A_\varphi \tag{6-18}$$

② 保护线（PE 线）截面的选择　PE 线的选择，要考虑三相系统发生单相短路故障时，单相短路电流通过时的热稳定度。根据短路热稳定度的要求，GB 50054—1995《低压配电设计规范》规定如下。

a. 当 $A_\varphi \leqslant 16\text{mm}^2$ 时

$$A_{PE} \geqslant A_\varphi \tag{6-19}$$

b. 当 $16\text{mm}^2 < A_\varphi \leqslant 35\text{mm}^2$ 时

$$A_{PE} \geqslant 16\text{mm}^2 \tag{6-20}$$

c. 当 $A_\varphi > 35\text{mm}^2$ 时

$$A_{PE} \geqslant 0.5A_\varphi \tag{6-21}$$

③ 保护中性线（PEN 线）截面的选择　PEN 线兼有 N 线和 PE 线的功能，因此其截面选择应同时满足上述 N 线和 PE 线截面选择的条件，并按其中的最大截面选取。

6.4.2 按经济电流密度选择导线截面

导线的截面越大，其电能损耗就越小，但线路投资、维修管理费用和有色金属消耗量却要增加。如图 6-2 所示，曲线 1 是线路的年折旧费（即线路投资除以折旧年限的值）和线路年维修管理费用之和与导线截面的关系曲线；曲线 2 是线路年电能损耗费用与导线截面的关系曲线。曲线 3 为曲线 1 与曲线 2 的叠加，是线路年运行费用 C 与导线截面积 A 的关系曲线。由曲线 3 可知，与年运行费用最小值 C_a（a 点）相对应的导线截面 A_a 不一定是很经济合理的截面，因为 a 点附近曲线 3 比较平坦，如果将导线截面再选得小一些，如选为 A_b，年运行费用 C_b（b 点）增加不多，而导线截面即有色金属消耗量却显著地减少，因此导线截面选为 A_b 比 A_a 更为经济合理。

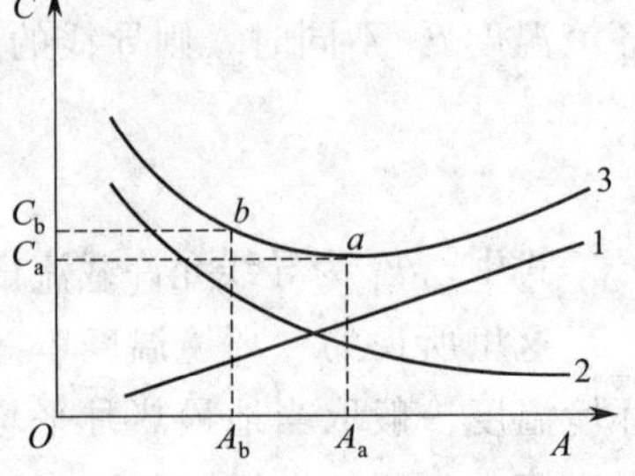

图 6-2 线路年运行费用与导线截面的关系

这种从综合经济角度考虑，既使线路年运行费用接近最小而又能适当减少有色金属消耗的导线截面，称为经济截面，用符号 A_{ec} 表示。

根据国家有色金属资源的情况，我国现行的经济电流密度 j_{ec} 规定如表 6-3 所示。

表 6-3 导线和电缆的经济电流密度 A/mm²

线路类型	导线材质	年最大负荷利用小时		
		3000h 以下	3000～5000h	5000h 以上
架空线路	铝	1.65	1.15	0.90
	铜	3.00	2.25	1.75
电缆线路	铝	1.92	1.73	1.54
	铜	2.50	2.25	2.00

根据线路类型、导线材质和年最大负荷利用小时选定经济电流密度 j_{ec} 后，所对应的经济截面 A_{ec} 为

$$A_{ec}=\frac{I_{30}}{j_{ec}} \tag{6-22}$$

式中，I_{30} 为线路计算电流。按上式计算出 A_{ec} 后，应选与计算值最接近的标准截面（一般取偏小的标准截面），再校验其他条件。

6.4.3 线路电压损耗的计算

由于线路有电阻和电抗，所以线路通过负荷电流时就要产生电压损耗。电压损耗 ΔU 是指线路首端电压 U_1 与其末端电压 U_2 的代数差，即

$$\Delta U=U_1-U_2 \tag{6-23}$$

ΔU 是电压的绝对损耗。工程上常用相对值来表示电压损耗的程度，即 ΔU 与线路额定电压 U_N 之比的百分数，其值为

$$\Delta U\%=\frac{\Delta U}{U_N}\times 100\% \tag{6-24}$$

按规定，一般线路的允许电压损耗不超过 5%；对视觉要求较高的照明线路，则为 2%～3%。如果线路的电压损耗超过了允许值，应适当加大导线截面，以满足允许电压损耗的要求。

（1）集中负荷三相线路电压损耗的计算

如图 6-3(a) 所示，图中三相线路带有两个集中负荷，各负荷电流用小写 i 表示，负荷有功功率和无功功率用 p 和 q 表示，各负荷点至线路首端的线路长度、每相的电阻和电抗，分别用大写 L、R 和 X 表示；各段干线负荷电流用大写 I 表示，干线负荷有功功率和无功功率用 P 和 Q 表示，各段干线的长度、每相的电阻和电抗，分别用小写 l、r 和 x 表示。

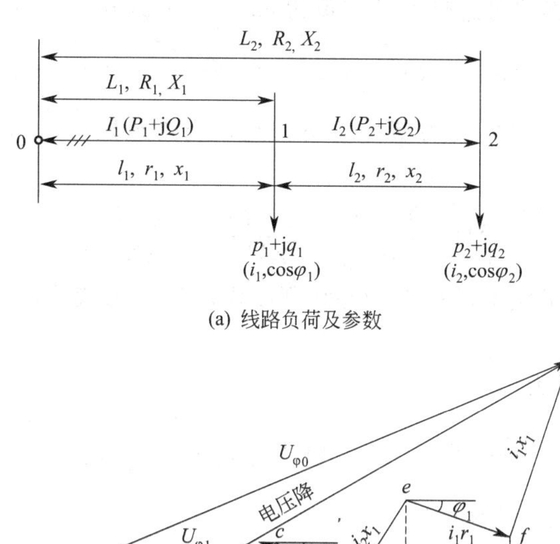

(a) 线路负荷及参数

(b) 线路电压损耗相量图

图 6-3　带有两个集中负荷的三相线路

以线路末端的相电压 $U_{\varphi2}$（这里将相量 $\dot{U}$ 简写为 U，其余相量亦同）为参考轴，绘制线路电压、电流相量图，如图 6-3(b) 所示。

线路电压降指线路首端电压与末端电压的相量差。线路电压损耗指线路首端电压与末端电压的代数差。电压降在参考轴上的水平投影用 ΔU_φ 表示。由于线路的电压降相对于线路的电压来说很小，因此可近似地认为 ΔU_φ 就是电压损耗，即

$$\begin{aligned}\Delta U_\varphi &\approx \overline{ab'}+\overline{b'c'}+\overline{c'd'}+\overline{d'e'}+\overline{e'f'}+\overline{f'g'}\\ &=i_2r_2\cos\varphi_2+i_2x_2\sin\varphi_2+i_2r_1\cos\varphi_2+i_2x_1\sin\varphi_2+i_1r_1\cos\varphi_1+i_1x_1\sin\varphi_1\\ &=i_2(r_1+r_2)\cos\varphi_2+i_2(x_1+x_2)\sin\varphi_2+i_1r_1\cos\varphi_1+i_1x_1\sin\varphi_1\\ &=i_2R_2\cos\varphi_2+i_2X_2\sin\varphi_2+i_1R_1\cos\varphi_1+i_1X_1\sin\varphi_1 \qquad (6\text{-}25)\end{aligned}$$

将相电压损耗 ΔU_φ 换算为线电压损耗 ΔU 为

$$\Delta U=\sqrt{3}\,\Delta U_\varphi=\sqrt{3}\,(i_2R_2\cos\varphi_2+i_2X_2\sin\varphi_2+i_1R_1\cos\varphi_1+i_1X_1\sin\varphi_1)$$

若线路带有任意个集中负荷，应用叠加原理可得线路电压损耗计算的一般公式，即

$$\Delta U=\sqrt{3}\sum(iR\cos\varphi+iX\sin\varphi) \qquad (6\text{-}26)$$

将负荷电流 $i=p/(\sqrt{3}U_N\cos\varphi)=q/(\sqrt{3}U_N\sin\varphi)$ 代入式(6-26)，得

$$\Delta U=\frac{\sum(pR+qX)}{U_{\rm N}} \tag{6-27}$$

若将干线负荷电流 $I=P/(\sqrt{3}U_{\rm N}\cos\varphi)=Q/(\sqrt{3}U_{\rm N}\sin\varphi)$ 代入式(6-26)，得

$$\Delta U=\frac{\sum(Pr+Qx)}{U_{\rm N}} \tag{6-28}$$

对于“无感”（线路感抗可忽略不计或负荷 $\cos\varphi\approx1$）线路，其电压损耗为

$$\Delta U=\sqrt{3}\sum(iR)=\sqrt{3}\sum(Ir)=\frac{\sum(pR)}{U_{\rm N}}=\frac{\sum(Pr)}{U_{\rm N}} \tag{6-29}$$

对于“均一无感”（全线导线的型号规格一致，线路感抗可忽略不计或负荷 $\cos\varphi\approx1$）线路，其电压损耗为

$$\Delta U=\frac{\sum(pL)}{\gamma AU_{\rm N}}=\frac{\sum(Pl)}{\gamma AU_{\rm N}}=\frac{\sum M}{\gamma AU_{\rm N}} \tag{6-30}$$

式中，$U_{\rm N}$ 为线路的额定电压；A 为导线截面积；$\sum M$ 为线路所有功率矩之和；γ 为导线的电导率。

其电压损耗的百分值为

$$\Delta U\%=\frac{\Delta U}{U_{\rm N}}\times100=\frac{100\sum M}{\gamma AU_{\rm N}^2}=\frac{\sum M}{CA} \tag{6-31}$$

式中，C 为计算系数，如表 6-4 所示。

表 6-4 电压损耗计算系数 C

线路额定电压/V	线路类别	C 的计算式	计算系数 C/(kW·m/mm²)	
			铝线	铜线
220/380	三相四线	$\gamma U_{\rm N}^2/100$	46.2	76.5
	两相三线	$\gamma U_{\rm N}^2/225$	20.5	34.0
220	单相及直流	$\gamma U_{\rm N}^2/200$	7.74	12.8
110			1.94	3.21

将式(6-31) 中 $\Delta U\%$取为线路的允许电压损耗 $\Delta U_{\rm al}\%$（一般取 5%），可得按允许电压损耗条件选择导线截面的公式，即

$$A=\frac{\sum M}{C\Delta U_{\rm al}\%} \tag{6-32}$$

式(6-32) 常用于照明线路导线截面的选择。

(2) 均匀分布负荷三相线路电压损耗的计算

均匀分布负荷的线路如图 6-4 所示，其单位长度线路上的负荷电流为 i_0，可以证明（推导从略）它所产生的电压损耗，相当于全部分布负荷集中于分布负荷线路的中点所产生的电压损耗，即

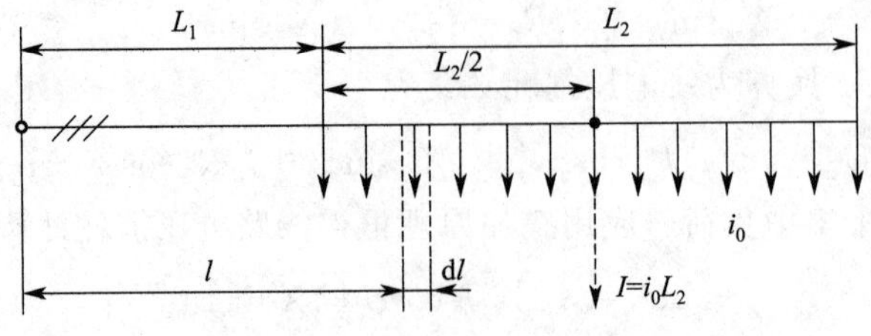

图 6-4 均匀分布负荷的线路

$$\Delta U=\sqrt{3}\,i_0 L_2 R_0\left(L_1+\frac{L_2}{2}\right)=\sqrt{3}\,IR_0\left(L_1+\frac{L_2}{2}\right) \tag{6-33}$$

式中，$I=i_0L_2$ 为与均匀分布负荷等效的集中负荷；R_0 为导线单位长度的电阻值；L_2 为均匀分布负荷线路的长度。

(3) 按允许电压损耗选择导线和电缆的截面

对供电线路较短的厂区线路，可直接计算线路实际的电压损耗 $\Delta U\%$，再根据允许电压损耗 $\Delta U_{al}\%$ 来校验所选截面是否满足电压损耗的条件，即

$$\Delta U\%\leqslant\Delta U_{al}\% \tag{6-34}$$

若实际电压损耗小于或等于线路允许电压损耗时，即符合要求；否则应适当加大导线截面后重新校验，直到满足式(6-34) 的要求。

对于低压照明线路，应根据式(6-32) 按允许电压损耗条件选择导线截面，再校验其允许发热等条件。

6.4.4　按机械强度条件校验导线截面

由于导线本身的重量，加之风、雨、冰、雪等外力因素，会使导线承受较大的拉力。如果导线过细，就容易拉断，引起停电等事故。因此所选架空裸导线和不同敷设方式绝缘导线的截面，应不小于满足机械强度要求的最小允许截面。对于母线和电缆，可不校验其机械强度。架空裸导线满足机械强度要求的最小允许截面可查附表 20；绝缘导线芯线的最小允许截面可查附表 21。

【例 6-3】 某 10kV 架空线路，采用 LJ 型铝绞线，线路长 5km。已知该线路导线为等边三角形排列，线间距离为 1m，环境温度为 35℃。计算负荷 $P_{30}=1380\text{kW}$，$\cos\varphi=0.7$，$T_{max}=4800\text{h}$。试选择经济截面，并校验其允许电压损耗、允许发热和机械强度条件。

解： ① 选择经济截面。

$$\begin{aligned}I_{30}&=P_{30}/(\sqrt{3}U_N\cos\varphi)\\&=1380/(\sqrt{3}\times10\times0.7)=114(\text{A})\end{aligned}$$

查表 6-3 得 $j_{ec}=1.15\text{A/mm}^2$，则

$$A_{ec}=\frac{I_{30}}{j_{ec}}=\frac{114}{1.15}=99(\text{mm}^2)$$

查附表 17 选标准截面 95mm^2，即选 LJ-95 型铝绞线。

② 校验电压损耗。

查附表 17 知，LJ-95 型铝绞线的 $R_0=0.36\Omega/\text{km}$，$X_0=0.34\Omega/\text{km}$。根据 $\cos\varphi=0.7$，$\tan\varphi=1.02$，得 $Q=P_{30}\tan\varphi=1380\times1.02=1408\text{kvar}$，则线路的电压损耗为

$$\begin{aligned}\Delta U&=\frac{\sum(pR+qX)}{U_N}\\&=\frac{1380\times0.36\times5+1408\times0.34\times5}{10}=488(\text{V})\end{aligned}$$

$$\Delta U\%=\frac{\Delta U}{U_N}\times100\%=\frac{488}{10\times10^3}\times100\%=4.88\%<\Delta U_{al}\%=5\%$$

因此，满足电压损耗要求。

③ 校验发热条件。

查附表 17，得 LJ-95 型铝绞线 35℃时的允许载流量 $I_{al}=289A>I_{30}=114A$，满足允许发热条件。

④ 校验机械强度。

查附表 20，得 10kV 架空铝绞线的最小允许截面为 $35mm^2$，实际所选截面为 $95mm^2$，因此满足机械强度要求。

【例 6-4】 某 220V/380V 的 TN-C 线路，如图 6-5(a) 所示。线路拟采用 BLX-500 型铝芯橡皮绝缘线户外明敷，环境温度为 30℃，允许电压损耗为 5%，试选择该线路的导线截面。

解： ① 计算线路负荷。

原集中负荷 $p_1=30kW$，$\cos\varphi_1=0.82$，$\tan\varphi_1=0.70$，$q_1=30\times0.70=21kvar$

原分布负荷 $p_2=0.4\times50=20kW$，$\cos\varphi_2=0.8$，$\tan\varphi_2=0.75$，$q_2=20\times0.75=15kvar$

等效后的负荷如图 6-5(b) 所示，线路的最大负荷为

$$P_{30}=p_1+p_2=30+20=50(kW)$$

$$Q_{30}=q_1+q_2=21+15=36(kvar)$$

$$S_{30}=\sqrt{P_{30}^2+Q_{30}^2}=\sqrt{50^2+36^2}=61.6(kV\cdot A)$$

$$I_{30}=\frac{S_{30}}{\sqrt{3}U_N}=\frac{61.6}{\sqrt{3}\times0.38}=93.6(A)$$

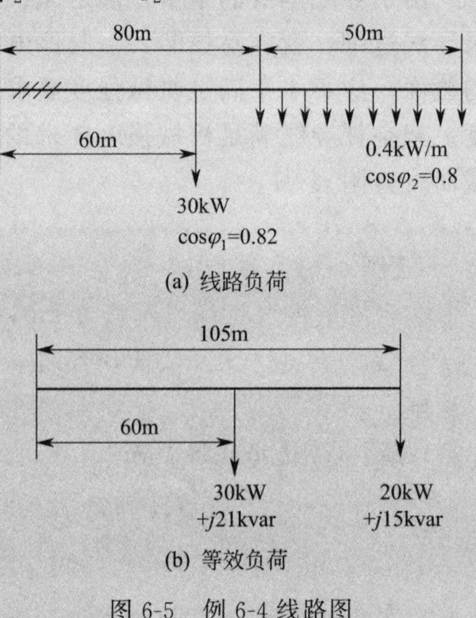

图 6-5 例 6-4 线路图

② 按发热条件选择导线截面。

查附表 19，选 BLX-500 型导线，其 $25mm^2$ 在 30℃明敷时的允许电流 $I_{al}=102A>I_{30}=93.6A$，满足允许发热条件。因此可选 3 根 BLX-500-3×25 导线作相线，另选 1 根 BLX-500-1×16 导线作 PEN 线。

③ 校验电压损耗。

查附表 15，得 BLX-500-3×25 导线的 $R_0=1.36\Omega/km$（导线工作温度按 60℃考虑），$X_0=0.277\Omega/km$（线距按 150mm 考虑），故线路的电压损耗为

$$\begin{aligned}\Delta U&=[(p_1L_1+p_2L_2)R_0+(q_1L_1+q_2L_2)X_0]/U_N\\&=[(30\times0.06+20\times0.105)\times1.36+(21\times0.06+15\times0.105)\times0.277]/0.38\\&=16.02(V)\end{aligned}$$

$$\Delta U\%=\frac{\Delta U}{U_N}\times100\%=\frac{16.02}{380}\times100\%=4.2\%<\Delta U_{al}\%=5\%$$

因此，所选 BLX-500-3×25 导线满足允许电压损耗要求。

④ 校验机械强度。

查附表 21，按导线明敷在户外绝缘支持件上，且支持件间距为最大时，铝芯线的最小截面为 $10mm^2$，实际所选截面为 $25mm^2$，因此满足机械强度要求。

6.5 保护电器的选择

6.5.1 熔断器的选择

熔断器是保护电器，主要用于电力变压器、高低压配电线路、电动机等设备的短路保护及过负荷保护。熔断器在供配电系统中的配置，应符合过电流保护选择性的要求。

（1）额定电压的选择

熔断器的额定电压必须大于或等于安装地点电路的额定工作电压。但对于高压限流式熔断器，只能用在等于其额定电压的电网中，因为这种类型的熔断器截断电流的速度快，熔体熔断时会产生过电压。过电压的倍数与电路的参数及熔体的长度有关，一般在等于额定电压的电网中为 2～2.5 倍；若在低于其额定电压的电网中，由于熔体较长，过电压可高达 3.5～4 倍，对电网中的电气设备有害。

（2）熔断器额定电流的选择

熔断器的额定电流，即熔管的额定电流，是保证熔断器载流及接触部分不致过热所允许的最大工作电流，同一熔管可装配不同额定电流的熔体，但熔体的额定电流不得超过熔管的额定电流。

为了保证熔断器载流及接触部分不致过热，熔断器额定电流 $I_{N.FU}$ 应大于或等于所装熔体的额定电流 $I_{N.FE}$，即

$$I_{N.FU} \geqslant I_{N.FE} \tag{6-35}$$

（3）熔体额定电流的选择

① 保护配电线路熔断器熔体电流的选择

a. 正常工作条件　熔体额定电流 $I_{N.FE}$ 应不小于线路的计算电流 I_{30}，以使熔体在线路正常最大负荷下运行时不致熔断，即

$$I_{N.FE} \geqslant I_{30} \tag{6-36}$$

b. 启动条件　熔体额定电流 $I_{N.EF}$ 还应躲过线路的尖峰电流 I_{PK}，以使熔体在线路出现尖峰电流时也不致熔断，即

$$I_{N.FE} \geqslant KI_{PK} \tag{6-37}$$

由于尖峰电流为短时最大电流，而熔体加热熔断需经一定的时间，所以式中计算系数 K 一般取小于 1 的值。对单台电动机，如启动时间 $t_{st}<3s$（轻载启动），宜取 $K=0.25\sim0.35$；$t_{st}=3\sim8s$（重载启动），宜取 $K=0.35\sim0.5$；$t_{st}>8s$ 及频繁启动或反接制动，宜取 $K=0.5\sim0.6$。对多台电动机，可取 $K=0.5\sim1$（K 值视具体工况而定）。

c. 配合条件　熔断器保护还应与被保护线路所允许的过负荷电流相配合，当线路过负荷引起绝缘导线过热时，熔体应能熔断起到保护作用，因此还应满足下列条件

$$I_{N.FE} \leqslant K_{OL} I_{al} \tag{6-38}$$

式中，I_{al} 为电缆和绝缘导线的允许载流量（见附表 18 和附表 19）；K_{OL} 为绝缘导线和电缆允许的短时过负荷系数，若熔断器只作短路保护时，对电缆和穿管绝缘导线，取 2.5，对明敷绝缘导线，取 1.5，若熔断器既作短路保护又作过负荷保护时，取 1（当 $I_{N.FE} \leqslant 25A$ 时，取 0.85），对有爆炸气体区域内的线路，应取 0.8。

若按式(6-36) 和式(6-37) 两个条件选择的熔体电流不满足式(6-38) 的配合要求，则应改选熔断器的型号规格，或适当增大绝缘导线和电缆的芯线截面。

② 保护电力变压器熔断器熔体电流的选择　选择保护电力变压器熔断器熔体的电流时，应考虑三个因素：熔体电流应躲过变压器允许的正常过负荷电流；熔体电流应躲过来自变压器低压侧电动机自启动引起的尖峰电流；熔体电流还应躲过变压器自身的励磁涌流。因此，熔体电流一般按下式选择

$$I_{N.FE}=(1.5\sim2.0)I_{1N.T} \tag{6-39}$$

式中，$I_{1N.T}$ 为变压器一次侧额定电流。

③ 保护电压互感器熔断器熔体电流的选择　由于电压互感器一次回路的电流很小，一般选用 RN2 型熔断器，其熔体的额定电流为 0.5A。

④ 保护电力电容器熔断器熔体电流的选择　为保证当系统电压升高或波形畸变引起电流增大或运行过程中产生涌流时熔体不致熔断，其熔体额定电流可按下式选择

$$I_{N.FE}=KI_{N.C} \tag{6-40}$$

式中，K 为可靠系数，对限流式熔断器，单台电容器时取 1.5～2，一组电容器时取 1.3～1.8；$I_{N.C}$ 为电力电容器回路的额定电流。

（4）断流能力校验

① 对限流式熔断器（如 RN1、RT0 等型），由于它能在短路电流达到冲击值之前截断电流，因此应满足下列条件

$$I_{oc}\geqslant I_k^{(3)} \tag{6-41}$$

式中，I_{oc} 为熔断器的极限分断电流；$I_k^{(3)}$ 为熔断器安装地点的三相短路电流有效值。

② 对非限流式熔断器（如 RW4、RM10 等型），由于它不能在短路电流达到冲击值之前截断电流，因此应满足下列条件

$$I_{oc}\geqslant I_{sh}^{(3)} \tag{6-42}$$

式中，$I_{sh}^{(3)}$ 为熔断器安装地点的三相短路冲击电流有效值。

（5）灵敏度校验

为了保证熔断器在其保护区内发生短路故障时能可靠地熔断，熔断器保护的灵敏度应满足下列条件

$$S_p=\frac{I_{k.min}}{I_{N.FE}}\geqslant K \tag{6-43}$$

式中，$I_{N.FE}$ 为熔断器熔体的额定电流；$I_{k.min}$ 为熔断器保护线路末端在系统最小运行方式下的最小短路电流；K 为满足要求的最小灵敏度值（见表 6-5）。

表 6-5　熔断器保护要求的最小灵敏度 K 值

熔体额定电流/A		4～10	16～32	40～63	80～200	250～500
熔断时间/s	5	4.5	5	5	6	7
	0.4	8	9	10	11	—

注：表中 K 值适用于符合 IEC 标准的一些新型熔断器，如 RT12、RT14、RT15、NT 等型熔断器。对于老型号熔断器，可取 $K=4\sim7$，即近似地按表中熔断时间为 5s 的熔体来取值。

（6）上下级熔断器保护的选择性配合

在低压配电系统中，如果上下两级线路都采用熔断器作短路保护时，应使它们的动作具有选择性。

如图 6-6(a) 所示，k 点发生故障时，靠近故障点的熔断器 FU2 应先熔断，切除故障部

分，FU1 不再熔断，从而使系统的其他部分迅速恢复正常运行。

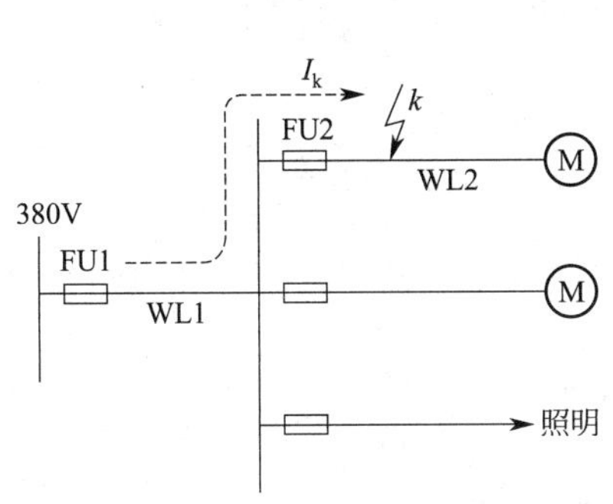

(a) 熔断器在线路中的配置

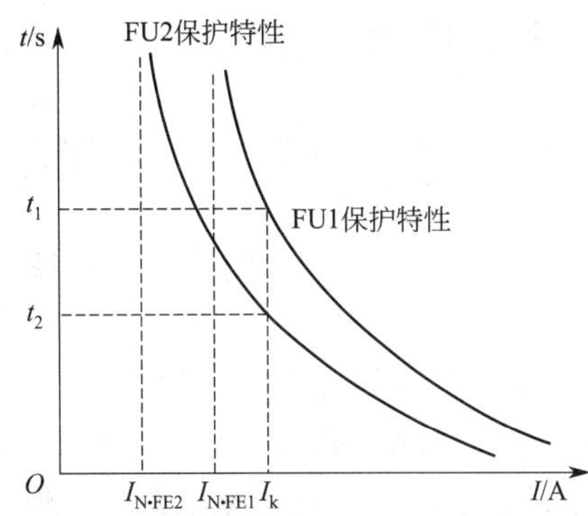

(b) 熔体安秒特性

图 6-6　熔断器在低压线路中的配置及选择性配合

上下级熔断器的选择性配合，应根据厂家提供的熔体的保护特性（安秒特性曲线）进行校验，保证 $t_1>t_2$，如图 6-6(b) 所示。考虑到熔体实际熔断时间与其产品的标准特性曲线查得的熔断时间可能有±30%～±50%的偏差，为此从最不利的情况考虑，上级熔体的熔断时间 t_1 与下级熔体的熔断时间 t_2，应满足下式

$$t_1>3t_2 \tag{6-44}$$

如果不满足这一要求时，应将上级熔断器熔体的电流提高 1～2 级再进行校验。

【例 6-5】 有一台 Y 型电动机，其额定电压为 380V。额定功率为 18.5kW，额定电流为 35.5A，启动电流倍数为 7。现采用 BLV 型导线穿焊接钢管敷设，已知导线截面 $A=10\text{mm}^2$，环境温度为 30℃。该电动机采用 RT0 型熔断器作短路保护，三相短路电流 $I_k^{(3)}$ 为 13kA。试选择熔断器及其熔体的额定电流。

解： ① 选择熔体及熔断器的额定电流。

根据 $I_{N.FE}\geqslant I_{30}=35.5\text{A}$，且 $I_{N.FE}\geqslant KI_{PK}=0.3\times7\times35.5\text{A}=74.55\text{A}$，查附表 13，选 RT0-100 型熔断器，其 $I_{N.FE}=80\text{A}$，$I_{N.FU}=100\text{A}$。

② 断流能力校验。

查附表 13，RT0-100 型熔断器的最大分断电流 $I_{oc}=50\text{kA}>I_k^{(3)}=13\text{kA}$，即该熔断器的断流能力足够。

③ 校验配合条件。

查附表 19，BLV 型导线穿焊接钢管敷设，30℃时其允许载流量为 41A。设熔断器只作短路保护用，由于 $I_{N.FE}=80\text{A}<K_{OL}I_{al}=2.5\times41\text{A}=102.5\text{A}$，因此满足配合要求。

选择结果：RT0-100/80，熔断器额定电流为 100A，熔体额定电流为 80A。

6.5.2　低压断路器的选择

（1）按正常工作条件选择

① 选择低压断路器类型时，若额定电流在 600A 以下，且短路电流不大时，可选用 DZ 系列断路器；若额定电流较大，且短路电流也较大时，应选用 DW 或 ME 系列断路器。

② 低压断路器额定电压应等于或大于电路的额定工作电压。

③ 低压断路器的额定电流 $I_{N.QF}$ 应不小于它所安装的脱扣器额定电流 $I_{N.OR}$，即

$$I_{N.QF} \geqslant I_{N.OR} \tag{6-45}$$

④ 过流脱扣器的额定电流 $I_{N.OR}$ 应不小于线路的计算电流 I_{30}，即

$$I_{N.OR} \geqslant I_{30} \tag{6-46}$$

（2）低压断路器过流脱扣器的整定

① 瞬时过流脱扣器动作电流的整定。

瞬时过流脱扣器动作电流 $I_{op(0)}$ 应躲过线路的尖峰电流 I_{pk}，即

$$I_{op(0)} \geqslant K_{rel} I_{pk} \tag{6-47}$$

式中，K_{rel} 为可靠系数，对动作时间大于 0.02s 的万能式断路器（DW 型），可取 1.35，对动作时间在 0.02s 及以下的塑壳式断路器（DZ 型），宜取 2～2.5。

② 短延时过流脱扣器动作电流和动作时间的整定。

短延时过流脱扣器动作电流 $I_{op(s)}$ 应躲过线路的尖峰电流 I_{pk}，即

$$I_{op(s)} \geqslant K_{rel} I_{pk} \tag{6-48}$$

式中，K_{rel} 为可靠系数，一般取 1.2。

短延时过流脱扣器的动作时间有 0.2s、0.4s 和 0.6s 三级，应按上下级保护装置保护选择性的要求确定。上一级保护的动作时间应比下一级保护的动作时间长一个时间级差 0.2s。

③ 长延时过流脱扣器动作电流和动作时间的整定。

长延时过流脱扣器主要用于过负荷保护，其动作电流 $I_{op(l)}$ 按躲过线路的最大负荷电流（计算电流）I_{30} 整定，即

$$I_{op(l)} \geqslant K_{rel} I_{30} \tag{6-49}$$

式中，K_{rel} 为可靠系数，一般取 1.1。

长延时过流脱扣器的动作时间，应躲过线路允许过负荷持续的时间。其动作特性是反时限的，即过负荷电流越大，动作时间越短，一般动作时间可达 1～2h。

低压断路器热脱扣器动作电流可参照长延时过流脱扣器整定。

④ 过流脱扣器与被保护线路的配合。

当线路过负荷引起绝缘导线过热时，低压断路器过流脱扣器应能动作，起到保护作用。因此低压断路器过流脱扣器的动作电流 I_{op} 还应满足下列条件

$$I_{op} \leqslant K_{OL} I_{al} \tag{6-50}$$

式中，I_{al} 为绝缘导线和电缆的允许载流量；K_{OL} 为绝缘导线和电缆允许的短时过负荷系数，对瞬时和短延时过流脱扣器，一般取 4.5，对长延时过流脱扣器，可取 1，对有爆炸气体区域内的线路，应取 0.8。

如果不满足式(6-50) 配合条件，则应改选脱扣器的动作电流，或者适当加大导线和电缆的线芯截面。

（3）低压断路器断流能力的校验

① 对分断时间大于 0.02s 以上的万能式断路器，其极限分断电流 I_{oc} 应不小于通过它的三相短路电流有效值 $I_k^{(3)}$，即

$$I_{oc} \geqslant I_k^{(3)} \tag{6-51}$$

② 对分断时间在 0.02s 及以下的塑壳式断路器，其极限分断电流 I_{oc} 或 i_{oc} 应不小于通过它的三相短路冲击电流 $I_{sh}^{(3)}$ 或 $i_{sh}^{(3)}$，即

$$I_{oc} \geqslant I_{sh}^{(3)} \tag{6-52}$$

$$i_{oc} \geqslant i_{sh}^{(3)} \tag{6-53}$$

（4）低压断路器过流保护灵敏度的校验

为保证低压断路器在其保护范围内发生轻微故障的情况下能可靠地动作，其保护的灵敏度应满足下列条件

$$S_p = \frac{I_{k.min}}{I_{op}} \geqslant 1.3 \tag{6-54}$$

式中，$I_{k.min}$ 为低压断路器保护的线路末端在系统最小运行方式下的单相短路电流（对 TN 和 TT 系统）或两相短路电流（对 IT 系统）；I_{op} 为低压断路器瞬时或短延时过流脱扣器的动作电流。

（5）低压断路器保护的配合

① 上下级低压断路器之间的选择性配合　根据低压断路器产品样本给出的保护特性曲线，并考虑±20%～±30%的偏差范围进行选择性配合检验。如果在下级断路器出口处发生三相短路时，在上级断路器保护动作时间计入负偏差、下级断路器保护动作时间计入正偏差后，若上级保护动作时间仍大于下级保护动作时间，则能实现选择性地动作。

为保证上下级低压断路器之间能选择性动作，下级应采用瞬时过流脱扣器，上级则采用带短延时的过流脱扣器，且上级的动作电流应不小于下级动作电流的 1.2 倍。

② 低压断路器与熔断器之间的选择性配合　通过保护特性曲线检验低压断路器与熔断器之间的选择性配合。上级低压断路器可按保护特性考虑－30%～－20%的负偏差，下级熔断器可按保护特性考虑＋30%～＋50%的正偏差，若上级的保护曲线总在下级的保护曲线之上，则上下级保护能满足选择性配合的要求。

【例 6-6】 某 380V 动力线路，采用低压断路器控制与保护。线路计算电流 $I_{30}=125A$，尖峰电流 $I_{pk}=390A$，线路首端三相短路电流为 6.5kA，线路末端单相短路电流为 2.1kA，线路允许载流量 $I_{al}=168A$，试选择低压断路器。

解： 根据线路计算电流 125A，查附表 10，初选 DW15-400 型低压断路器，并配置瞬时过流脱扣器（作短路保护）和长延时过流脱扣器（作过负荷保护）。其过流脱扣器额定电流 $I_{N.OR}=200A>I_{30}=125A$；长延时过流脱扣器额定电流 $I_{N.TR}=160A>I_{30}=125A$。

① 瞬时过流脱扣器动作电流的整定。

根据 $I_{op(0)} \geqslant K_{rel}I_{pk}=1.35\times390A=527A$，将断路器瞬时脱扣电流整定为 3 倍，即 $I_{op(0)}=3I_{N.OR}=3\times200A=600A>527A$，满足要求（能躲过启动尖峰电流）。

② 过流脱扣器与被保护线路的配合。由于 $I_{op(0)}=600A\leqslant4.5I_{al}=4.5\times168A=756A$，满足配合要求。

③ 长延时过流脱扣器动作电流的整定。

根据 $I_{op(l)} \geqslant K_{rel}I_{30}=1.1\times125A=137.5A$，将长延时脱扣电流整定为 0.8 倍，即 $I_{op(l)}=160A$。由于 $I_{op(l)}=160A\leqslant K_{OL}I_{al}=1\times168A=168A$，满足配合要求。

④ 断流能力校验。

查附表 10，DW15-400 型断路器分断电流 $I_{oc}=25kA>I_k^{(3)}=6.5kA$，满足要求。

⑤ 灵敏度校验。

由于 $S_p=\frac{I_{k.min}}{I_{op}}=\frac{2100}{600}=3.5>1.3$，故灵敏度满足要求。

选择结果：DW15-400。断路器额定电流为 400A，过流脱扣器额定电流为 200A，长延时过流脱扣器额定电流为 160A。

6.5.3 电动机综合保护装置简介

基于单片机的电动机综合保护装置，是一种智能设备，具有故障保护功能、参数设置功能、报警功能、显示功能和通信功能。在对电动机运行参数进行实时检测的同时，还能对电动机进行短路、过负荷和低电压等多种保护。

电动机综合保护装置，采用微处理器和高性能的集成芯片，通过软件实现保护功能，整机功能强大，可靠性高。由于采用 EEPROM 存储技术，具有掉电记忆功能，保护参数设定后，不会因掉电而丢失。保护装置配有 RS-485 串行通信接口，可与上位机（PC）进行数据通信，构成自动化控制系统。保护装置上的 LED 显示屏，除显示电动机运行的电流、电压等参数外，还可显示设置的参数及电动机故障的代码，为设备故障的查寻提供了方便。在生产自动化程度较高的工厂，电动机综合保护装置应用相当广泛。

思考题与习题

6-1 电气设备选择的一般原则是什么?

6-2 高压断路器和高压隔离开关的选择，有什么相同点和不同点?

6-3 如何选择电流互感器?

6-4 如何选择电压互感器?

6-5 导线和电缆截面选择的条件是什么? 车间动力线路和照明线路应如何选择?

6-6 什么是经济截面? 在什么情况下要按经济电流密度条件选择导线截面?

6-7 如何选择 TN-S 系统中相线、N 线和 PE 线的截面?

6-8 如何选择熔断器熔体的额定电流? 为什么熔体的额定电流要与被保护线路所允许的过负荷电流相配合?

6-9 如何整定低压断路器瞬时、短延时和长延时过流脱扣器的动作电流?

6-10 某 35kV/10kV 总降压变电所电力变压器的容量为 10000kV · A，变压器过电流保护装置的动作时限为 1.5s，10kV 母线上最大短路电流为 7.6kA。 试选择变压器 10kV 侧的高压断路器和隔离开关。

6-11 电气条件同题 6-10，在变压器 10kV 出线上装设两个电流互感器(接在 A、C 相上，接线如图 6-7 所示)，其二次绕组接测量仪表，其中 1T1-A 型电流表消耗功率 3V · A，1D1-W 型功率表消耗功率 1.5V · A，DS8 型有功电能表和 DX8 型无功电能表的每一电流线圈消耗 0.5V · A。 连接导线拟采用 BV 型 2.5mm^2 的铜芯线，接触电阻为 0.08Ω，电流互感器至仪表连线的单向安装长度为 2m。 试选择并校验该电流互感器。

6-12 某 220V/380V 的 TN-S 系统，已知线路的计算电流为 60A，安装地点的环境温度为 30℃，拟用 BLV 型铝芯塑料线穿钢管埋地敷设。 试按发热条件选择该系统中的相线、N 线和 PE 线的导线截面。

6-13　某 10kV 架空线路如图 6-8 所示，选用 LJ 型铝绞线，三相导线作水平等距排列，线距为 1m，全线截面一致，供电给两台电力变压器。变压器年最大负荷利用小时数均为 4500h，$\cos\varphi = 0.9$，当地环境温度为 35℃，线路允许电压损耗为 5%。试选择该导线的截面(注：变压器的功率损耗可按近似计算公式估算)。

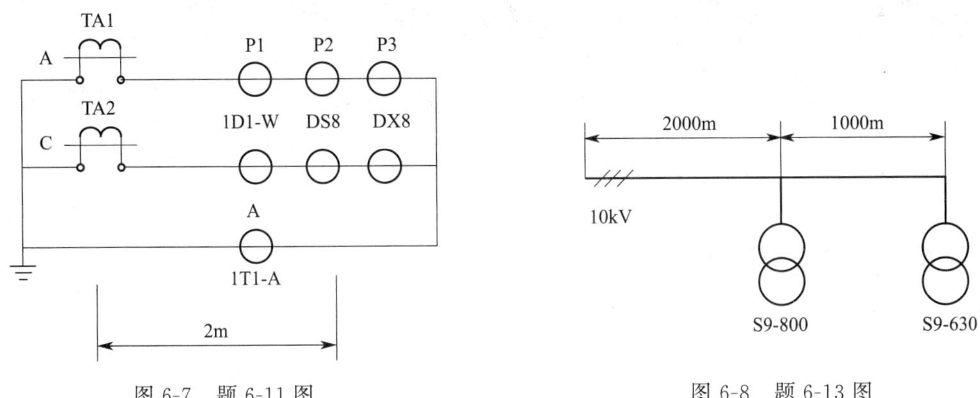

图 6-7　题 6-11 图

图 6-8　题 6-13 图

6-14　某 220V/380V 线路的计算电流为 58.6A，尖峰电流为 240A，线路首端三相短路电流为 12.5kA。线路拟采用 RT0 型熔断器作短路保护，试选择该熔断器及其熔体的规格。

6-15　题 6-14 所述线路如改装为 DW16 型低压断路器作短路保护，试选择该断路器并整定其瞬时过流脱扣器的动作电流。

第 7 章 供配电系统的保护装置

7.1 保护装置概述

7.1.1 保护装置的任务

供配电系统在运行中，由于各种因素难免发生一些故障或出现不正常的运行状态，对系统危害最大的故障就是短路。当供配电系统发生短路时，必须有相应的保护装置将故障部分及时地从系统中切除，以保证非故障部分的继续运行。

高压系统常用的保护是继电保护装置和微机保护装置，其任务是：

① 故障状态跳闸 当被保护线路或设备发生故障时，保护装置自动、迅速、有选择地将故障部分从系统中切除，以保证系统中非故障部分正常运行；同时发出信号，以提醒运行人员及时处理故障。

② 异常状态报警 当被保护线路或设备出现不正常运行状态时，如过负荷或单相接地时发出报警信号，提醒运行人员注意并及时处理，以免发展为故障。

7.1.2 对保护装置的基本要求

（1）选择性

保护的选择性指系统发生故障时，应由距故障点最近的保护装置动作，通过开关将故障切除，以保证无故障部分继续运行。如图 7-1 所示，当 k-2 点短路时，按照选择性的要求，保护装置动作应使断路器 4QF 跳闸，切除故障线路，而其他断路器都不应跳闸，满足这一要求的动作称为“选择性动作”。如果 4QF 不跳闸，而 2QF 跳闸，则称为“越级跳闸”或“非选择性动作”。

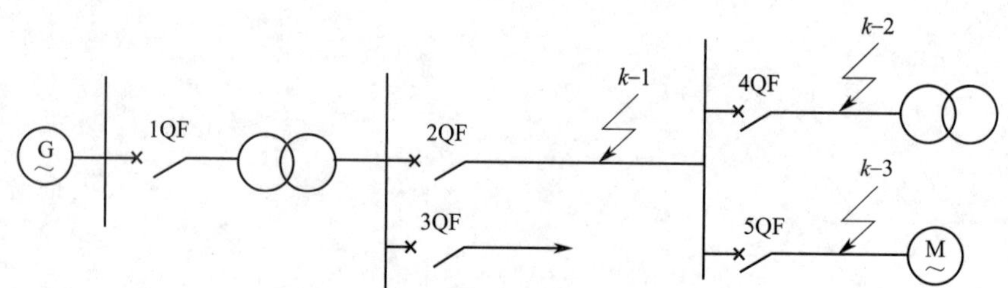

图 7-1 继电保护装置选择性动作示意图

（2）速动性

速动性是指保护装置动作的速度要快。快速切除故障，可以减轻故障线路及设备损坏的程度；加速系统电压的恢复，减小对其他设备的影响，提高系统运行的稳定性。从切除故障的角度来说，保护动作的速度越快越好；但为了实现选择性动作，保护往往带有时限动作。因此，在满足选择性要求的前提下，应使保护动作的时限最短。

(3) 可靠性

可靠性指在保护范围内发生故障时，保护装置应可靠动作，不拒动；而在保护范围以外发生故障或正常运行时，保护装置不误动。保护装置的可靠程度，与保护装置器件的质量、接线方式以及安装、整定和运行维护等多种因素有关。

(4) 灵敏性

灵敏性，是指保护装置对其保护范围内的故障或不正常运行状态的反应能力。灵敏性通常用灵敏系数 S_p 来衡量。

① 对于过电流保护装置，其灵敏系数为

$$S_p=\frac{I_{k.min}}{I_{op.1}} \tag{7-1}$$

式中，$I_{k.min}$ 为被保护区内最小运行方式下的最小短路电流；$I_{op.1}$ 为保护装置的一次侧动作电流。

② 对于低电压保护装置，其灵敏系数为

$$S_p=\frac{U_{op.1}}{U_{k.max}} \tag{7-2}$$

式中，$U_{k.max}$ 为被保护区内发生短路时，母线上的最大残余电压；$U_{op.1}$ 为保护装置的一次侧动作电压。

以上四项基本要求既相互联系又相互矛盾，应根据保护对象而有所侧重。例如对电力变压器，一般要求速动性和灵敏性要好；而对于电力线路，灵敏性可低一些，但对其选择性要求较高。保护装置除满足上述基本要求外，还应力求技术先进、经济合理、便于调试与维护。

7.1.3　保护常用继电器

继电器是一种在其输入的物理量（电量或非电量）达到规定值时，其电气输出电路被接通或分断的自动电器。

继电保护装置由各种保护用继电器构成。继电器按其输入量的性质分，有电气量继电器（如电流继电器）和非电气量继电器（如气体继电器）。按其工作原理分，有机电型（如电磁式和感应式）、晶体管型和微机型。

保护继电器按其功能，可分为测量继电器和逻辑继电器两大类。测量继电器用来反映被保护线路或设备电流等特性量的变化，当其特性量达到动作值时即行动作。逻辑继电器用来构成继电保护装置的控制逻辑，如时间继电器、中间继电器和信号继电器等。

保护继电器按其反映的参数变化分，有过量继电器和欠量继电器，如过电流继电器和欠电压（低电压）继电器等。

(1) 电磁式电流继电器

电磁式电流继电器和电压继电器属于测量继电器，在继电保护装置中用作启动元件。

DL-10 系列电磁式电流继电器的基本结构及图形符号如图 7-2 所示。当通过继电器线圈的电流达到动作值时，固定在转轴上的 Z 形钢舌片被铁芯吸引，克服弹簧反力而偏转，使继电器常开触点（动合触点）闭合，常闭触点（动断触点）断开，这称为继电器动作。当线圈断电或电流减小到某一值时，在弹簧作用下Z形钢舌片被释放，继电器返回。

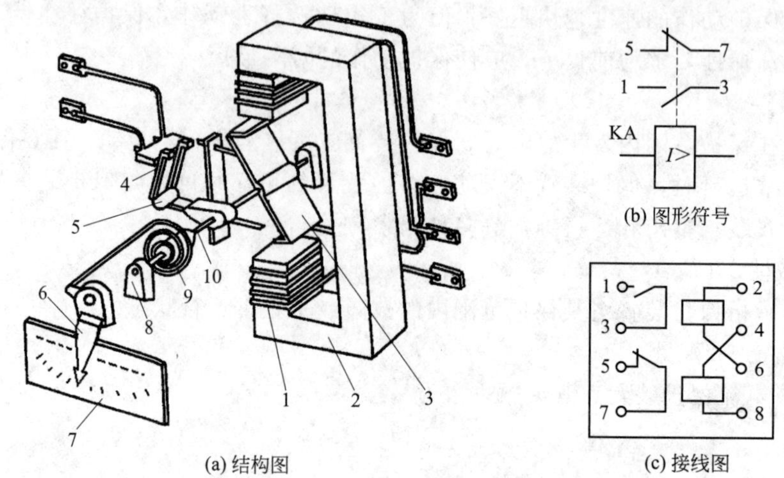

图 7-2 DL-10 系列电磁式电流继电器内部结构

1—线圈；2—铁芯；3—钢舌片；4—静触点；5—动触点；6—动作电流调整杆；7—标度盘（铭牌）；8—轴承；9—反作用弹簧；10—转轴

① 动作电流　使继电器动作的最小电流，称为继电器的动作电流，用 I_{op} 表示。

② 返回电流　使继电器返回的最大电流，称为继电器的返回电流，用 I_{re} 表示。

③ 返回系数　继电器返回电流与动作电流的比值，称为继电器的返回系数，用 K_{re} 表示，即

$$K_{re}=\frac{I_{re}}{I_{op}} \tag{7-3}$$

对于过电流继电器，K_{re} 小于1，一般为0.8～0.85。K_{re} 越接近于1，表明继电器越灵敏，但继电器越灵敏，其抗干扰能力就越差。

电磁式电流继电器的动作电流有两种调节方法。

① 平滑调节　改变调整杆6的位置来改变弹簧的反作用力矩，进行平滑调节。

② 级进调节　改变继电器线圈的接线，进行级进调节。当线圈由串联改为并联时，继电器的动作电流增大一倍。

（2）电磁式电压继电器

电磁式电压继电器的结构及原理与DL型电流继电器基本相同，只是线圈匝数多，阻抗大，反映的是电压参数。常用的是DJ-100系列低电压继电器，它具有一对动断（常闭）触点，正常情况下，继电器加的是额定工作电压（TV二次电压100V），触点断开，继电器处于返回状态。当电压降低到动作电压时，继电器动作，触点闭合。

使电压继电器动作（常闭触点闭合）的最高电压，称为继电器的动作电压 U_{op}。使继电器常闭触点断开（返回）的最低电压，称为继电器的返回电压 U_{re}。由于 $K_{re}=U_{re}/U_{op}$，所以低电压继电器的返回系数大于1，一般为1.25。

对过电压继电器，其动作电压、返回电压和返回系数的概念和过电流继电器相似。

（3）逻辑继电器

逻辑继电器用来构成继电保护装置的控制逻辑。如DS-110、120系列电磁式时间继电器用来使保护装置获得规定的延时；DX-11型电磁式信号继电器用来发出保护动作的信号；

DZ-10 系列中间继电器用来增加保护回路的数量及增大触点的容量。

逻辑继电器的文字符号及图形符号如图 7-3 所示。

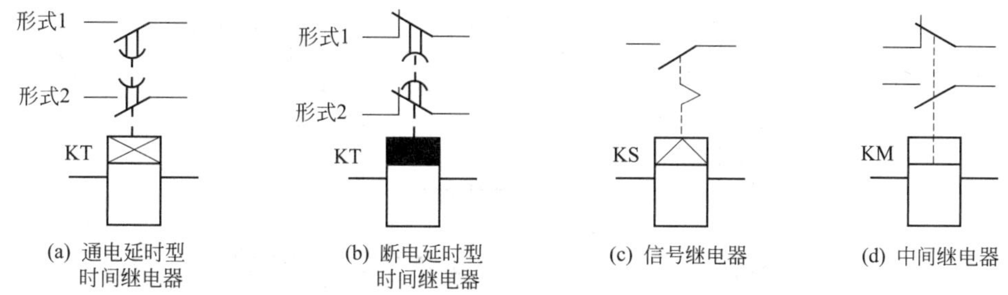

图 7-3　逻辑继电器的文字符号及图形符号

（4）感应式电流继电器

GL-10 系列感应式电流继电器的内部结构及图形符号如图 7-4 所示。感应式电流继电器由感应系统和电磁系统两个部分组成。

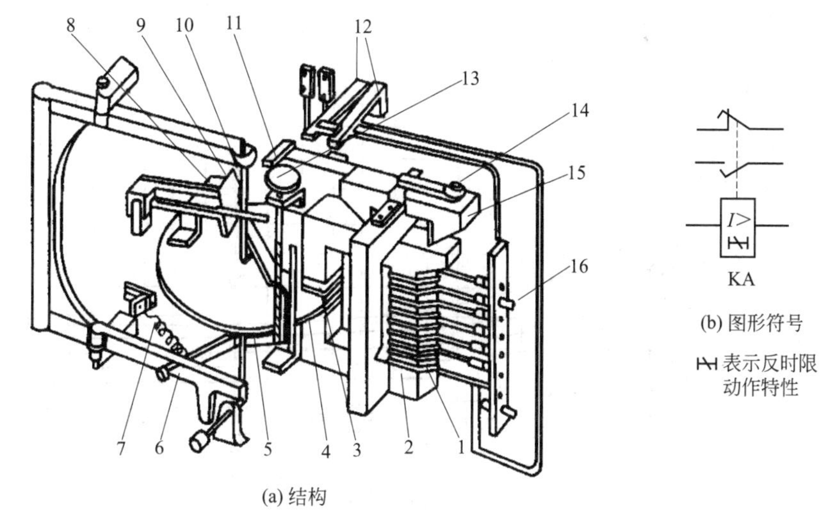

图 7-4　GL-10 系列感应式电流继电器的内部结构及图形符号

1—线圈；2—铁芯；3—短路环；4—铝盘；5—钢片；6—铝框架；7—调节弹簧；8—制动永久磁铁；9—扇形齿轮；10—蜗杆；11—扁杆；12—继电器触点；13—动作时限调节螺杆；14—速断电流调节螺钉；15—衔铁；16—动作电流调节插销

感应系统主要由线圈 1、短路环 3、铁芯 2 和装在可偏转的铝框架 6 上的铝盘 4 组成。感应系统具有反时限动作特性，如图 7-5 中曲线的 *abc* 段，利用感应系统作反时限的过电流保护。

电磁系统主要由线圈 1、铁芯 2 和衔铁 15 组成。电磁系统具有瞬时动作特性，如图 7-5 中曲线的 $c'd'$ 段，利用电磁系统作电流速断保护。

图 7-6 是 GL-10、20 系列感应式电流继电器的特性曲线族，曲线族上标注的动作时限，如 0.5s、0.7s 和 1.0s 等，是表示继电器通过 10 倍动作电流（整定值）所对应的动作时限。通过调整继电器动作电流整定值和 10 倍动作时限螺钉，可选择不同的保护特性。如果将继电器的保护特性调整在 2.0s 的曲线上，若实际通入继电器的电流是其整定值的 3 倍，可从该曲线上查得此时继电器的实际动作时限约为 3.5s。

感应式电流继电器的调整：

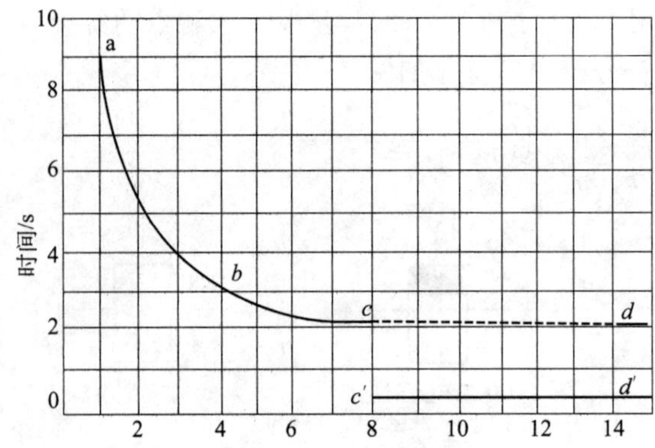

图 7-5　感应式电流继电器的反时限特性

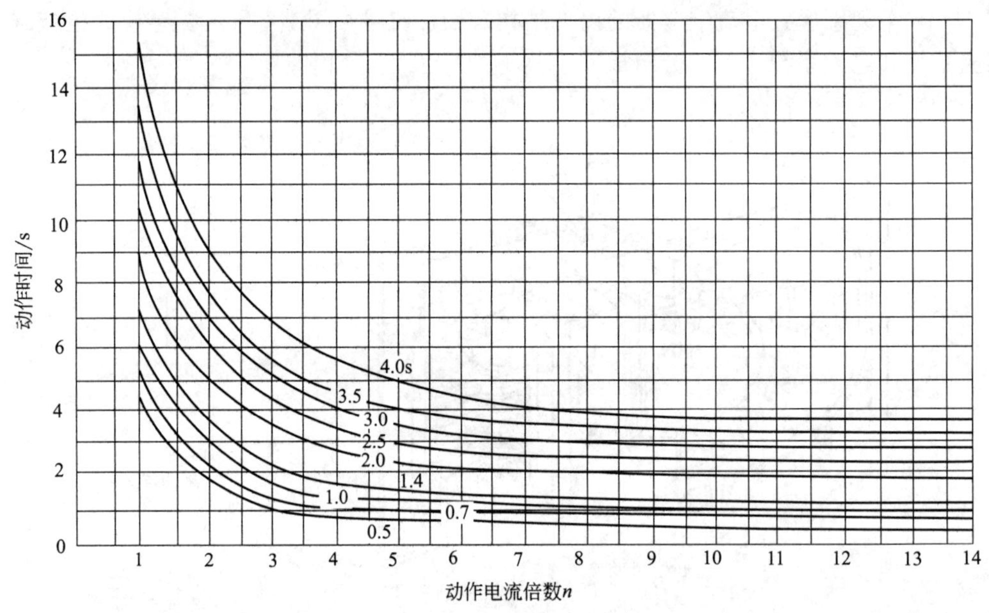

图 7-6　GL-10、20 系列感应式电流继电器的特性曲线

① 动作电流的调整　用插销 16 改变线圈抽头（匝数）进行级进调节；通过调节弹簧 7 的拉力进行平滑微调。

② 动作时限的调整　用螺杆 13 改变扇形齿轮顶杆行程的起点进行调节（注意：由于动作时限调节螺杆的标度尺，是以 10 倍动作电流的动作时限来刻度的，所以继电器实际动作时间，与实际通过继电器的电流大小有关，需从相应的动作特性曲线上查得）。

③ 速断电流倍数的调整　用螺钉 14 改变衔铁与铁芯之间的气隙进行调节。

GL 型电流继电器结构复杂，精度不高，但其触点容量大，还同时兼有电磁式电流继电器、时间继电器、信号继电器和中间继电器的功能，可使保护装置元件少，接线简单。因此，GL 型电流继电器在 6～10kV 工厂供配电系统中应用广泛。

7.1.4　保护装置的接线方式

保护装置的接线方式是指启动继电器与电流互感器之间的连接方式。工厂供配电系统的过流保护装置，通常采用两相两继电器式和两相一继电器式两种接线方式。

（1）两相两继电器式接线

两相两继电器式接线（见图 7-7），如一次电路发生三相短路或任意两相短路，至少有一个继电器动作，且流入继电器的电流就是互感器的二次电流。

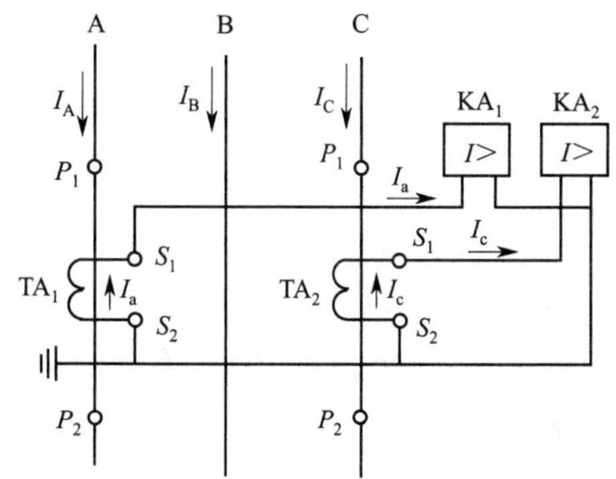

图 7-7　两相两继电器式接线

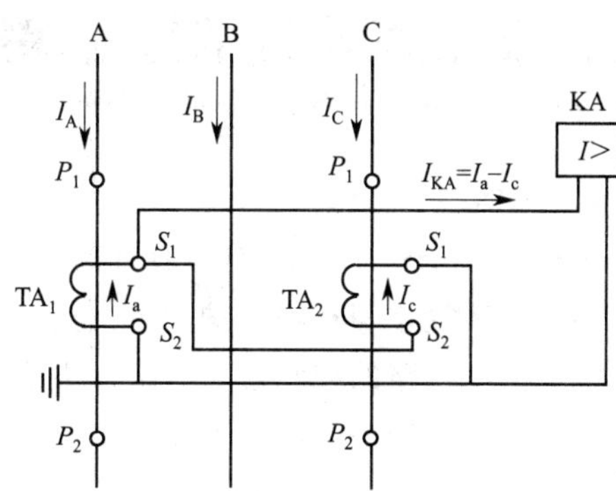

图 7-8　两相一继电器式接线

为了表示流入继电器的电流 I_{KA} 与电流互感器二次侧电流 I_2 间的关系，特引入一个接线系数 K_w，即

$$K_w=\frac{I_{KA}}{I_2} \tag{7-4}$$

两相两继电器式接线属相电流接线，在一次电路发生任何形式的相间短路时，接线系数均为 1，故保护的灵敏度相同。

引入接线系数后，电流互感器一次侧电流与流入电流继电器电流的关系为

$$I_1=K_iI_2=K_i\frac{I_{KA}}{K_w} \tag{7-5}$$

式中，K_i 为电流互感器的变比；I_1、I_2 为电流互感器一次侧、二次侧电流；I_{KA} 为流入电流继电器的电流；K_w 为接线系数。

（2）两相一继电器式接线

两相一继电器式接线，又称两相电流差式接线，如图 7-8 所示。由于流入继电器的电流等于 A、C 两相电流互感器二次电流之差，即 $\dot{I}_{KA}=\dot{I}_a-\dot{I}_c$，所以在不同的短路形式下，流入继电器的电流与互感器二次电流有不同的关系（见图 7-9），故其接线系数不同。

① 正常运行和三相短路时，$I_{KA}=\sqrt{3}I_2$，其接线系数 $K_w=\sqrt{3}$。

② A、C 两相短路时，$I_{KA}=2I_2$，其接线系数 $K_w=2$。

③ A、B 或 B、C 两相短路时，$I_{KA}=I_2$，其接线系数 $K_w=1$。

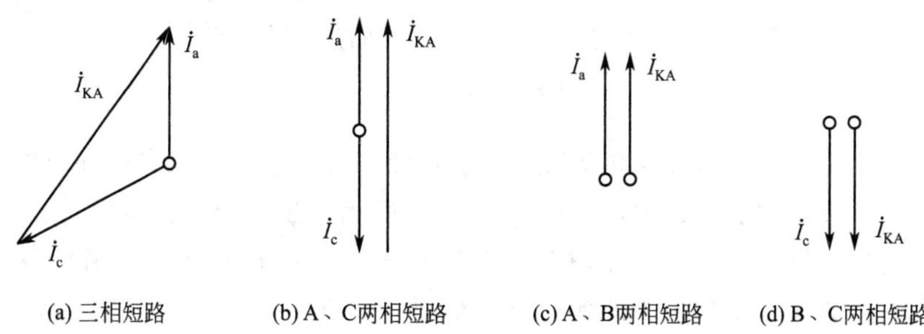

图 7-9　两相电流差式接线在不同短路形式下电流相量图

因为两相电流差式接线在不同短路下的接线系数不同，故在不同形式故障下保护装置的灵敏度也不同，有的甚至相差一倍，这是不够理想的。但这种接线所用设备少，简单经济，在厂区高压线路、高压电动机保护中仍有应用。

7.2 高压配电网的继电保护

7.2.1 概述

按 GB 50062—1992《电力装置的继电保护和自动装置设计规范》规定，对 3～66kV 电力线路，应装设相间短路保护、单相接地保护和过负荷保护。

作为供电线路的相间短路保护，主要采用带时限的过电流保护和瞬时动作的电流速断保护（当过电流保护的时限不大于 0.5～0.7s 时，可不装设电流速断保护）。相间短路保护应动作于跳闸，以切除短路故障部分。

作为线路的单相接地保护，有两种方式：绝缘监视装置，装设在变配电所的高压母线上，动作于信号；有选择性的单相接地保护（零序电流保护），一般动作于信号。但当单相接地危及人身和设备安全时，则应动作于跳闸。

作为线路的过负荷保护，一般带时限动作于信号。

由于厂区的高压线路不长，容量不是很大，因此其继电保护装置通常比较简单。

7.2.2 带时限的过电流保护

带时限的过电流保护，按其动作时限特性分为定时限过电流保护和反时限过电流保护两种。

（1）定时限过电流保护

① 保护原理　定时限过电流保护装置的原理如图 7-10(a) 所示，图 7-10(b) 为对应的展开式原理图。

当线路在过电流保护范围内发生相间短路时，电流继电器 KA 瞬时动作，其常开触点闭合，接通时间继电器 KT 线圈回路，经过整定的时限后，KT 延时动作的常开触点闭合，使信号继电器 KS 和中间继电器 KM 得电动作。KS 动作后，接通信号回路，给出故障信号（音响和灯光信号）。KM 动作后，接通断路器 QF 跳闸线圈 YR 回路，使 QF 跳闸，切除线路短路故障。线路故障被切除后，继电器 KA、KT 和 KM 均自动复位，而 KS 一般需要手动复位。

② 动作电流的整定　保护动作电流的整定必须满足以下两个条件。

a. 保护装置的动作电流 I_{op} 应躲过线路的最大负荷电流（包括正常过负荷电流和尖峰电流）$I_{L.max}$，保证线路在最大负荷电流时保护不误动作，即

$$I_{op}>I_{L.max} \tag{7-6}$$

b. 保护装置的返回电流 I_{re} 也应躲过线路的最大负荷电流，以保证在下级线路上的短路故障切除后，上级保护能可靠地返回。如图 7-11 所示，当 k 点发生故障时，保护 1、2 会同时启动，通过延时执行其动作（保护 2 使 QF2 跳闸，保护 1 使 QF1 跳闸）；若保护 2 先动作已切除 k 点短路故障，则保护 1 即使通过线路的最大负荷电流，也要立即返回，不能继续动作下去，以保证母线 B 上的其他负荷继续运行。

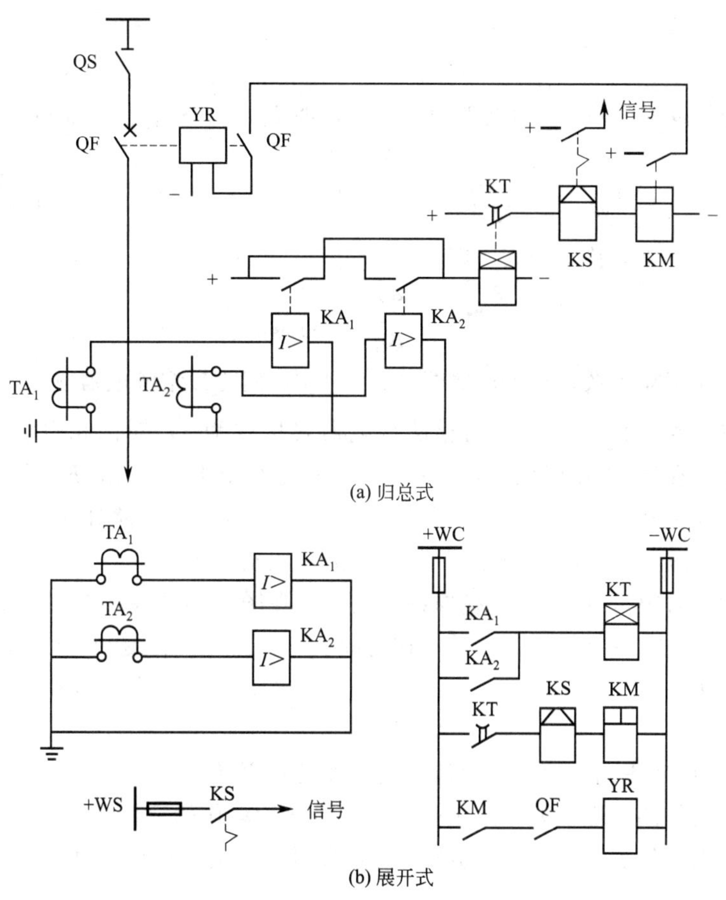

图 7-10 定时限过电流保护原理图

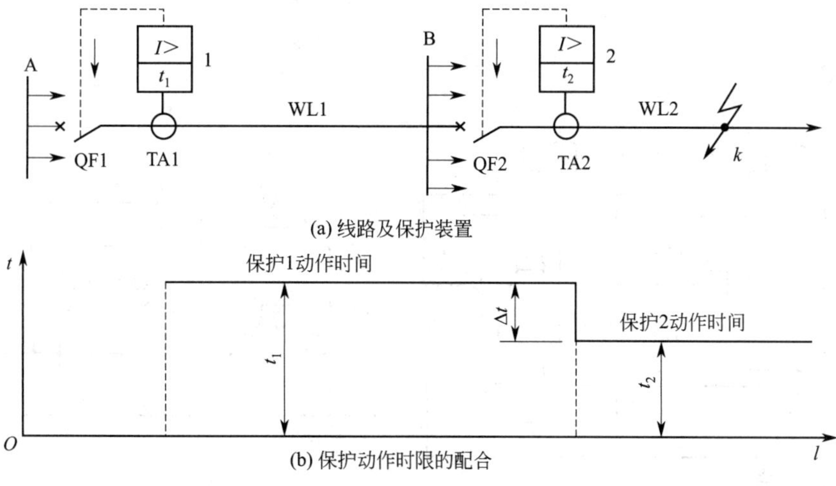

图 7-11 定时限过电流保护动作时限的整定

设电流互感器的变比为 K_i，保护装置的接线系数为 K_w，则线路最大负荷电流换算到继电器中的电流为$\frac{K_w}{K_i}I_{L.max}$。

由于继电器的返回电流 I_{re} 也要躲过 $I_{L.max}$，即 $I_{re}>\frac{K_w}{K_i}I_{L.max}$。而 $I_{re}=K_{re}I_{op}$，所以 $K_{re}I_{op}>\frac{K_w}{K_i}I_{L.max}$，或 $I_{op}>\frac{K_w}{K_{re}K_i}I_{L.max}$。引入一个可靠系数 K_{rel}，将此式写成等式，可得过电流保护动作电流的整定公式，即

$$I_{op}=\frac{K_{rel}K_w}{K_{re}K_i}I_{L.max} \tag{7-7}$$

式中，K_{rel} 为可靠系数，对 DL 型继电器取 1.2，对 GL 型继电器取 1.3；K_w 为保护装置接线系数，按三相短路考虑，对两相两继电器式接线为 1，对两相电流差式接线为$\sqrt{3}$；K_{re} 为继电器返回系数，DL 型继电器取 0.85，GL 型继电器取 0.8；K_i 为电流互感器的变比；$I_{L.max}$ 为线路最大负荷电流，一般取 $(1.5\sim3)I_{30}$，I_{30} 为线路计算电流。

③ 动作时限的整定　为了保证前后两级保护装置动作的选择性，过电流保护装置的动作时间（也称动作时限），应按“阶梯原则”整定。在图 7-11 中，如在后一级线路的首端 k 点发生三相短路时，前一级保护装置的动作时间 t_1 应比后一级保护装置的动作时间 t_2 大一个时间级差 Δt，即

$$t_1\geqslant t_2+\Delta t \tag{7-8}$$

确定 Δt 时，应考虑前一级保护可能提前动作的负误差、后一级保护可能滞后动作的正误差和保护装置动作的惯性误差，为了确保前后级保护动作的选择性，还应增加一个保险时间。对定时限过电流保护，可取 Δt 为 0.5s，对反时限过电流保护，可取 Δt 为 0.7s。

(2) 反时限过电流保护

① 保护原理　反时限过电流保护的原理如图 7-12 所示。保护采用 GL 型电流继电器，该继电器兼有电磁式电流继电器、时间继电器、信号继电器和中间继电器的功能，可直接构成过电流保护和电流速断保护，大大简化了保护装置的接线。

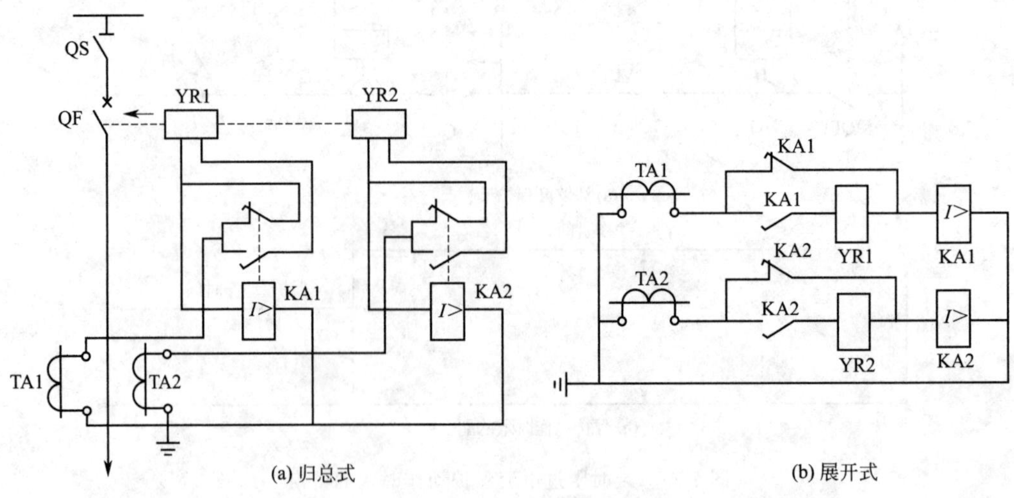

图 7-12　反时限过电流保护原理图

当线路发生相间短路时，过电流继电器 KA 动作，经过延时后（延时长短与短路电流大小成反比），其常开触点闭合，紧接着其常闭触点断开，使断路器跳闸线圈 YR 得电而跳闸（采用去分流跳闸式），切除故障线路。GL 型电流继电器在动作的同时，其信号牌自动掉下，指示保护装置已经动作。故障被切除后，继电器自动返回，其信号牌可手动复位。

② 动作电流的整定　动作电流的整定与定时限过电流保护相同，即同式(7-7)。

③ 动作时限的整定　由于 GL 型电流继电器的时限调节机构是按 10 倍动作电流的动作时限来标度的，而实际通过继电器的电流不会恰恰为动作电流的 10 倍，因此必须根据前后两级保护的 GL 型继电器动作特性曲线来整定。

假设图 7-13 所示线路中，后一级保护 KA2 的 10 倍动作电流的动作时间已经整定为 t_2，现在要确定前一级保护 KA1 的 10 倍动作电流的动作时间 t_1，整定计算的步骤如下（参照图 7-14）。

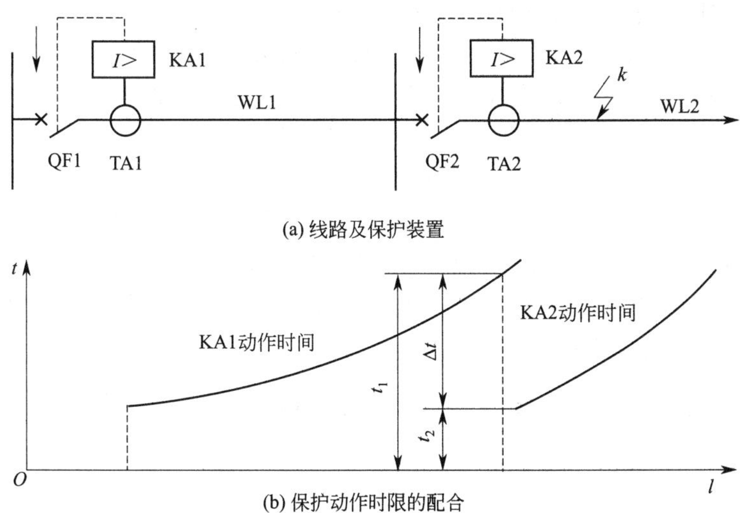

图 7-13　反时限过电流保护动作时限的整定

a. 计算线路 WL2 首端三相短路电流 I_k 反映到 KA2 中的电流值，即

$$I'_{k(2)}=\frac{K_{w(2)}}{K_{i(2)}}I_k \tag{7-9}$$

式中，$K_{w(2)}$ 为 KA2 与 TA2 的接线系数；$K_{i(2)}$ 为 TA2 的变流比。

b. 计算 $I'_{k(2)}$ 对 KA2 动作电流 $I_{op(2)}$ 的倍数，即

$$n_2=\frac{I'_{k(2)}}{I_{op(2)}} \tag{7-10}$$

c. 确定 KA2 实际动作的时间。在图 7-14 所示 KA2 动作特性曲线的横坐标轴上找出 n_2，然后向上找到该曲线上 b 点，该点所对应的动作时间 t'_2 就是 KA2 在通过 $I'_{k(2)}$ 时的实际动作时间。

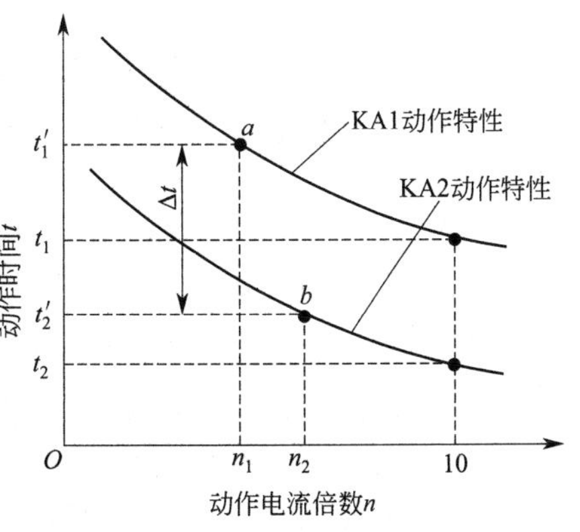

图 7-14　反时限过电流保护动作时限整定步骤

d. 计算 KA1 实际动作的时间。根据保护选择性的要求，KA1 实际动作时间 $t'_1=t'_2+\Delta t$。Δt 取 0.7s，则 $t'_1=t'_2+0.7\text{s}$。

e. 计算 WL2 首端三相短路电流 I_k 反映到 KA1 中的电流值，即

$$I'_{k(1)}=\frac{K_{w(1)}}{K_{i(1)}}I_k \tag{7-11}$$

式中，$K_{w(1)}$ 为 KA1 与 TA1 的接线系数；$K_{i(1)}$ 为 TA1 的变流比。

f. 计算 $I'_{k(1)}$ 对 KA1 动作电流 $I_{op(1)}$ 的倍数，即

$$n_1=\frac{I'_{k(1)}}{I_{op(1)}} \tag{7-12}$$

g. 确定 KA1 的 10 倍动作电流的动作时间。从图 7-14 所示 KA1 动作特性曲线的横坐标上找出 n_1，从纵坐标轴上找出 t'_1，然后找到 n_1 与 t'_1 相交的坐标点 a，则 a 点所在曲线所对应的 10 倍动作电流的动作时间 t_1 即为所求。如果 a 点在两条曲线之间，这时只能从上下两条曲线来粗略估计其 10 倍动作电流的动作时间。

（3）反时限过流保护与定时限过流保护的比较

① 定时限过流保护的优点是：保护装置动作时间不受短路电流大小的影响，动作时限比较准确，容易整定。缺点是：所用继电器数目较多，接线较为复杂，继电器触点容量较小，需直流操作电源，投资较大。此外，靠近电源处保护动作时间较长，而此处的短路电流又较大，故对线路的危害较大。

② 反时限过流保护的优点是：所用继电器少，接线简单，既可实现反时限的过电流保护，又能实现电流速断保护，而且适用于交流操作。缺点是：动作时限的配合与整定比较麻烦，继电器动作的误差较大；当短路电流较小时，其动作时间较长，延长了故障持续的时间。

（4）过电流保护的灵敏度及提高灵敏度的措施

① 过电流保护的灵敏度　根据式(7-1)，灵敏系数 $S_p=\frac{I_{k.min}}{I_{op.1}}$，而 $I_{op.1}=\frac{K_i}{K_w}I_{op}$，所以过电流保护灵敏度计算的公式为

$$S_p=\frac{K_w I_{k.min}^{(2)}}{K_i I_{op}}\geqslant 1.5 \tag{7-13}$$

式中，S_p 为灵敏系数，作为本线路的基本保护，要求 $S_p\geqslant 1.5$，作为相邻线路的后备保护，要求 $S_p\geqslant 1.2$；$I_{k.min}^{(2)}$ 为被保护线路末端在最小运行方式下的两相短路电流。

当过电流保护的灵敏度系数达不到上述要求时，可采用带低压闭锁的过流保护来提高灵敏度。

② 低电压闭锁的过电流保护　低电压闭锁的过电流保护如图 7-15 所示。保护测量启动元件由低电压继电器和过电流继电器组成，只有当两种继电器都动作时，保护装置才会启动。短路时，由于电流增加使电流继电器 KA 动作，同时母线电压下降使电压继电器 KV 动作，从而使保护装置启动，执行跳闸。系统正常运行时，母线电压接近于额定电压，低电压继电器 KV 的常闭触点是断开的，即使电流继电器 KA 动作（常开触点闭合），保护装置也不会动作。因此，在整定电流继电器动作电流时，只需按躲过线路的计算电流 I_{30} 来整定，即

$$I_{op}=\frac{K_{rel}K_w}{K_{re}K_i}I_{30} \tag{7-14}$$

式中，各系数的取值与式(7-7) 相同。由于减小了保护装置的动作电流，从而提高了保护装置的灵敏度。

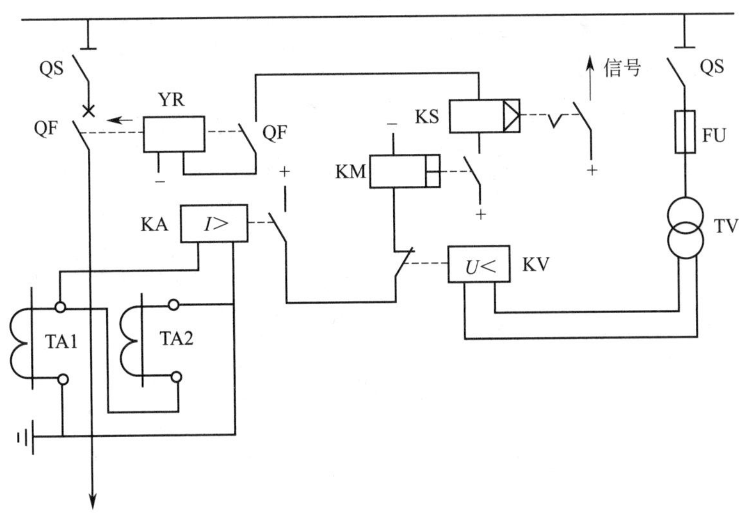

图 7-15　带低压闭锁的过流保护原理图

电压继电器 KV 的动作电压 U_{op}，应按躲过母线正常最低工作电压 U_{min} 来整定，其返回电压也应躲过 U_{min}，即

$$U_{op}=\frac{U_{min}}{K_{rel}K_{re}K_u}\approx 0.6\frac{U_N}{K_u} \tag{7-15}$$

式中，U_N 为线路额定电压；U_{min} 为母线最低工作电压，取（0.85～0.95）U_N；K_{rel} 为可靠系数，可取 1.2；K_{re} 为低电压继电器返回系数，一般取 1.25；K_u 为电压互感器的变压比。

【例 7-1】 某 10kV 配电线路如图 7-16 所示。已知 TA1 的变比为 100/5，TA2 的变比为 50/5。保护 1、2 均采用两相两继电器式接线，继电器均采用 GL-15/10 型。KA1 已经整定，其动作电流为 7A，10 倍动作电流的动作时间为 1s。线路 WL2 的计算电流为 28A，WL2 首端 $k-1$ 点三相短路电流为 500A，末端 $k-2$ 点三相短路电流为 200A。试整定 KA2 的动作电流和动作时间，并检验其灵敏度（GL-10 型电流继电器的特性曲线见图 7-6）。

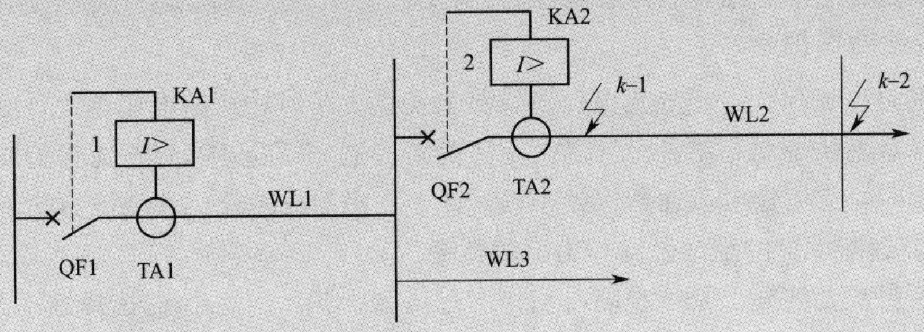

图 7-16　例 7-1 配电线路

解： ① 整定 KA2 的动作电流。

取 $K_{rel}=1.3$，$K_{re}=0.8$，$K_i=50/5=10$，$K_w=1$，故

$$I_{op(2)}=\frac{K_{rel}K_w}{K_{re}K_i}I_{L.max}=\frac{1.3\times 1}{0.8\times 10}\times 2\times 28=9.1\ (A)$$

将 GL-15/10 型电流继电器的动作电流整定为 9A。

② 整定 KA2 动作时间。

先确定 KA1 实际动作时间，由于 $k-1$ 点三相短路电流反映在 KA1 中的电流为

$$I'_{k(1)}=\frac{K_{w(1)}}{K_{i(1)}}I_{k-1}=\frac{1}{20}\times500=25\ (A)$$

故 $I'_{k(1)}$ 对 KA1 动作电流 $I_{op(1)}$ 的倍数为

$$n_1=I'_{k(1)}/I_{op(1)}=25/7=3.6$$

利用 $n_1=3.6$ 和 KA1 的 10 倍动作电流动作时限 $t_1=1s$，查图 7-6 继电器动作特性曲线，得 KA1 的实际动作时间为 $t'_1\approx1.5s$。

则 KA2 的实际动作时间应为

$$t'_2=t'_1-\Delta t=1.5-0.7=0.8\ (s)$$

确定 KA2 的 10 倍动作电流的动作时间。由于 I_{k-1} 反映在 KA2 中的电流为

$$I'_{k(2)}=\frac{K_{w(2)}}{K_{i(2)}}I_{k-1}=\frac{1}{10}\times500=50\ (A)$$

故 $I'_{k(2)}$ 对 KA2 的动作电流倍数为

$$n_2=I'_{k(2)}/I_{op(2)}=50/9=5.6$$

利用 $n_2=5.6$ 和 KA2 实际动作时间为 $t'_2=0.8s$，查图 7-6 继电器动作特性曲线，得 KA2 的 10 倍动作电流动作时间 $t_2\approx0.6s$。

③ 计算 KA2 灵敏度。

由于 KA2 保护的线路 WL2 末端的两相短路电流为

$$I^{(2)}_{k.min}=\frac{\sqrt{3}}{2}I^{(3)}_{k-2}=0.866\times200=173\ (A)$$

所以 KA2 保护的灵敏度为

$$S_p=\frac{K_w I^{(2)}_{k.min}}{K_i I_{op(2)}}=\frac{1\times173}{10\times9}=1.92>1.5$$

由此可见，KA2 的整定值（9A）满足灵敏度的要求。

7.2.3 电流速断保护

带时限的过电流保护，越靠近电源的线路上发生短路时，短路电流越大，但其保护动作的时间越长，故对供配电系统的危害越严重。为解决这一问题，当过电流保护的动作时限超过 0.5～0.7s 时，应增设电流速断保护，以保证本线路的故障能迅速地被切除。

（1）电流速断保护的组成及动作电流的整定

电流速断保护，实际上是一种瞬时动作的过电流保护。其动作的选择性不是依靠时限，而是通过确定适当的动作电流来解决。

对于采用 GL 型电流继电器构成的过流保护，利用其电磁系统就可实现电流速断保护，不用额外增加设备，既简单又经济。

对于采用 DL 型电流继电器构成的过流保护，其电流速断保护的原理接线如图 7-17 所示。图中 KA1、KA2、KT、KS1 与 KM 构成定时限过电流保护；KA3、KA4、KS2 与 KM 构成电流速断保护。在电流速断保护范围内出现故障时，电流继电器 KA3 或 KA4 启动，接

通信号继电器KS2和中间继电器KM，在给出速断动作信号的同时，通过KM接通断路器QF跳闸线圈YR回路，执行跳闸切除故障。

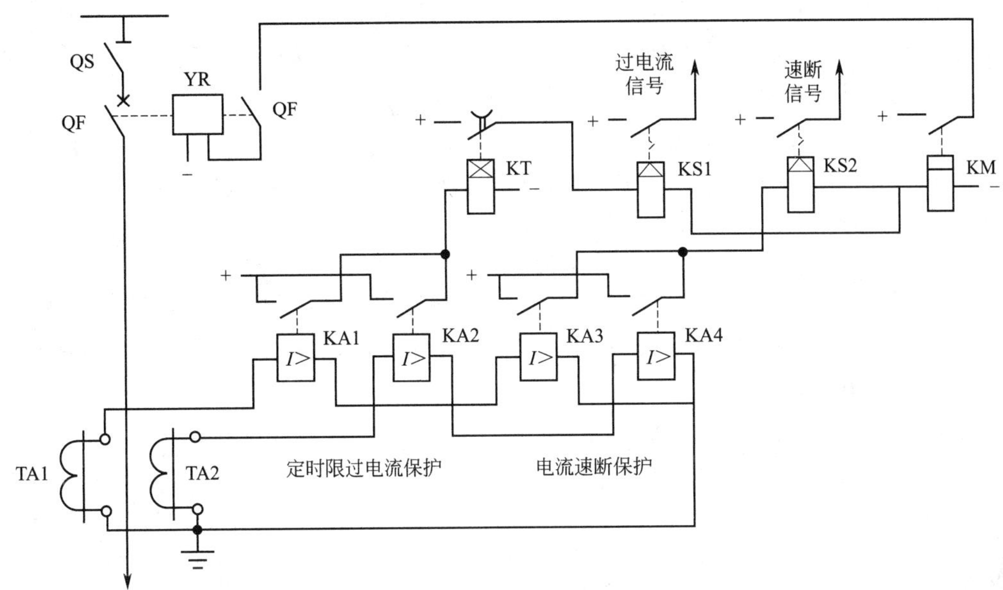

图7-17 线路定时限过电流保护和电流速断保护原理图

如图7-18所示，前一级线路WL_1末端$k-1$点的三相短路电流，实际上与后一级线路WL_2首端$k-2$点的三相短路电流是近乎相等的（因两点之间距离很短）。为了避免在后一级线路首端发生三相短路时前一级速断保护误动作，电流速断保护的动作电流I_{qb}按躲过它所保护的线路末端在最大运行方式下的短路电流来整定，即

$$I_{qb}=\frac{K_{rel}K_{w}}{K_{i}}I_{k.max} \tag{7-16}$$

式中，K_{rel}为可靠系数，对DL型电流继电器，取1.2～1.3，对GL型电流继电器，取1.4～1.5，对过流脱扣器，取1.8～2；$I_{k.max}$为被保护线路末端短路时的最大短路电流。

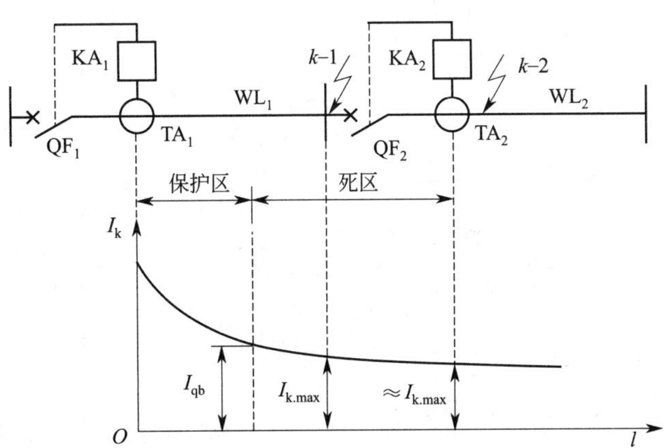

图7-18 线路电流速断保护的保护区和死区

(2) 电流速断保护的“死区”及其弥补

由于电流速断保护的动作电流是按躲过线路末端的最大短路电流整定的，其动作电流会大于被保护范围末端的短路电流（见图7-18），因此在线路末端部分发生短路故障时，电流

速断保护就不可能动作。由此可见，电流速断保护不能保护线路全长，而且在系统不同运行方式下的保护范围不同。电流速断保护不动作的区域，称为“死区”。

为了弥补死区得不到保护的缺点，在装设电流速断保护的线路上，必须配备带时限的过电流保护。在电流速断保护的保护区内，速断保护为线路的主保护，过电流保护为其后备保护；而在电流速断保护的死区内，过电流保护为线路的基本保护。

（3）电流速断保护的灵敏度

电流速断保护的灵敏度，应按保护安装处（线路首端）的最小短路电流来校验。因此，电流速断保护的灵敏度必须满足的条件为

$$S_p=\frac{K_w I_{k.min}^{(2)}}{K_i I_{qb}}\geqslant 1.5\sim 2 \tag{7-17}$$

式中，$I_{k.min}^{(2)}$ 为保护安装处在系统最小运行方式下的两相短路电流；I_{qb} 为电流速断保护继电器的动作电流。

【例 7-2】 某 10kV 线路的计算电流为 90A，线路首端的三相短路电流为 4200A，线路末端的三相短路电流为 1300A。拟采用 GL-15 型电流继电器，按两相电流差式接线构成相间短路保护，电流互感器的变比为 315/5。试整定该继电器的动作电流，并校验保护装置的灵敏度。

解： ① 整定继电器过流保护的动作电流。

取 $K_{rel}=1.3$，$K_{re}=0.8$，$K_w=\sqrt{3}$，$I_{L.max}=2I_{30}=2\times 90=180A$，故

$$I_{op}=\frac{K_{rel}K_w}{K_{re}K_i}I_{L.max}=\frac{1.3\times\sqrt{3}}{0.8\times 315/5}\times 180=8.04\text{（A）}$$

取整定值为 8A。

② 整定继电器速断保护的动作电流。

取 $K_{rel}=1.5$，$K_w=\sqrt{3}$，$I_{k.max}=1300A$，故

$$I_{qb}=\frac{K_{rel}K_w}{K_i}I_{k.max}=\frac{1.5\times\sqrt{3}}{315/5}\times 1300=53.6\text{（A）}$$

速断电流倍数应整定为

$$n_{qb}=\frac{I_{qb}}{I_{op}}=\frac{53.6}{8}=6.7$$

③ 灵敏度校验。

过电流保护：$S_p=\frac{K_w I_{k.min}^{(2)}}{K_i I_{op}}=\frac{\sqrt{3}\times 0.866\times 1300}{315/5\times 8}=3.9>1.5$

电流速断保护：$S_p=\frac{K_w I_{k.min}^{(2)}}{K_i I_{qb}}=\frac{\sqrt{3}\times 0.866\times 4200}{315/5\times 53.6}=1.9>1.5$

由此可见，保护装置的灵敏度满足要求。

7.2.4 单相接地保护

厂区 3～10kV 高压供电系统，为了提高供电可靠性，多采用中性点不接地的小电流接地系统。由第 1 章分析可知，小电流接地系统发生单相接地时，虽然线电压仍然对称，可继续运行 1～2h。但非故障相对地电压要升高$\sqrt{3}$倍，同时接地电流要比原来线路的电容电流增

大 3 倍。如果故障持续下去，可能引发相间短路故障，造成开关跳闸、线路停电。为此，对于中性点不接地的供电系统，必须装设绝缘监视装置或单相接地保护装置，以便发出报警信号，提醒运行人员注意并及时处理故障。

（1）绝缘监视装置

小电流接地系统绝缘监视装置如图 7-19 所示，它是利用系统单相接地时所出现的零序电压给出信号。图中采用的三相五柱式电压互感器接在变电所母线上，其二次侧星形连接绕组接有三只电压表，以测量各相对地电压；辅助二次绕组接成开口三角形，接电压继电器，用来反映线路单相接地时出现的零序电压。

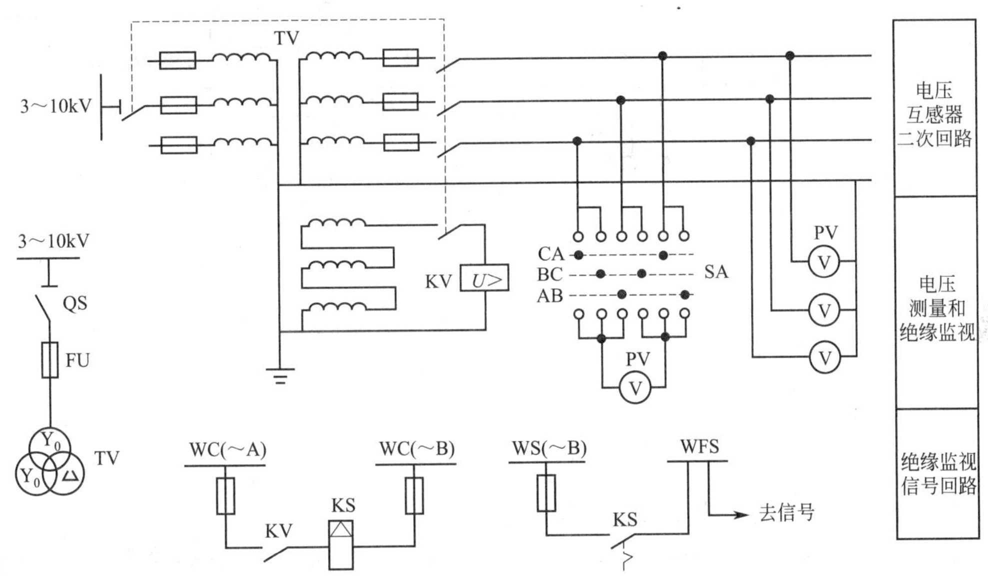

图 7-19　小电流接地系统的绝缘监视装置

系统正常运行时，三相电压对称，TV 开口三角形两端电压接近于零，电压继电器 KV 不动作，三只电压表指示相电压。当系统发生单相接地时，接地相电压为零，其他两相对地电压升高$\sqrt{3}$倍，开口三角形两端将出现近 100V 的零序电压，使 KV 动作，发出报警的音响信号（电铃）和灯光信号（光字牌）。值班人员根据报警信号并结合三只电压表的指示，可以判定接地的相别。

绝缘监视装置虽能给出接地信号，但没有选择性，即不能反映是哪一回线路发生接地故障。如要查寻接地线路，运行人员可依次断开线路，根据零序电压信号是否消失来找到故障线路。因此，绝缘监视装置只适用于出线不多且允许短时停电的中小型变电所。

（2）单相接地保护

如图 7-20 所示，现以 3 条线路为例，分析小电流接地系统发生单相接地时，系统中接地电容电流分布的情况。设 C 相发生接地故障，由于整个系统 C 相接地，所以系统中 C 相对地电压为零，C 相对地电容电流也为零。各线路上非故障相（A、B 相）的电容电流 $I_{c.1}$、$I_{c.2}$ 和 $I_{c.3}$ 等都流过接地点通过故障线路形成回路，方向是由线路流向母线；其大小为线路正常运行时电容电流 I_{c0} 的 3 倍，即 $I_{c.i}=3I_{c0}$。

流经故障线路 WL3 零序电流互感器 TAN3 的接地故障电流 $I_{c.\Sigma}=(I_{c.1}+I_{c.2}+I_{c.3})-I_{c.3}$。若系统中有 n 条线路，则流过接地故障线路零序电流互感器的接地电流 $I_k^{(1)}$ 为

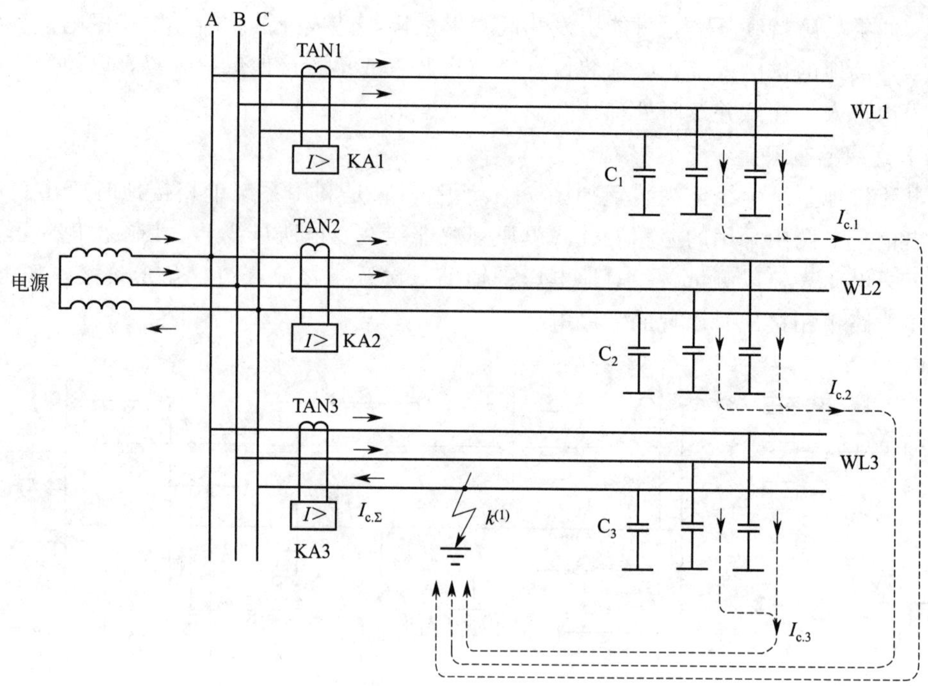

图 7-20 小接地电流系统单相接地时电容电流的分布

$$I_{\mathrm{k}}^{(1)}=\sum_{i=1}^{n-1}I_{\mathrm{c},i} \tag{7-18}$$

式中，$I_{\mathrm{c}.i}$ 为各线路非故障相的电容电流。

由此可见，接地故障线路的电容电流（又称零序电流）远大于非故障线路的零序电流。

单相接地保护，又称“零序电流保护”，正是根据单相故障线路零序电流较非故障线路零序电流大的特点，实现有选择性动作的。单相接地保护，一般动作于信号，当单相接地有可能危及人身和设备安全时，则动作于跳闸。

由零序电流滤过器构成的零序电流保护装置如图 7-21(a) 所示，适用于架空线路的单相接地保护。由零序电流互感器构成的零序电流保护装置如图 7-21(b) 所示，适用于电缆线路的单相接地保护。

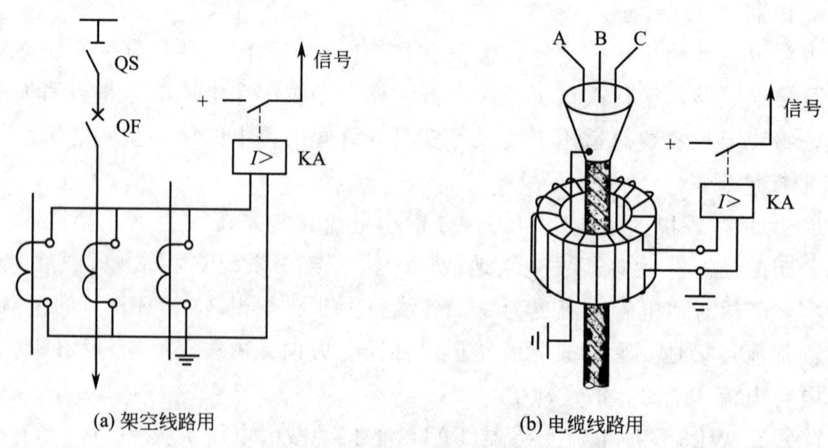

图 7-21 零序电流保护装置

注意： 电缆头的接地线必须穿过零序电流互感器的铁芯后再接地，以保证单相接地保护动作的正确性。

单相接地保护的动作电流 $I_{op(E)}$，按躲过故障线路发生单相接地时在本线路上引起的电容电流整定，即

$$I_{op(E)}=\frac{K_{rel}}{K_i}I_c \tag{7-19}$$

式中，K_{rel} 为可靠系数，当保护装置带时限动作时，取 1.5～2，当保护装置不带时限时，取 4～5；I_c 为本线路零序电容电流；K_i 为零序电流互感器的变流比。

保护的灵敏度按本线路发生单相接地故障时，流过本线路的电容电流校验，即

$$S_p=\frac{I_{c.\Sigma}-I_c}{K_i I_{op(E)}}\geqslant 1.2 \tag{7-20}$$

式中，$I_{c.\Sigma}$ 为最小运行方式下单相接地时网络总的零序电容电流。

7.3　电力变压器的继电保护

7.3.1　电力变压器保护的设置

电力变压器的故障，一般分为内部故障和外部故障两种。内部故障主要有绕组的相间短路、匝间短路、单相接地短路和铁芯烧损等。常见的外部故障是变压器绝缘套管和引出线上发生的相间短路与接地短路。

变压器不正常运行状态，主要有过负荷、温度升高、外部短路引起的过电流、外部接地短路引起中性点过电压和油面过度降低等。

为了保证电力变压器安全、可靠地运行，针对其上述故障和不正常运行状态，电力变压器应装设下列保护。

① 瓦斯保护（主保护）　800kV・A 及以上的油浸式变压器和 400kV・A 及以上的车间内油浸式变压器，均应装设瓦斯保护。瓦斯保护可对变压器内部短路及油面降低等故障构成保护，其中轻瓦斯保护动作于信号，重瓦斯保护动作于跳闸。

② 电流速断保护或纵差动保护（主保护）　电流速断保护或纵差动保护可对变压器内部绕组、绝缘套管及引出线间发生的短路故障构成保护，保护动作于跳闸。

③ 过电流保护（后备保护）　过电流保护能反映变压器内部及外部故障所引起的过电流，带时限动作于跳闸，可作为变压器主保护的后备保护。

④ 过负荷保护　过负荷保护能反映变压器过载而引起的过电流，一般经延时动作于信号。

7.3.2　电力变压器的过电流保护

（1）变压器带时限的过电流保护

变压器过电流保护装置一般都装设在变压器的电源侧。无论是定时限还是反时限过流保护装置，其保护的组成和原理与电力线路的过流保护完全相同。

图 7-22 为变压器定时限过电流保护、电流速断保护和过负荷保护的原理图，保护装置全部采用电磁式继电器，并采用直流操作电源。图中 KA1、KA2、KT1、KS1 和 KM 构成

带时限的过电流保护；KA3、KA4、KS2 和 KM 构成电流速断保护；KA5、KT2 和 KS3 构成过负荷电流保护。

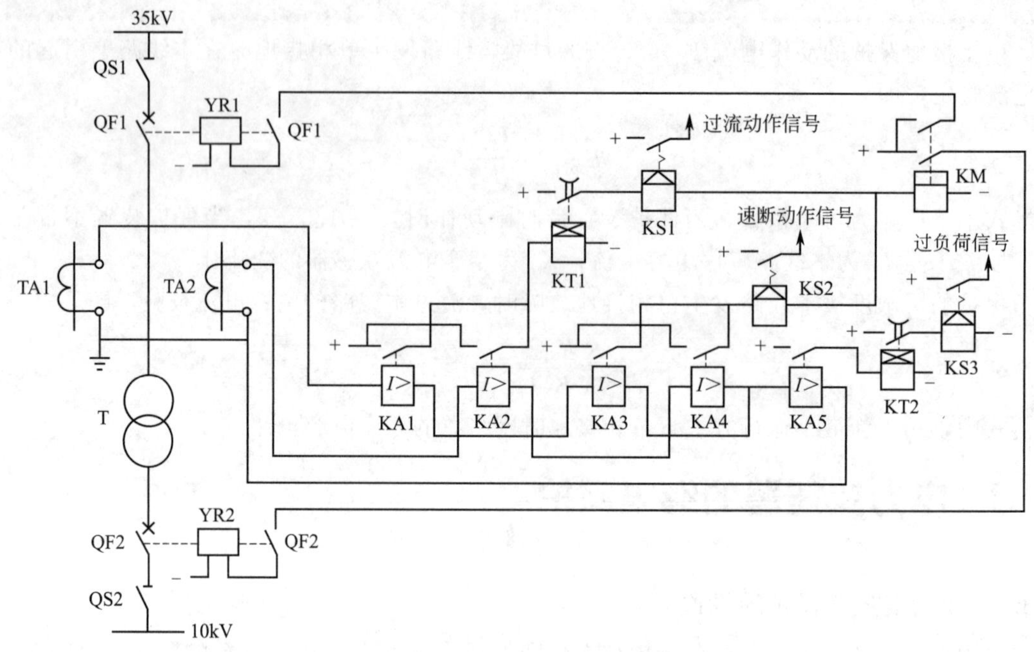

图 7-22　变压器定时限过电流保护、电流速断保护和过负荷保护原理图

变压器过电流保护继电器的动作电流，按躲过变压器一次侧最大负荷电流整定，即

$$I_{op}=\frac{K_{rel}K_{w}}{K_{re}K_{i}}I_{L.max} \tag{7-21}$$

式中，$I_{L.max}=(1.5\sim3)I_{IN.T}$，$I_{IN.T}$ 为变压器一次侧额定电流。其他参数同式(7-7)。

变压器过电流保护的动作时间，也按“阶梯原则”整定。但对车间变电所来说，由于它是终端变电所，所以变压器过电流保护的动作时间可整定为最小值 0.5s。

变压器过电流保护的灵敏度，按变压器二次侧母线在系统最小运行方式下的两相短路电流来校验，即

$$S_{p}=\frac{K_{w}I_{k.min}^{(2)}}{K_{i}I_{op}}\geqslant1.5 \tag{7-22}$$

式中，$I_{k.min}^{(2)}$ 为变压器二次侧母线在系统最小运行方式下的两相短路电流换算到一次侧的穿越电流。

(2) 变压器的电流速断保护

当变压器过电流保护动作时限大于 0.5s 时，必须装设电流速断保护。变压器电流速断保护的组成和原理与线路保护完全相同。其动作电流应按躲过变压器二次母线上的三相短路电流整定，即

$$I_{qb}=\frac{K_{rel}K_{w}}{K_{i}}I_{k.max} \tag{7-23}$$

式中，$I_{k.max}$ 为变压器二次母线上三相短路电流换算到高压侧的穿越电流；K_{rel} 为可靠系数，取 1.2～1.3；K_{w} 为接线系数；K_{i} 为电流互感器变比。

变压器电流速断保护的灵敏度，按变压器保护安装处（一次侧）在系统最小运行方式下

的两相短路电流 $I_{k.min}^{(2)}$ 来校验。灵敏度计算公式同式(7-17)，要求 $S_p \geqslant 1.5$。

变压器的电流速断保护也有死区，一般不能保护变压器二次绕组及二次引出线上所发生的故障。弥补死区的措施，也是配备带时限的过电流保护。

考虑到变压器空载投入或突然恢复电压时，将出现一个冲击性的励磁涌流，为避免速断保护误动作，可在速断保护整定后，将变压器空载试投若干次，以检验速断保护是否会误动作。

(3) 变压器的过负荷保护

由于变压器过负荷大多是三相对称的，所以过负荷保护一般采用单相式接线，并经过延时作用于信号。在实际运行中，过负荷保护的动作时间通常整定为 10～15s。

变压器过负荷保护的动作电流，按躲过变压器一次侧的额定电流整定，即

$$I_{op}=\frac{K_{rel}}{K_i}I_{1N.T} \tag{7-24}$$

式中，K_{rel} 为可靠系数，取 1.2～1.3；$I_{1N.T}$ 为变压器一次侧额定电流。

【例 7-3】 某变电所安装有一台 35kV/10.5kV、2500kV·A、Yd11 连接组的电力变压器。已知变压器 10kV 母线的最大三相短路电流为 1.4kA，最小三相短路电流为 1.3kA，35kV 母线的最小三相短路电流为 1.25kA，保护采用两相两继电器式接线，电流互感器变比为 100/5，变电所 10kV 出线过电流保护动作时间为 1s，试整定该变压器的过电流保护。

解： ① 定时限过电流保护。

a. 动作电流整定

取 $K_{rel}=1.2$，$K_{re}=0.85$，$K_w=1$，故

$$I_{op}=\frac{K_{rel}K_w}{K_{re}K_i}(1.5\sim3.0)I_{1N.T}=\frac{1.2\times1}{0.85\times20}\times2\times\frac{2500}{\sqrt{3}\times35}=5.8\ (\text{A})$$

选 DL-11/10 型电流继电器，线圈串联，动作电流整定为 6A，则保护的一次侧动作电流为

$$I_{op.1}=\frac{K_i}{K_w}I_{op}=\frac{20}{1}\times6=120\ (\text{A})$$

b. 动作时限整定

$$t_1=t_2+\Delta t=1\text{s}+0.5\text{s}=1.5\text{s}$$

c. 灵敏度校验

$$S_p=\frac{I_{k2.min}^{(2)}}{I_{op.1}}=\frac{\frac{1}{\sqrt{3}}\times\frac{\sqrt{3}}{2}\times1300\times\frac{10.5}{37}}{120}=1.54>1.5$$

满足灵敏度要求。

② 电流速断保护。

a. 动作电流整定

取 $K_{rel}=1.3$，$K_w=1$，由于 $I_{k2.max}=1400\text{A}$，所以

$$I_{qb}=\frac{K_{rel}K_w}{K_i}I_{k2.max}=\frac{1.3\times1}{20}\times1400\times\frac{10.5}{37}=25.8\ (\text{A})$$

选 DL-11/50 型电流继电器，线圈并联，其动作电流整定为 25A，则保护的一次侧动作电流为

$$I_{\mathrm{op.1}}=\frac{K_{\mathrm{i}}}{K_{\mathrm{w}}}I_{\mathrm{qb}}=\frac{20}{1}\times 25=500\ (\mathrm{A})$$

b. 灵敏度校验

$$S_{\mathrm{p}}=\frac{I_{\mathrm{kl.min}}^{(2)}}{I_{\mathrm{op.1}}}=\frac{0.87\times 1250}{500}=2.2>2.0$$

满足灵敏度要求。

7.3.3 电力变压器的瓦斯保护

电力变压器的瓦斯保护，是反映变压器内部故障的一种主保护。瓦斯保护的主要元件是瓦斯继电器（气体继电器），它安装在变压器的油箱与油枕之间的连通管上，如图 7-23(a) 所示。为了便于变压器油箱内部气体顺利通过瓦斯继电器，变压器安装时，其顶盖与水平面间应有 1%～1.5%的倾斜度，连通管道应有 2%～4%的倾斜度。

图 7-23(b) 为 FJ3-80 型开口杯式瓦斯继电器的内部结构示意图。变压器正常运行时，上油杯 3 及下油杯 7 都浸在油内（重力与浮力平衡），由于平衡锤的作用使油杯的上、下两对触点处于断开位置。

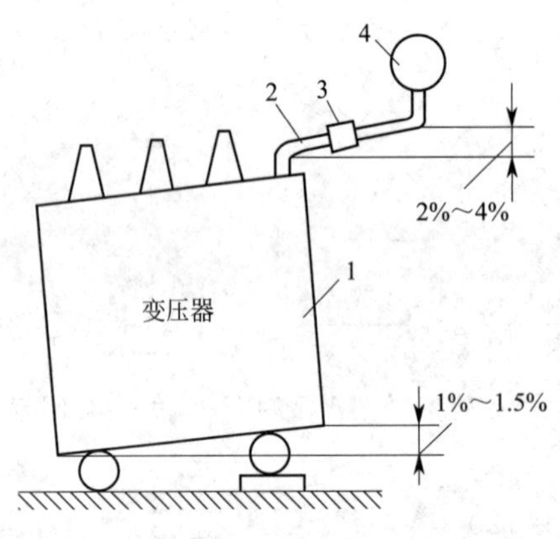

(a) 瓦斯继电器在变压器上的安装

1—变压器油箱；2—连通管；3—瓦斯继电器；4—油枕

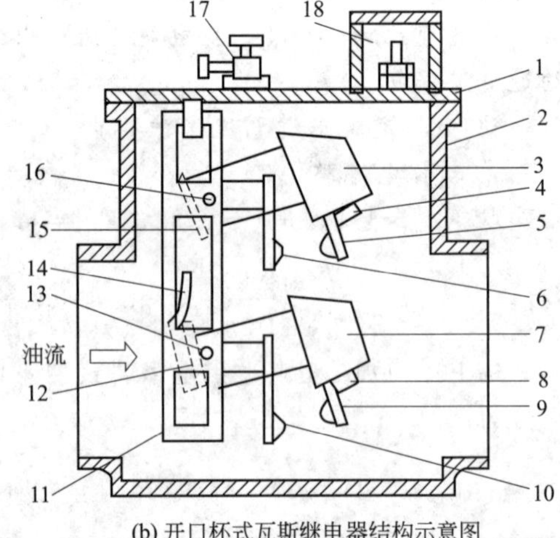

(b) 开口杯式瓦斯继电器结构示意图

1—盖；2—容器；3—上油杯；4,8—永久磁铁；5—上动触点；6—上静触点；7—下油杯；9—下动触点；10—下静触点；11—支架；12—下油杯平衡锤；13—下油杯转轴；14—挡板；15—上油杯平衡锤；16—上油杯转轴；17—放气阀；18—接线盒

图 7-23 瓦斯继电器的安装及结构示意图

变压器内部发生轻微故障时，产生的气体聚集在继电器的上部，迫使继电器内油面下降，开油杯 3 逐渐露出油面，浮力减小，上油杯因杯内油重所产生的力矩大于平衡锤的力矩而降落，从而使上触点接通，发出报警信号，这就是轻瓦斯动作。

变压器内部发生严重故障时，产生的大量气体或强烈的油流将冲击挡板 14，迫使下油杯 7 向下转动，从而使下触点接通，直接动作于跳闸，这就是重瓦斯动作。

如果变压器油箱漏油，使得瓦斯继电器内的油也慢慢流尽，先是瓦斯继电器的上油杯下降，发出信号，接着继电器的下油杯下降，使断路器跳闸。

瓦斯保护只能反映变压器的内部故障，如油箱漏油、绕组的匝间、层间及相间短路等，而不能反映变压器外部端子及引出线上的故障。

7.3.4　电力变压器的差动保护

变压器的过流保护，动作电流小，灵敏度高，但其动作时间长；电流速断保护，动作迅速，但存在保护的“死区”，保护范围较小；瓦斯保护只能反映变压器内部的故障，而不能反映外部故障。差动保护不仅能反映变压器的内部故障，还能反映变压器套管和引出线的故障，而且保护的灵敏度较高。

差动保护分纵联差动和横联差动两种形式，纵联差动保护用于单回路，横联差动保护用于双回路。下面介绍的差动保护是纵联差动保护。

（1）差动保护的原理

变压器纵差保护的原理图如图 7-24 所示。在变压器正常运行或差动保护的保护区外 $k-1$ 点发生短路时，如果 TA1 的二次电流 I_1' 与 TA2 的二次电流 I_2' 相等或相差很小，则流入电流继电器 KA（或差动继电器 KD）的电流 $I_{KA}=I_1'-I_2'=I_{dsq}\approx 0$（$I_{dsq}$ 称为不平衡电流），继电器 KA（或 KD）不动作。而在差动保护的保护区内 $k-2$ 点发生短路时，对于单端供电的变压器来说，$I_2'=0$，所以 $I_{KA}=I_1'$，必然超过 KA（或 KD）所整定的动作电流 $I_{op(d)}$，使 KA（或 KD）瞬时动作，并通过出口继电器 KM 使断路器 QF 跳闸，切除短路故障，同时由信号继电器 KS 发出信号。

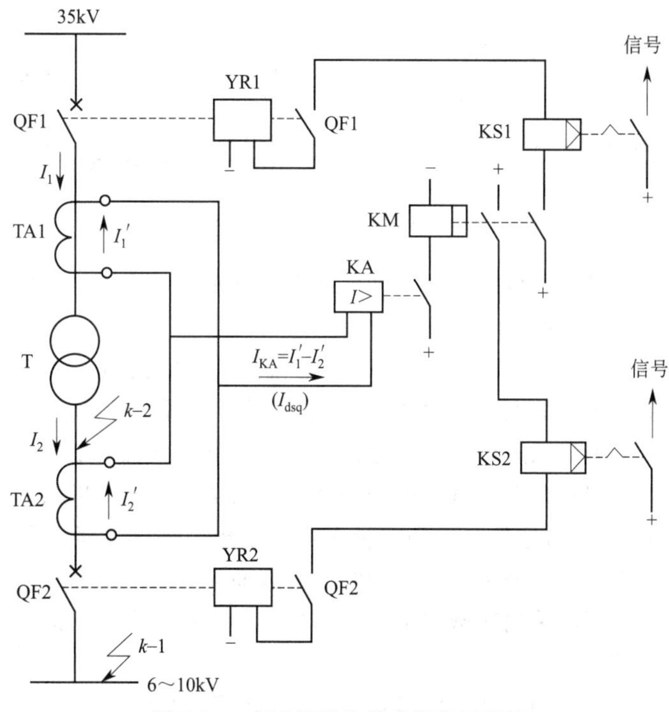

图 7-24　变压器纵差联动保护原理图

为了保证差动保护动作的选择性，差动保护的动作电流 $I_{op(d)}$ 必须大于正常运行及差动保护区外故障时所产生的最大不平衡电流 I_{dsq}；为了使差动保护范围内部故障时，差动保护具有足够的灵敏性，希望 I_{dsq} 尽可能地小。但形成不平衡电流的因素较多，必须采取措施抑制不平衡电流或设法减小不平衡电流对差动保护的影响。

（2）变压器差动保护中的不平衡电流及其减小措施

① 由变压器接线引起的不平衡电流及其消除措施　工厂总降压变电所的主变压器通常采用 Yd11 连接组，正常运行时，Y 接侧电流滞后 d 接侧电流 30°，且电流大小也不相等。为了使正常运行时差动保护两电流臂中的电流相等，必须对其进行相位补偿和数值补偿。

相位补偿的方法，是将变压器 Y 接侧的电流互感器二次侧接成△形，而将变压器△接侧的电流互感器二次侧接成 Y 形，如图 7-25 所示。通过相位补偿，可消除差动回路中因变压器两侧电流相位不同所引起的不平衡电流。

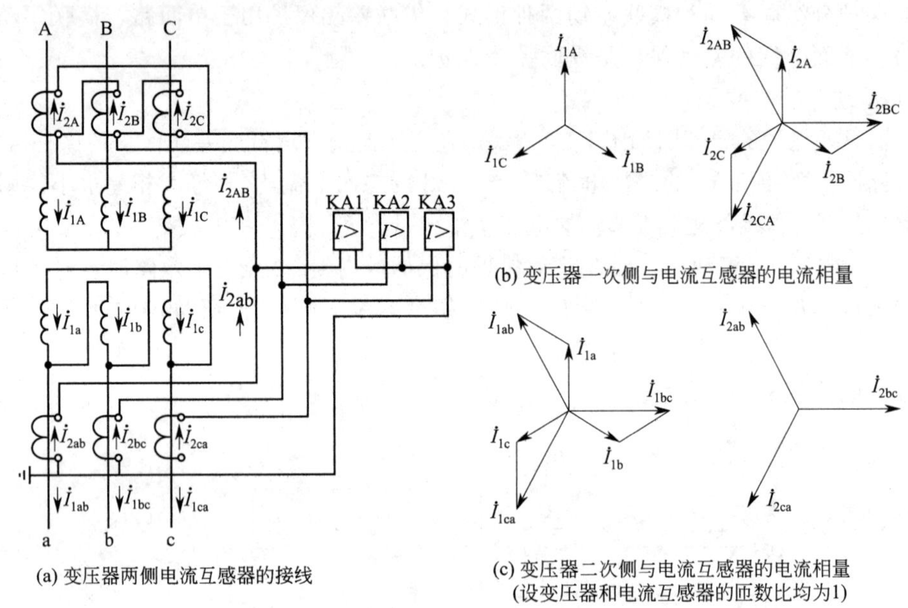

图 7-25　Yd11 连接变压器差动保护的接线

数值补偿的方法，是恰当地选择变压器两侧电流互感器的变比，使变压器两侧电流互感器二次侧电流大小相等，如使 $I_{2AB}=I_{2ab}$。

② 由电流互感器变比的选择引起的不平衡电流及其消除措施　由于电流互感器都是标准化的定型产品，实际选择的电流互感器的变比与计算变比往往不相等，这就必然在差动回路中产生不平衡电流。为消除这一不平衡电流，可以在电流互感器二次回路中接入自耦电流互感器来进行平衡，或利用差动继电器中的平衡线圈来实现平衡，以消除不平衡电流。

③ 由变压器励磁涌流引起的不平衡电流及减小措施　由于变压器空载投入时所产生的励磁涌流只通过变压器的一次绕组，二次绕组因空载而无电流，从而在差动回路中产生了相当大的不平衡电流。这可以采用速饱和电流互感器或具有速饱和铁芯的差动继电器，来抑制励磁涌流对差动保护的影响。

此外，变压器正常运行和外部短路时，由于变压器两侧电流互感器的型式和特性不同，也会在差动回路中产生不平衡电流。调整变压器分接头，改变了变压器的变压比，而电流互感器的变流比不可能相应改变，从而破坏了差动回路中原有电流的平衡状态，也会产生不平衡电流。总之，产生不平衡电流的因素很多，不可能完全消除，只能设法使之减小。

（3）变压器差动保护动作电流的整定

① 变压器差动保护的动作电流，应躲过变压器差动保护区外短路时所出现的最大不平

衡电流 $I_{dsq.max}$，即

$$I_{op(d)}=K_{rel}I_{dsq.max} \tag{7-25}$$

式中，K_{rel} 为可靠系数，可取 1.3。

② 变压器差动保护的动作电流，应躲过变压器的励磁涌流，即

$$I_{op(d)}=K_{rel}I_{1N.T} \tag{7-26}$$

式中，K_{rel} 为可靠系数，可取 1.3～1.5；$I_{1N.T}$ 为变压器一次侧额定电流。

③ 变压器差动保护的动作电流，应躲过变压器处于最大负荷时，电流互感器二次回路断线所引起的不平衡电流，即

$$I_{op(d)}=K_{rel}I_{L.max} \tag{7-27}$$

式中，K_{rel} 为可靠系数，取 1.3；$I_{L.max}$ 为变压器最大负荷电流，取 (1.2～1.3)$I_{1N.T}$。

变压器差动保护的动作电流 $I_{op(d)}$，应同时满足以上三个条件，并按最大值整定。

7.3.5　电力变压器的单相短路保护

对变压器低压侧的单相短路故障，可采取下列措施之一进行保护。

① 在变压器低压侧装设三相都带过流脱扣器的低压断路器。

② 在变压器低压侧装设熔断器（只适用不重要负荷的变压器）。

③ 在变压器低压侧中性点引出线上装设零序过电流保护。零序电流保护的动作电流 $I_{op(0)}$，应按躲过变压器低压侧的最大不平衡电流来整定，即

$$I_{op(0)}=\frac{K_{rel}K_{dsq}}{K_i}I_{2N.T} \tag{7-28}$$

式中，K_{rel} 为可靠系数，取 1.2～1.3；K_{dsq} 为不平衡系数，一般取 0.25；$I_{2N.T}$ 为变压器二次侧额定电流；K_i 为零序电流互感器变流比。

零序电流保护的动作时间一般取 0.5～0.7s；其灵敏度按低压干线末端的单相短路电流校验，对架空线路 $S_p\geqslant1.5$，对电缆线路 $S_p\geqslant1.2$。

④ 采用两相三继电器式接线或三相三继电器式接线的过电流保护，可对变压器低压侧所发生的单相短路构成保护，而且保护的灵敏度较高。

必须指出，采用两相两继电器式接线或两相一继电器式接线的过电流保护，均不能作变压器低压侧的单相短路保护。

7.4　高压电动机的继电保护

7.4.1　高压电动机保护的设置

高压电动机在运行中常见的故障和不正常工作状态，如定子绕组相间短路和单相接地短路；定子绕组过负荷；定子绕组低电压；同步电动机失步、失磁等。

针对上述情况，按照 GB 50062—1992《电力装置的继电保护和自动装置设计规范》的规定：对 3～10kV 的高压电动机，若容量低于 2000kW，应装设电流速断保护；2000kW 及以上的电动机或电流速断保护灵敏度不能满足要求时，应装设纵差动保护。

当单相接地电流大于 5A 时，应装设选择性动作的单相接地保护；单相接地电流为 10A 以下时，保护装置可动作于跳闸或信号；接地电流为 10A 及以上时，保护装置一般动作于跳闸。

对运行中容易发生过负荷的电动机，应装设过负荷保护，保护应根据负荷特性，带时限动作于信号或跳闸或自动减负荷。

由于短路，电源电压降低或短时断电又恢复供电时，需要断开的次要电动机（以保证重要电动机的自启动），应装设低电压保护，低电压保护经一定延时动作于跳闸。

7.4.2 高压电动机的过电流保护

高压电动机的过电流保护，常用GL-15、GL-25型感应式电流继电器，采用两相一继电器式接线。利用GL型继电器的反时限特性构成过负荷保护，利用其瞬动特性实现电流速断保护，即电动机绕组的相间短路保护。

电流速断保护的动作电流 I_{qb}，按躲过电动机的最大启动电流 $I_{st.max}$ 来整定，即

$$I_{qb}=\frac{K_{rel}K_{w}}{K_{i}}I_{st.max} \tag{7-29}$$

式中，K_{rel} 为可靠系数，采用DL型电流继电器时取1.4～1.6，采用GL型电流继电器时取1.8～2。

过负荷保护的动作电流 $I_{op(oL)}$，按躲过电动机的额定电流 $I_{N.M}$ 来整定，即

$$I_{op(oL)}=\frac{K_{rel}K_{w}}{K_{re}K_{i}}I_{N.M} \tag{7-30}$$

式中，K_{rel} 为可靠系数，GL型继电器取1.3；K_{re} 为返回系数，一般为0.8。

过负荷保护的动作时间，应大于电动机启动的时间，一般取10～15s。对于启动困难的电动机，可按躲过实测的启动时间来整定。

7.4.3 高压电动机的差动保护

在3～10kV中性点不接地的供配电系统中，电动机差动保护一般采用两相两继电器式接线，如图7-26所示。接入差动回路的继电器可用DL-11型电流继电器或采用专门的差动继电器。

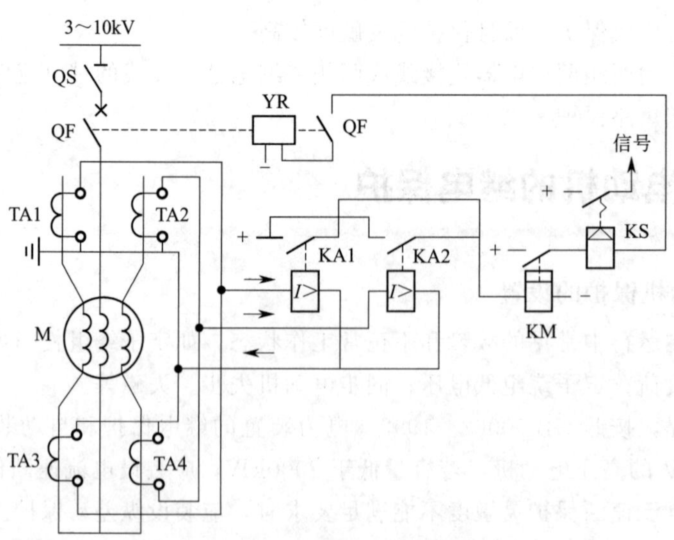

图7-26 高压电动机差动保护原理图

差动保护的动作电流 $I_{op(d)}$，按躲过电动机的额定电流 $I_{N.M}$ 整定，即

$$I_{op(d)}=\frac{K_{rel}}{K_i}I_{N.M} \tag{7-31}$$

式中，K_{rel} 为可靠系数，对 DL 型继电器，取 1.5～2，若采用 BCH-2 型差动继电器，取 1.3。

7.4.4　高压电动机单相接地保护

高压电动机单相接地保护的接线原理如图 7-27 所示。保护装置由零序电流互感器 TAN、电流继电器 KA、信号继电器 KS 和中间继电器 KM 组成。

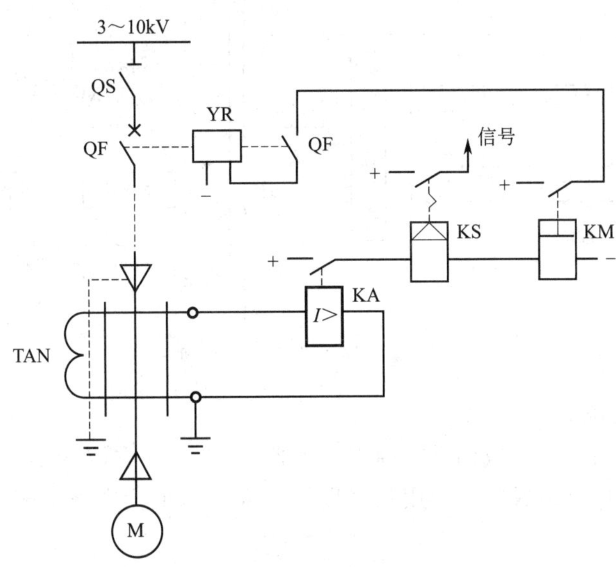

图 7-27　高压电动机的单相接地保护

保护装置的动作电流 $I_{op(E)}$，按躲过保护区外（TAN 之前）发生单相接地故障时流过 TAN 的电动机本身的电容电流 $I_{c.M}$ 整定，即

$$I_{op(E)}=K_{rel}I_{c.M}/K_i \tag{7-32}$$

式中，K_{rel} 为可靠系数，取 4～5；K_i 为 TAN 的变比；$I_{c.M}$ 为电动机外部发生单相接地故障时，流经 TAN 的电动机及电缆的最大接地电容电流。

$I_{op(E)}$ 亦可按保护的灵敏系数 S_p（一般取 1.5）来近似地整定，即

$$I_{op(E)}=\frac{I_c-I_{c.M}}{K_iS_p} \tag{7-33}$$

式中，I_c 为与高压电动机定子绕组有电联系的整个配电网的单相接地电容电流；$I_{c.M}$ 为被保护电动机及其配电电缆的电容电流，在此可略去不计。

关于电动机的低电压保护，限于篇幅，这里从略。

7.5　微机保护装置

微机保护装置是利用微型计算机或单片机来实现继电保护功能的一种自动装置，是用于测量、保护、监视、控制、记录、人机接口、通信为一体的一种智能型保护。它具有功能强

大、控制精度高、灵活性大、可靠性高、测试和维护方便、易于实现综合自动化等特点，在我国电力系统中已得到广泛应用。

7.5.1 微机保护系统的组成

继电保护装置采用的是布线逻辑，保护功能采用一定的器件通过逻辑接线来实现。微机保护系统由硬件与软件两部分组成，其硬件组成框图如图 7-28 所示，主要由数据采集系统、CPU 主系统、开关量输入/输出系统及外围设备等组成；其控制与保护的逻辑是通过软件来实现的。

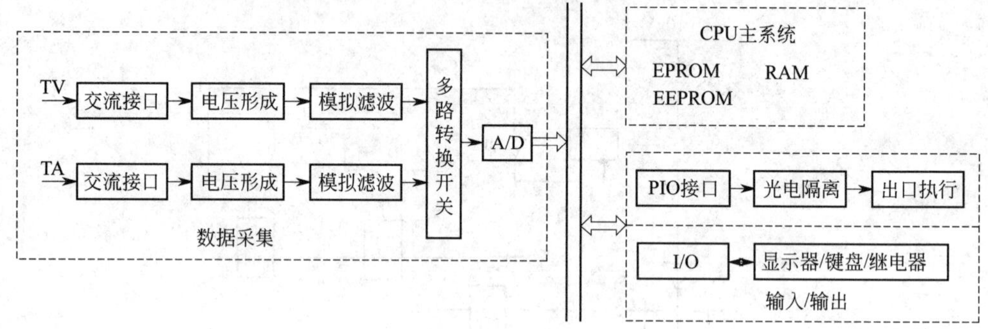

图 7-28 微机保护监控系统原理框图

（1）数据采集系统

数据采集系统，由电压形成回路、模拟滤波器（ALF）、多路转换开关（MPX）以及模数转换器（A/D）等环节组成，其作用是将现场输入的模拟量准确地转换为 CPU 能够处理的数字量。

① 电压形成回路 通过电压形成电路，将电压互感器（TV）和电流互感器（TA）上获取的电压、电流等强电信号，变换处理成微机能够接受的弱电电压信号。

② 模拟滤波器 用低通模拟滤波器，滤掉采样信号中的高频分量。

③ 多路转换开关 在实际的数据采集系统中，需要转换的模拟量可能是几路或更多，利用多路开关轮流切换各被测量与 A/D 转换器的通路，以实现分时转换的目的。

④ 模数转换器 A/D 是数据采集系统的核心，其任务是将连续变化的电压、电流等模拟量信号转换为离散的数字信号，以便计算机进行存储与处理。

（2） CPU 主系统

CPU 主系统的作用是完成算术和逻辑运算，实现保护与监控等功能。主要由微处理器、EPROM 只读存储器、RAM 随机存储器、定时器和 I/O 接口等功能块组成。

① 微处理器 微处理器一般采用 16 位以上的高速芯片。EPROM 用于存放系统程序，如操作系统、保护算法程序、数字滤波和自检程序等。RAM 用于存放数据采集系统送来的设备运行信息，以及各种中间计算结果和需要输出的数据或控制信号。

② 定时器 微处理器的工作、采样以及与外部系统的联系，采用分时或中断工作方式时，都是通过定时器控制的，因此对其定时精度要求很高。

③ I/O 接口 I/O 接口是 CPU 主系统与外部设备交换信息的通道。

（3）开关量输入/输出系统

开关量（或数字量）输入/输出系统，由若干并行接口适配器（PIO）、光电隔离器件及有触点的中间继电器组成，以完成设定值的输入、人机对话、保护的出口跳闸和信号告警等功能。为了提高抗干扰能力，各输入输出电路都采用了光电隔离措施。

7.5.2　微机保护装置的功能

（1）测量功能

测量功能，包括对电流、电压、频率、有功功率、无功功率、功率因数、有功电量、无功电量和保护相关数据的测量。

（2）保护功能

微机保护装置，具有多个标准保护程序构成的保护软件库，用户可根据需要自由选择，并对保护进行定值整定，实现对电力系统一次设备的保护。如进线保护、出线保护、分段保护、配变保护、电动机保护、电容器保护、主变后备保护、发电机后备保护、TV 监控保护等保护功能。

（3）控制功能

断路器运行状态及工作位置通过辅助接点接入保护装置，在面板上以“分位”、“合位”指示灯显示，并带有“分闸/合闸”按键和“本地/遥控”切换锁，用于断路器的操作与控制，如操作回路带硬件防跳保持；断路器遥控/本地操作；断路器外部联动控制；断路器合闸闭锁控制；断路器拒动信号输出；断路器分/合线圈保护和断路器操作信息统计等，强化了断路器的控制和管理功能。

（4）监视功能

运行监视主要是对各种开关量变位情况的监视和各种模拟量数值的监视。通过对开关量的变位监视，可了解变电所各开关设备的工作位置及动作情况、保护和自动装置的动作情况及动作顺序等。模拟量的监视，分正常的测量、超过限定值的告警和事故前后各模拟量变化情况的追忆等。信号指示灯，可给出运行、通信、自检、跳位、遥控、本地、故障和告警等状态信息。

（5）人机接口功能

超大屏幕图形液晶，菜单化设计，全中文显示。可显示主接线图、测量数据、开关量状态、实时波形、事件记录、保护定值、梯形图程序和系统参数等信息。在屏幕画面上，通过鼠标可对断路器、隔离开关和接地开关等设备实现选择操作，并能实时显示出被控设备的变位情况。采用变位确认时间窗技术，能有效消除开关接点抖动和电磁干扰，保证遥信、遥控正确率达 100%。

（6）事件记录与故障录波功能

可记录与电力系统安全运行相关的所有事件，并真实记录故障前后电流、电压和开关状态等信息，准确地反映出故障信息和故障前后各电气量的变化情况，为变电所故障原因分析和设备缺陷的诊断提供依据。

（7）通信功能

微机保护装置，配备标准 RS-485 和工业 CAN 通信口，采用现场总线技术，能实时与中央控制室的监控计算机（PC）进行通信，接受调度命令和发送有关数据，如遥控、遥调、保护定值整定、保护投退和系统参数修改等，实现变电所的无人值守。

（8）自检功能

微机保护装置具有系统自检、自保护功能，能对保护装置的有关硬件和软件进行开机自检和运行中的动态自检，发现异常自动告警，以保证装置可靠工作。

7.5.3 微机保护装置的应用

① 进线保护测控。
② 主变压器高压侧后备保护测控及非电量保护。
③ 主变压器低压侧后备保护测控及非电量保护。
④ 进线单元保护测控。
⑤ 出线单元保护测控。
⑥ 分段单元保护测控。
⑦ 所用变压器单元保护测控。
⑧ 高压电动机单元保护测控。
⑨ 高压电容器单元保护测控。
⑩ 高压电抗器单元保护测控。
⑪ 进线备自投功能及桥开关备自投功能测控。
⑫ TV（PT）单元测控及 TV 切换功能测控。

7.5.4 RGP601 通用型微机保护装置

RGP601 通用型微机综合保护装置（见图 7-29），是集保护、监视、控制、通信等多种功能于一体的电力自动化高新技术产品。其多种功能的高度集成，灵活的配置，友好的人机界面，是构成智能化开关柜的理想测控单元，可用于 35kV 及以下系统一次设备的保护与测控。

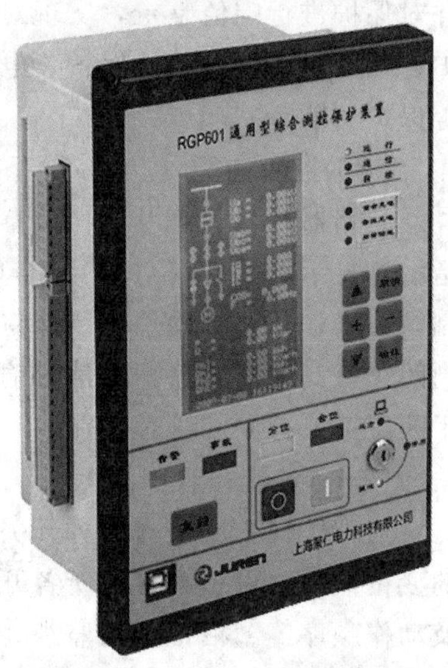

图 7-29 微机保护装置外观

（1） RGP601 保护功能配置

RGP601 保护功能配置如表 7-1 所示。

表 7-1 RGP601 通用型微机综合保护装置保护的配置

序号	保护类型及功能	序号	保护类型及功能
1	Ⅰ段过流（速断）保护（带方向闭锁、低压闭锁、负压闭锁、定值加倍）	14	风冷控制保护
		15	零序电压保护
2	Ⅱ段过流（限时速断）保护（带方向闭锁、低压闭锁、负压闭锁、定值加倍）	16	低周减载保护（带电压闭锁、滑差闭锁、欠流闭锁）
		17	低压解列保护（带滑差闭锁、欠流闭锁）
3	Ⅲ段过流（定时限过流）保护（带方向闭锁、低压闭锁、负压闭锁、保护投退）	18	重合闸保护（带检无压、检同期）
		19	备自投保护（带自投自复，检无压，检无流）
4	反时限过流保护（IEC 标准四种反时限特性曲线）	20	过热保护
5	后加速保护	21	逆功率保护
6	过负荷保护	22	启动时间过长保护
7	负序电流保护	23	定时限 I_x 过流保护
8	零序电流保护	24	反时限 I_x 过流保护（IEC 标准四种反时限特性曲线）
9	单相接地选线保护（可选五次谐波判据）		
10	过电压保护	25	保护选项：电动机参数设置
11	低电压保护	26	保护选项：PT（TV）控制
12	失压保护	27	保护选项：PT（TV）并列切换
13	负序电压保护	28	非电量保护 1～8（用于实现瓦斯、温度等非电量保护）

（2） RGP601 供电线路微机保护

6～10kV 供电线路选用 RGP601 型微机保护装置时，其电气原理接线如图 7-30 所示。

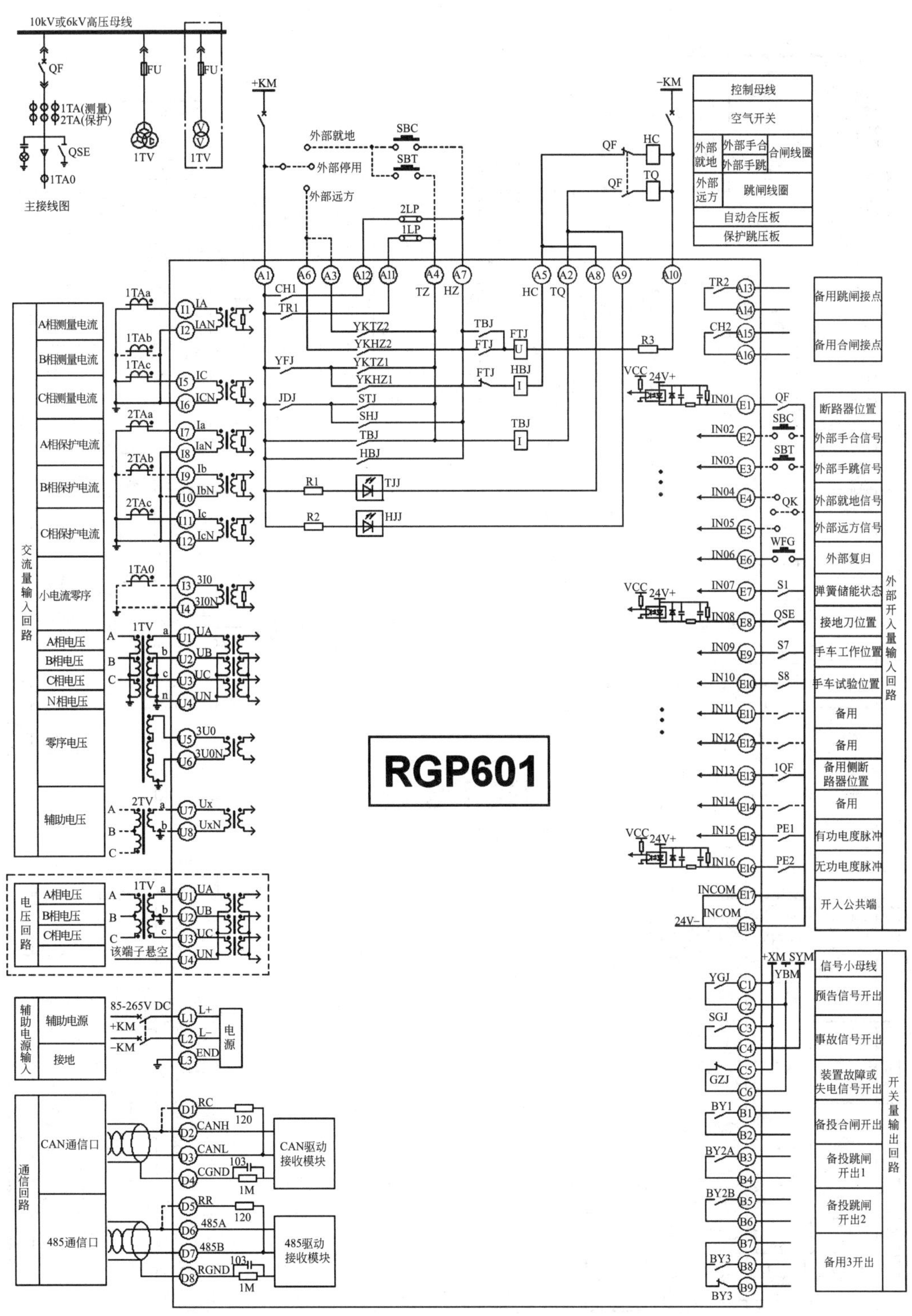

图 7-30　RGP601 供电线路微机保护电气原理接线图

（3） RGP601 配电变压器微机保护

6～10kV/0.4kV 配电变压器选用 RGP601 型微机保护装置时，其电气原理接线如图 7-31 所示。

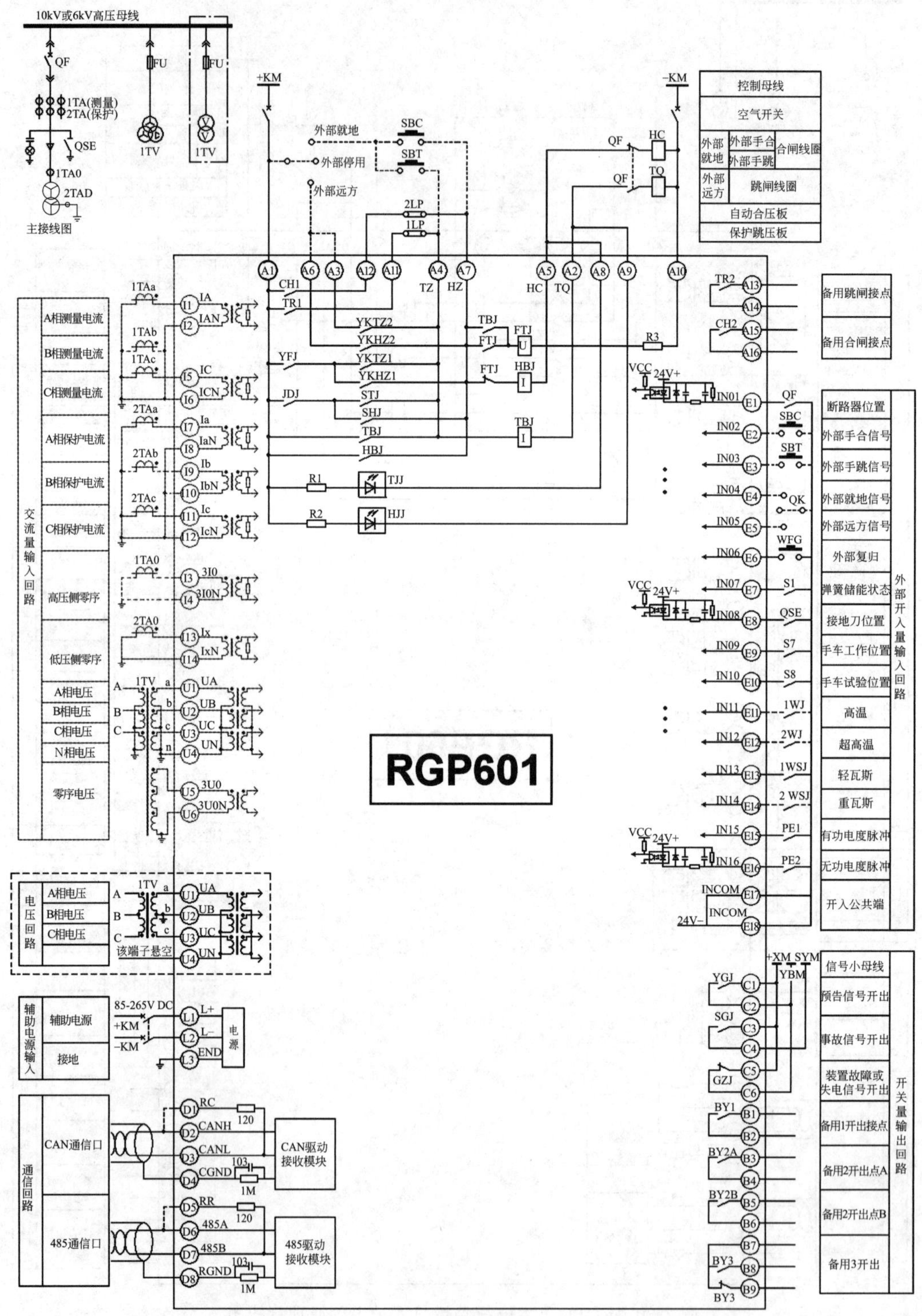

图 7-31　RGP601 配电变压器微机保护电气原理接线图

（4） RGP601 母线分段备投微机保护

6～10kV 母线分段备投选用 RGP601 型微机保护装置时，其电气原理接线如图 7-32 所示。

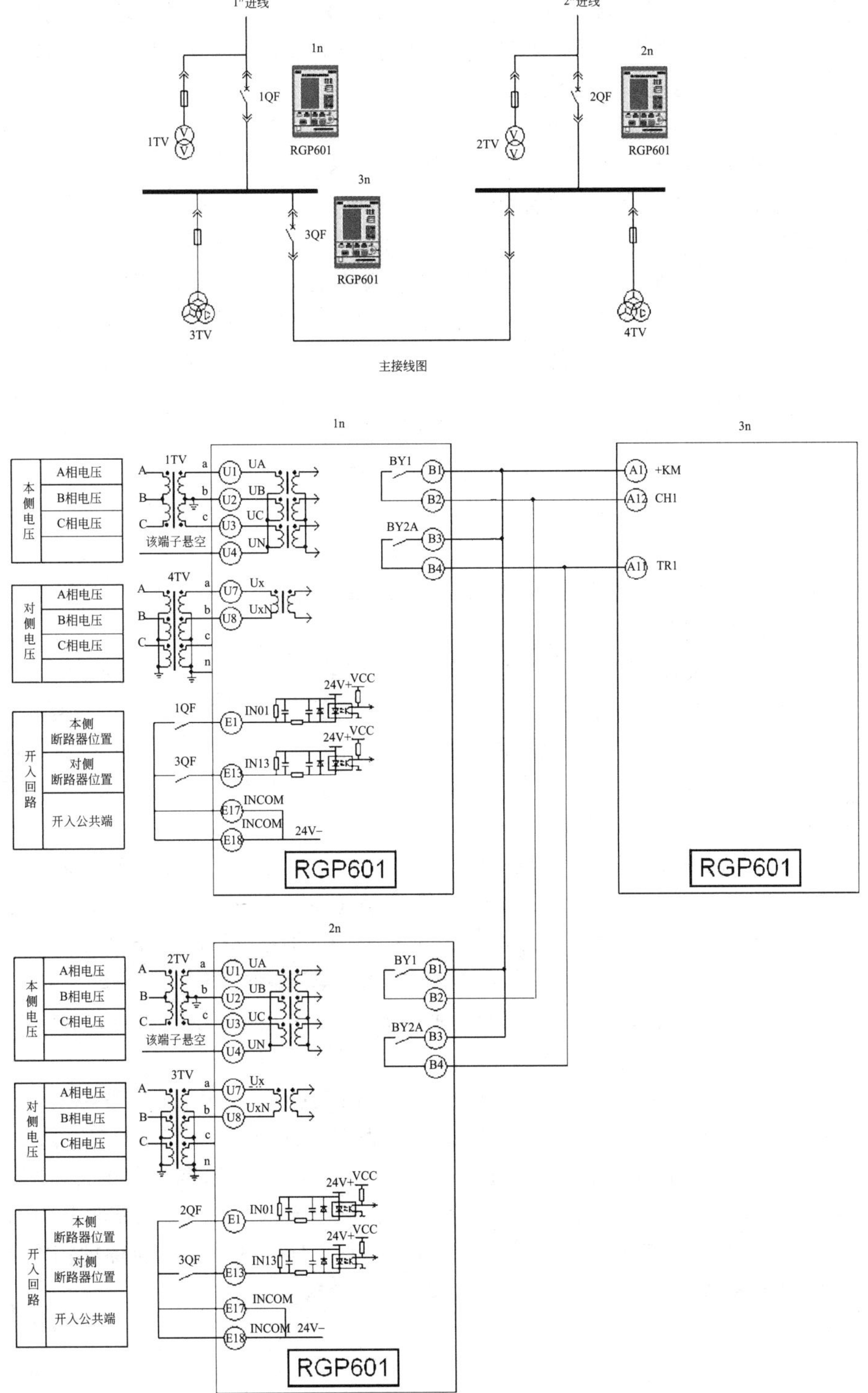

图 7-32　RGP601 母线分段备投微机保护电气原理接线图

思考题与习题

7-1 高压系统常用的是什么保护装置？其任务是什么？对保护装置的基本要求是什么？

7-2 电磁式电流继电器、时间继电器、信号继电器和中间继电器在继电保护装置中各起什么作用？其文字符号和图形符号各是什么？

7-3 感应式电流继电器有哪些功能？如何调整其动作电流、速断电流倍数和动作时限？

7-4 什么是过电流继电器的动作电流、返回电流和返回系数？

7-5 如何整定线路的定时限过电流保护？

7-6 如何整定线路反时限过电流保护的动作时限？

7-7 若过电流保护的灵敏度不满足要求时，应采取什么措施？并说明理由。

7-8 如何整定线路的电流速断保护？电流速断保护不到的“死区”如何弥补？

7-9 在小电流接地系统中，线路发生单相接地故障时，通常采用哪些保护措施？

7-10 电力变压器通常设置哪些保护？

7-11 如何整定变压器的过电流保护和电流速断保护？

7-12 简述变压器差动保护的保护原理。其差动回路中不平衡电流产生的原因和对策是什么？

7-13 什么是变压器的瓦斯保护？

7-14 如何整定高压电动机的电流速断保护和纵联差动保护？

7-15 微机保护系统由哪些部分组成？其功能是什么？

7-16 微机保护监控装置具有哪些功能？有哪些应用？

7-17 某10kV线路采用反时限过电流保护装置，两相两继电器式接线，电流互感器变比为300/5，线路最大负电流为200A，线路首端三相短路电流的有效值为3.2kA，线路末端在最大运行方式下的三相短路电流为1.1kA，在最小运行方式下的三相短路电流为0.8kA。试整定其保护的动作电流和速断电流倍数，并校验保护的灵敏度。

7-18 某前后两级供电线路，均采用GL-15型电流继电器构成反时限过电流保护。前一级保护按两相两继电器式接线，后一级保护按两相电流差式接线。前一级保护电流互感器的变比为100/5，后一级保护电流互感器的变比为75/5。前一级保护继电器的动作电流已整定为5A，而后一级保护的动作电流已整定为9A，继电器10倍动作电流的动作时间已整定为0.5s。后一级线路首端的三相短路电流为400A。试整定前一级保护继电器10倍动作电流的动作时间（Δt取0.7s）。

7-19 某10kV高压配电所，采用单回路线路给某车间变电所供电，车间变电所的一台主变压器为S9-1000型。该线路首端拟装设反时限过电流保护装置，电流互感器的变比为160/5，选用GL-15型电流继电器，采用两相两继电器式接线。已知高压配电所电源进线上装设的保护为定时限过电流保护，其动作时间已整定为1.5s；高压配电所母线上的三相短路电流为2.85kA，车间变电所380V母线上的三相短路电流为22.0kA。试整定该线路的过流保护和电流速断保护，并检验其灵敏度（变压器的最大负荷电流可按$2I_{1N.T}$考虑）。

第8章 二次回路与自动装置

8.1 二次回路概述

二次回路，也叫二次电路，是对主电路及其设备的运行状态进行测量、控制、监视和保护的电路，亦称二次系统。包括控制系统、信号系统、监测系统、继电保护和自动化系统等。二次回路中的设备称为二次设备。

二次回路按其功能分，有测量回路、断路器控制回路、信号回路、继电保护回路和自动装置回路等，二次回路的功能如图8-1所示。操作电源主要是向二次回路提供工作电源。互感器则是实时向测量回路、保护回路提供一次电路运行的电流和电压参数。断路器控制回路主要是对断路器进行通、断操作。如当线路发生短路故障时，保护装置动作使断路器跳闸；断路器在跳闸的同时，其辅助触点启动信号回路，给出音响和灯光信号。

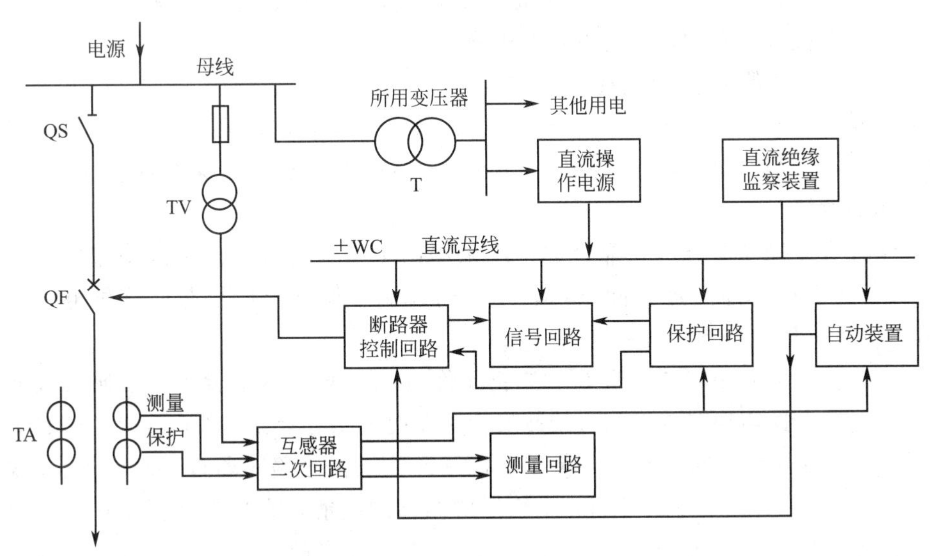

图8-1　二次回路功能示意图

二次回路按电源的性质分，有直流回路和交流回路。交流回路又分交流电流回路和交流电压回路。交流电流回路由电流互感器供电，交流电压回路由电压互感器供电。

二次回路接线图，分原理接线图、展开式接线图和安装接线图三种。在原理接线图中，各功能回路综合画在一起，由于导线交叉太多，故其应用受到一定的限制。在展开式原理接线图中，各功能回路分开绘制，如测量回路、控制回路、保护回路和信号回路等。安装接线图是以设备（开关柜、配电盘）为对象绘制的，它表示二次设备的安装位置及其各接线端子间的连接关系。

二次回路对一次电路的安全、可靠、优质及经济运行有着十分重要的作用，是电力系统安全生产、经济运行、可靠供电的重要保障。

8.2 二次回路操作电源

二次回路操作电源，是为高压断路器控制回路、继电保护装置、信号回路和自动装置等二次回路提供工作电源。为此，操作电源必须要有足够的可靠性，不论变电所的运行状态如何变化，即使发生短路，操作电源也不允许中断，应具有足够的电压和足够的容量，以保证二次系统可靠地动作。

二次回路操作电源，分直流电源和交流电源两大类。直流操作电源用于大、中型变配电所，通常以蓄电池组或带电容器储能的硅整流装置供电；交流操作电源多用于小型变配电所，以所用变压器、电流互感器和电压互感器供电。

8.2.1 直流操作电源

（1）镉镍蓄电池组

镉镍蓄电池的额定电压为1.2V，充电终了可达1.75V；放电终了，电压为1.0V。镉镍电池正常工作电压为1.20～1.25V，使用寿命为10～20年。

采用镉镍蓄电池组作二次回路操作电源，不受交流供电系统运行情况的影响，工作可靠。还有其寿命长、放电电压平稳、大电流放电性能好、腐蚀性小、无需设蓄电池室等优点，从而降低了投资，在用户供配电系统中应用比较普遍。

（2）带电容储能的硅整流装置

带电容储能的硅整流装置如图8-2所示。系统正常运行时，直流系统由硅整流器供电，并给电容器储能；当交流电源电压降低或消失时，由储能电容器对保护回路供电，使之能正常动作，切除故障。

为了保证直流操作电源的可靠性，系统采用两个交流电源和两台硅整流器。硅整流器U1容量大，主要用作断路器合闸电源，并可向控制、保护和信号等回路供电。硅整流器U2的容量较小，仅向控制母线供电。

两组硅整流器之间用限流电阻R和逆止元件V3隔开，V3只允许从合闸母线向控制母线供电，以防在断路器合闸或合闸母线侧发生短路时，引起控制母线电压严重降低，影响控制和保护回路供电的可靠性。R用于限制在控制回路发生短路时通过V3的电流，对V3起保护作用。C1、C2为储能电容器组，电容器所储存的电能仅在事故情况下，用于对继电保护回路和跳闸回路供电。逆止元件V4、V5的作用是在事故情况下，当控制母线电压降低时，禁止C1、C2向控制母线放电，以保证保护回路的用电。储能电容器多采用大容量的电解电容器，其容量应能保证继电保护和跳闸回路可靠地动作。

在变电所中，控制、保护和信号系统的设备都安装在各自的控制柜中，为了便于使用操作电源，柜（屏）顶设有操作电源小母线室，通过小母线向各二次回路提供操作电源。

这种直流装置的优点是投资省，运行维护方便，但其供电的可靠性不高。

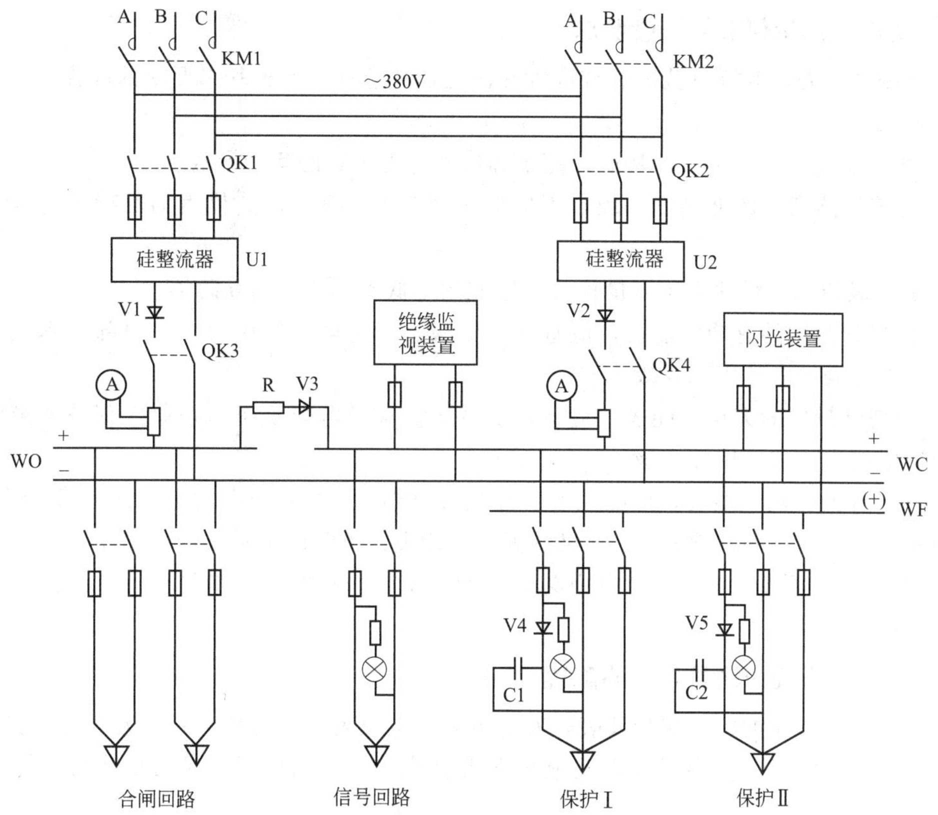

图 8-2　硅整流电容储能的直流系统

WO—合闸小母线；WC—控制小母线；WF—闪光信号小母线；C1、C2—储能电容器

8.2.2　交流操作电源

对采用交流操作的断路器，需要采用交流操作电源。所有保护继电器、控制设备、信号装置及其他二次元件均应采用交流操作方式。交流操作电源可分电流源和电压源两种。电流源由电流互感器供电，主要供电给继电保护和跳闸回路。电压源由所用变压器或电压互感器供电，通常前者作为正常工作电源，后者因其容量小，一般只作为油浸式变压器瓦斯保护的交流操作电源。

交流操作电源，给高压断路器跳闸回路的供电方式，已在前面讲到，常见的有直接动作式和去分流跳闸式两种。

采用交流操作电源，可使二次回路简化，投资减小，而且工作可靠，维护方便，在中小型变电所应用广泛。但交流操作电源不适用比较复杂的二次系统。

8.3　电气测量回路

为了监视供配电系统一次设备的运行状态和计量所消耗的电能，保证供配电系统安全、可靠、经济地运行，必须在供配电系统的电力装置中装设一定的电测量仪表。

电测量仪表按其用途分，有常用测量仪表和电能计量仪表两类。前者是对一次电路的运行参数做经常测量、选择测量和记录用的仪表，后者是对供配电系统进行技术经济考核分析和对电力用户用电量进行测量、计量的仪表，如各种电度表。

8.3.1 对电气测量仪表的一般要求

电气测量仪表，其测量范围和准确度在满足运行监视和计量基本要求的前提下，还应满足以下要求。

① 准确度高，误差小，功耗低，能正确反映电力装置的运行参数。

② 交流回路仪表的准确度等级，不应低于 2.5 级；直流回路仪表的准确度等级，不应低于 1.5 级。

③ 1.5 级和 2.5 级的常用测量仪表，应配用不低于 1.0 级的互感器。

④ 计费计量用的有功电能表，应选用 0.5 级。计量电能仅作为企业内部技术经济考核用的有功电能表，应选用 2.0 级。

⑤ 计费计量用的无功电能表，应选用 2.0 级。计量电能仅作为企业内部技术经济考核用的无功电能表，应选用 3.0 级。

⑥ 0.5 级的有功电能表，应配用 0.2 级的互感器。2.0 级的有功电能表和无功电能表，应配用不低于 0.5 级的互感器。3.0 级的无功电能表，可配用 1.0 级的互感器。

⑦ 选择仪表量程时，应考虑电力装置在额定负荷运行时，尽量使测量仪表的指针指在测量量限的 2/3 左右。

8.3.2 供配电系统中测量仪表的配置

供配电系统常用的电气测量仪表，有电流表、电压表、有功功率表、无功功率表、有功电能表、无功电能表、功率因数表及绝缘电阻表等。6～10kV 系统计量仪表配置的要求如表 8-1 所示。

表 8-1　6～10kV 系统计量仪表的配置

线路名称		装设计量仪表的数量						说明
		电流表	电压表	有功功率表	无功功率表	有功电能表	无功电能表	
6～10kV 进线		1				1	1	
6～10kV 出线		1				1	1	不单独经济核算的出线，不装无功电能表；线路负荷大于 5000kW 以上，装有功功率表
6～10kV 联络线		1		1		2		电能表只装在线路一侧，应有逆变器
双绕组变压器 10(6)kV/3～6kV	一次侧	1				1	1	5000kV·A 以上，应装设有功功率表
	二次侧	1						
10(6)kV/0.4kV	一次侧	1				1		需单独经济核算，应装无功电能表
同步电动机线路		1		1	1	1	1	另需装设功率因数表
异步电动机线路		1				1		
静电电容器线路		3					1	
母线(每段或每条)			4					其中一个通过转换开关检查三个线电压，其余三个作母线绝缘监视

8.3.3 电气测量回路的接线

电气测量回路的接线与其他二次回路一样，通常是以主回路（设备）为安装单位绘制的，并应满足以下要求。

① 当测量仪表与继电保护装置共用一组电流互感器时，仪表与保护应分别接于互感器不同的二次绕组。若受条件限制只能接在同一个二次绕组时，应采取措施防止校验仪表时影响保护装置的正常工作。

② 直接接于电流互感器二次绕组的仪表，不宜采用切换方式检测三相电流。

③ 常测仪表、电能计量仪表应与故障录波装置共用电流互感器的同一个二次绕组。

④ 当电力设备在额定值运行时，互感器二次绕组所接入的阻抗不应超过互感器准确度等级允许范围所规定的值。

⑤ 当几种仪表接在互感器的同一个二次绕组时，宜先接指示和积算式仪表，再接记录仪表。

【例 8-1】 小型发电机测量仪表的配置及测量回路的接线。

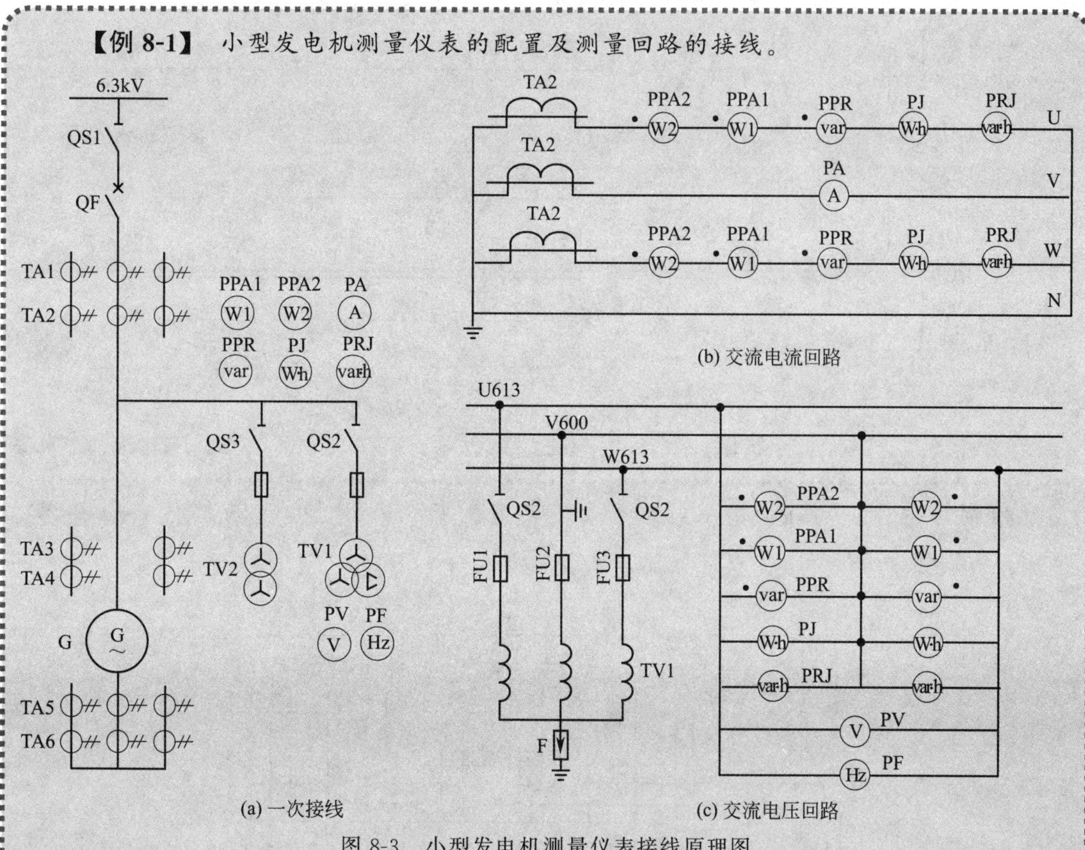

(a) 一次接线　(b) 交流电流回路　(c) 交流电压回路

图 8-3　小型发电机测量仪表接线原理图

对于小型发电机，其测量仪表可按以下要求配置：在中控室装设电流表 PA（A）、有功功率表 PPA1（W1）、无功功率表 PPR（var）、有功电能表 PJ（W·h）、无功电能表 PRJ（var·h）各一只；在机旁装设电压表 PV（V）、频率表 PF（Hz）、有功功率表 PPA2（W2）各一只，如图 8-3 所示。图中电流表用来监视发电机的负荷，对于小型发电机可只装一只电流表。电压表、频率表装在机旁，当机组手动准同期时，用来监视发电机的电压和频率，以便机旁手动调节。有功功率表和无功功率表，用来监视发电机并网运行后某一瞬间发出的有功和无功功率，并根据其读数进行功率因数计算。有功电能表和无功电能表用来计量发电机在某一时段内发出的有功和无功电能；对于调相发电机还应装设双刻度的有功电能表。

【例 8-2】 电力变压器测量仪表的配置及测量回路的接线。

35kV/6～10kV 电力变压器，其二次侧测量仪表的配置及测量回路的接线，如图 8-4 所示。图中电流表用来监视变压器的负荷。有功功率表和无功功率表用来监视变压器运行时，某一瞬间送出的有功和无功功率，并根据其读数计算功率因数。有功电能表和无功电能表用来计量变压器在某一时段内输出的有功和无功电能。

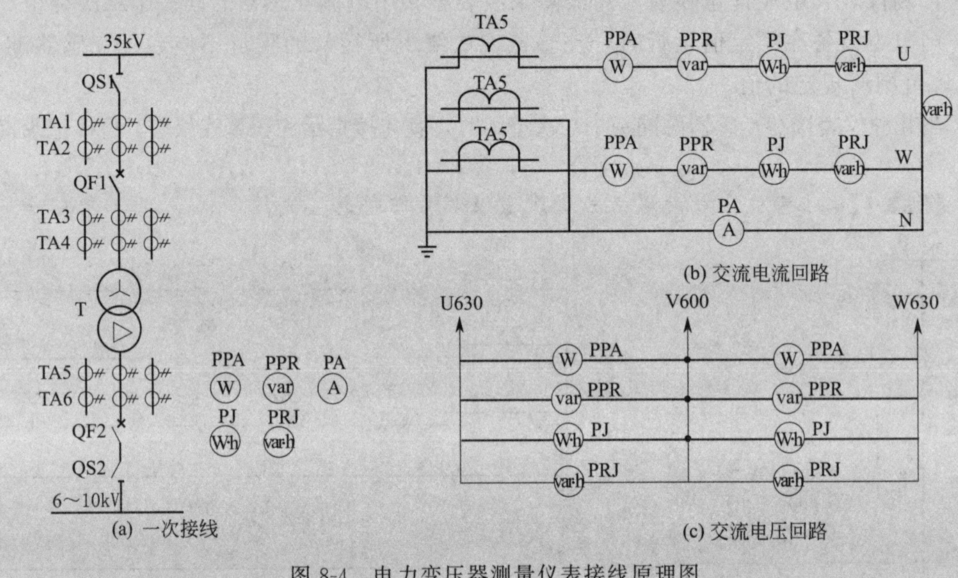

图 8-4 电力变压器测量仪表接线原理图

【例 8-3】 6～10kV 高压线路上装设的电测量仪表，其电气原理接线如图 8-5 所示。

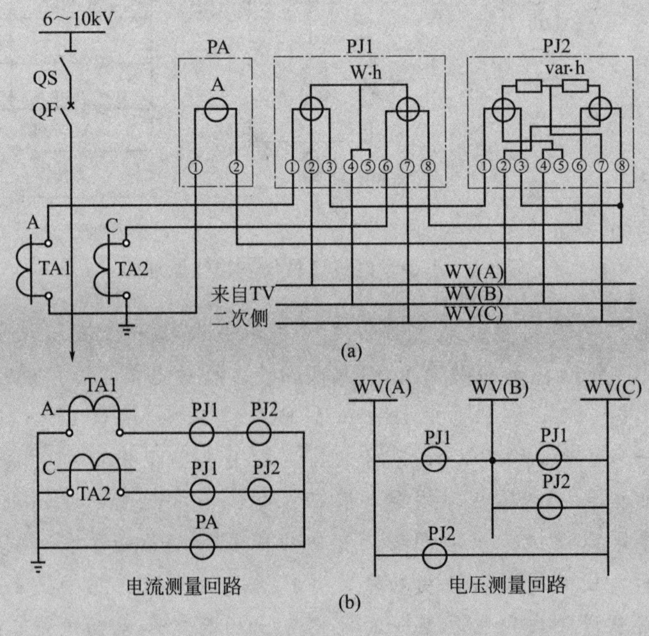

图 8-5 6～10kV 高压线路电测量仪表接线原理图

【例 8-4】 低压 220V/380V 照明线路上装设的电测量仪表，其电气原理接线如图 8-6 所示。

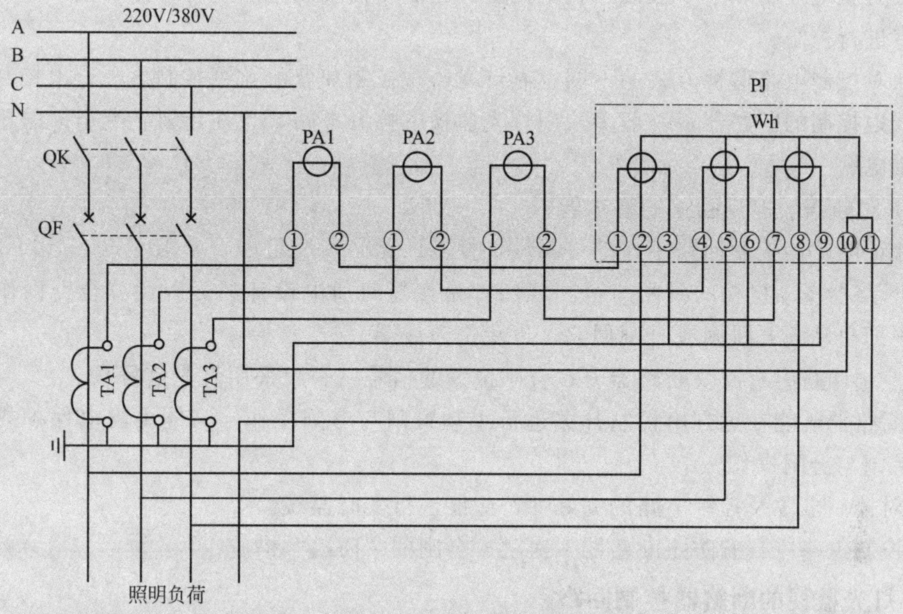

图 8-6　低压照明线路电测量仪表接线原理图

8.4　断路器控制回路

8.4.1　概述

断路器控制回路，是通过控制断路器操动机构，实现断路器分、合闸动作的电气控制回路。通过断路器控制回路，可以实现二次设备对一次设备的操控。

（1）断路器控制的操作方式

对断路器的控制操作，可分为下列五种方式，如图 8-7 所示。

① 远方操作　在主控制室，通过控制屏上的操作把手将操作命令传递到保护屏操作插件，再由保护屏操作插件将操作信号传递到开关机构箱，驱动断路器操动机构动作。

② 遥控操作　调度端发遥控命令，通过通信设备、远动设备将操作信号传递至变电所远动屏，远动屏将控制信号传递到保护屏，实现断路器的分、合闸操作。

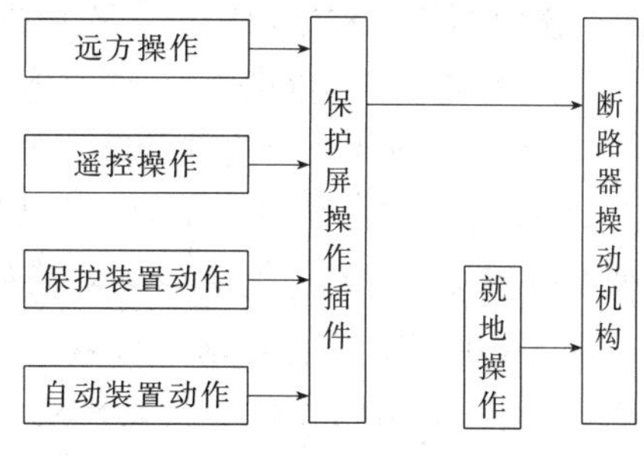

图 8-7　断路器控制操作方式示意图

③ 就地操作　通过断路器操动机构箱上的操作按钮，进行就地分、合闸操作。

④ 保护装置动作　断路器控制回路配备的保护装置动作，发分、合闸命令至操作插件，使断路器进行分、合闸操作。

⑤ 自动装置动作　备投、重合闸、低频减载等自动装置动作，引起断路器分、合闸。

由图 8-7 可以看出，前三种为人为操作，后两种为自动操作。对断路器的控制，按控制地点可分为就地控制和集中控制。就地控制是在断路器安装地点进行控制；集中控制是集中在控制室进行控制。

按照对控制电路监视方式的不同，有灯光监视控制和音响监视控制之分。由控制室集中控制和就地控制的断路器，一般多采用灯光监视的控制电路，只在重要情况下才采用音响监视的控制电路。

（2）对断路器控制回路的基本要求

为保证断路器控制回路工作的可靠性，控制回路必须满足如下要求。

① 断路器操动机构的跳闸与合闸线圈都是按短时通电设计的，因此分合闸操作完成之后，应立即自动断开跳闸或合闸回路，以免烧毁线圈。

② 控制回路应有反映断路器分、合闸位置的信号（一般采用灯光信号）。

③ 断路器既能在远方由控制开关进行手动跳闸与合闸操作，又能由继电保护或自动装置实现跳闸与合闸操作。

④ 对控制电源及控制电路的完好性，应能进行实时监视。

⑤ 控制电路应具有防止断路器多次跳、合闸的“防跳”措施。

8.4.2　灯光监视的断路器控制回路

（1）断路器控制回路的组成

断路器的控制回路主要由控制开关、中间环节和操动机构三部分组成。

① 控制开关　控制开关是带有操作手柄的 LW2 型“万能转换开关”。控制开关的操作手柄，有预备合闸、合闸、合闸后和预备跳闸、跳闸、跳闸后六个操作位置，其触点的通、断状态如表 8-2 所示。

② 中间环节　由于断路器的合闸电流较大，其合闸回路必须是独立的。因此控制电路通过中间环节，即合闸接触器等，才能实现对合闸电路的控制。

③ 操动机构　高压断路器的操动机构有电磁式（CD 型）、弹簧式（CT 型）、液压式（CY 型）和手动操动机构（CS 型）等。操动机构不同，其控制电路不尽相同，但基本控制原理类似。工厂高压配电装置多采用电磁式操动机构，下面以电磁式操动机构为例（见图 8-8），说明断路器控制回路的工作原理。

（2）断路器控制回路的工作原理

① 手动合闸　合闸前，断路器处于“跳闸后”的位置，断路器辅助触点 QF2 闭合，控制开关 SA 触点 SA（10-11）闭合，绿灯 GN 回路接通，绿灯亮。由于 R1 的限流，合闸接触器 KO 不动作。绿灯亮表示断路器处于跳闸位置，且控制电源和合闸回路完好。

当 SA 扳到“预备合闸”位置时，其触点 SA（9-10）闭合，绿灯 GN 改接在闪光母线 WF 上，GN 发出闪光，表明操作对象已选中，可以合闸。当 SA 再旋转 45°至“合闸”位置时，触点 SA（5-8）接通，合闸接触器 KO 动作，使合闸线圈 YO 通电，断路器合闸。合闸完成后，断路器辅助触点 QF2 断开，切断合闸回路，同时断路器辅助触点 QF1 闭合。

当操作人员将 SA 操作手柄放开后，在弹簧的作用下，开关返回到“合闸后”位置，触点 SA（13-16）闭合，红灯 RD 回路接通，红灯亮，红灯亮表示断路器在合闸状态。

表 8-2　LW2-Z 型控制开关触点通断状态

在"跳闸后"位置的手柄(正面)的样式和触点盒(背面)接线图			1 2 4 3		5 6 8 7		9 10 12 11			13 14 16 15			17 18 20 19			21 22 24 23		
手柄和触点盒形式		F_8	1a		4		6a			40			20			20		
触　点　号		—	1-3	2-4	5-8	6-7	9-10	9-12	10-11	13-14	14-15	13-16	17-19	17-18	18-20	21-23	21-22	22-24
位置	跳闸后		—	×	—	—	—	—	×	—	×	—	—	—	×	—	—	×
	预备合闸		×	—	—	—	×	—	—	×	—	—	—	×	—	—	×	—
	合闸		—	—	×	—	—	×	—	—	—	×	×	—	—	×	—	—
	合闸后		×	—	—	—	×	—	—	—	—	×	×	—	—	×	—	—
	预备跳闸		—	×	—	—	—	—	×	×	—	—	—	×	—	—	×	—
	跳闸		—	—	—	×	—	—	×	—	×	—	—	—	×	—	—	×

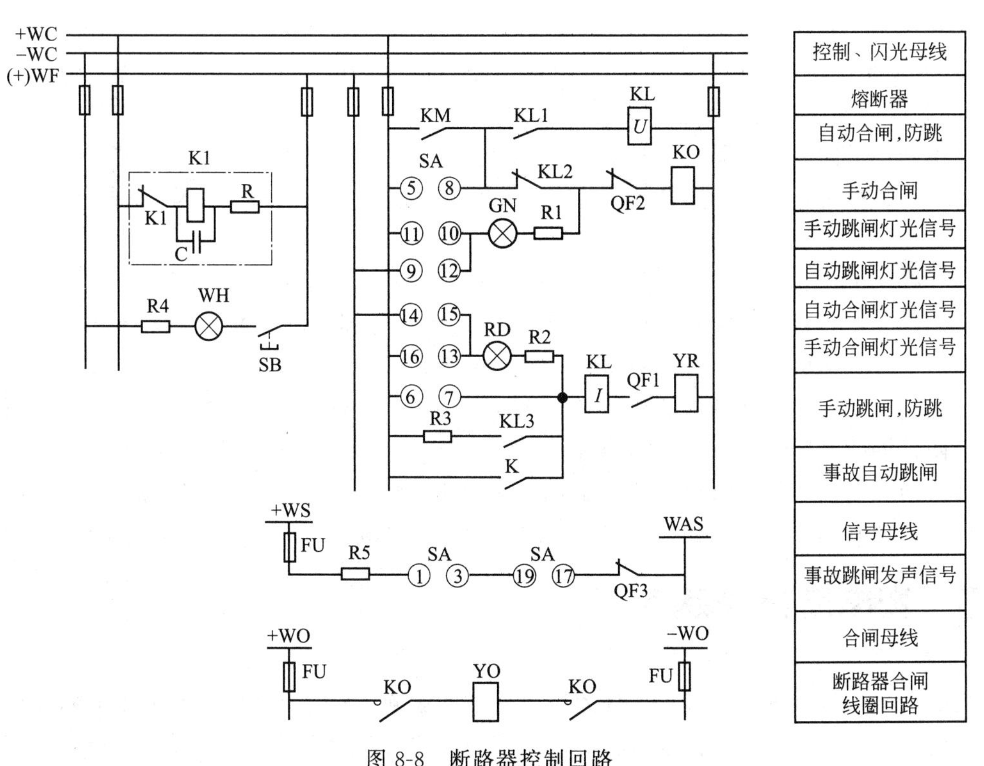

图 8-8　断路器控制回路

② 自动合闸　控制开关在"跳闸后"位置，若自动装置的中间继电器接点 KM 闭合，将使合闸接触器 KO 动作合闸。自动合闸后，红灯 RD 通过 SA 触点 SA（14-15）、断路器辅助触点 QF1 与闪光母线 WF 接通，RD 发出闪光，表示断路器已自动合闸，只有当运行人员将 SA 扳到"合闸后"位置，RD 才能发出平光。

③ 手动跳闸　首先将 SA 扳到“预备跳闸”位置，SA（13-14）接通，RD 发出闪光，表明操作对象已选中。再将 SA 手柄反转 45°至“跳闸”位置，SA（6-7）接通，断路器跳闸线圈 YR 通电，断路器跳闸。松手后，开关又自动弹回至“跳闸后”位置。跳闸完成后，断路器辅助触点 QF1 断开，红灯熄灭；断路器辅助触点 QF2 闭合，通过触点 SA（10-11）使绿灯发出平光。

④ 自动跳闸　若线路或设备出现故障，继电保护装置动作使触点 K 闭合，使断路器跳闸。由于“合闸后”位置 SA（9-10）已接通，于是绿灯发出闪光。

在事故情况下，除用闪光信号显示外，控制电路还备有音响信号。SA 触点 SA（1-3）和 SA（19-17）与断路器辅助触点 QF3 串联，接在事故音响母线 WAS 上，当断路器因事故跳闸而出现“不对应”（SA 手柄在合闸位置，而断路器处于跳闸位置）关系时，音响信号回路的触点全部接通而发出音响信号，以引起运行人员的注意。

⑤ 闪光电源　若因故障使断路器跳闸后，断路器处于跳闸状态，而控制开关仍在“合闸后”位置，这种情况称为“不对应”关系。在此情况下，SA 触点 SA（9-10）与断路器辅助触点 QF2 接通，电容 C 开始充电（绿灯亮），电压升高，闪光继电器 K1 动作，其常闭触点断开，切断充电回路（绿灯灭）。C 放电结束后，K1 返回，又接通充电回路。上述过程反复循环，K1 的常闭触点不断地开闭，闪光母线（+）WF 上便呈现断续电压，使绿灯闪光。

“预备合闸”、“预备跳闸”和自动投入时，也同样能启动闪光继电器，使相应的指示灯发出闪光。

SB 为试验按钮，按下时白灯 WH 闪亮，表示本装置闪光电源正常。

⑥ 防跳装置　在故障状态下，手动合闸断路器，若合在故障点上，继电保护动作会使断路器跳闸。跳闸后断路器辅助触点 QF2 闭合，由于 SA 位于“合闸”位置，会使断路器重新合闸，这种现象称为断路器的“跳跃”。为了防止“跳跃”，控制回路设有防止断路器跳跃的电气联锁装置。

KL 为防跳闭锁继电器，它有电流和电压两个线圈，电流线圈接在跳闸线圈 YR 回路，电压线圈则经过其自身的常开触点 KL1 与合闸接触器线圈 KO 并联。在故障状态下，继电保护装置动作，即触点 K 闭合使断路器跳闸线圈 YR 接通时，同时也接通了 KL 的电流线圈并使之启动，于是防跳继电器的常闭触点 KL2 断开，将 KO 线圈回路断开，避免了断路器再次合闸；同时 KL 常开触点 KL1 闭合，通过 SA（5-8）或自动装置触点 KM 使 KL 的电压线圈接通并自锁，从而防止了断路器的“跳跃”。触点 KL3 与继电器触点 K 并联，用来保护后者，使其不致断开超过其触点容量的跳闸回路电流。

8.5 变电所信号装置

变电所的信号装置，按形式可分为灯光信号和音响信号。灯光信号表明事故状态的设备及故障的性质，而音响信号在于引起运行人员的注意。灯光信号通过装设在控制柜或控制室信号屏上的信号灯和光字牌给出；音响信号则统一设置在控制室内，通过蜂鸣器（电笛）或警铃的音响来告警。

由于信号装置装设在变电所控制室的中央信号屏上，故称为中央信号装置。中央信号装置在发出音响信号后，应能手动或自动复归（解除）音响；而灯光信号和光字牌信号应保持到消除故障为止，或由运行人员手动解除。

信号装置按用途可分为位置信号、事故信号和预告信号。

（1）位置信号

位置信号用以指示高压断路器、隔离开关、接地开关和变压器有载调压开关等开关设备触头的工作位置，以便操作人员及时了解设备当前的位置状态，避免误操作。对高压断路器，红灯亮，表示断路器处于合闸位置；绿灯亮，表示断路器处于分闸位置。对高压隔离开关和接地开关，常以自动、手动变位的十字灯或机械位置变化等来表示其工作位置。主变压器的有载调压开关位置，则常以相应的数字来显示。

（2）事故信号

当一次设备或系统发生故障时，造成断路器因故障而跳闸的信号，称为事故信号。事故信号一般用蜂鸣器或电笛发出音响，并伴有相应断路器变位的绿灯闪光信号和指示故障位置和性质的光字牌信号。

重复动作中央复归的事故音响信号装置如图 8-9 所示。图中 KU 为 ZC-23 型信号脉冲继电器，KR 为干簧继电器；脉冲变流器 TA 一次侧并联的二极管 V1 和电容 C 用于抗干扰；TA 二次侧并联的二极管 V2 起旁路作用，当 TA 一次电流突然减小时，在其二次侧感应的反向电流经 V2 旁路，避免 KR 误动作。

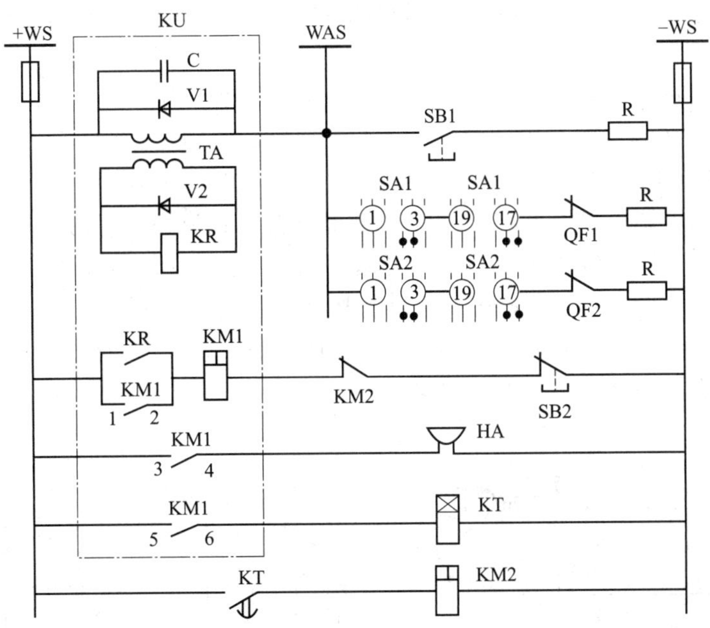

图 8-9　重复动作中央复归的事故音响信号装置

当某回路断路器（如 QF1）因故障自动跳闸时，QF1 辅助触点闭合，而 SA1 在“合闸后”接通位置，接通信号回路，脉冲变流器 TA 一次侧通过电流，其二次侧感应电流使干簧继电器 KR 动作。KR 常开触点闭合后，使中间继电器 KM1 动作，KM1（1-2）触点闭合使 KM1 自保持；KM1（3-4）触点闭合使蜂鸣器 HA 发出音响信号；KM1（5-6）触点闭合启动时间继电器 KT，延时后 KT 触点闭合使中间继电器 KM2 得电，其常闭触点断开使 KM1 失电，从而解除 HA 音响信号。

当另一回路断路器（如 QF2）因故障又自动跳闸时，脉冲变流器 TA 的一次电流将产生一个增量，其二次侧感应电流又使干簧继电器 KR 再次动作，从而使 HA 再次发出事故音响信号。因此，这种装置称为能“重复动作”的事故音响信号装置。

（3）预告信号

预告信号用来反映一次线路或设备运行中出现了某种不正常的工作状态，如变压器过负荷、控制回路断线、小电流接地系统线路的单相接地等。当电气设备出现某种异常运行状态时，预告信号装置将启动警铃发出音响信号，同时光字牌点亮，指示不正常运行状态的性质，提醒值班人员及时处理。

能重复动作中央复归的预告信号装置，其基本工作原理与图 8-9 所示能重复动作中央复归的事故音响信号装置类同，只要将电笛改为电铃即可，此处不再赘述。

随着计算机监控系统的应用，信号系统变得越来越完善，它的分类更细，信息量更全，不仅能语音报警，而且可以故障录波，记录故障时间，这样对事故的追忆、分析更为便捷。

8.6 供配电系统自动装置

8.6.1 备用电源自动投入装置

在工厂供配电系统中，为了提高供电的可靠性，通常设有两路及以上的电源进线。这两路电源进线，其中一路作为工作电源，一路作为备用电源。如果在作为备用电源的线路上装设备用电源自动投入装置（APD），则在工作电源因故障被断开后，能自动将备用电源投入工作，以恢复对用户的供电，从而大大提高供电的可靠性。

（1） APD 装置的备用方式

APD 装置有两种备用方式。一种是明备用，如图 8-10(a) 所示，A 为工作电源，B 为备用电源，当工作电源失去电压时，APD 装置能够自动将失去电压的工作电源切断，随即将备用电源自动投入以恢复供电。另一种是暗备用，如图 8-10(b) 所示，正常工作时，两路电源同时工作，Ⅰ段母线和Ⅱ段母线分别由电源 A 和电源 B 供电，通过母联断路器 QF3 所装设的 APD 互为备用。如电源 A 掉电时，APD 动作，将 QF1 断开，随即将母联断路器 QF3 自动投入，此时母线Ⅰ由电源 B 供电。

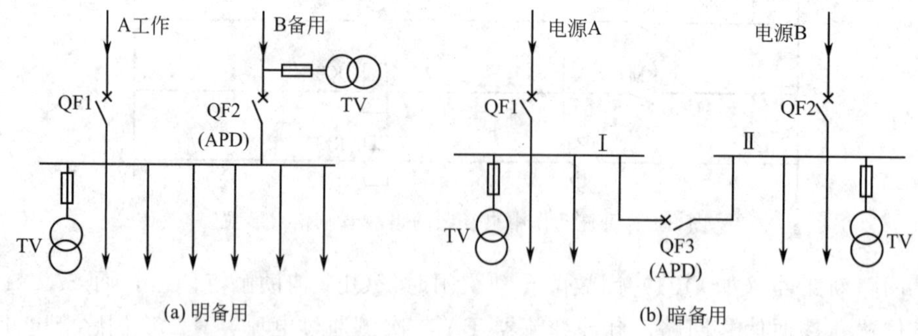

图 8-10 备用电源自动投入装置的备用方式

（2）对 APD 装置的基本要求

不同应用场合 APD 装置的控制原理可能有所不同，但基本要求相同，具体要求如下。

① 当工作电源的电压不论因何原因消失时，APD 均应动作。

② 应保证在工作电源断开后，APD 装置才能将备用电源投入。

③ 应保证 APD 装置只动作一次，以免将备用电源投入永久性故障元件上。

④ APD 装置的动作时间应尽可能地短，以缩短负荷停电的时间。如上级断路器装有自动重合闸装置时，APD 应带时限跳闸，以便躲过上级自动重合闸装置的动作时间。运行经验表明，高压 APD 装置的动作时间以 1～1.5s 为宜，低压场合可为 0.5s。

⑤ 电压互感器两侧的熔件熔断时，APD 装置不应误动作。

⑥ 工作电源正常的停电操作，或备用电源无电时，APD 装置均不应动作。

（3） APD 装置的工作原理

对于采用双电源供电的变电所，两路电源进线要互为备用，当任一工作电源消失时，另一路备用电源应自动投入，以恢复供电。双电源进线的 APD 原理接线是类似的，如图 8-11 所示。图中 1QF、2QF 为两路电源进线控制断路器，断路器采用交流操作的 CT7 型弹簧操动机构，其操作电源由两组电压互感器 1TV、2TV 供电，APD 装置采用低电压启动方式。

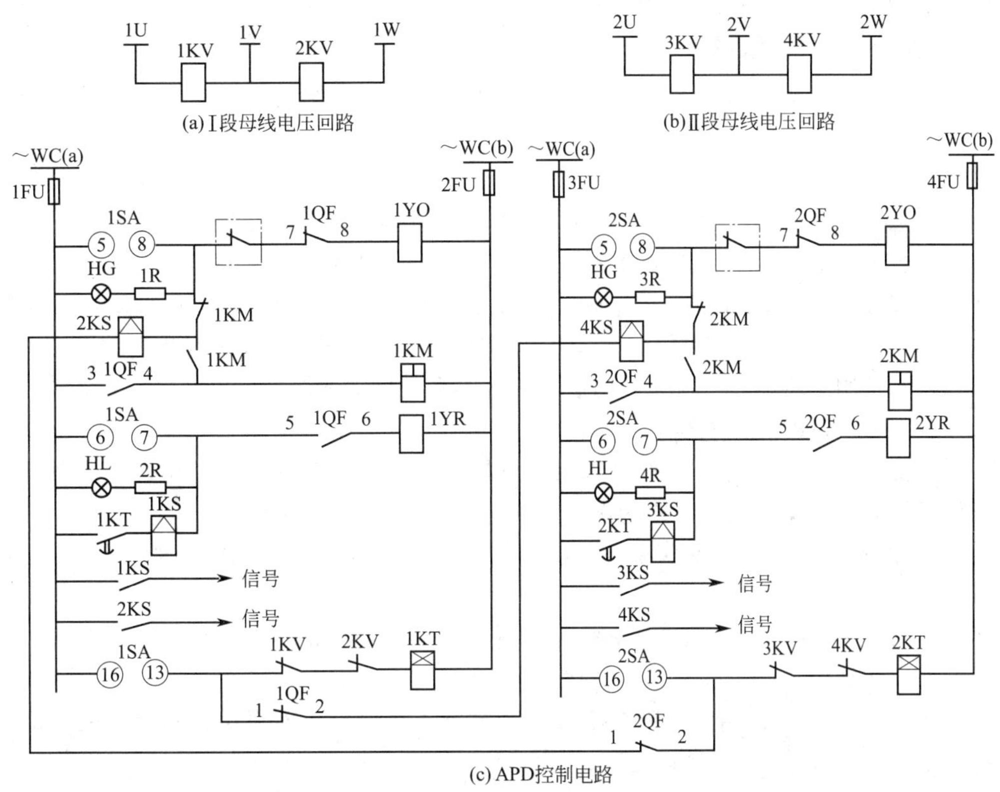

图 8-11　双电源互为备用的 APD 原理接线图

设电源 1 为工作电源，1QF 处于合闸状态，其辅助触点常闭断开，常开闭合；1SA（5-8）和 1SA（6-7）触点不通，1SA（16-13）触点在“合闸后”是接通的。电源 2 为备用电源，2QF 处于分闸状态，其辅助触点常闭闭合，常开断开；2SA（5-8）、2SA（6-7）和 2SA（16-13）均是断开的。

正常运行时，1TV 输出额定电压，1KV、2KV 线圈得电，其常闭触点断开，切断了 APD 启动时间继电器 1KT 线圈回路。该回路用两个低电压继电器触点串联，可防止电压互感器因一相熔断器熔断而引起 APD 误动作。

当工作电源 1 因事故停电时，工作线路断电，低电压继电器 1KV、2KV 动作（低电压启动），其常闭触点闭合，启动时间继电器 1KT，1KT 触点延时闭合，经信号继电器 1KS

和1QF的辅助触点1QF（5-6），使1QF跳闸线圈1YR通电，1QF跳闸。1QF跳闸后，其辅助触点1QF（1-2）闭合；同时由于操作开关1SA的触点1SA（16-13）在“合闸后”位置是闭合的，所以操作电源经过防跳中间继电器2KM的常闭触点及断路器2QF的辅助触点2QF（7-8），使2QF的合闸线圈2YO通电，2QF合闸，备用电源2投入工作，使变电所恢复供电。2QF合闸后，其辅助触点2QF（3-4）闭合，使2KM得电，其常闭触点断开，切断了2QF合闸线圈2YO回路，保证APD只动作一次。

同样当工作电源2因事故停电时，则3KV、4KV动作，使2QF跳闸，1QF合闸，备用电源1又自动投入工作，从而保证了不间断供电。

在合闸电路中，虚线框内的触点为对方断路器保护回路出口继电器的触点，用于闭锁APD。如当1QF因1WL线路故障跳闸时，2WL线路中的APD合闸回路便被断开，从而保证变电所内部故障跳闸时，APD不被投入。

8.6.2 线路自动重合闸装置

断路器因线路保护动作跳闸后，能自动将断路器重新合闸的装置，称为自动重合闸装置，简称ARD。

按照规程规定，电压在1kV及以上的架空线路和电缆与架空的混合线路，当具有断路器时，一般均应装设ARD装置，对电力变压器和母线，必要时亦可装设ARD装置。

自动重合闸装置的分类，按动作原理分，有电气式和机械式；按作用的对象分，有线路、变压器和母线的重合闸；按重合闸的次数分，有一次重合闸、二次重合闸或三次重合闸；按照ARD和继电保护配合的方式分，有ARD前加速、ARD后加速和不加速三种。工厂供电线路多采用三相电气一次重合闸装置，并多采用后加速保护动作方式。

（1）对ARD装置的基本要求

① 当值班人员手动操作或遥控操作将断路器断开时，ARD装置不应动作。手动投入断路器于故障线路时，继电保护装置动作将其断开后，ARD装置也不应动作。

② 除上述情况外，当断路器因继电保护或其他原因而跳闸时，ARD均应动作，使断路器重新合闸。

③ 为了满足前两个要求，应优先采用控制开关位置与断路器工作位置“不对应”原则来启动重合闸装置。

④ 对架空线路，常采用一次重合闸。当重合于永久性故障而再次跳闸后，就不应再动作。对电缆线路一般不采用ARD装置。

⑤ 自动重合闸动作以后，应能自动复归，为下次再动作做好准备。

⑥ 自动重合闸装置应能够在重合闸之前或重合闸之后加速继电保护动作，以便更好地与继电保护相配合，减少故障切除的时间。

⑦ 自动重合闸装置动作应尽量快，以便减少工厂停电时间。一般重合闸时间为0.7s左右。

（2）ARD装置的工作原理

ARD装置的工作原理，如图8-12所示。当线路上发生短路故障时，保护装置动作，其出口继电器KM常开触点闭合，接通跳闸线圈YR回路，使断路器跳闸。断路器跳闸后，其辅助触点QF（3-4）闭合，同时重合闸继电器KAR启动，经过约0.7s延时接通合闸接触器KO线圈回路，KO动作接通合闸线圈YO回路，使断路器重新合闸，恢复供电。

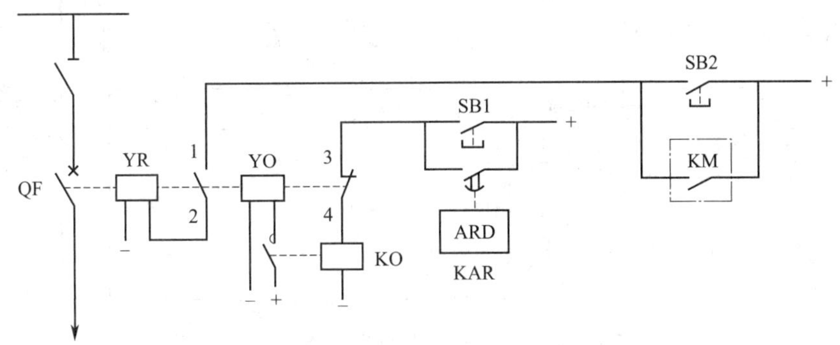

图 8-12　电气一次 ARD 原理示意图

QF—高压断路器；YR—跳闸线圈；YO—合闸线圈；KO—合闸接触器；KAR—重合闸继电器；
KM—保护装置出口继电器触点；SB1—合闸按钮；SB2—跳闸按钮

图 8-13 为采用 DH-2 型重合闸继电器的线路自动重合闸原理图，SA1 为断路器控制开关，SA2 为 ARD 装置投入与解除选择开关。

① ARD 的自动重合闸过程　线路正常运行时，SA2(1-3) 接通，ARD 投入工作。SA1 在“合闸后”位置，SA1(21-23) 接通，但 QF(1-2) 是断开的。重合闸继电器 KAR 中电容器 C 经 R4 充电，其通电回路是＋WC→SA2→R4→C→－WC，同时指示灯 HL 点亮，表示 ARD 在待工作状态。

当线路发生故障时，其保护（速断或过电流）动作，接通断路器 QF 跳闸线圈 YR 回路，防跳继电器 KCF 电流线圈启动，KCF(1-2) 触点闭合，但因 SA1(5-8) 不通，故 KCF 的电压线圈不能自保持。断路器跳闸后，QF(5-6) 断开，KCF 电流线圈断电。

断路器跳闸后，其辅助触点 QF(1-2) 闭合，ARD 启动。首先 KAR 中的时间继电器 KT 得电动作，KT(1-2) 触点断开，使 R5 串入 KT 回路，以限制 KT 线圈中的电流，使 KT 继续保持动作状态，KT(3-4) 触点经延时后闭合，电容器 C 对继电器 KM 电压线圈放电，使 KM 动作，KM(1-2) 触点断开，HL 熄灭，表示 KAR 已动作。同时 KM(3-4)、KM(5-6)、KM(7-8) 触点闭合，合闸接触器线圈 KO 经＋WC→SA2→KM(3-4)、KM(5-6)→KM 电流线圈→KS→XB→KCF(3-4)→QF(3-4)→KO→－WC 通电，使断路器重新合闸。与此同时，后加速继电器 KM2 因 KM(7-8) 触点闭合而启动，其延时断开的常开触点闭合，为后加速动作做好准备。若故障为瞬时性的，此时故障应已消失，继电器保护不会再动作，则 ARD 重合闸成功，QF(1-2) 断开，KAR 继电器返回。若故障是永久性的，继电保护又动作（速断或至少过电流动作），此时 KM2 的常开触点尚未断开，故通过 KM3 或 KT1 瞬动触点使 YR 得电，执行后加速动作，使 QF 跳闸，快速切除短路故障。

QF 跳闸后，QF(1-2) 又闭合，但由于 C 还来不及充足电，KAR 不会重新动作，故自动重合闸只重合一次。即使时间很长，因 C 与 KM 电压线圈已经并联，电容 C 将不会充电至电源电压动作值。

② 手动跳闸时，ARD 不会动作　手动操作使断路器跳闸，是运行的需要，不应重合闸。当操作 SA1 使断路器跳闸时，SA1 在“预备跳”和“跳闸后”位置，其 SA1(2-4) 触点接通，使 C 经 R6 放电，故重合闸不会动作。此外，在手动跳闸操作过程中，SA1(21-23) 触点也不通，从而解除了 ARD 装置。

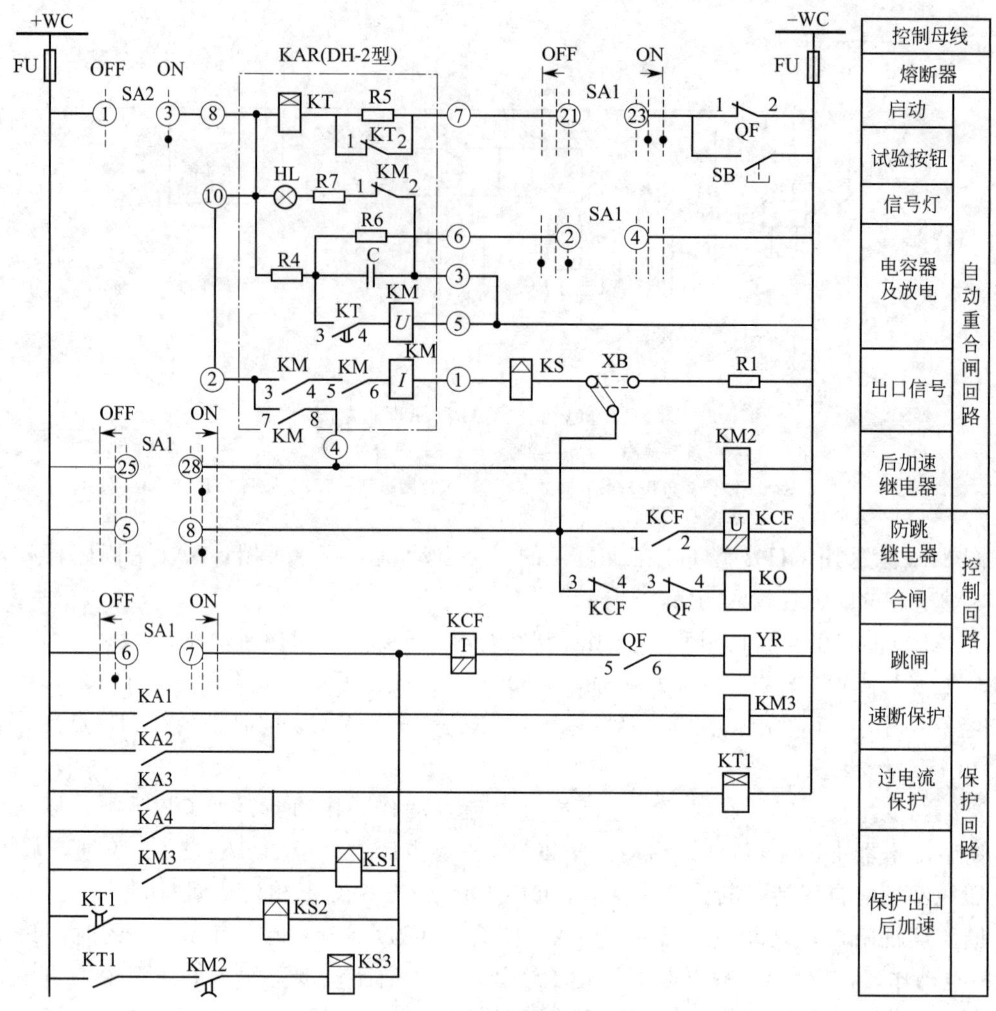

图 8-13　电气一次自动重合闸原理接线图

SA1—控制开关；SA2—选择开关；KAR—重合闸继电器；KM—中间继电器；KCF—防跳继电器；KM2—后加速继电器；KS—信号继电器；YR—跳闸线圈；QF—断路器辅助触点；XB—连接片；KO—合闸接触器；KT1—时间继电器；KM3—速断出口继电器；KA1～KA4—过电流继电器

③ ARD 的防跳功能　当 ARD 重合于永久性故障时，断路器将会再一次跳闸。QF 跳闸后，其 QF（3-4）触点闭合，若 KAR 中 KM 的触点被粘住时，会造成 QF 重新合闸。但因防跳继电器 KCF 的电流线圈因 QF 跳闸而得电，KCF（1-2）触点闭合，使 KCF 电压线圈得电保持，KCF（3-4）触点断开，切断了合闸接触器 KO 回路，从而防止了 QF 的重新合闸。

④ ARD 与继电保护的配合方式　ARD 与继电保护的配合，通常采用重合闸后加速保护方式。重合闸后加速保护，就是当线路上发生故障时，保护首先按有选择性的方式动作跳闸。断路器重合后，若重合于永久性故障上，则加速保护（不经延时）动作，快速切除故障。

假设线路上设有电流速断保护和带时限的过电流保护，在线路末端发生短路时，过电流保护应该动作，因末端是速断保护的“死区”，速断保护不会动作。过电流保护使断路器跳闸后，由于 ARD 动作，将使断路器重新合闸。如果故障是永久性的，则过电流保护又要动作，使断路器再次跳闸。但由于过电流保护带有时限，将使故障时间延长，对线路或设备不利。为了快速切除故障，供配电系统中常采用重合闸后加速保护方式。在图 8-13 中，当

ARD 动作后，KM 的常开触点 KM(7-8) 闭合，启动后加速继电器 KM2，KM2 延时断开的常开触点闭合，为后加速做好准备。若为永久性故障时，KA3 或 KA4 再次动作，KT1 瞬动触点闭合，经 KM2 的延时断开触点，接通 QF 跳闸线圈回路，实现快速跳闸。

重合闸后加速保护方式的优点是：故障的首次切除保证了选择性，所以不会扩大停电范围。当重合于永久性故障线路时，能快速地将故障切除。另外，由图 8-13 可见，当控制开关 SA1 手柄在“合闸”位置时，其触点 SA1(25-28) 接通，若手动操作 SA1 使断路器合到故障线路时，则直接接通后加速继电器 KM2，也能快速切除故障线路。

8.7　二次回路接线图

反映二次设备之间接线关系的图称为二次回路接线图。二次回路接线图按用途可分为原理接线图、展开式接线图和安装接线图三种形式。

8.7.1　原理接线图

原理接线图，用以表示继电保护、测量、控制和自动装置等二次回路的工作原理，如图 8-5(a) 所示。在原理接线图中，各功能回路综合画在一起，并以元件的整体形式表示各二次设备间的电气连接关系，同时还将对应的一次回路画出，以形成整体概念，便于了解各设备间的相互关系和电路的工作原理。

8.7.2　展开式接线图

展开式接线图，是按二次回路的类别不同划分的，如交流电流回路、交流电压回路、信号回路和控制回路等，如图 8-5(b) 所示。交流回路按 U、V、W 或 a、b、c 相序排列；直流回路按各元件先后动作的次序从上到下、从左到右依次排列，其中属于同一个设备或元件的电流线圈、电压线圈及触点要分别画在不同的回路里。为了避免混淆，对同一设备的线圈和触点要用相同的文字符号表示，且各支路需要标上不同的回路编号。直流回路编号的范围如表 8-3 所示。交流回路编号的范围如表 8-4 所示。

表 8-3　直流回路编号范围

回路类别	保护回路	控制回路	励磁回路	信号及其他回路
编号范围	01～099(J1～J99)	1～599	601～699	701～999

表 8-4　交流回路编号范围

回路类别	控制、保护及信号回路(U、V、W、N)	电流回路(U、V、W、N)	电压回路(U、V、W、N)
编号范围	1～399	401～599	601～799

注意： 展开式接线图中所有开关电器和继电器的触点都是按正常状态（开关断开时的位置和继电器不得电时的状态）表示的。

8.7.3　安装接线图

安装接线图，是表示二次回路中各电气元件的安装位置、内部接线及元件间接线关系的图样，它是设备安装和检修的依据，如图 8-19 所示。

二次安装接线图包括屏面设备（元件）布置图、屏后接线图和端子排接线图等几个部分。

（1）设备（元件）布置图

屏面设备布置图，是二次设备在屏上安装的依据。在设备布置图中，设备尺寸及设备间距尺寸都要按一定的比例画出。屏面设备的排列布置，一般应满足下列要求。

① 便于观察。运行中需要经常监视的仪表，一般布置在离地面 1.8m 上下；属于同一电路相同性质的仪表，布置时应互相靠近；信号设备的布置要显而易辨。

② 便于操作和调整。控制开关、调节手柄、按钮的高度，一般距地 0.8～1.5m。

③ 检修试验安全、方便。

④ 设备布置要紧凑合理、协调美观。

（2）端子排接线图

端子排是由专门的接线端子板组合而成的，是柜（屏）内设备或柜（屏）内、外设备连接的“桥梁”。接线端子分为普通端子、连接端子、试验端子和终端端子等形式，如图 8-14 所示。

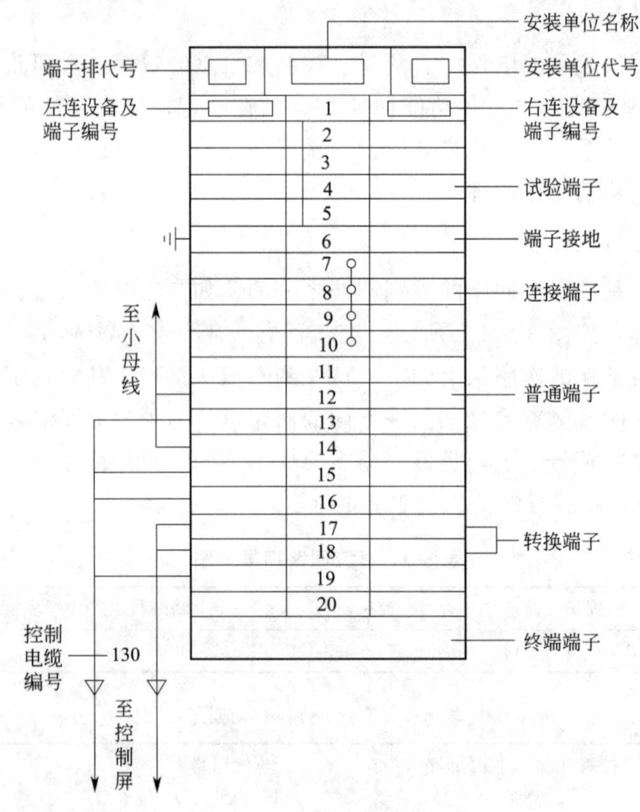

图 8-14　端子排标志示意图

① 普通端子　普通端子用于同一个回路导线的直接连接。

② 连接端子　连接端子通过导电片把相邻的端子连接在一起，用于分出支路。

③ 试验端子　试验端子用于在不断开二次回路的情况下，更换或试验仪表和继电器。试验端子的结构与应用如图 8-15 所示。

④ 终端端子　终端端子用于固定或分离不同安装单位的端子。

端子排的文字代号为 X，端子的前缀符号为“:”或“—”。按规定，接线图上端子的代号应与设备上端子的标记一致。端子排的排列应遵照如下原则：a. 不同安装单位的端子应

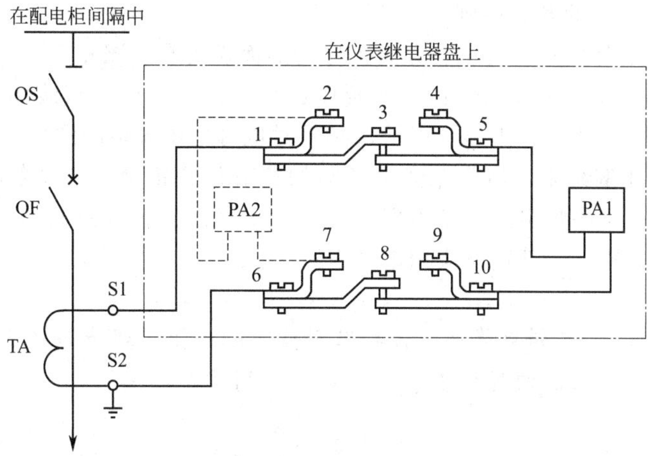

图 8-15　试验端子的结构与应用

分别排列；b. 端子排一般采用竖向排列，且应排列在靠近本安装单位设备的那一侧；c. 每一安装单位端子排的端子应按一定次序排列，其排列次序为交流电流回路、交流电压回路、信号回路、控制回路和其他回路。

（3）屏后接线图

屏后接线图，用于表达屏上设备接线端子之间的连接关系以及设备与端子排之间的连接关系。屏后接线图是二次屏组装过程中安装配线的依据，也是现场安装施工、调试试验和运行检修时重要的参考图纸。它是以展开式接线图、屏面布置图和端子排图为依据绘制的。

① 二次设备的标注方法　按照规定，在接线图上需要标明设备的安装单位号、同安装单位设备的顺序号、设备的文字符号和同型设备的顺序号等项目，如图 8-16 所示。

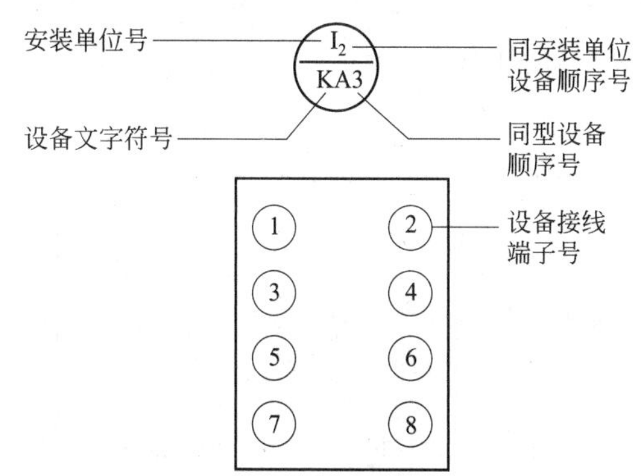

图 8-16　二次设备标注方法

② 连接导线的表示方法

a. 连续线表示法　表示两端子之间导线的线条是连续的，如图 8-17(a) 所示。这种表示法线条较多，只适用于简单接线的情况。

b. 中断线表示法　表示两端子之间导线的线条是中断的，只在各设备的端子处标明导线的去向。标注的方法是在两个设备连接的端子出线处，互相标以对方的设备号及端子号，这种标注方法称为“相对标号法”，标注方法如图 8-17(b) 所示。

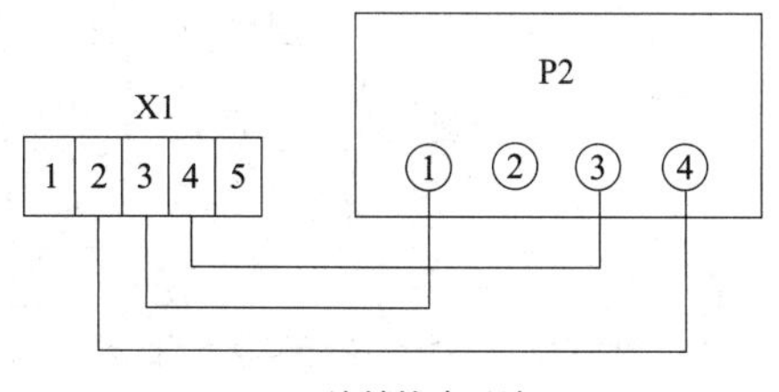

(a) 连续线表示法

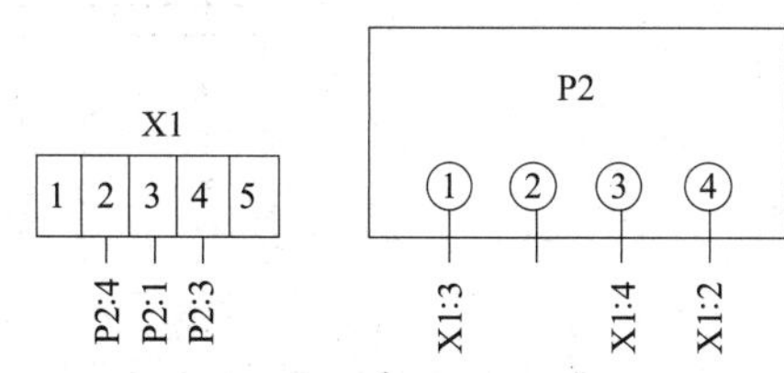

(b) 中断线表示法

图 8-17　连接导线的表示方法

③ 绘制屏后接线图的基本原则

a. 屏后接线图是背视图，其左右方向正好与屏面设备布置图相反。

b. 屏上各设备的实际尺寸已由设备布置图给出，所以画屏后接线图时，设备外形可采用简化外形，如方形、圆形、矩形等表示，必要时也可采用规定的图形符号表示。

c. 图形不必按比例绘制，但要保证设备间的相对位置正确。各设备的引出端子应注明编号，并按实际排列顺序画出。设备内部接线一般不必画出，或只画出有关的线圈和触点。从屏后看不见的设备轮廓，其边框应用虚线表示。

【例 8-5】 某 10kV 供电线路，其二次测量回路、保护回路和信号回路的展开式接线图如图 8-18 所示；对应的屏后接线图如图 8-19 所示。

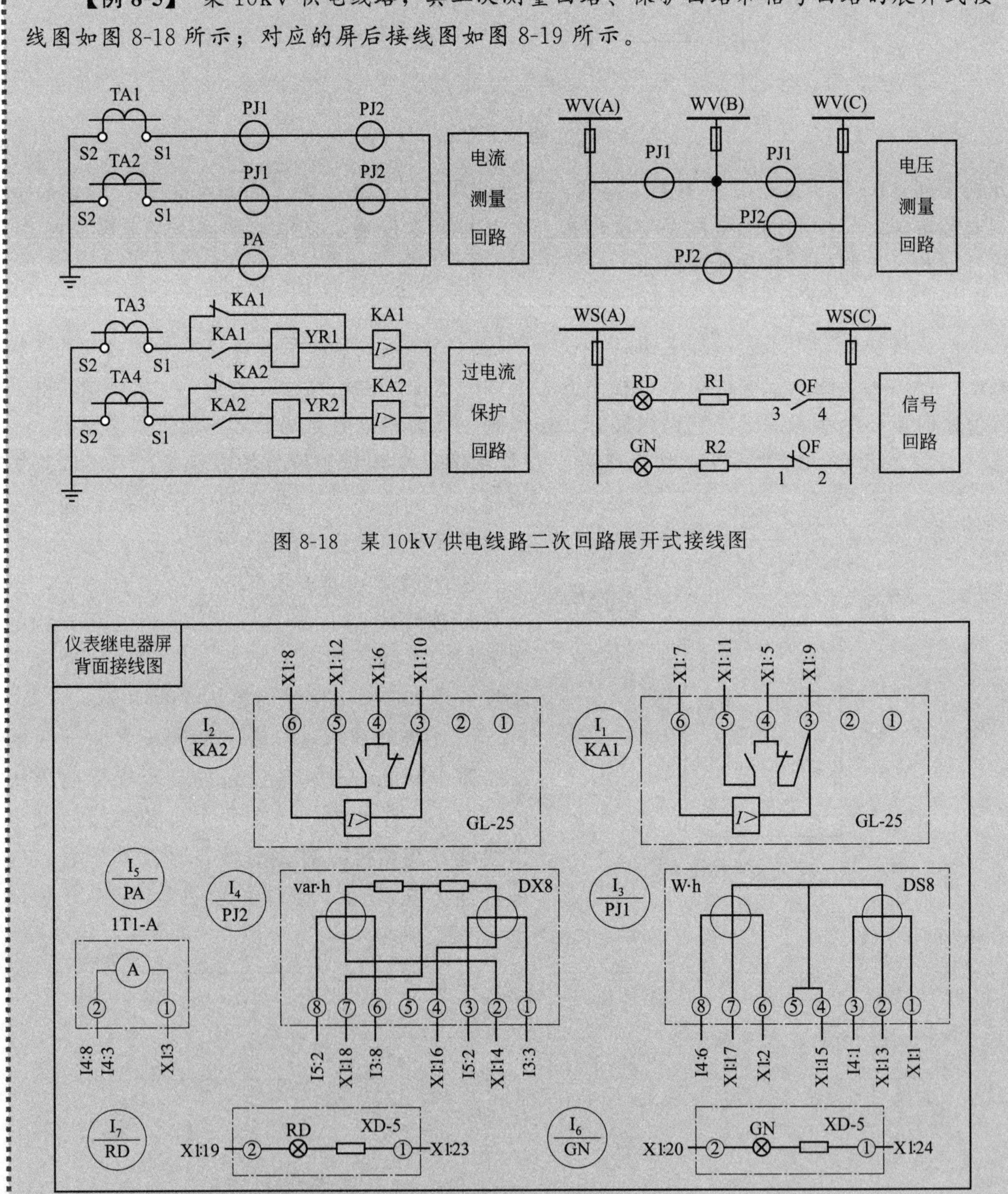

图 8-18 某 10kV 供电线路二次回路展开式接线图

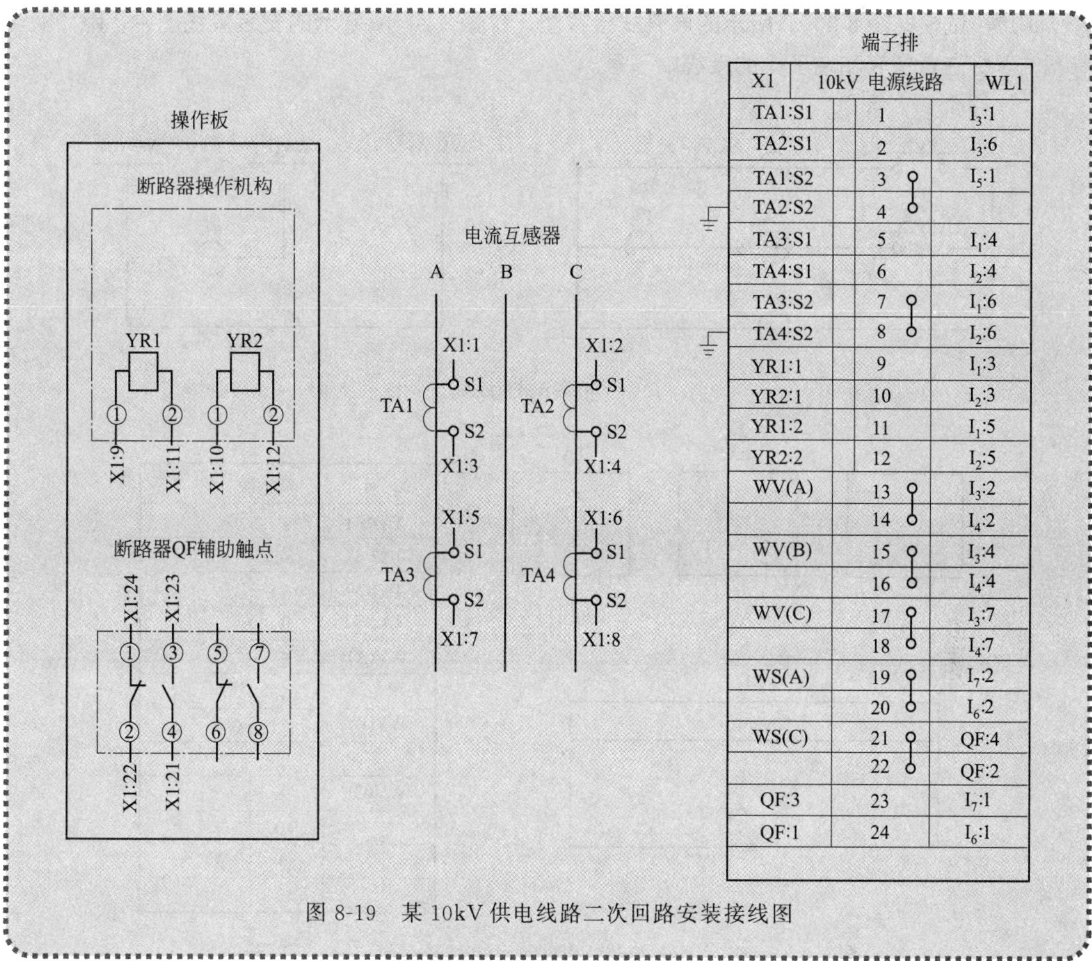

图 8-19　某 10kV 供电线路二次回路安装接线图

思考题与习题

8-1　什么是变电所的二次回路？ 二次回路按功能可分为哪些回路？

8-2　什么是二次回路操作电源？ 常用的交、直流操作电源有哪几种？

8-3　如何选择常用测量仪表？ 一般 6～10kV 进线上应设置哪些测量仪表？

8-4　计费测量中，对测量仪表及互感器的准确度有何要求？

8-5　对断路器控制回路有哪些要求？ 什么是断路器事故信号的“不对应”启动原则？

8-6　在断路器控制回路中，如何实现手动与自动跳、合闸操作，红灯和绿灯各起什么作用？若发现断路器自动跳、合闸后，应如何处理？

8-7　信号装置的作用是什么？ 它包括哪几种信号？

8-8　什么是 APD 装置？ APD 装置的备用方式是什么？

8-9　简述备用电源自动投入装置的工作原理。

8-10　什么是 ARD 装置？ 对 ARD 装置的要求是什么？

8-11　简述自动重合闸装置的工作原理。

8-12　二次接线图有哪几种形式？ 其作用是什么？

8-13　在安装接线图上，采用什么方法表示设备端子间的连接关系？

8-14　试根据图 8-20(a)所示的展开式接线图，在图 8-20(b)所示的安装接线图中，用“相对标号法”标注各仪表和端子排的接线端子号。

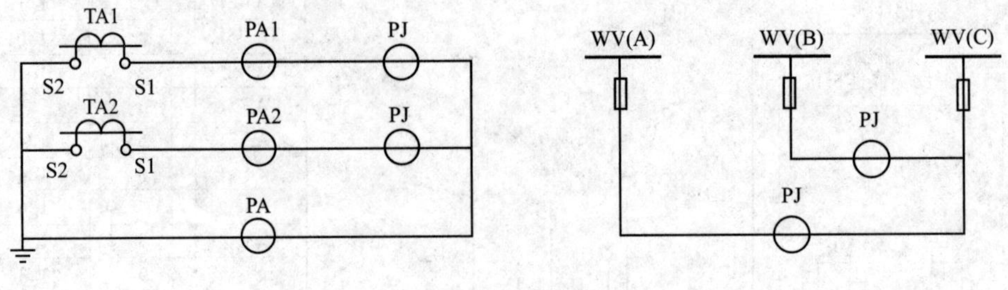

(a) 展开式接线图

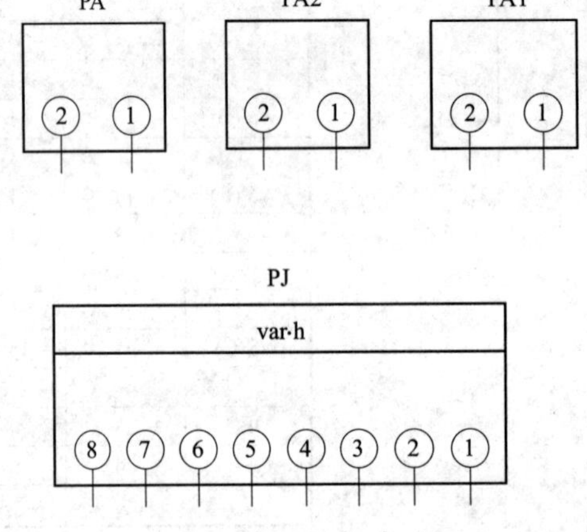

X	端子排	
TA1:S1	1	
TA2:S1	2	
TA1:S2	3	
TA2:S2	4	
WV(A)	5	
	6	
WV(B)	7	
	8	
WV(C)	9	
	10	
	11	
	12	

(b) 安装接线图(待标注接线端子号)

图 8-20　习题 8-14 的展开式接线图和安装接线图

第 9 章 电气接地与电气安全

9.1 供配电系统的接地

9.1.1 电气接地和接地装置

在供配电系统中，为了保证电气设备能够正常工作，并防止发生间接触电事故，保障设备及人身安全，将电气设备的外壳与大地做电气连接，称为电气接地，简称接地。

（1）接地装置的组成

接地装置由接地体和接地线两部分组成。与土壤直接接触的金属导体称为接地体或接地极。连接接地体和设备接地部分的导线，称为接地线。接地线和接地体统称为接地装置。由若干接地体在大地中互相连接而组成的网络，称为接地网。

接地体通常采用钢管或角钢，端部做成尖端，打入地中。接地线通常采用扁钢或圆钢。接地线又可分为接地干线和接地支线。接地干线应采用不少于两根导体在不同地点与接地网连接，如图 9-1 所示。

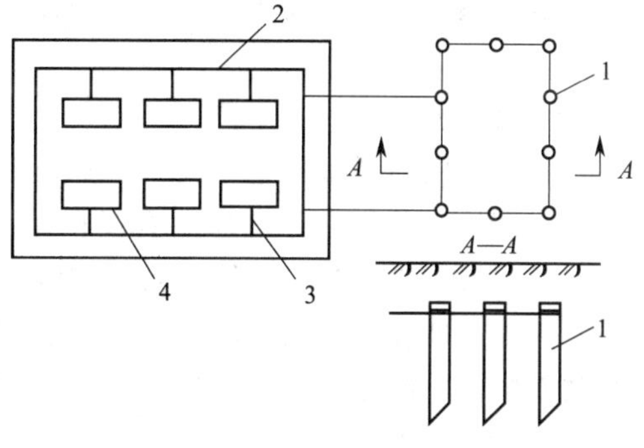

图 9-1 接地网示意图

1—接地体；2—接地干线；3—接地支线；4—电气设备

为了减少投资，应在满足要求的前提下，尽量用自然接地体取代人工接地体。自然接地体包括上下水的金属管道、与大地有可靠金属性连接的建筑物或构筑物的金属结构和直埋地下的各种金属管道等，但应注意易燃易爆的液体或气体管道不能做接地体。

（2）接地装置的流散效应

① 接地电流和对地电压　当电气设备发生接地故障时，电流通过接地体向大地作半球形扩散并形成流散电场，这一电流称为接地电流，用 I_E 表示。

在接地体周围，距接地体越远的地方球面越大，其散流电阻越小。试验表明，在距单根接地体或接地故障点 20m 以外的地方，散流电阻已趋近于零，故这里的电位也趋近于零。这个电位为零的地方，称为电气上的“地”。接地体（或与接地体相连的电气设备接地部分）的电位最高，它与零电位的“地”之间的电位差，称为接地部分的对地电压，用 U_E 表示。接地电流引起的接地电位分布曲线如图 9-2 所示。

② 接触电压和跨步电压　电气设备的外壳一般都和接地体相连，正常运行情况下与大地同

为零电位。但当电气设备发生接地故障时，接地电流在接地体周围形成电位分布，此时如果人触及设备外壳，则人所接触的两点（如手和脚）之间的电位差，称为接触电压U_{tou}；如果人在接地体周围20m范围内走动，两脚之间（约0.8m）的电位差，称为跨步电压U_{step}，如图9-3所示。

距离接地体越近，跨步电压越大；对地分布电位越陡，接触电压和跨步电压越大。为了将接触电压和跨步电压限制在安全范围内，通常采用降低接地电阻、制作接地均压网和埋设均压带等措施，以降低接地电位分布曲线的陡度。

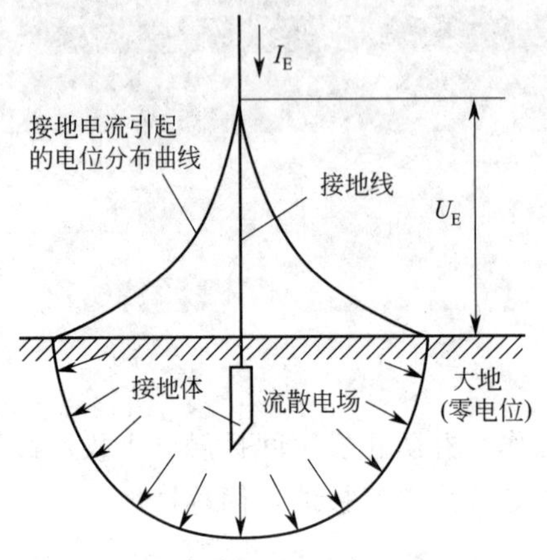

图9-2　接地电流及接地电位分布曲线

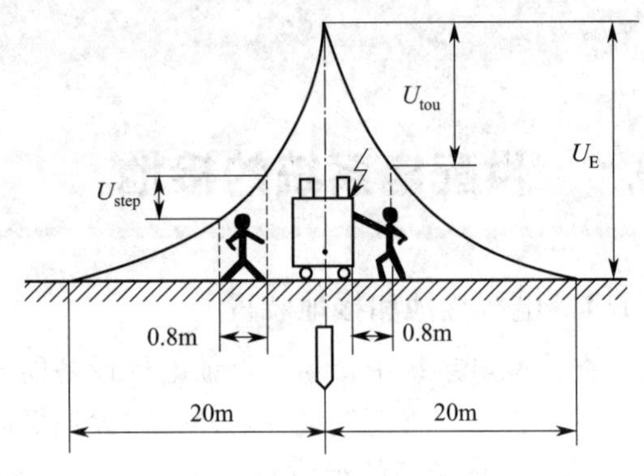

图9-3　接触电压和跨步电压

9.1.2　接地的类型

供配电系统和电气设备的接地，按其功能不同可分为工作接地、保护接地和重复接地三种类型。

（1）工作接地

为了保证电力系统和电气设备达到正常工作要求而进行的接地，称为工作接地。

工作接地可分为电源中性点直接接地、电源中性点经消弧线圈接地和防雷设备的接地等。电源中性点直接接地，能在运行中维持三相系统中相线对地电压不变；电源中性点经消弧线圈接地，能在单相接地时消除接地点的断续电弧，防止故障扩大；防雷设备的接地，可以泄放雷电流，防止雷电过电压。

（2）保护接地

由于绝缘损坏，正常情况下不带电的电力设备外壳有可能带电，为了保障人身安全，将电力设备正常情况下不带电的外壳与接地体作良好的电气连接，称为保护接地。

对低压配电系统，按保护接地的形式不同，可分为TN系统、TT系统和IT系统。

① TN系统　在电源中性点直接接地的低压三相四线制或五线制系统中，将设备金属外壳与中性线（N线）或保护线（PE线）相连接，称为TN系统。

TN系统按其PE线的形式，又可分为TN-C、TN-S和TN-C-S三种系统。

a. TN-C系统　系统中的中性线N与保护线PE合为一根，称为保护中性线（PEN线）。电气设备金属外壳与PEN线相连接，如图9-4(a)所示。这种保护方式适用于三相负荷比较平衡且单相负荷不大的场所，在低压设备保护接地中应用较多。

b. TN-S系统　系统中的中性线N与保护线PE分开，电气设备金属外壳与公共PE线相连接，如图9-4(b)所示。正常情况下，PE线上没有电流流过，不会对接在PE线上的其他设备产生电磁干扰，这种系统适用于环境条件较差、安全可靠性要求较高以及设备对电磁

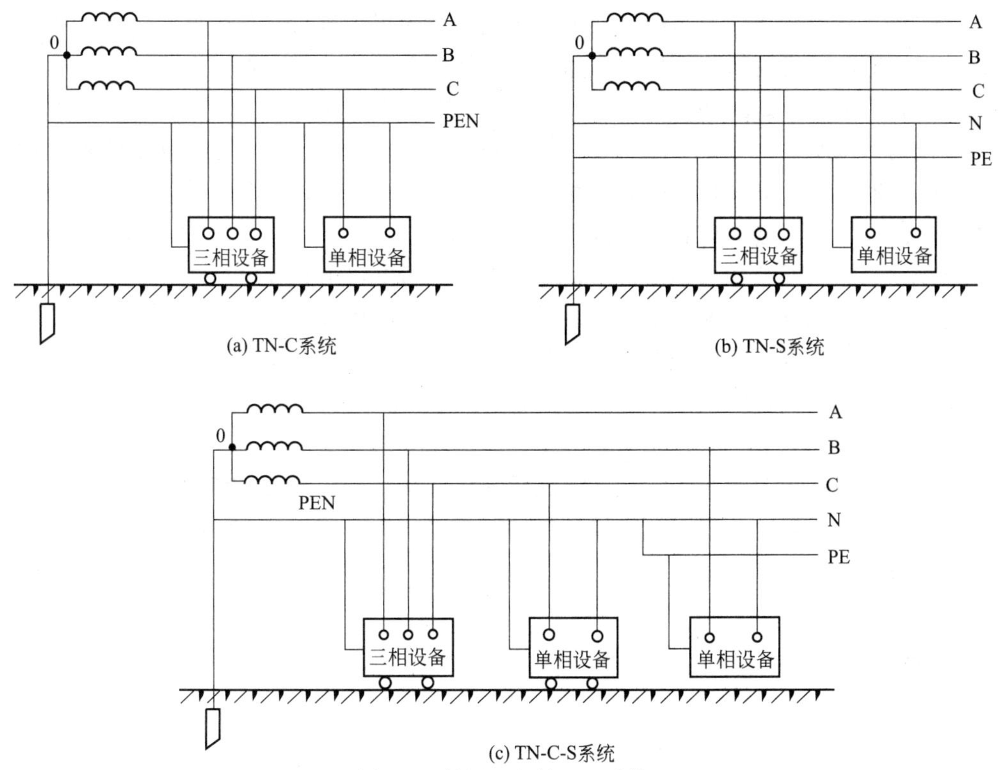

(a) TN-C系统　(b) TN-S系统　(c) TN-C-S系统

图 9-4　低压配电的 TN 系统

干扰要求较严的场所。

c. TN-C-S 系统　该系统是 TN-C 和 TN-S 系统的综合，电气设备大部分采用 TN-C 接线形式；在设备有特殊要求的场合，局部通过专设的保护线接成 TN-S 形式，如图 9-4(c) 所示。该系统兼有 TN-C 和 TN-S 系统的特点，常用于配电系统末端环境条件较差或有数据处理等设备的场所。

在 TN 系统中，当设备发生单相接地故障时，单相短路电流经设备外壳和 N 线或 PE 线形成回路，较大的短路电流能使设备过电流保护动作，迅速切除故障，从而起到保护作用。该系统中，设备外壳与 PE 线或 PEN 线相连接的接地形式，通常称为“保护接零”。

② TT 系统　在中性点直接接地的低压三相四线制系统中，将设备金属外壳经各自的 PE 线分别接地，称为 TT 系统。

如图 9-5(a) 所示，在低压系统中，若设备未接地，当设备发生单相接地时，由于接地

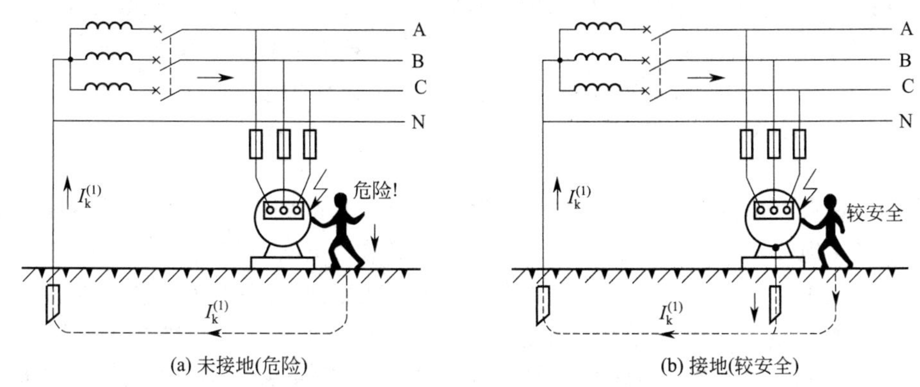

(a) 未接地(危险)　(b) 接地(较安全)

图 9-5　TT 系统保护接地功能示意图

回路电阻较大，所以较小的接地故障电流不足以使过流保护装置动作，此时如果人体触及设备外壳，则接地电流将通过人体形成回路，造成触电事故。

采用 TT 系统后，如图 9-5(b) 所示，设备外壳已与接地体连接，当设备发生单相接地故障时，较大的短路电流 [$I_k^{(1)} \approx 27.5A$] 会使保护装置动作，迅速切除故障设备，减小了触电的危险。即使在故障未切除时人体触及设备外壳，由于人体电阻远大于接地电阻，故通过人体的电流很小，不会造成触电事故。

应当注意，如果 TT 系统中设备只是绝缘不良而漏电，由于漏电电流较小而不足以使过流保护动作，从而使设备外壳长期带电，增大了触电危险程度。所以，TT 系统还必须加装灵敏的漏电保护器，以保障人身和设备安全。

③ IT 系统　在中性点不接地的三相三线制系统中，将电气设备的金属外壳经各自的接地装置分别接地，称为 IT 系统。

在三相三线制系统中，由于电气设备绝缘损坏造成碰壳故障时，使设备外壳带电，当人触及设备外壳时，故障电流将通过人体及线路分布电容形成回路，如图 9-6(a) 所示，从而造成触电危险。

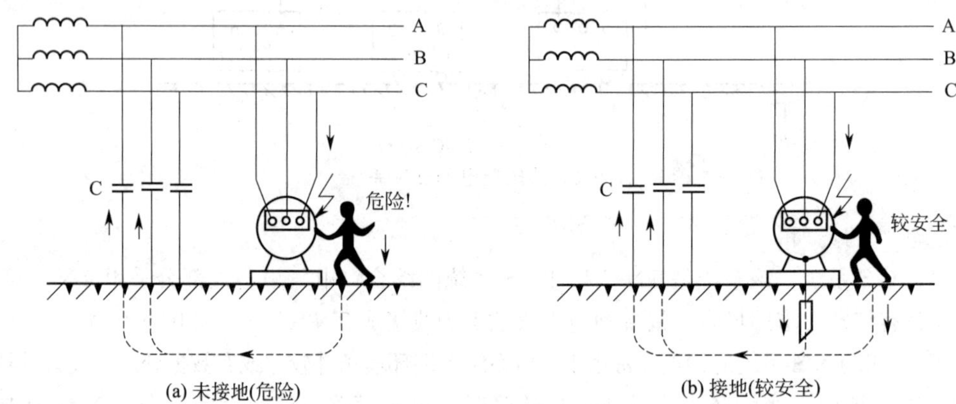

图 9-6　IT 系统保护接地功能示意图

采用 IT 系统后，当电气设备因碰壳使其外壳带电时，接地电容电流分别经接地体和人体两条并联支路形成回路，如图 9-6(b) 所示，因人体电阻远大于接地体电阻，故通过人体的电流远小于通过接地体的电流，大大地减小了触电的危害程度。

注意：在同一低压系统中，只能采用一种保护方式，不允许对一部分设备外壳采取保护接地，而对另一部分设备外壳又采取保护接零。否则，当采取保护接地的设备发生碰壳故障时，会造成保护接零的设备外壳上也带上危险的电压，如图 9-7 所示。

（3）重复接地

在电源中性点直接接地的 TN 系统中，为减小 PE 线或 PEN 线断线时的危险程度，除在电源中性点接地外，还应在 PE 线或 PEN 线的一处或多处重复接地。

在 TN 系统中，若 PE 线或 PEN 线断线，且断线处之后有设备碰壳漏电时，断线处之前的设备外壳对地电压接近于零，而在断线处之后设备的外壳上，都存在着接近于相电压的对地电压，如图 9-8(a) 所示，显然是危险的。采取重复接地后，在发生同样故障时，断线处之后设备外壳对地电压小于相电压，如图 9-8(b) 所示，使危险程度大为

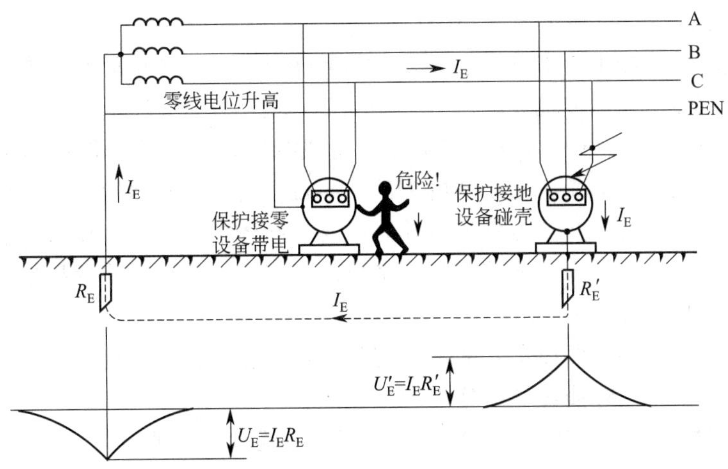

图 9-7　混用保护接零与保护接地时的情形

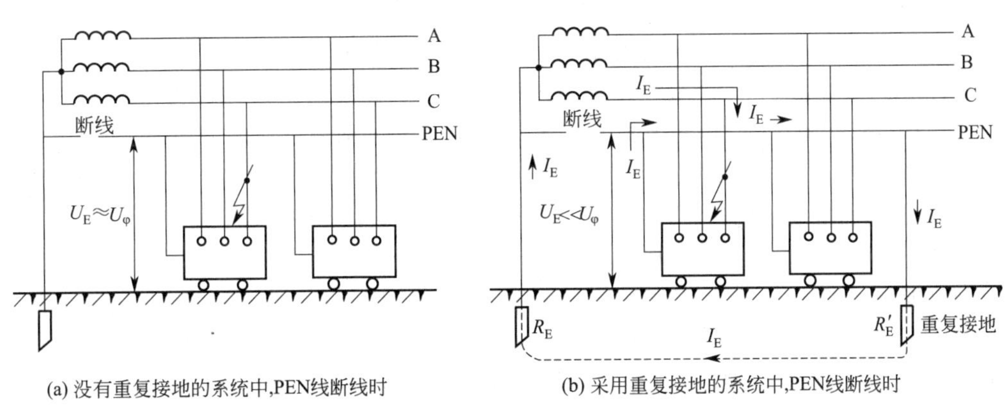

(a) 没有重复接地的系统中,PEN线断线时

(b) 采用重复接地的系统中,PEN线断线时

图 9-8　重复接地功能示意图

降低。

9.1.3　接地装置的装设

（1）接地电阻

接地电阻 R_E，是接地线和接地体电阻与接地体流散电阻之和。由于接地线和接地体电阻一般很小，可忽略不计，故接地装置的接地电阻通常可认为就是接地体的流散电阻，其大小由接地装置的对地电压 U_E 与接地电流 I_E 之比决定，即

$$R_E=\frac{U_E}{I_E} \tag{9-1}$$

工频接地电流流经接地装置所呈现的接地电阻，称为“工频接地电阻”，用 R_E 表示。

雷电流流经接地装置所呈现的接地电阻，称为“冲击接地电阻”，用 R_{sh} 表示。

根据我国有关规程规定（详见附表 23），1kV 以上大电流接地系统的接地装置，$R_E\leqslant 0.5\Omega$；1kV 以上小电流接地系统的接地装置，$R_E\leqslant 10\Omega$；1kV 以下低压系统电气设备的接地装置，$R_E\leqslant 10\Omega$（较高要求时，$R_E\leqslant 4\Omega$；重复接地，$R_E\leqslant 30\Omega$）；建筑物的防雷接地，$R_{sh}\leqslant 10\Omega$。

（2）接地装置的装设

根据 GB 50169—1992《电气装置安装工程・接地装置施工及验收规范》规定，所有电气设备不带电的金属外壳、底座、柜体、穿线的钢管及钢结构的构架等，均应可靠接地或接零。

接地体是接地装置的主要部分，它的选择与装设是保证接地电阻符合要求的关键。接地体可分为自然接地体与人工接地体。

① 自然接地体　凡是与大地良好接触的设备或构件，大都可用作自然接地体。如与大地有可靠连接的钢结构和混凝土基础中的钢筋；敷设于地下而数量不少于两根的电缆金属外皮；敷设在地下的金属管道及热力管道（输送可燃性气体或液体的金属管道除外）。

利用自然接地体，不但可以节约钢材，节省施工费用，还可以降低接地电阻，因此有条件的应当优先利用自然接地体。

利用自然接地体，必须保证良好的电气连接。如在建筑物钢结构结合处凡是用螺栓连接的，只有在采取焊接与加跨接线等措施后方可利用。

② 人工接地体　自然接地体不能满足接地要求或无自然接地体时，应装设人工接地体。人工接地体大多采用钢管、角钢、圆钢和扁钢制作。一般情况下，人工接地体都采取垂直敷设；特殊情况如多岩石地区，可采取水平敷设。

垂直敷设的接地体，常用直径为40～50mm、壁厚为3.5mm的钢管，或者（40mm×40mm×4mm）～(50mm×50mm×6mm）的角钢。水平敷设的接地体，常采用厚度不小于4mm、截面不小于100mm^{2}的扁钢或直径不小于10mm的圆钢，长度宜为5～20m。

如果接地体敷设处土壤有较强的腐蚀性，接地体应镀锌或镀锡并适当加大截面，不可采用涂漆或涂沥青的方法防腐。

③ 接地装置的装设　由于单根接地体周围地面电位分布不均匀（见图9-2)，当接地电流或接地电阻较大时，会产生危险的接触电压或跨步电压（见图9-3)。因此在变电所及车间内，应尽可能采用环网式接地装置（见图9-1)，即在变电所和车间建筑物四周，打入一圈接地体，再用扁钢连成环路。这样接地体间的散流电场将相互重叠，使地面上的电位分布较为均匀，因此就会降低跨步电压和接触电压。当接地体之间距离为接地体长度的1～3倍时，这种效应就更为明显。若接地区域较大，可在环路式接地装置范围内，每隔5～10m宽度，再增设一条水平接地带作为均压连接线。均压连接线可作为接地干线使用，使各被保护设备的接地线连接更为方便。在有人经常出入的地方，应加装均压带或采用高绝缘路面。

9.2 电气安全

9.2.1 触电事故及其影响因素

(1) 触电事故

人体也是导体，当人体的某一部位触及带电体时，就有电流流过人体，这就是触电。人体触电可分两种情况，一种是雷击和高压触电，较大的安培数量级电流通过人体所产生的热效应、化学效应和机械效应，将使人的机体遭受严重的电灼伤、组织炭化坏死及其他难以恢复的永久性伤害；另一种是低压触电，在几十至几百毫安电流作用下，使人的肌体产生病理生理性反应，轻的有针刺痛感，或出现痉挛、血压升高、心律不齐以致昏迷等暂时性的功能失常，重的可引起呼吸停止、心跳骤停、心室纤维性颤动等危及生命的伤害。

(2) 影响触电的因素

① 流经人体的电流　这是决定触电程度的主要因素。研究表明，通过人体的电流不超过30mA·s时，一般对人身不会有损伤；当通过人体的电流达到50mA·s时，对人就有致

命危险；而达到 100mA·s 时，就会危及生命。因此，我国规定安全电流（人体触电后能够摆脱的最大电流）为 30mA，由于触电时间按 1s 考虑，故安全电流常表示为 30mA·s。

② 人体电阻　人体触电时，流经人体的电流在触电电压一定时由人体电阻决定。人体电阻愈小，流过的电流愈大，人体所遭受的伤害愈严重。人体电阻由体内电阻和表皮电阻组成。人体电阻主要由表皮电阻决定，且与多种因素有关，正常时可高达数万欧姆，而在恶劣条件下，则可降为 1000Ω 左右。

③ 作用人体的电压　当人体的电阻一定时，作用人体的电压越高，通过人体的电流越大，对人的危害越大。因此，我国根据不同的环境条件，规定的安全电压为：在无高度危险的环境为 50V；有高度危险的环境为 36V；特别危险的环境为 12V。

④ 触电时间　电流对人体的伤害程度与触电时间密切相关。触电时间长，即使是安全电流，也会对人体造成伤害。

⑤ 电流路径　电流对人体伤害程度主要取决于心脏受损程度。因此电流流经心脏的触电事故最为严重。试验表明，不同路径的电流对心脏有不同的损害程度，而以电流从左手至脚时，心脏直接处于电流通路内，因而是最危险的。

⑥ 电流性质　试验表明，直流、交流和高频电流通过人体时，对人体的危害程度是不一样的，通常以 50～60Hz 的工频交流电流对人体的危害最为严重。

除上述因素外，人的体重、健康状况及精神状态也会影响电流对人体的危害程度。为了防止触电事故的发生，除了采取保护接地措施外，还应注意安全用电。

9.2.2　电气安全的措施

（1）电气安全的一般措施

① 加强电气安全教育，增强电气安全意识　电能够造福于人，但如果使用不当，会给人带来极大的伤害，甚至致人死命。因此必须加强电气安全教育，增强电气安全意识。

② 严格执行安全工作规程　在变电所工作，必须严格执行《电业安全工作规程》有关规定，完成保障工作人员安全的组织措施和技术措施。保证安全的组织措施有：工作票制度；工作许可证制度；工作监护制度；工作间断、转移和终结制度。保证安全的技术措施有：停电、验电；装设接地线；悬挂指示牌和装设遮栏等。

③ 严格遵循设计、安装规范　国家制订的有关供配电系统设计、安装规范，是确保电气设计、安装质量的基本依据，应认真贯彻执行。

④ 加强运行维护和检修试验工作　加强供配电设备运行维护和检修试验工作，对于保证供配电系统安全运行，具有很重要的作用，应遵守设备运行管理、检修、试验的有关规定和标准。

⑤ 采用安全电压和符合安全要求的相应电器　对于容易触电及有触电危险的场所，应按规定采用相应的安全电压，并对设备采取适当的安全措施。对于在有爆炸和火灾危险环境中使用的电气设备和导线电缆，应采用符合安全要求的相应电气设备和导线电缆，如隔爆电器和阻燃电缆等。

⑥ 采用电气安全用具　电气安全用具分基本安全用具和辅助安全用具。基本安全用具的绝缘足以承受电气设备的工作电压，操作人员必须使用它，才允许操作带电设备，如操作隔离开关的绝缘钩棒。辅助安全用具的绝缘不足以完全承受电气设备的工作电压，但操作人员使用它，可使人身安全有一定的保障，如绝缘手套和绝缘靴等。

⑦ 普及安全用电常识　安全用电常识，如不随意加大熔体规格；不超负荷用电；不随

便接近带电体；不在导线上晾晒衣物；不随意攀登电杆和配电装置等。

⑧ 正确处理触电及电气失火事故　发现有人触电，应立即切断电源，并进行现场急救。若电气设备着火，应立即将有关电源切断，并使用二氧化碳（CO_2）灭火器、干粉灭火器或1211（二氟一氯一溴甲烷）灭火器灭火。

（2）低压配电系统的等电位连接

等电位连接，也称等电位接地，是使各电气设备外露可导电部分和装置外可导电部分的电位相等的一种电气连接。等电位连接用于连接各个单独接地系统，构成等电位体，以降低接触电压，保障人身安全。等电位连接分总等电位连接和局部等电位连接，如图 9-9 所示。

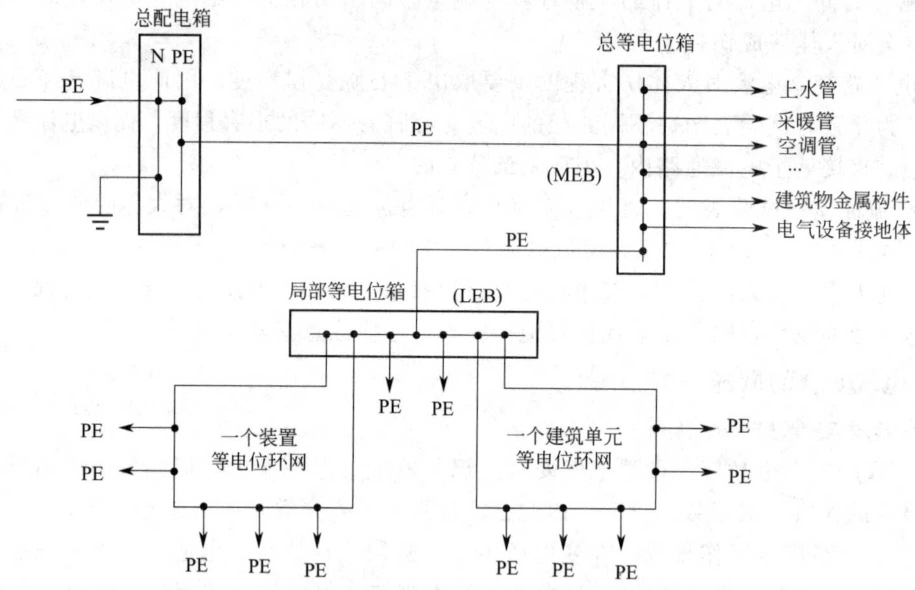

图 9-9　总等电位连接（MEB）和局部等电位连接（LEB）

① 总等电位连接（MEB）　总等电位连接一般设总等电位连接箱，在箱内设一总接地端子排，该端子排与总配电柜的 PE 母线作电气连接，再由此端子引出足够的等电位连接线至各局部等电位连接箱及其他需要作等电位连接的各种管线（接地体）。等电位连接一般使用 40mm×4mm 的镀锌扁钢。

② 局部等电位连接（LEB）　局部等电位连接又称辅助等电位连接。辅助等电位连接一般设辅助等电位连接箱，在箱内设一辅助接地端子排，该端子排与总等电位连接箱作电气连接，再由此端子引出足够的辅助等电位连接线至各用电设备。辅助等电位连接用于远离总等电位连接处，环境潮湿、触电危险性大的局部地区，作为总等电位连接的一种补充。

（3）采用漏电保护装置

① 漏电保护器的功能与原理　漏电保护器，简称 RCD。RCD 是在规定的条件下，当漏电电流达到或超过规定值时，能自动断开电路的一种开关电器。其作用是对低压配电系统中的漏电和接地故障进行安全保护，防止发生人身触电事故及接地电弧引发的火灾事故。

漏电保护器按其动作的信号分，有电压动作型和电流动作型。电流动作型漏电保护器利用零序电流互感器来检测接地故障电流以动作于开关脱扣机构。

电流动作电子脱扣型漏电保护器，其保护原理如图 9-10 所示。设备正常运行时，穿过零序电流互感器 TAN 的三相电流相量和为零，在 TAN 二次侧不产生感应电流。当设备发生漏电或单相接地故障时，TAN 二次侧感生的电流经电子放大器 AV 放大后，使断路器 QF 跳闸线圈 YR 得电，QF 跳闸，切断漏电或单相接地故障，从而起到漏电保护的作用。

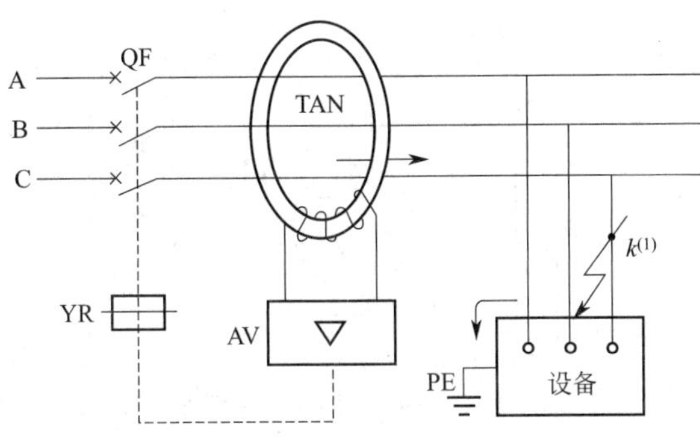

图 9-10　电流动作型漏电保护器原理示意图

TAN—零序电流互感器；AV—电子放大器；QF—断路器；YR—QF 自由脱扣机构

漏电保护器按其结构特征，可分为漏电保护开关、漏电保护断路器、漏电保护继电器和漏电保护插座四大类。漏电保护器按极数分，有单极 2 线、双极 2 线、3 极 3 线、3 极 4 线和 4 极 4 线等多种形式。

② 漏电保护器的装设

a. 漏电保护器装设的场所。GB 50096—1999《住宅设计规范》规定，除空调电源插座外，其他电源插座回路均应装设漏电保护器（RCD）。由于手持式（移动式）电器触电的危险性较大，因此一般规定，安装手持式电器的回路也应装设 RCD。

b. PE 线或 PEN 线不得穿过 RCD 的铁芯。在 TN-S 系统中装设 RCD 时，PE 线不得穿过零序电流互感器的铁芯。否则，在发生单相接地故障时，由于进出互感器铁芯的故障电流相互抵消，RCD 不会动作，如图 9-11(a) 所示。而在 TN-C 系统中装设 RCD 时，PEN 线不得穿过零序电流互感器铁芯。否则，在发生单相接地故障时，RCD 同样不会动作，如图 9-11(b) 所示。

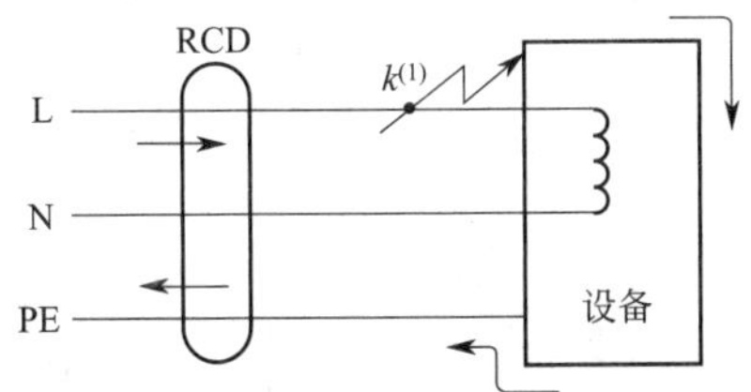

(a) TN-S系统中PE线穿过RCD互感器时RCD不动作

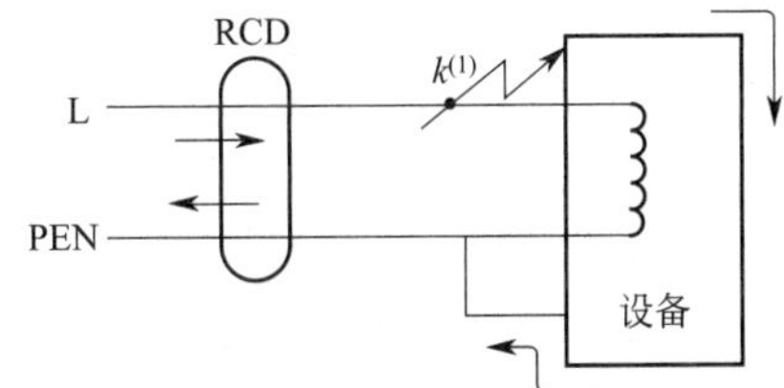

(b) TN-C系统中PEN线穿过RCD互感器时RCD不动作

图 9-11　PE 线或 PEN 线不得穿过 RCD 互感器的铁芯

TN-S 系统中 RCD 的正确接线如图 9-12(a) 所示；TN-C-S 系统的 TN-S 段中的 RCD 正确接线如图 9-12(b) 所示。

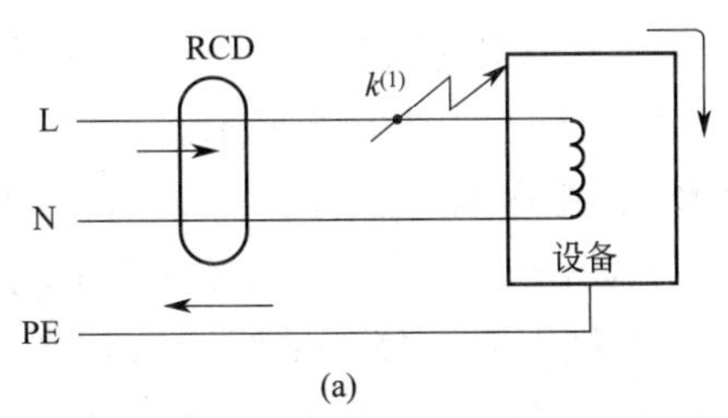

(a)

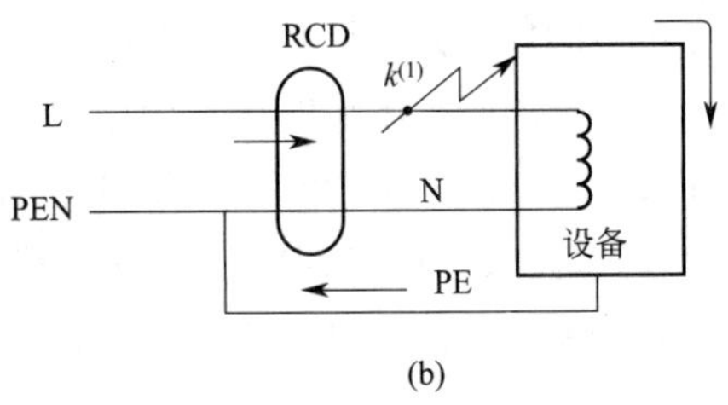

(b)

图 9-12　RCD 的正确接线

对于TN-C系统，如果系统中发生单相接地，就形成单相短路，其单相短路保护装置就会动作，切除故障，而RCD不动作，如图9-11(b)所示。所以，TN-C系统中不能装设RCD。

c. RCD负荷侧的N线和PE线不能接反。如图9-13所示，在低压配电线路中，若插座XS2的N端子误接于PE线上，而其PE端子误接于N线上，则插座XS2的负荷电流 I 不是经N线而是经PE线形成回路，从而使RCD的零序电流互感器一次侧出现不平衡电流 I，造成漏电保护器RCD无法合闸。

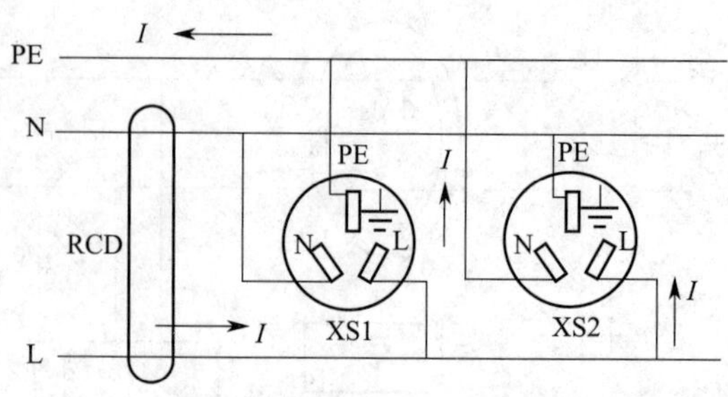

图9-13　插座XS2的N线和PE线接反时，RCD无法合闸

为了避免N线和PE线接错，建议在电气安装中，按规定N线使用淡蓝色绝缘线，PE线使用黄绿双色绝缘线，而A、B、C三相则分别使用黄、绿、红色绝缘线。

d. 装设RCD时，不同回路不应共用一根N线。在电气施工中，为节约线路投资，有时将装有RCD的回路与其他回路合用一根N线，如图9-14所示。这将使RCD的零序电流互感器一次侧出现不平衡电流而引起RCD误动，因此这种做法是不允许的。

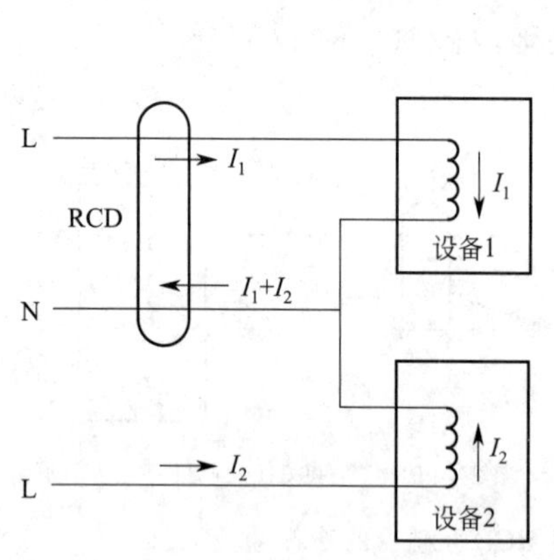

图9-14　不同回路共用一根N线引起RCD误动作

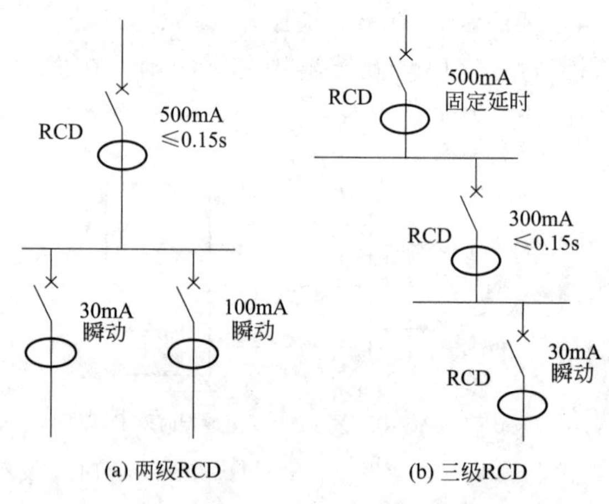

图9-15　低压配电系统中的多级RCD

e. 多级RCD装设的要求。为了有效地防止因接地故障引起人身触电事故及因接地电弧引发的火灾，通常在低压配电系统中装设两级或三级RCD，如图9-15所示。

线路末端装设的RCD，应为瞬动型，动作电流通常整定为30mA，个别可达100mA。上一级RCD应采用选择型，其动作时间应不大于0.15s，动作电流为300～500mA，以保证上下级RCD动作的选择性。有关资料表明，接地电流只有达到500mA以上时，其电弧能量才有可能引燃起火。因此从防火安全角度来说，RCD的动作电流最大可达500mA。

9.3　过电压与防雷保护

9.3.1　过电压

在电力系统中，由于过电压使绝缘破坏，是造成系统故障的主要原因之一。按过电压产生的原因不同，可分为内部过电压和外部过电压。

内部过电压是由于电力系统本身的开关操作、发生故障或其他原因，使系统的工作状态突然改变，从而在系统内部出现电磁能量振荡所引起的过电压。内部过电压又分为操作过电压和谐振过电压等形式。内部过电压一般不会超过系统正常运行时额定电压的 3～3.5 倍，因此对电力线路和电气设备的威胁不是很大。

外部过电压是由雷电引起的，所以又称为雷电过电压或大气过电压。雷电过电压分直击雷过电压和感应雷过电压两种基本形式。

① 直击雷过电压　当雷电直接击中电气设备、线路或建筑物时，强大的雷电流通过这些物体泄入大地，并在该物体上产生很高的电压，这称为直击雷过电压。雷电流通过被击中的物体时，将产生有破坏作用的热效应和机械效应，并伴有电磁效应和对附近物体的闪络放电。

② 感应雷过电压　雷云在架空线路上方时，会在架空线路上感应出等量的异性电荷。当雷云对雷云或对其他物体放电后，架空线路上的电荷被释放，形成自由电荷流向线路两端，便产生很高的过电压。

由于直击雷或感应雷而产生的高电压雷电波，沿架空线路或金属管道侵入变配电所，这称为雷电波侵入。据统计，由于雷电波侵入而造成的雷害事故，占整个雷害事故的 50%以上。因此，对其防护问题应予以足够的重视。

雷电过电压产生的雷电冲击波，其电压幅值可高达数十万伏，其电流幅值可高达几十万安，因此对电力系统的危害极大，必须采取一定的措施加以防护。

9.3.2　防雷保护装置

供电系统常用的防雷保护装置有：避雷针、避雷线、保护间隙和各种避雷器等。

(1) 避雷针

避雷针由接闪器（引雷金属杆）、引下线和接地体构成，其功能是引雷。由于避雷针能对雷电场产生一个附加电场（这个附加电场是由于雷云对避雷针产生静电感应引起的），使雷电场畸变，而将雷云的放电通道（雷云先导）吸引到避雷针本身，由避雷针及与其相连的引下线和接地体将雷电流安全地导入大地，使其周围的电气设备和建筑物免受雷电的危害。所以，避雷针实质上是“引雷针”，它能把雷电流引入地下，使被保护的线路、设备和建筑物免受雷击。

避雷针一般用镀锌圆钢或镀锌焊接钢管制成。它通常安装在构架、支柱或建筑物上，其下端经引下线与接地装置作电气连接。

避雷针的保护范围，用它能防护直击雷的空间来表示，其保护范围大小与避雷针的高度有关。通常采用“滚球法”确定其保护范围。

所谓“滚球法”，就是选择一个半径为 h_r（滚球半径）的球体，沿需要防护直击雷的部位滚动，如果球体只触及接闪器和地面，而不触及需要保护的部位时，则该部位就在避雷针的保护范围之内。

滚球半径是按建筑物的防雷类别确定的，如表 9-1 所示。

单支避雷针的保护范围，按下列方法确定（见图 9-16）。

① 当避雷针高度 $h \leqslant h_r$ 时

a. 在距地面 h_r 处作一平行于地面的平行线 CD。

b. 以避雷针的针尖 O 为圆心，h_r 为半径，作弧线交平行线 CD 于 A、B 两点。

c. 以 A、B 为圆心，h_r 为半径作弧线，该弧线与 O 相交，并与地面相切。由此弧线决定的整个锥形空间就是避雷针的保护范围。

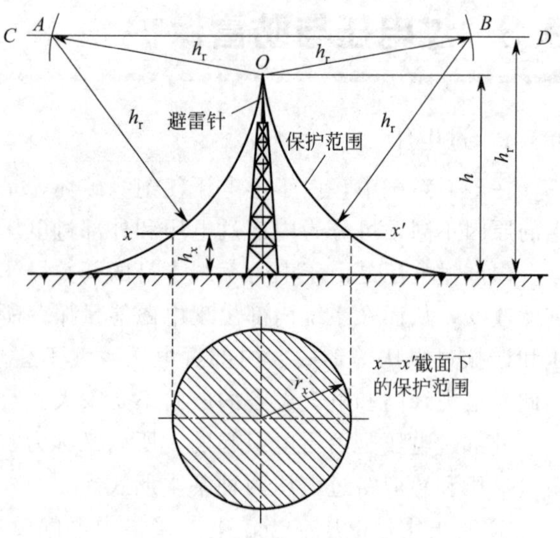

图 9-16 单支避雷器的保护范围

若被保护物的高度为 h_x，以 h_x 为高度作 $x—x'$ 截面，其保护半径 r_x 可按下式计算

$$r_x=\sqrt{h(2h_r-h)}-\sqrt{h_x(2h_r-h_x)} \tag{9-2}$$

式中，h_r 为滚球半径，按表 9-1 确定。

② 当避雷针高度 $h \geqslant h_r$ 时 在避雷针上取高度 h_r 的一点代替避雷针的针尖作为圆心 O，其余作法与上述方法相同。

表 9-1 按建筑物防雷类别要求的滚球半径和避雷网尺寸 m

建筑物的防雷类别	滚球半径 h_r	避雷网尺寸
第一类防雷建筑物	30	≤5×5 或≤6×4
第二类防雷建筑物	45	≤10×10 或≤12×8
第三类防雷建筑物	60	≤20×20 或≤24×16

当保护范围较大时，若用单支避雷针保护，则需架设得很高，这不仅投资增大，而且施工困难，所以应采用多支避雷针联合保护。如采用两支、三支或多支避雷针，其保护范围可参阅有关资料，此处从略。

（2）避雷线

避雷线的功能和保护原理与避雷针基本相同。避雷线架设在架空线路的上边，以保护架空线路或其他物体免遭直接雷击。由于避雷线既架空又接地，因此它又称为架空地线。避雷线一般采用截面不小于 35mm^2 的镀锌钢绞线。

避雷线的保护范围，在线路长度方向与其本身的长度相同；在线路宽度方向，其保护范围要比单支避雷针的保护半径小一些。当保护范围较宽时，可采用两根平行等高避雷线联合保护，其保护范围可参阅有关资料。

（3）避雷带和避雷网

避雷带和避雷网，用以保护较高的建筑物免受雷击。避雷带一般沿屋顶周围装设，高出屋面 100～150mm，支持卡间距离为 1～1.5m。装在烟囱、水塔顶部的环状避雷带又叫避雷环。避雷网除沿屋顶周围装设外，必要时可在屋顶上用圆钢或扁钢纵横连接成网。避雷带、避雷网必须经引下线与接地装置可靠连接。

（4）避雷器

避雷器的功能是泄放沿线路侵入变配电所的雷电波，以免大气过电压危及被保护设备的绝缘。避雷器应与被保护设备并联，接于被保护设备的电源侧，其放电电压应低于被保护设备的绝缘耐压值，如图 9-17 所示。当线路上出现危及设备绝缘的雷电过电压时，避雷器首先击穿对地放电，从而保护了设备的绝缘。

常用避雷器有保护间隙、管式避雷器、阀式避雷器和金属氧化物避雷器等类型。

① 保护间隙　保护间隙是最简单经济的防雷设备，其结构如图 9-18 所示，其中一个电极接于线路，一个电极接地。当线路出现过电压时，间隙被击穿放电，将雷电流泄入大地。为了防止间隙被外物（如鸟等）短接而误动作，通常在其接地引下线中还串接一辅助间隙，以保证线路安全运行。

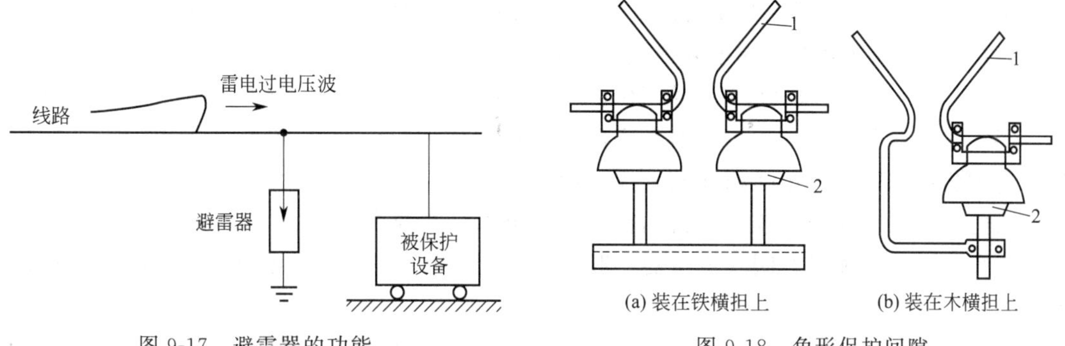

图 9-17　避雷器的功能

图 9-18　角形保护间隙

1—羊角电极；2—支持绝缘子

② 管式避雷器　管式避雷器主要由产气管、内部间隙和外部间隙组成。内部间隙装在产气管内，一个电极为棒形，另一个电极为环形，其结构如图 9-19 所示。

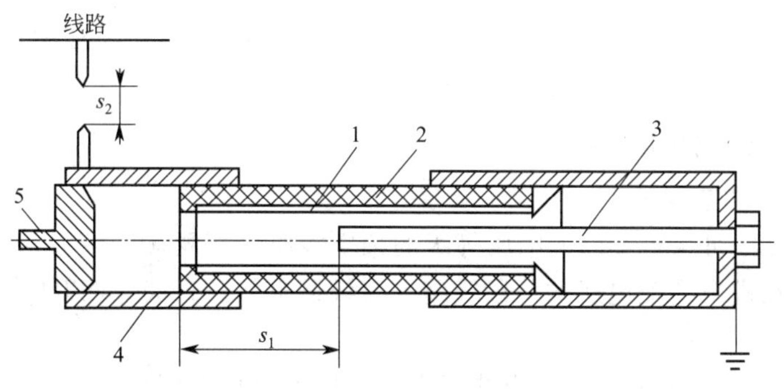

图 9-19　管式避雷器

1—产气管；2—胶木管；3—棒形电极；4—环形电极；5—动作指示器；

s_1—内部间隙；s_2—外部间隙

当线路上遭受雷击或感应雷时，雷电过电压使管式避雷器的内、外间隙同时击穿，强大的雷电流通过接地装置泄入大地。避雷器内部间隙的放电电弧使纤维管分解出大量气体，气体压力急骤增高，并从管口喷出，形成强烈的吹弧作用，当电流过零时电弧熄灭。这时外部间隙也迅速恢复了正常的绝缘，使避雷器与线路隔离，线路便恢复正常运行状态。

管式避雷器具有简单经济、残压小的优点，但它动作时有电弧和气体从管中喷出，所以只能用于室外场所，主要用于架空线路的防雷保护。

③ 阀式避雷器　阀式避雷器主要是由火花间隙和阀片组成，并组装在密封的磁套管内，如图 9-20 所示。火花间隙用铜片冲压而成，每对间隙用云母垫片隔开，并由多个火花间隙串联组成。

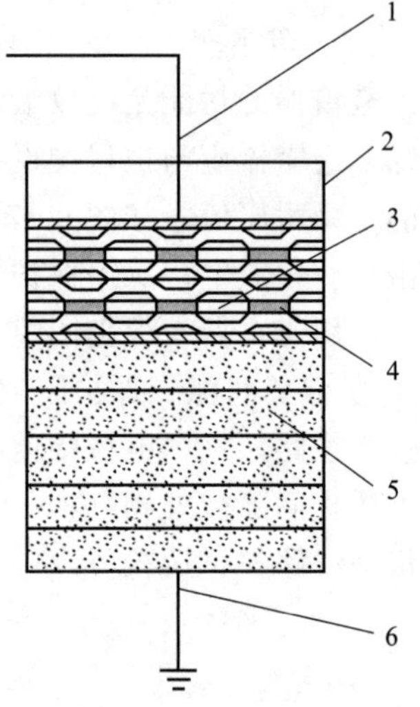

图 9-20　阀式避雷器结构示意图

1—上接线端；2—瓷套管；3—火花间隙；4—云母垫片；5—阀片；6—下接线端

正常情况下，火花间隙处于绝缘状态。当系统出现雷电过电压时，火花间隙被击穿放电，使雷电电流通过阀片泄入大地。阀片是用陶瓷材料粘固起来的电工用金刚砂（碳化硅）颗粒组成的，它具有阀的特性，即非线性特性。电压正常时，阀片电阻很大；在过电压情况下，阀片则呈现很小的电阻。因此在线路上出现过电压火花间隙被击穿时，阀片能使雷电流顺畅地泄入大地。当过电压消失后，线路又恢复工频电压时，阀片呈现很大的电阻，使火花间隙迅速恢复绝缘，切断工频续流，系统恢复正常工作，从而使电气设备得到了保护。

阀式避雷器分低压阀式避雷器和高压阀式避雷器。低压阀式避雷器中串联的火花间隙和阀片少，而高压阀式避雷器中串联的火花间隙和阀片较多，目的在于将长电弧分割成多段短电弧，以便于熄弧。阀式避雷器一般用于变配电所中，对变配电所内电气设备构成防雷保护。

④ 金属氧化物避雷器　金属氧化物避雷器是一种没有火花间隙，只有压敏电阻片的阀式避雷器，又称压敏避雷器。压敏电阻片是由金属氧化物（ZnO）烧结而成的多晶半导体陶瓷元件，具有理想的阀特性。在工频电压下，它呈现极大的电阻，能有效地阻断工频电流，因此不需火花间隙来熄灭由工频续流引起的电弧；而在雷电过电压作用下，其电阻又变得很小，能很好地泄放雷电流。

ZnO 避雷器具有结构简单，体积小，通流容量大，保护特性优越等特点。金属氧化物避雷器，已广泛应用于高、低压设备的防雷保护。

9.3.3　供配电系统的防雷措施

（1）架空线的防雷保护

① 架设避雷线　66kV 及以上电压等级的架空线路，需要全线装设避雷线。35kV 的架空线路，一般只在进出变配电所的一段线路上装设避雷线。10kV 及以下的架空线路上，一般不装设避雷线。

② 提高线路的绝缘水平　在架空线路上，采用木横担、瓷横担或高一级的绝缘子，可提高线路的防雷水平。

③ 利用三角形排列的顶线兼作防雷保护线　由于 3～10kV 的线路是中性点不接地系统，因此可在三角形排列的顶线绝缘子上装设保护间隙。当雷击顶线时，间隙击穿，对地泄放雷电流，从而保护了下面两根导线，也不会引起线路断路器跳闸。

④ 装设自动重合闸装置　线路发生雷击闪络之所以跳闸，是因为闪络电弧形成短路引起的。在断路器跳闸后，电弧自行熄灭，短路故障消失。采用自动重合闸装置，使断路器经过一定延时后自动重合，即可恢复供电。

⑤ 装设避雷器　对架空线路上个别绝缘薄弱的地点，如跨越杆、转角杆处，可装设管

式避雷器，进行防雷保护。

（2）变配电所的防雷保护

变配电所的防雷保护，一是对直击雷的防护，二是对雷电侵入波的防护。

① 对直击雷的防护　装设避雷针或避雷线，使变配电所中需要保护的设备和设施处于其保护范围之中，可有效防止直击雷对变配电所设备的危害。避雷针按安装方式分为独立避雷针和构架避雷针，独立避雷针具有专用的支架和接地装置；构架避雷针装设在配电装置的构架上。一般 35kV 及以下配电装置采用独立避雷针，110kV 及以上则采用构架避雷针。

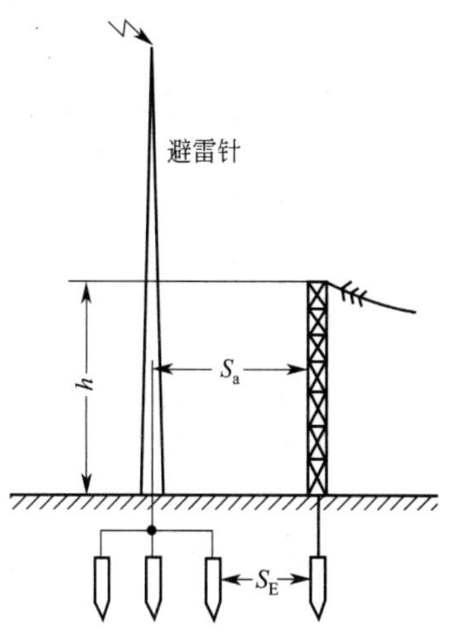

图 9-21　避雷针与被保护物间安全距离

独立避雷针受雷击时，在接闪器、引下线和接地体上都将产生很高的电压，如果避雷针与附近设施的距离较近，它们之间便会产生放电现象，这种情况称为“反击”，反击可能引起电气设备的绝缘破坏。为防止反击，避雷针与附近金属导体间必须保持一定的距离，如图 9-21 所示。一般情况下，S_a 不应小于 5m，S_E 不应小于 3m。

② 对雷电侵入波的防护　当线路遭遇直击雷或感应雷时，就会有雷电冲击波沿高压线路侵入变电所。由于 35kV 电力线路一般不在全线装设避雷线，为了防止变电所附近线路遭到直击雷危害时，雷电流沿线路侵入变电所，需在进线 1～2km 段内装设避雷线，如图 9-22 所示。

为防止保护段以外的雷电侵入波对所内设备造成危害，应在每路进线的终端，装设管式避雷器 F1 和 F2（见图 9-22）。当保护段以外的线路遭到雷击时，雷电冲击波到避雷器 F1 处对地放电，就会降低雷电过电压的幅值。避雷器 F2 的作用是对线路断路器和隔离开关构成保护，防止由于有雷电侵入波在断开断路器 QF 时产生过电压，致使断路器的绝缘支座对地放电。除此之外，还需要在变配电所每段母线上装设一组阀式避雷器 F3，避雷器应尽量靠近电力变压器，避雷器的残压必须小于变压器绝缘耐压所能允许的程度，以对绝缘相对薄弱的电力变压器等所内设备构成保护。阀式避雷器 F3 的接地线应与变压器低压侧中性点的接地及金属外壳的接地连接在一起。

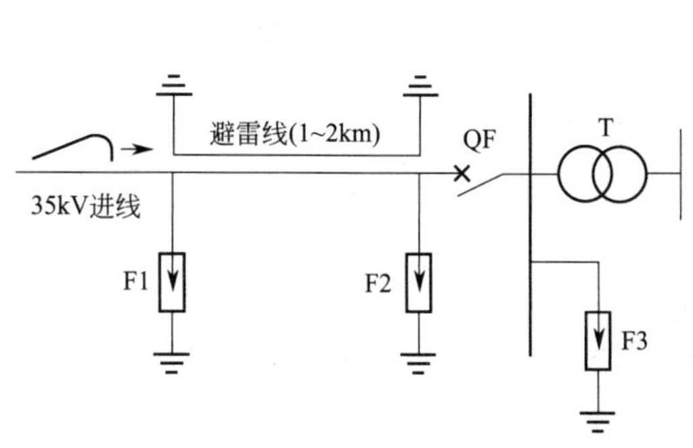

图 9-22　35kV 变配电所进线的防雷保护

F1，F2—管式避雷器；F3—阀式避雷器

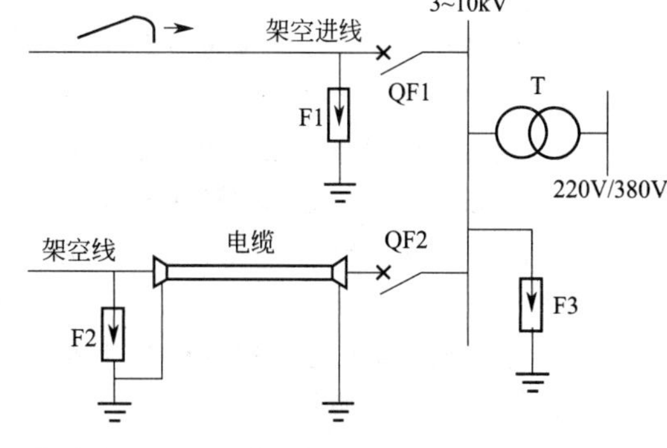

图 9-23　3～10kV 变配电所进线的防雷保护

F1，F2—管式避雷器；F3—阀式避雷器

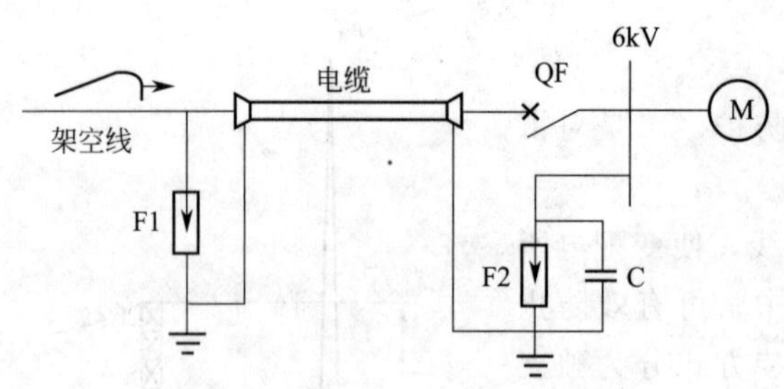

图 9-24 高压电动机的防雷保护
F1—管式或阀式避雷器；F2—磁吹阀式避雷器

3～10kV 进线的防雷，如图 9-23 所示，可以在每路进线终端，装设 FZ 型或 FS 型阀式避雷器，以保护线路断路器及隔离开关。如果进线是电缆引入的架空线路，在架空线路终端靠近电缆头处装设避雷器，其接地端应与电缆头接地线相连后接地。

（3）高压电动机的防雷保护

高压电动机是动设备，其承受过电压的能力低。因此高压电动机的防雷保护，不能采用普通阀式避雷器，应采用 FCD 型磁吹阀式避雷器或氧化锌避雷器。

具有电缆进线的高压电动机防雷保护接线如图 9-24 所示。为了降低雷电侵入波的陡度，减轻对电动机的危害，在电动机前面加一段 100～150m 的引入电缆，并在电缆前的电缆头处安装一组管式或阀式避雷器，而在电动机电源端（母线上）安装一组并联有电容器的磁吹阀式避雷器，这样才能达到满意的防雷效果。

思考题与习题

9-1 什么是接地？ 什么是接地装置？

9-2 什么是接触电压和跨步电压？

9-3 接地装置的类型有哪些？ 其作用是什么？

9-4 什么是保护接地？ 什么是保护接零？ 各自适用于什么场合？

9-5 为什么同一系统中不允许有的设备采取保护接地而另一些设备又采取保护接零？

9-6 什么是自然接地体和人工接地体？

9-7 安全电压和安全电流各是多少？ 影响触电的因素有哪些？

9-8 保证电气安全的一般措施是什么？

9-9 装设漏电保护器（RCD）的目的是什么？ 试说明电流动作型 RCD 的工作原理。

9-10 为什么低压配电系统中装设 RCD 时，PE 线或 PEN 线不得穿过零序电流互感器的铁芯？

9-11 什么是总等电位连接（MEB）和局部等电位连接（LEB）？ 其作用是什么？ 各应用在哪些场合？

9-12 什么是过电压？ 雷电过电压有哪些形式？ 各是如何产生的？

9-13 什么是工频接地电阻和冲击接地电阻？

9-14 什么是接闪器？ 避雷针是如何防护直击雷的？

9-15 如何用“滚球法”确定避雷针的保护范围？

9-16 防护直击雷的措施是什么？ 防护感应雷和雷电入侵波的措施是什么？

9-17 架空线路有哪些防雷措施？

9-18 变配电所有哪些防雷措施？ 高压电动机的防雷措施是什么？

第 10 章 工厂电气照明

10.1 电气照明的基本知识

10.1.1 电气照明及照明方式

(1) 电气照明

照明按光源性质分，有自然照明（即天然采光）和人工照明两大类。

电气照明是以光学、电学、建筑学和生理学等多学科的知识为基础，将电能转变为光能进行人工照明的一种照明方式。电气照明具有灯光稳定、控制调节方便和安全经济等优点，因而广泛应用于工厂照明的各个角落。

电气照明的设计是工厂供配电系统设计的组成部分，照明设计是否合理，将对安全生产、保证产品质量、提高劳动生产率和营造舒适的工作环境等方面都有很大的影响。

(2) 照明方式

在工厂或变电所中，照明可分为一般照明、局部照明和混合照明三种方式。

① 一般照明　对照度要求均匀的场所的照明。

② 局部照明　对工作地点的照明。

③ 混合照明　由一般照明和局部照明组成的照明。

(3) 照明的种类

照明按其用途可分为工作照明、应急照明、值班照明、警卫照明和障碍照明等。

① 工作照明　正常工作时的室内外照明。

② 应急照明　正常照明熄灭后，供工作人员暂时继续作业和疏散人员使用的照明。

③ 值班照明　非生产时间内，供值班人员使用的照明。

④ 警卫照明　警卫地区、周界的照明。

⑤ 障碍照明　在高层建筑上或基建施工、开挖路段时，作为障碍标志用的照明。

10.1.2 光的概念

科学上的定义，光是一种物质，是能量存在的一种形式，具有波粒二象性，并以电磁波的形式在空间传播，其光谱波长的大致范围为 1mm～1nm，其中红外线的波长为 780nm～1mm，可见光的波长为 380～780nm，紫外线的波长为 1～380nm。

人眼对各种波长的可见光，具有不同的敏感性。实验证明，正常人眼对于波长为 555nm 的黄绿色光最敏感，也就是说这种黄绿色光的辐射能引起人眼的最大视觉，波长偏离 555nm 越远，可见度越小。

(1) 光通量

光源在单位时间内，向周围空间辐射并引起视觉的能量，称为光通量，用符号 Φ 表示，单位为流明（lm）。光通量是评价各种电光源发光能力的一个重要技术参数。

(2) 光强

发光强度简称光强，是指光源在某一特定方向上单位立体角内的光通量，即光通的空间密度，用符号 I 表示，单位为坎德拉（cd）。

发光强度是表示光源发光强弱程度的物理量。对于向各个方向均匀辐射光通量的光源，各个方向的发光强度相同，其大小为

$$I=\Phi/\omega \tag{10-1}$$

式中，Φ 为光源在立体角 ω 内所辐射的总光通量，lm；ω 为光源发光范围的立体角，$\omega=A/r^2$，r 为球的半径，m，A 为与 ω 相对应的球表面积，m^2。

(3) 照度

受照物体表面，单位面积投射的光通量称为照度，用符号 E 表示，单位为勒克斯（lx）。夏天阳光直接照射下，照度可达 6 万～10 万勒克斯，无太阳的室外为 0.1 万～1 万勒克斯，明朗的室内为 100～550lx，夜间满月下只有 0.2lx。

如果光通量 Φ 垂直均匀地投射在面积为 A 的表面上，则该表面的照度为

$$E=\Phi/A \tag{10-2}$$

式中，Φ 为物体被照表面上接收到的总光通量，lm；A 为物体被照表面积，m^2。

(4) 亮度

亮度是反映发光体（反光体）表面发光（反光）强弱的物理量。发光体在视线方向上，单位投影面上的发光强度，称为亮度，用符号 L 表示，单位为坎德拉/米^2（cd/m^2）。

设发光体表面法线方向的发光强度为 I，而人眼视线与发光体表面法线成 θ 角，如图 10-1 所示。视线方向上的光强为 $I_\theta=I\cos\theta$，视线方向上的投影面积为 $S_\theta=S\cos\theta$，则发光体在视线方向上的亮度为

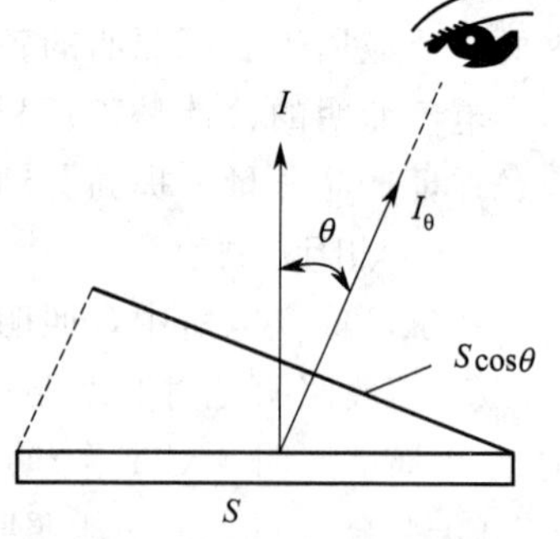

图 10-1 说明亮度的示意图

$$L=I_\theta/S_\theta=I\cos\theta/S\cos\theta=I/S \tag{10-3}$$

由此可见，发光体的亮度实际上与视线方向无关。

(5) 物体的光照性能

当光通量 Φ 投射到物体上时，一部分光通 Φ_ρ 从物体反射回去，一部分光通 Φ_α 被物体吸收，而余下一部分光通 Φ_τ 则透过物体。为了表征物体的光照性能，特引入以下三个参数。

① 反射比 反射光的光通量 Φ_ρ 与总投射光通量 Φ 之比（$\rho=\Phi_\rho/\Phi$）。

② 吸收比 吸收光的光通量 Φ_α 与总投射光的光通量 Φ 之比（$\alpha=\Phi_\alpha/\Phi$）。

③ 透射比 透射光的光通量 Φ_τ 与总透射光的光通量 Φ 之比（$\tau=\Phi_\tau/\Phi$）。

在照明技术中，直接影响工作面上照度的是反射比 ρ 这个参数。ρ 越大，被照表面越亮。

(6) 光源的显色性能

光源的显色性能，是指光源对物体照射后，物体显现的颜色与物体在日光（标准光源）照射下显现的颜色相符的程度。

光源的显色性能，用光源显色指数 R_α 表示（见表 10-1），日光的显色指数为 100，其他

光源的显色指数均小于 100。被测光源的显色指数越高，说明该光源的显色性能越好，物体的颜色在该光源照射下的失真就越小。一般白炽灯的显色指数为 97%～99%，荧光灯的显色指数为 75%～90%，显然荧光灯的显色性要差一些。

表 10-1　光源的显色等级及应用

显色指数(R_α)	等　级	显　色　性	应　用
90～100	1A	优	需要色彩精确对比的场所
80～89	1B	良	需要色彩正确判断的场所
60～79	2	普通	需要中等显色性的场所
40～59	3	差	对显色性的要求较低,色差较小的场所
20～39	4	较差	对显色性无具体要求的场所

10.2　常用电光源和灯具

10.2.1　常用电光源的类型及特性

电光源按其发光原理分，有热辐射光源和气体放电光源两大类。

(1) 热辐射光源

热辐射光源，是利用电能使物体加热时辐射发光的原理所制成的光源，如白炽灯、卤钨灯等。

① 白炽灯　白炽灯靠装在真空或充有惰性气体玻璃泡内的灯丝（钨丝），通过电流加热到白炽状态而引起热辐射发光的原理工作的。

白炽灯结构简单，价格低廉，显色性好，应用极为普遍。但其发光效率（单位电功率产生的光通量）较低，使用寿命较短，且耐振性较差。

② 卤钨灯　卤钨灯结构如图 10-2 所示。卤钨灯是在灯管中充入少量卤素或卤化物的气体，利用卤钨循环的作用，使灯丝蒸发的一部分钨重新附着在灯丝上，达到既提高光效又延长使用寿命的目的。

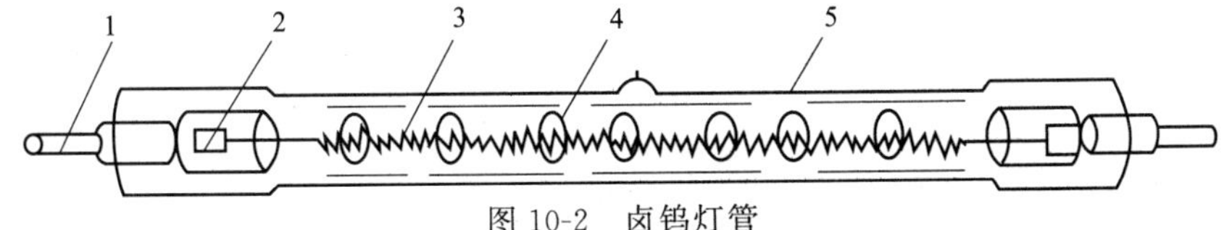

图 10-2　卤钨灯管

1—灯脚；2—铝箔；3—灯丝（钨丝）；4—支架；5—石英玻璃管（内充少量卤素）

为了使灯管温度分布均匀，防止出现低温区，以保持卤钨循环的正常进行，卤钨灯要求水平安装，其偏差不大于 4°。卤钨灯工作时，其管壁温度高达 600℃，应注意灯管不能靠近易燃物。

卤钨灯的显色性好，光效高，主要用于大面积、需要高照度工作场所的照明。

(2) 气体放电光源

气体放电光源，是利用气体放电时发光的原理制成的光源，如荧光灯、高压汞灯、高压钠灯、金属卤化物灯和氙灯等。

① 荧光灯　荧光灯俗称日光灯，它是利用汞蒸气在外加电压作用下产生弧光放电，发出少许可见光和大量紫外线，紫外线又激励管内壁涂覆的荧光粉，使之再发出大量可见光的原理工作的。

荧光灯主要由启辉器S、镇流器L（电感线圈）和电容器C等组成，其接线如图10-3所示。当荧光灯接上电源后，S首先产生辉光放电，使U形双金属片加热伸开，接通灯丝回路，灯丝加热后发射电子，并使管内的少量汞汽化。此时S辉光放电停止，双金属片冷却收缩，突然断开灯丝加热回路，使L两端产生很高的感生电动势，连同电源电压加在灯管两端，使充满汞蒸气的灯管击穿，产生弧光放电，点燃灯管。灯管起燃后，管内压降很小，靠L产生的压降来维持灯管电流的稳定。电容器C用来提高功率因数，不接C时，功率因数只有0.5左右；接上C后，功率因数可提高到0.95以上。

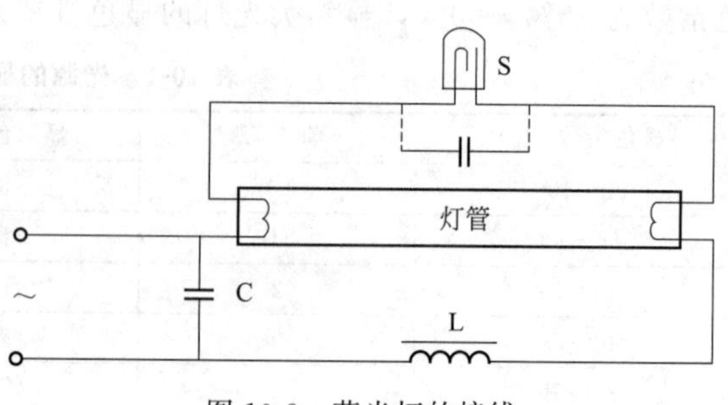

图10-3　荧光灯的接线

荧光灯工作时，其灯光随着加在灯管两端电压的周期性交变而频繁闪烁，这种“频闪效应”可能影响某些环境的照明。消除频闪效应的方法很多，最简单的方法是在一个灯具内，安装两根或三根灯管，并将每根灯管分别接在不同相的线路上。

荧光灯光效高，光色好，适用于需要照度高的室内场所，如教室、办公室和轻工车间。但不适合有转动机械场所的照明。

② 高压汞灯　高压汞灯又称高压水银荧光灯。高压汞灯的结构如图10-4所示，它是低压荧光灯的改进产品，属于高气压的汞蒸气放电光源。

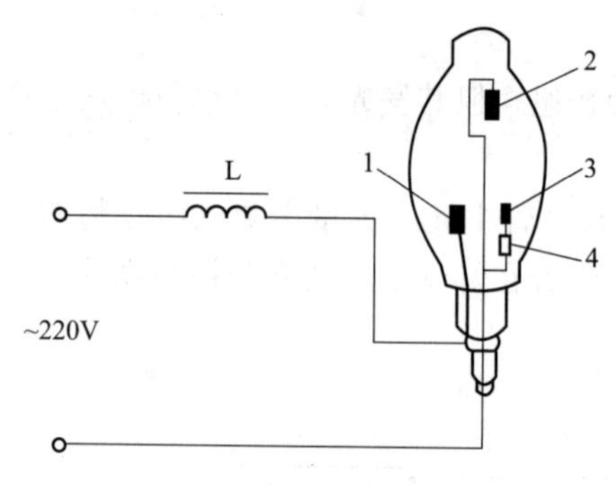

图10-4　高压汞灯的接线
1—第一主电极；2—第二主电极；3—辅助电极；4—限流电阻

高压汞灯的玻壳内壁涂有荧光粉，它能将汞蒸气放电时辐射的紫外线转变为可见光，以改善光色，提高光效。高压汞灯工作时，第一主电极与辅助电极（触发极）间首先击穿放电，使管内的汞蒸发，导致第一主电极与第二主电极间击穿，发生弧光放电，使管壁的荧光粉受激，产生大量的可见光。

高压汞灯光效高，寿命长，但启动时间长，光色差。常用于街道、广场和厂区大面积的照明。

③ 高压钠灯　高压钠灯是利用高压钠蒸气放电工作的光源，其光谱集中在人眼较为敏感的区域，故其光效比高压汞灯高。高压钠灯照射范围广，光效高，寿命长，紫外线辐射少，透雾性好，但启动时间（4～8min）和再次启动时间（10～20min）较长，对电压波动反应较敏感。高压钠灯的应用与高压汞灯类似。

④ 金属卤化物灯　金属卤（碘、溴、氯）化物灯是在高压汞灯的基础上，为改善光色而发展起来的新型光源，光色好，光效高，受电压影响小，是目前比较理想的光源。

⑤ 管形氙灯　氙灯为惰性气体弧光放电灯。氙气放电时能产生很强的白光，光色好，和太阳光十分相似，故称“人造小太阳”。适用于高大厂房、广场、运动场、车站、港口、机场和大型屋外配电装置的照明。

常用电光源的适用场所如表10-2所示。

表 10-2　常用电光源的适用场所

光源名称	适　用　场　所
白炽灯	①要求不高的生产厂房、仓库 ②局部照明和事故照明 ③要求频闪效应小的场所，开、关频繁的地方 ④需要避免气体放电灯对无线电设备或测试设备产生干扰的场所 ⑤需要调光的场所
卤钨灯	①照度要求较高，显色性要求较高，且无震动的场所 ②要求频闪效应小的场所 ③需要调光的场所
荧光灯	悬挂高度较低，需要较高的照度和正确识别色彩的场合
高压钠灯	①需要照度高，但对光色无特殊要求的地方 ②多烟尘的车间 ③潮湿、多雾的场所
金属卤化物灯	厂房高，要求照度较高和光色较好的场所
管形氙灯	要求照明条件较好的大面积场所，或在短时间需要强光照明的地方

10.2.2　常用灯具的类型及选择

灯具由照明电光源（灯泡或灯管）、固定安装用的灯座、控制光通量的灯罩和调节装置等部分组成。

（1）灯具的基本特征参数

① 配光曲线　配光曲线是灯具发光强度的分布曲线。灯具工作时，将其射向各方向上的发光强度矢量，按一定比例绘在 X、Y、Z 三维空间坐标上，并把各矢量终端连起来，便构成一封闭的光强体，如图 10-5 所示。当光强体被通过轴线的平面截割时，在平面上获得一封闭的交线，将此交线绘制在极坐标的平面上，就是灯具的配光曲线，如图 10-6 所示。配光曲线通常按光源发出的光通量为 1000lm 来绘制。

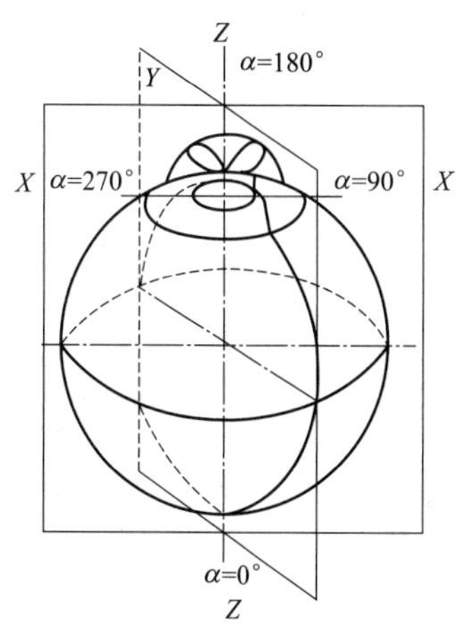

图 10-5　光强体及配光曲线

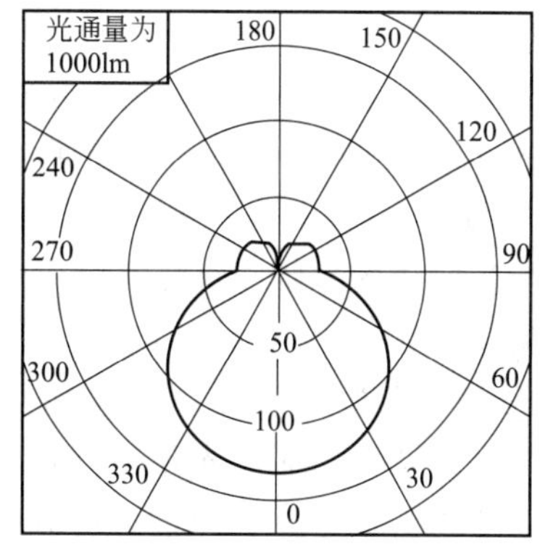

图 10-6　扁圆天棚灯配光曲线

② 保护角　当光源的亮度超过 16×10^3cd/m^2 的时候，人眼就不能忍受，而 100W 白炽灯的灯丝亮度高达 300×10^3cd/m^2。为了降低或消除这种高亮度造成的眩光，通常给光源加上一个不透明材料做成的灯罩。照明灯具防止眩光的范围常用保护角来衡量，指的是灯罩边和发光体边沿的连线与水平面的夹角。半透明材料的灯罩由于本身有一定的亮度，即使有一

定的保护角，仍会造成眩光，因而对灯罩表面亮度应加以限制。

③ 发光效率　电光源每消耗1W功率所发出的光通量，称为其发光效率，简称光效(lm/W)。单位功率所发出的光通量越大，转换成光能的效率越高，光效也就越高。

(2) 常用灯具的分类

① 按结构分类

a. 开启型　灯具光源裸露在外，灯具无灯罩或是敞口的。

b. 闭合型　灯具光源被透光罩包围，但透光罩内外空气能自由流通，尘埃易进入灯罩内，照明器的照度与透光罩的透射比有关。

c. 封闭型　灯具透光罩固定处加以封闭，使尘埃不易进入罩内。但当内外气压不同时，空气仍能流通。

d. 密闭型　灯具光源被透光罩密封，内外空气不能对流，如防水、防潮、防尘灯等。

e. 增安型　灯具光源被高强度透光罩密封，且灯具能承受足够的压力。其功能主要使照明器与周围环境隔离，可避免照明器正常工作中产生的火花而引发爆炸事故。

f. 隔爆型　灯具光源被高强度透光罩密封，但在灯座法兰与灯罩法兰之间有一隔爆间隙。当灯罩内产生电弧时，电弧经过隔爆间隙被冷却而熄灭，不会引起外部易燃易爆气体爆炸。因此，隔爆型灯能安全地应用在有爆炸危险介质的场所。

g. 防腐型　灯具外壳用耐腐蚀材料制成，且密封性好，腐蚀性气体不能进入照明器内部，适用于有腐蚀性气体的场所。

② 按配光特性分类　国际照明委员会（CIE），根据灯具向下和向上投射光通量的百分比，将灯具分为以下5种类型。

a. 直接照明型　灯具下射的光通量占总光通量的90%～100%，上射的光通量极少。

b. 半直接照明型　灯具下射的光通量占总光通量的60%～90%，上射的光通量只有40%～10%。

c. 均匀漫射照明型　灯具上射的光通量与下射的光通量基本相等，各为40%～60%。

d. 半间接照明型　灯具上射的光通量占总光通量的60%～90%，下射的光通量占40%～10%。

e. 间接照明型　灯具上射的光通量占总光通量的90%～100%，下射的光通量极少。

③ 按配光范围分类　根据灯具的配光范围，即配光曲线的形状，将灯具分为以下5种类型（见图10-7）。

a. 正弦配光型　发光强度是角度的正弦函数，并且在$\theta=90°$时发光强度最大。

b. 广照配光型　最大发光强度分布在较大角度上，可在较大的面积上形成均匀的照度。

c. 漫射配光型　又称均匀配光型，各个角度的发光强度基本一致。

d. 配照配光型　发光强度是角度的余弦函数，并且在$\theta=0°$时发光强度最大。

e. 深照配光型　光通量和最大发光强度

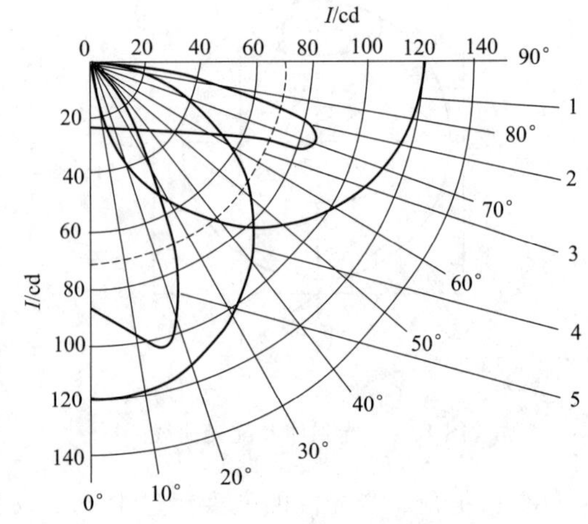

图10-7　灯具的配光曲线

1—正弦配光型；2—广照配光型；3—漫射配光型；4—配照配光型；5—深照配光型

集中在 0°～30°的狭小立体角内。

（3）常用灯具类型的选择

按 GB 50034—2004《建筑照明设计标准》规定，灯具应根据使用条件、光强分布、房间用途、限制眩光等进行选择。

① 按使用环境条件选择

a. 在正常温度下，可选用开启式灯具。

b. 在潮湿环境下，应选用密闭型、防水防尘灯具或配有防水灯头的灯具。

c. 在含有大量尘埃的环境下，应选用防尘灯具。

d. 在有爆炸和火灾危险的场所，应按危险场所选用相应的照明器。

e. 在震动较大的场所，应选用防震型灯具，或用普通灯具加防震措施。

f. 在腐蚀性的场所，应选用耐酸碱型灯具。

g. 灯具的外观，应与建筑物的风格和标准协调。

② 按光强分布特性选择

a. 安装高度在 6～15m 时，选用集中配光的直射照明器。

b. 安装高度在 15～30m 时，选用高纯铝深照灯或高光强灯。

c. 安装高度在 6m 及以下时，选用宽配光深照型照明灯。

d. 当灯具上面有需要观察的对象时，选用有光通分布的漫射型灯具。

e. 屋外大面积工作场所，选用长弧氙灯或高光强灯。

（4）室内灯具的布置

① 室内灯具布置要求　室内灯具的布置，在保证最低照度及均匀性要求的前提下，光线的射向要适当，无眩光、阴影，安全、经济，安装维护方便，布置整齐美观，并与建筑空间协调。

② 室内灯具布置方案

a. 均匀布置　灯具在整个车间内均匀分布，其布置与设备位置无关，整个室内能获得较均匀的照度。均匀布置较为美观，灯具可矩阵布置或菱形布置，如图 10-8 所示。

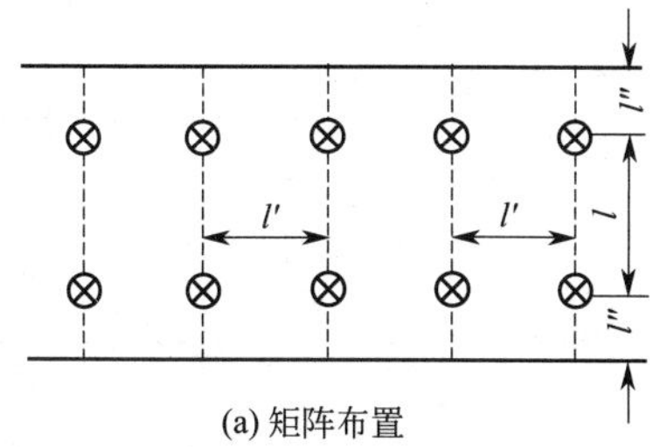

(a) 矩阵布置

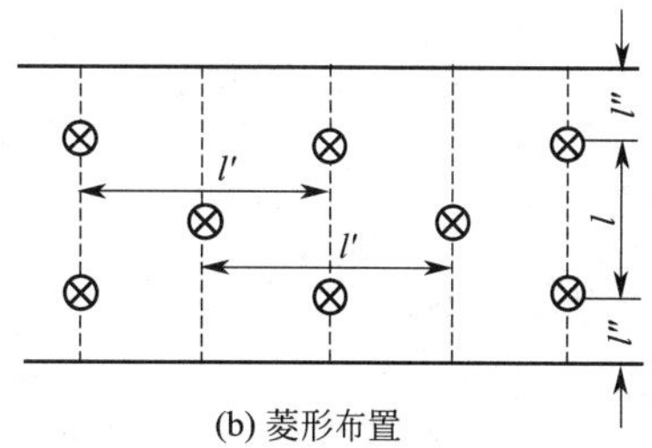

(b) 菱形布置

图 10-8　灯具的均匀布置

矩形布置时，尽量使灯距 l 与 l'接近。为使照度更加均匀，可将灯具排成菱形。等边三角形菱形布置，照度计算最均匀，此时 $l'=\sqrt{3}l$。

灯具间的距离，应按灯具的光强分布、悬挂高度、房屋结构及照度要求等多种因素确定。为了使工作面获得较为均匀的照度，所采用的距高比（即灯间距离 l 与灯在工作面上的悬挂高度 h 之比）不应超过各类灯具所规定的距高比。部分灯具较为合理的距高比如表 10-3 所示。

表 10-3　灯具较合理布置的距离高比（l/h）参考值

灯具类型	l/h		单行布置时房间最大宽度
	多行布置	单行布置	
深照型灯	1.6～1.8	1.5～1.8	1.0h
中照型灯	1.8～2.5	1.8～2.0	1.2h
广照型灯	2.3～3.2	1.9～2.5	1.3h

为使整个房间获得较均匀的照度，最边缘一列灯具离墙的距离为 l''（见图 10-8），当靠墙有工作面时，$l''=(0.25\sim0.3)l$；当靠墙为通道时，$l''=(0.4\sim0.6)l$。对矩形布置，l 可采用纵横两向灯距的几何平均值。

b. 选择布置　灯具的布置与生产设备位置有关。一般按工作面对称布置，力求使工作面获得最有利的光照并消除阴影。

10.3　照度计算

10.3.1　照明的照度标准

为了创造良好的工作条件，提高劳动生产率和产品质量，保障人身安全，工作场所及其他生活环境的照明，必须达到规定的照度标准。

表 10-4 给出了部分生产车间工作面及生产和生活场所的最低照度标准，供参考。这里的照度标准，为平均照度值。一般情况下，应取照度范围的中间值作为设计标准。

表 10-4　部分生产车间工作面及生产和生活场所照度标准参考值

1. 部分生产车间工作面上的照度标准

车间名称及工作内容	工作面上的最低照度值/lx			车间名称及工作内容	工作面上的最低照度值/lx		
	混合照明	混合照明中的一般照明	单独使用的一般照明		混合照明	混合照明中的一般照明	单独使用的一般照明
机械加工				铸工车间			
一般加工	500	30	—	熔化、浇注	—	—	30
精密加工	1000	70	—	造型	—	—	50
机电装配				木工车间			
大件装配	500	50	—	机床区	300	30	—
小件装配	1000	75	—	木模区	300	30	—
焊接车间				电修车间			
弧焊、接触焊	—	—	50	一般	300	30	—
一般划线	—	—	75	精密	500	50	—

2. 部分生产和生活场所的照度标准

场所名称	单独一般工作面上的最低照度/lx	工作面离地高度/m	场所名称	单独一般工作面上的最低照度/lx	工作面离地高度/m
高低压配电室	30	0	工具室	30	0.8
变压器室	20	0	阅览室	70	0.8
一般控制室	57	0.8	办公室、会议室	50	0.8
主控制室	150	0.8	宿舍、食堂	30	0.8
试验室	100	0.8	主要道路	0.5	0
设计室	100	0.8	次要道路	0.2	0

10.3.2　照度的计算

照度的计算，一是根据初步拟定的照明方案计算工作面上的照度，以检验是否符合照度标准的要求；二是在灯具的形式和悬挂高度初步确定之后，根据工作面上所要求的照度标准值，计算灯具的数目，然后再确定灯具的布置方案。

照度的计算方法，常用的有利用系数法、概算曲线法、比功率法和逐点计算法等。前 3 种都只用于计算水平工作面上的照度，而后一种则可用于计算任一倾斜面、包括垂直面上的照度。限于篇幅，这里只介绍应用最广的利用系数法。

(1) 利用系数的概念

照明灯具的利用系数是表征照明光源光通量有效利用程度的一个参数。其用投射到工作面上的光通量（包括直射光通量和多方反射到工作面上的光通量）与全部光源发出的光通量之比表示，即

$$u=\Phi_{e}/n\Phi \tag{10-4}$$

式中，u 为利用系数；Φ_{e} 为投射到工作面上的光通量（有效光通）；n 为灯数；Φ 为每盏灯发出的光通量。

利用系数 u 与下列因素有关。

① 与灯具的形式、光效和配光曲线有关。灯具的光效越高，光通量越集中，利用系数越高。

② 与灯具的悬挂高度有关。灯具悬挂在适当的高度，工作面上反射的光通量越多，利用系数也越高。

③ 与房间的面积和形状有关。房间的面积越大，越接近正方形，工作面上直射的光通量越多，利用系数也越高。

④ 与墙壁、顶棚和地面的颜色和洁污情况有关。其颜色越浅、越洁净，反射的光通量越多，利用系数也越高。

由此可见，利用系数应根据墙壁反射比 ρ_{w}、顶棚反射比 ρ_{c}、地面反射比 ρ_{f} 及房间受照空间的特征来确定（参见附表 24）。

房间受照空间的特征用“室空间比”（RCR）参数来表示，即

$$\mathrm{RCR}=\frac{5h_{\mathrm{RC}}(l+b)}{lb} \tag{10-5}$$

式中，h_{RC} 为室空间高度，即灯具离工作面的高度；l 为房间的长度；b 为房间的宽度。

由图 10-9 可知，受照房间按照明情况不同可分为顶棚空间、室空间和地板空间三部分。对于装设吸顶灯或嵌入式灯具的房间，则不存在顶棚空间；对于以地面为工作面的房间，则不存在地板空间。

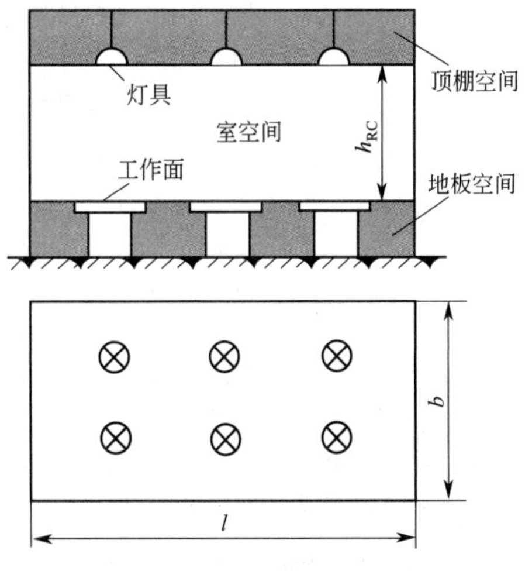

图 10-9　计算室空间比的说明

(2) 按利用系数法计算工作面上的平均照度

由于灯具在使用期间，光源（灯泡）本身的光效要逐渐降低，灯具也会陈旧脏污，受照场所的墙壁、顶棚也有污损的可能，从而使工作面上的光通量有所减少。因此，在计算工作面上的实际平均照度时，应计入一个小于 1 的“减光系数”（也称“维护系数”）。表 10-5 给出了某些房间或场所灯具的“减光系数”，供参考。

表 10-5 灯具的减光系数（维护系数）（据 GB 50034—2004）

环境污染特征		房间或场所	灯具每年擦拭次数	减光系数
室内	清洁	卧室、办公室、餐厅、阅览室、教室、病房、客房、仪器仪表装配间、电子元器件装配间、检验室等	2	0.80
	一般	商店营业厅、候车室、影剧院、机械加工车间、机械装配车间、织布车间、体育馆等	2	0.70
	污染严重	厨房、锻工车间，铸工车间、碳化车间、水泥车间等	3	0.60
室外		道路、广场、雨篷站台等	2	0.65

考虑了“减光系数”以后，工作面上的实际平均照度 E_{av} 为

$$E_{av}=\frac{uKn\Phi}{A} \tag{10-6}$$

式中，u 为利用系数；K 为减光系数；Φ 为每盏灯发出的光通量；A 为受照房间面积；n 为灯数。

如果已知工作面上的照度标准值 E_{av}，并已确定灯具形式及光源类型、功率时，则所需灯具数为

$$n=\frac{E_{av}A}{uK\Phi} \tag{10-7}$$

10.4 照明供配电系统

10.4.1 照明供配电系统的接线方式

（1）照明供配电系统的组成

照明供配电系统一般由接户线、进户线、总配电箱、配电干线、分配电箱、配电支线和用电设备（灯具、插座等）组成，如图 10-10 所示。

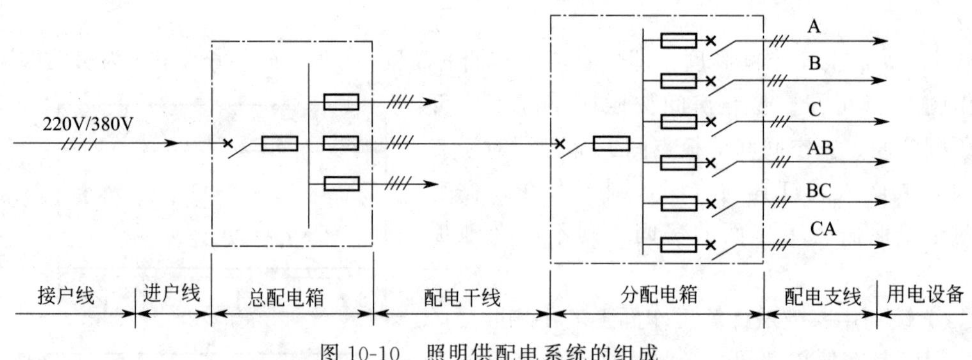

图 10-10 照明供配电系统的组成

（2）照明配电系统的接线方式

我国照明一般采用 220V/380V 三相四线或三相五线中性点直接接地的交流网络供电。具体的供电方式与照明工作场所的重要程度和负荷等级有关。

照明供配电系统的接线分放射式、树干式和混合式等接线方式。放射式接线可靠性较高，但耗用材料和设备较多，投资较大；树干式接线耗用材料和设备较少，比较经济，但可靠性较差；混合式接线的优缺点介于前两者之间，实际应用最为广泛，如图 10-11 所示。

当变电所装有两台及以上变压器时，应急照明与工作照明的配电干线应分别接自不同的变压器低压母线，如图 10-12 所示。

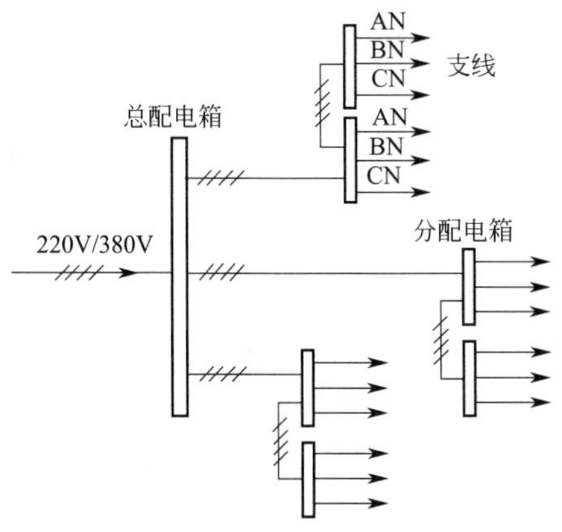

图 10-11　混合式照明配电系统

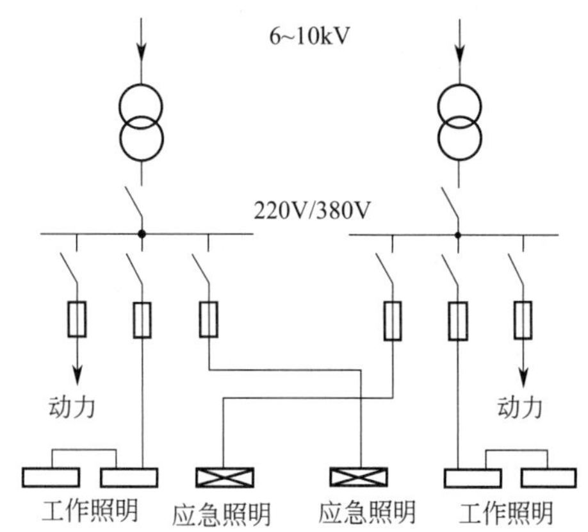

图 10-12　应急照明由两台变压器交叉供电的照明配电系统

若变电所仅装有一台变压器时，应急照明与工作照明的配电干线自低压母线上要分开敷设。应急照明应采用备用电源自动投入装置，以保证其供电的可靠性。

照明灯具基本控制回路的接线原理如图 10-13 所示。

注意：控制开关应安装在相线（L）上，以保证灯具装卸及检修的安全。

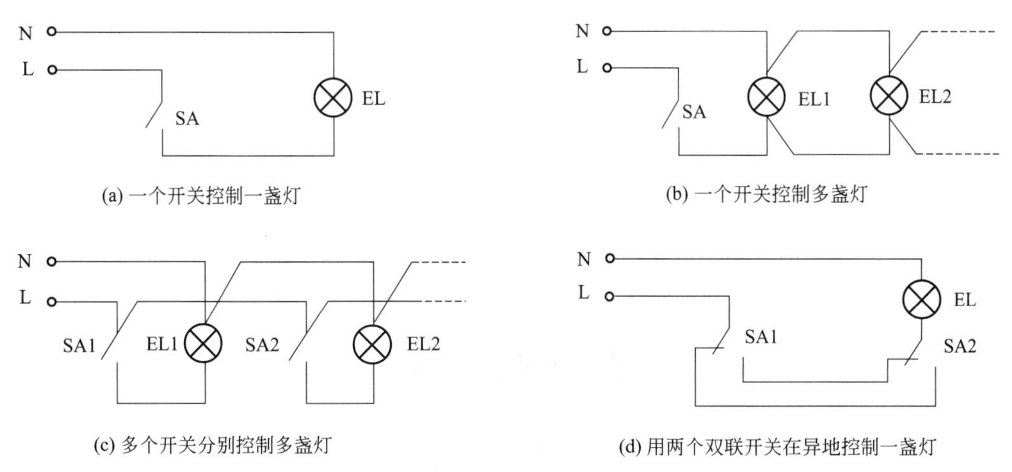

图 10-13　照明灯具控制回路接线原理图

10.4.2　照明配电系统导线的选择

根据设计经验，照明配电系统导线截面的选择，一般应先按允许电压损耗条件进行设计计算，然后选取标准截面，再校验其允许发热条件和机械强度条件。

（1）均一无感照明线路导线截面的选择

对于均一无感（$\cos\varphi=1$）的照明线路，按照允许电压损耗条件选择其导线截面的公式为式(6-32)。

(2) 有分支照明线路导线截面的选择

对于有分支的照明线路，应在技术上满足允许电压损耗条件和允许发热条件，并在经济上符合金属材料消耗最小的原则。在综合考虑以上因素的前提下，按允许电压损耗条件选择有分支照明线路干线截面的近似公式为

$$A=\frac{\sum M+\sum \alpha M'}{C\Delta U_{al}\%} \tag{10-8}$$

式中，$\sum M$ 为计算线路段及其后面各段（与计算线路段有相同根数的线路段）的功率矩（$M=pl$）之和，kW·m；$\sum \alpha M'$为由计算线路段供电而导线根数与计算线路段不同的所有分支线路的功率矩（$M'=pl$）之和，这些功率矩应分别乘以对应的功率矩换算系数 α（见表 10-6）后再相加；$\Delta U_{al}\%$为从计算线路首端起至整个线路末端，其允许电压损耗的百分值（一般情况下，取 5%，有较高要求时，取 2%～3%）；C 为计算系数，见表 6-4。

表 10-6 功率矩换算系数 α 值

干线	分支线	换算系数		干线	分支线	换算系数	
		代号	数值			代号	数值
三相四线	单相	α_{4-1}	1.83	两相三线	单相	α_{3-1}	1.33
	两相三线	α_{4-2}	1.37		两相三线	α_{3-2}	1.15

应用式(10-8) 进行设计计算时，应从靠近电源的第一段干线开始，依次往后选择计算各段导线的截面。计算出截面后，应选取相近而偏大的标准截面，以弥补上述公式简化而带来的误差。选取的各段导线截面，还应校验其允许发热条件和机械强度条件。

当某线路段的导线截面选定后，其实际电压损耗为

$$\Delta U\%=\frac{\sum M}{CA} \tag{10-9}$$

在计算下一段线路的导线截面时，后面线路总的允许电压损耗为

$$\Delta U'_{al}\%=\Delta U_{al}\%-\Delta U\% \tag{10-10}$$

其余依次类推，直至将所有分支导线的截面选出为止。

思考题与习题

10-1 什么是光通量、发光强度、照度和亮度？ 其单位各是什么？

10-2 什么是反射比？ 反射比与照明有什么关系？

10-3 什么是热辐射光源和气体放电光源？ 其特点是什么？

10-4 试述荧光灯电路中启辉器、镇流器和电容的作用。

10-5 哪些场所宜采用白炽灯照明？ 哪些场所宜采用荧光灯照明？

10-6 常用灯具有哪些类型？ 各适用哪些场合？

10-7 室内灯具的布置，应考虑哪些因素？

10-8 什么是照明光源的利用系数？ 其与哪些因素有关？

10-9 照明供电系统的组成有哪些？ 其接线方式有哪些？

10-10　某 220V/380V 照明系统，如图 10-14 所示。线路采用 BLV 型铝芯塑料线明敷，全线允许电压损耗为 3%。试选择线路 AB 段、BC 段、BD 段和 DE 段的导线截面。

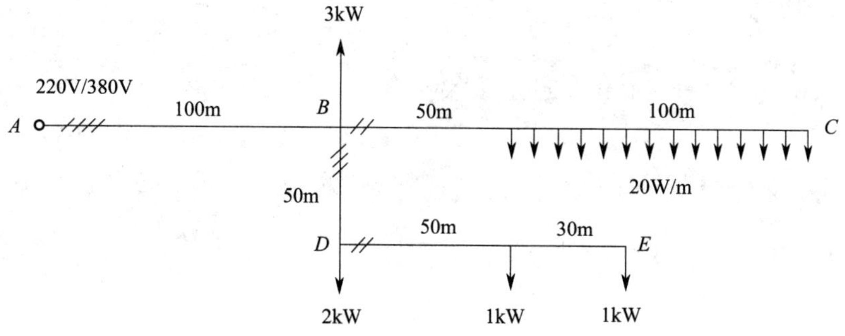

图 10-14　习题 10-10 的照明系统

第11章 供电的技术管理

11.1 供配电系统的无功补偿

11.1.1 提高功率因数的意义

在工厂供配电系统中，由于大量使用感应电动机、变压器、电焊机和电弧炉等用电设备，这些用电设备均属于感性负荷，所以供配电系统除供给有功功率外，还需供给大量的无功功率。由于有功功率 P、无功功率 Q 和视在功率 S 之间的关系为

$$S=\sqrt{P^2+Q^2} \tag{11-1}$$

而功率因数

$$\cos\varphi=P/S \tag{11-2}$$

因此，当供电系统有功功率一定时，用户所需无功功率增大，将使供电系统功率因数降低。功率因数偏低，会对供电系统造成以下不良影响。

① 使线路和设备电能损耗增大，增加生产成本。

由式(2-33)，线路的有功功率损耗为

$$\Delta P_{WL}=3I_{30}^2R_{WL}\times10^{-3}=3(S/\sqrt{3}U_N)^2R_{WL}\times10^{-3}=\frac{P^2R_{WL}\times10^{-3}}{U_N^2\cos^2\varphi}(\text{kW})$$

由此可见，当用户所需要的有功功率一定时，功率因数越低，线路的功率损耗越大，对应的电能损耗也越大，这会增加企业的生产成本。

② 使供电线路电压损耗增大，影响供电质量。

由式(6-27)，线路电压损失的计算公式为：$\Delta U=\dfrac{\sum(pR+qX)}{U_N}(\text{V})$

因此，当功率因数偏低时，说明通过线路的无功功率大，则线路的电压损耗会增大，从而使用电设备的电压偏差增大，供电质量下降。

③ 使供电设备的供电能力降低，影响电能供应。

供电设备的供电能力（容量）是以视在功率 S 来衡量的。若系统功率因数降低，则无功功率增大，因而使同样容量的供电设备所能供给的有功功率减少，降低了供电设备的供电能力。

对用户来说，在有功功率一定的条件下，若用户所需的无功功率增大，则视在功率和电流也增大，这将增加供电系统的设备容量和功率损耗。

由以上分析可知，用户耗用的无功功率越大，功率因数就越低，引起的后果越严重。不论是从节约电能和提高供电质量出发，还是从提高供电设备的供电能力考虑，都必须提高功率因数。

功率因数是工厂供配电系统一项重要的技术经济指标。提高功率因数不仅对电力用户，

而且对整个电力系统的经济运行都有重大意义。

11.1.2　系统功率因数的确定

（1）瞬时功率因数

功率因数的瞬时值，称为瞬时功率因数。瞬时功率因数可由功率因数表（相位表）直接读出，也可以用有功功率表、电压表和电流表的读数计算得到。它是工厂供配电系统，在某一时刻的功率因数，即

$$\cos\varphi = \frac{P}{\sqrt{3}UI} \tag{11-3}$$

式中，P 为功率表测得的三相有功功率；U 为电压表测得的线电压；I 为电流表测得的线电流。

根据瞬时功率因数，可用来了解工厂供配电系统无功功率变化的情况，以便及时采取相应的补偿措施。

（2）平均功率因数

平均功率因数，指某一规定时间段内功率因数的平均值，又称加权平均功率因数。根据有功电度表和无功电度表每月记录的用电量，可计算月平均功率因数，即

$$\cos\varphi = \frac{W_{\mathrm{P}}}{\sqrt{W_{\mathrm{P}}^2 + W_{\mathrm{q}}^2}} \tag{11-4}$$

式中，W_{P} 为有功电度表的月积累值，kW・h；W_{q} 为无功电度表的月积累值，kvar・h。

月平均功率因数是电力部门每月向企业收取电费时，作为调整收费标准的依据。

（3）最大负荷时功率因数

最大负荷时功率因数，指供电系统最大负荷（即计算负荷）时的功率因数，即

$$\cos\varphi = \frac{P_{30}}{S_{30}} \tag{11-5}$$

式中，P_{30} 为工厂的有功计算负荷；S_{30} 为工厂的视在计算负荷。

《供电营业规则》规定，高压供电的工业用户，其功率因数应达到 0.9 以上，其他用户的功率因数应在 0.85 以上。设计供配电系统时，只有使系统最大负荷时的功率因数达到规定值，才能保证系统实际运行的月平均功率因数达到要求。因此，凡功率因数未达到上述规定的，应增设无功补偿装置。

（4）自然功率因数

工厂或用电设备没有安装人工补偿设备（如并联电容器、同步电动机等）时的功率因数，称为自然功率因数。

（5）总功率因数

工厂或用电设备安装了人工补偿设备后的功率因数，称为总功率因数。

11.1.3　提高功率因数的方法

提高功率因数，通常采用两种途径。一种是在不添加任何附加设备的前提下，从合理选择和使用电气设备、改善其运行方式、提高其检修质量着手，提高自然功率因数，但自然功率因数的提高往往有限。一种是采用人工补偿装置来提高功率因数，如采用同步电动机和并联电容器等。

（1）提高自然功率因数

据统计，工厂无功功率的消耗，一般感应电动机约占 70%，变压器约占 20%，供电线

路约占10%。因此，要降低无功功率的消耗，应从感应电动机和变压器入手，积极设法提高其自然功率因数。

① 合理选择电动机的规格、型号，使其在接近额定负载下运行。

② 防止电动机轻载运行。对实际负荷不超过1/3额定容量的感应电动机，应换以小容量的电动机；或者将轻负荷运行的电动机改变其接线（如将三角形接线改为星形接线），实现合理运行。

③ 保证感应电动机检修质量，防止由于气隙过大或不均匀，增加无功功率的消耗。

④ 合理选择变压器的容量，提高变压器的负载率（一般在70%～80%比较合理）。变压器的负载率越小，其功率因数越低。对于平均负载率低于30%的变压器，应予以更换。

⑤ 合理安排和调整工艺流程，改善电气设备的运行方式，限制其空载运行。

⑥ 交流接触器的节电运行。利用节电器，使交流接触器交流启动吸合，直流维持吸合状态运行，可减少系统无功功率的消耗。

⑦ 使绕线式感应电动机同步化运行。绕线式感应电动机在过励磁的条件下同步化运行，产生的超前电流可补偿供电系统的无功功率，提高系统的功率因数。实践证明，一般绕线式异步电动机，在转子不改变其接线，且负荷系数不超过70%的情况下，经转子滑环加入的直流励磁电流为转子额定电流的1.2～1.4倍时，均可实现同步化运行。这种方法一般适用于负载比较稳定且不需要经常启动的设备。

提高自然功率因数的措施很多，如能全部落实，对改善企业功率因数能收到很好的效果。但要使企业的功率因数达到规定的值以上，往往还需要采用人工补偿。

（2）人工补偿功率因数

① 采用同步发电机。同步发电机在输出有功功率的同时，还输出容性无功功率，可补偿系统中的感性无功功率，提高系统功率因数。主要用于各发电厂。

② 采用同步电动机。同步电动机在消耗有功功率的同时，可提供超前的无功功率，能补偿系统中的感性无功功率，提高用户功率因数。主要用于各大电流用户处。

③ 采用同步调相机。当同步电动机不带负载而空载运行时，专门向电网输送无功功率，称为同步调相机。主要用于枢纽变电所，提高系统功率因数。

④ 采用并联电力电容器。用并联电容器提供的超前无功功率补偿功率因数，具有投资少、有功损耗小、运行维护方便、故障范围小等优点，所以在工厂中得到了广泛应用。

⑤ 采用静止无功补偿器（SVC），通过晶闸管控制电抗器（TCR），对变化的无功功率进行动态补偿，可以获得最佳的补偿效果，适用于有冲击性负荷的用户。

控制无功功率来提高功率因数的方法很多，限于篇幅，这里只重点讨论采用电力电容器补偿无功功率的问题。

11.1.4 采用并联电容器补偿功率因数

（1）并联电容器补偿功率因数的原理

采用并联电容器补偿功率因数的原理如图2-5所示。若用户所需的有功功率 P_{30} 不变，加装无功补偿装置（补偿量为 Q_C）后，无功功率由 Q_{30} 减小到 Q'_{30}，功率因数则由 $\cos\varphi$ 提高到 $\cos\varphi'$，视在功率由 S_{30} 减小到 S'_{30}，对应的负荷电流 I_{30} 也减小了。这既节约了电能，又降低了系统的损耗，提高了电压质量，而且还能降低供电系统的造价。

无功补偿量，可按式(2-43)或式(2-44)计算。并联电容器的型号及容量可参考附表5选取。

（2）并联电容器的接线

给电容器两端加上正弦交流电压 U 时，电容器输出的无功功率 Q_C 为

$$Q_C = U^2/X_C = 2\pi fCU^2 \times 10^{-3} = \omega CU^2 \times 10^{-3} \tag{11-6}$$

式中，$X_C = 1/\omega C = 1/2\pi fC$ 为电容器容抗；C 为电容值；f、ω 为电源频率及角频率。

由式(11-6)可知，电容器输出的无功功率与电容器端电压的平方和电源频率成正比。如果电源电压高于电容器额定电压，电容器将过负荷运行；反之，电容器输出的容量将降低。所以，安装电容器时，应使它的端电压接近其额定电压。

当单相电容器的额定电压与电网的额定电压相同时，三相电容器组应采用△形接线。若采用Y形接线，其每相电压为线电压的 $1/\sqrt{3}$，因 $Q_C \propto U^2$，所以电容器输出的容量将减小3倍，显然是不合适的。当单相电容器的额定电压低于电网的额定电压时，三相电容器组应采用Y形接线；或将几个电容器串联后，使每相电容器组的额定电压高于或等于电网电压，再接成△形。

对三相电容器，通常在其内部已接成三角形，故在实际应用中，电容器组通常都接成△形。接成△形，比接成Y形补偿容量大；接成△形，即使任一电容器断线，三相线路仍会得到无功补偿；接成△形，如任一电容器击穿短路时，将会造成三相线路的相间短路，由其过流保护动作切除故障。

（3）并联电容器的补偿方式

并联电容器的补偿方式，分集中补偿、分组补偿和就地补偿，如图 11-1 所示。为了减少系统无功功率的传送，提高无功补偿的效果，应尽量采用就地补偿。

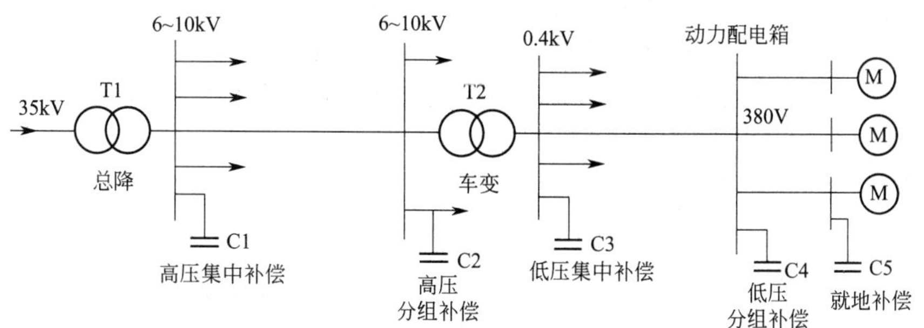

图 11-1　并联电容器补偿方式示意图

① 高压集中补偿　电容器组集中装设在工厂总降压变电所 6～10kV 母线上，用来提高“总降”的功率因数，使该变电所供电范围内的无功功率基本平衡。既可以减少高压进线的无功损耗，又能提高本变电所供电的电压质量。这种补偿方式在一些大中型工厂中应用比较普遍。

高压集中补偿并联电容器组的接线如图 11-2 所示。电容器组采用△形接线，装在成套高压电容器柜内，电容器柜安装在变电所高压电容器室。为防止电容器击穿时引起相间短路，△形接线的各回路，均设有高压熔断器保护。

对高压电容器，为限制其合闸涌流，一般采用串联适当容量的电抗器。对低压电容器，可采用加大分组来降低合闸涌流，或采用专门用于电容器投切的接触器，如CJR型，其每相串有1.5Ω电阻，待电容器充电到80%左右将电阻短接切除，使电容器正式投入运行。

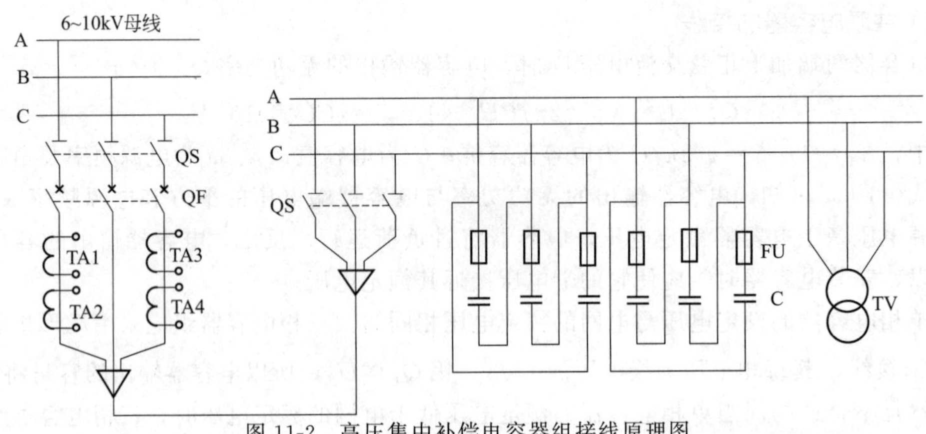

图 11-2 高压集中补偿电容器组接线原理图

> **注意：** 电容器从电网切除后，其残余电压最高可达电网电压的峰值，这对人身是很危险的。因此，电容器组应装设放电装置。对高压电容器，通常利用电压互感器（见图11-2 中的 TV）的一次绕组来放电。为了确保可靠放电，电容器组放电回路中不得装设熔断器或开关，以免放电回路断开，危及人身安全。

② 低压集中补偿　低压集中补偿是将低压电容器组装设在车间变电所的低压母线上，能补偿变电所低压母线前面高压配电线路及电力变压器的无功功率。低压集中补偿能减小变电所的视在功率，可选择较小容量的电力变压器，比较经济。这种补偿方式使用的低压电容器柜，一般可安装在低压配电室内，运行维护方便。因此，低压集中补偿在车间变电所应用相当普遍。

低压集中补偿并联电容器组的接线如图 11-3 所示。电容器组采用△形接线，一般利用220V、15～25W 的白炽灯的灯丝电阻来放电（也可用专门的放电电阻），白炽灯同时作为电容器组正常运行的指示灯。

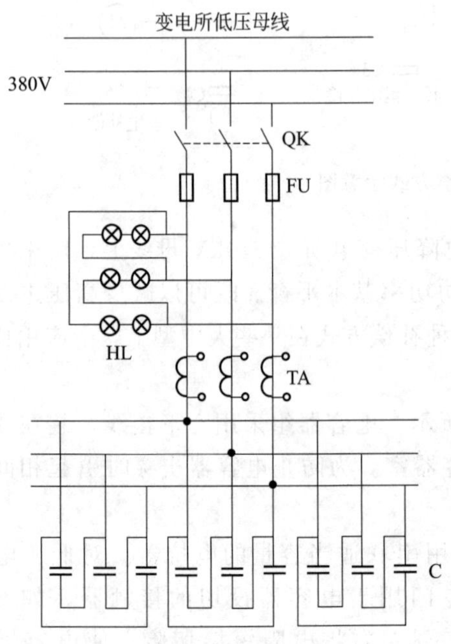

图 11-3 低压集中补偿电容器组接线原理图

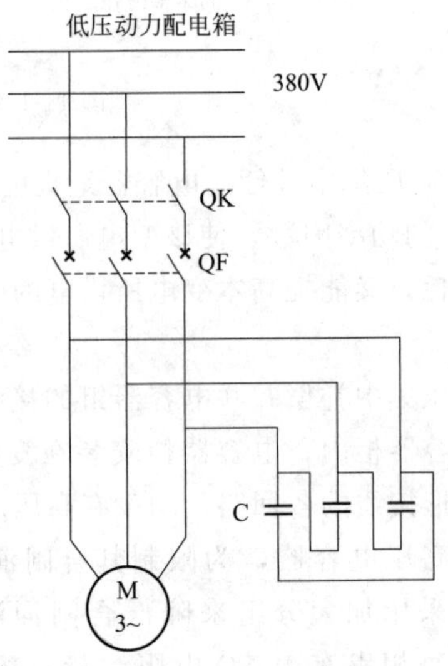

图 11-4 就地补偿电容器组接线原理图

③ 分组补偿　分组补偿是将电容器组分别装设在各回路的出线上或低压配电盘的母线上，如图 11-1 中的 C2 和 C4。分组补偿的电容器组利用率比分散补偿的高，所需补偿容量也小，但比集中补偿设备投资大。一般适用于补偿容量小、用电设备多而分散和部分补偿容量大的场所。

④ 就地补偿　单独就地补偿，又称个别补偿或分散补偿。电容器组直接安装在需要进行无功补偿的用电设备附近，并利用用电设备本身的绕组电阻来放电，如图 11-4 所示。

就地补偿方式，能够补偿电容器安装部位以前所有高低压配电线路和电力变压器的无功功率，其补偿范围最大，补偿效果最好，应优先采用。但这种补偿方式总体投资大，且电容器组利用率低（当用电设备停止运行时，电容器组同时被切除）。适用于负荷平稳、长期连续运行而容量较大的用电设备，如大型感应电动机、高频电炉等；也适用于容量虽小但数量多且长期连续工作的设备，如荧光灯等。

综上所述，各种补偿方式各有其优缺点。在设计工厂供配电系统时，应根据实际情况，采用合理的补偿方式，以获得良好的补偿效果，保证用户电源进线处在最大负荷时的功率因数不低于规定值。

（4）并联电容器的保护

低压并联电容器组或容量较小的电容器（450kvar 及以下），可用熔断器作电容器的相间短路保护；对于容量较大的高压并联电容器组，要用高压断路器控制，并装设过电流保护作为其相间短路保护。

对 6～10kV 电容器组，在有可能出现过电压的场所，应装设过电压保护。

当电容器组所接电网的单相接地电流大于 10A 时，应装设单相接地保护。当接地电流小于 10A 及电容器与支架绝缘时，可以不装设单相接地保护。

11.2　供配电系统的电能节约

11.2.1　节约电能的意义

据统计，2023 年我国发电装机容量已达到 29.2 亿千瓦，但是我国电力工业仍不能满足工农业生产和人民生活用电的需求，某些地区还存在严重缺电的情况。缺电的原因，除了电力工业发展滞后外，还存在电能使用不合理和浪费的现象。为了缓解我国电力供应紧张的局面，一方面要加快电力建设，增加年发电量，另一方面应实行计划用电和节约用电。

节约电能，不只是减少企业的电费开支，降低工业产品的生产成本，还能为企业积累更多的资金，促进企业的发展。更重要的是，由于电能能够创造更多、更大的工业产值，节约更多的电能，就能为国家创造更多的财富，缓解电力供需矛盾，有力地促进国民经济的发展，因此节约电能具有十分重要的意义。

从我国电能消耗的情况来看，工业用电占 70％以上。因此对工业企业来说，应该把节约用电放在十分重要的地位。研究节约用电，就是要研究分析用电过程中电能消耗的规律，采取有效的管理手段和技术措施，消除用电不合理和浪费的现象，提高电能的利用率。

11.2.2　节约电能的一般措施

节约电能，可以通过管理节电、结构节电和技术节电三种途径实现。管理节电，是通过加强用电的宏观管理，提高电能的利用率；结构节电，是通过调整产业结构和产品结构，来减少电能的过度消费；技术节电，是通过设备更新和技术改造，实现电能的节约。对工业企业来说，主要是管理节电和技术节电。

（1）节约用电的管理措施

① 加强供用电的科学管理。建立和健全用电的管理机构和制度，明确责任，落实节约用电的各项措施。

② 实行计划用电，提高电能利用率。按照统筹兼顾、确保重点、兼顾一般、择优供应的原则，做好电力供需平衡。

③ 加强用电定额管理，层层落实用电指标。各企业应加强能耗定额管理，把电能消耗定额分解落实到车间、班组和机组。

④ 实行负荷调整，“削峰填谷”。根据用户不同的用电规律，有计划、合理地安排生产，降低负荷的高峰，填补负荷的低谷，提高供电能力。

⑤ 实行经济运行方式，降低供电系统的能耗。如两台并列运行的电力变压器，在负荷低谷时可切除一台，使变压器处于经济运行状态。

⑥ 加强供、用电设备的运行维护，提高设备的检修质量，保证其良好的运行状态，以减少电能的消耗。

⑦ 做好节电宣传教育工作，明确节能的重要意义，形成自觉节约用电的意识。

⑧ 实行节电奖惩制度。

（2）节约用电的技术措施

① 逐步淘汰低效耗能的供用电设备。用高效节能的电气设备来取代低效耗能的电气设备，是节约电能的一项基本措施，其节电效果十分明显。如新型Y系列电动机与老型号JO2系列电动机相比，效率可提高0.413%。如果全国按年装机容量3×10^9 kW计算，年运行时间按4000h考虑，则全国一年就因此节电$3\times10^9\ \text{kW}\times4000\ \text{h}\times0.413/100\approx50\times10^9$ kW·h，即50亿度电。

② 改造能耗大的供用电设备。对能耗大的电气设备进行技术改造，也是节能的一项有效措施。如一台1000kV·A的电力变压器，原来采用热轧硅钢片铁芯，空载损耗为3.9kW，现改为冷轧硅钢片铁芯，空载损耗为1.7kW，一年仅空载损耗一项，就可节电$(3.9-1.7)\text{kW}\times8760\text{h}=19272\text{kW}\cdot\text{h}$。又如交流弧焊机，加装无载自停装置后，据估算平均一台每年可节约有功电能约1000kW·h，节约无功电能约3500kvar·h。

③ 改造不合理的供配电系统。对不合理的供配电系统进行技术改造，如将迂回的配电线路改为直配；将截面偏小的导线更换为截面稍大的导线；在技术经济指标合理的条件下，将配电系统升压运行；使变配电所尽量靠近负荷中心等，都能有效地降低线路损耗，节约电能。

④ 采用新技术、新设备。推广、应用新的科技成果，作为节电的新途径。如选用高效风机和水泵；使用硅酸铝纤维新型耐火保温材料；采用高效节能新光源等。

⑤ 改进生产工艺。改造落后的生产工艺与流程，是提高劳动生产率、节能降耗、取得最大综合经济效益的根本措施。

⑥ 合理选择供用电设备容量，提高设备的负荷率。为了减小电力变压器和电动机的电能损耗，必须正确选择变压器和电动机的容量，采取合理的运行方式，充分发挥设备的潜力，提高设备的负荷率和使用效率，以达到节能的效果。

⑦ 提高设备的检修质量，加强运行维护。各种机电设备和生产装置，在长期使用过程

中，其工作效率将会逐渐降低，使电能消耗增大。因此，加强设备检修，提高检修质量和使用效率，是节约电能的重要方面。如变压器通过检修，消除了铁芯过热的状况，就能降低铁损；感应电动机通过检修，使转子与定子间的气隙均匀或减小，或者更换轴承减小摩擦，也能降低电能损耗。对其他动力设施，加强维护保养，减少水、汽、热等能源的跑、冒、滴、漏，都可直接节约电能。

⑧ 采用无功补偿装置，提高系统功率因数，降低系统损耗。

11.3　供配电系统电能质量的调控

供配电系统中的电气设备，只有在额定频率和额定电压下运行，才能达到最佳的工作状态。因此，衡量电能质量的主要技术指标是频率、电压和可靠性。

11.3.1　供电频率及调整措施

(1) 供电频率及允许偏差

我国电力系统采用的额定频率是 50Hz（俗称工频）。

电力系统电能供需不平衡时，系统运行的频率就会偏离额定频率。当电网频率低于额定频率时，系统中所有用户电动机的转速都将相应降低，不仅影响工厂的产量和产品质量，还将影响计算机和自控设备的准确性，因而对频率的要求比对电压的要求更为严格。

频率的质量以频率偏差来衡量。按《供电营业规则》规定，电力系统在正常运行情况下，电网装机容量在 300 万千瓦及以上，供电频率允许偏差为±0.2Hz；电网装机容量在 300 万千瓦以下，频率允许偏差不得超过±0.5Hz。在系统非正常运行情况下，供电频率允许偏差不得超过±1.0Hz。

(2) 调整频率偏差的措施

频率的稳定取决于电力系统有功功率的平衡。当电力系统的发电量小于用户的用电量时，系统频率就会降低；反之，系统频率就会升高。因此，频率偏差主要依靠发电厂调整，具体措施如下。

① 加速电力建设，增加装机容量，增强系统调节负荷高峰的能力。

② 计划用电，搞好负荷调整，移峰填谷，平滑冲击性负荷的影响。

③ 装设低周减载自动装置及排定低周停限电次序，以便在电网频率降低时，适当地切除部分非重要负荷，以保证重要负荷的供电质量。

11.3.2　供电电压及调整措施

电网电压的质量，主要指电压的有效值和波形。电压质量主要靠用户对其供配电系统的技术管理来控制。

(1) 电压偏差及调整措施

① 电压偏差　当供配电系统运行方式改变或负荷变化时，会使系统中各点的电压也随之变化。

电压偏差是指给定瞬间，设备端电压（实际获得的电压）与设备额定电压之差对额定电压的百分数，即

$$\Delta U\% = \frac{U - U_N}{U_N} \times 100 \tag{11-7}$$

式中，$\Delta U\%$为电压偏差百分数；U 为设备端电压；U_N 为设备额定电压。

② 电压偏差对设备运行的影响　实际电压偏高或偏低，都不能保证设备正常工作。

对于感应电动机，其转矩与端电压的平方成正比（即 $M \propto U^2$）。当电压降低 10%时，电动机实际转矩只有额定转矩的 81%，以致转差增大，使定子与转子电流都显著增大，引起电动机温升增加，加速绝缘老化，缩短电动机的使用寿命，甚至烧毁电动机。同时由于转矩减小，转速下降，导致生产效益降低，产量减少，还会影响产品质量。当电压偏高时，电动机励磁电流与铁损都将大为增加，会造成电机过热，效率降低。

对电热装置，其设备功率与电压平方成正比，所以电压过高将会损坏设备，电压过低又达不到所需工作温度。电压偏差对白炽灯影响最为显著，当白炽灯的端电压降低 10%时，其发光效率将下降 30%以上，灯光明显变暗，照度降低，严重影响人的视力，甚至引发事故；当其端电压升高 10%时，发光效率将提高 1/3，但其使用寿命大大缩短，只有原来的 1/3。

③ 电压偏差允许值　GB 50052—2009《供配电系统设计规范》，规定了供电电压与用电设备端子处电压偏差的允许值，如表 11-1 所示。

表 11-1　供电电压与用电设备端子处电压偏差的允许值

用电设备及工作场所		电压偏差允许值
电动机		±5%
电气照明	一般工作场所	±5%
	视觉要求较高的场所	+5%～−2.5%
无特殊规定的其他用电设备		±5%

④ 调整电压偏差的措施　如果工厂供配电系统的电压偏差超过了表 11-1 所规定的允许值，应采取电压调整措施。

a. 正确选择无载调压型变压器的电压分接头或采用有载调压型变压器。工厂 6～10kV 系统使用的配电变压器，一般为无载调压型，其一次绕组有 $U_{1N}\pm5\%$的电压分接头，可通过分接开关调压，如图 11-5 所示。如果设备端电压偏高，应将分接开关换接到＋5%的分接头，以降低设备端电压；如果设备端电压偏低，应将分接开关换接到－5%的分接头，以升高设备端电压。但是必须注意，换接电压分接头，应停电进行，且不能频繁操作，这就不能适时地根据设备端电压的变化进行电压调整。如果某些设备对电压偏差要求严格，可采用有载调压型电力变压器。

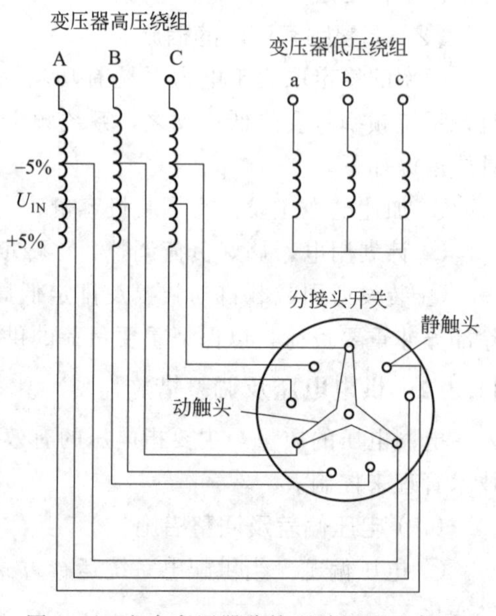

图 11-5　电力变压器分接开关调压示意图

b. 通过系统优化设计，合理减少系统的阻抗。由于系统中各元件的电压降与其阻抗成正比，因此通过系统优化设计，如减少供电系统的变压级数，适当增大导线截面，或以铜线代换铝线，都能有效地降低系统阻抗，减小电压降，从而减小电压偏差。

c. 通过科学管理，合理调整系统的运行方式。对一班制或两班制工作的企业，在工作时间内，可用两台变压器并列运行供电；而在非工作时间，可用一台变压器供电，或采用低压联络线供电。这不仅能实现电压调整的目标，还能取得降低电能损耗的效果。

d. 通过负荷的合理分配，使系统的三相负荷平衡。在低压三相四线制配电系统中，如果三相负荷分布不平衡，将使负荷中性点的电位偏移，造成有的相电压升高，从而增大了线路的电压偏差。因此，应合理分配负荷，使三相负荷尽可能地均衡。

e. 采用无功补偿装置，提高系统功率因数。因为系统功率因数偏低时，表明通过设备和线路的无功功率大，这会增大设备和线路的电压损失，使用电设备的电压偏差增大。因此，通过无功补偿，提高系统功率因数，可大大减小系统的电压降。这是减小电压偏差、提高供电质量的有效措施。

（2）电压波动及调整措施

① 电压波动和闪变　电压波动是指电网电压随时间的快速变动。电压波动的大小，以用户公共连接点相邻的最高电压 U_{max} 与最低电压 U_{min} 之差对电网额定电压 U_N 的百分数来表示，即

$$\delta U\%=\frac{U_{max}-U_{min}}{U_N}\times 100 \tag{11-8}$$

式中，$\delta U\%$ 为电压波动百分数；U_{max} 为公共连接点的最高电压；U_{min} 为公共连接点的最低电压；U_N 为电网额定电压。

电压波动引起的灯光闪烁，在视觉范围内对人眼、脑产生的刺激效应称为电压闪变。电压波动是大容量冲击性负荷造成的，如电弧炉冶炼时，其冲击性负荷电流引起线路压降急剧变化，从而导致电网电压波动。电压波动不仅会引起灯光闪烁，还会造成电动机转速脉动、电子仪器工作异常等。

② 电压波动允许值　GB/T 12326—2008《电能质量・电压波动和闪变》规定了电压波动和闪变的限值，如表 11-2 所示。

表 11-2　电压波动限值（据 GB/T 12326—2008）

电压波动频度 r_u/(次/h)	电压波动限值($\delta U_{max}\%$)		电压波动频度 r_u/(次/h)	电压波动限值($\delta U_{max}\%$)	
	35kV 及以下	35kV 以上		35kV 及以下	35kV 以上
$r_u\leqslant 1$	4	3	$10<r_u\leqslant 100$	2	1.5
$1<r_u\leqslant 10$	3*	2.5*	$100<r_u\leqslant 1000$	1.25	1

注：1. 电压波动频度 r_u 是指单位时间内电压变动的次数。电压由大到小或由小到大各算一次变动。同一方向的若干次变动，如果间隔时间小于 30ms，则算一次变动。

2. 对于随机性不规则的电压波动，如电弧炉负荷引起的电压波动，表中标有*号的值为其限值。

③ 抑制电压波动和闪变的措施　如果供配电系统的电压波动超过了表 11-2 所规定的限值，应采取抑制电压波动和闪变的措施。

a. 对大容量的冲击性负荷，如电弧炉、轧钢机等，采用专线或专用变压器供电，是降低系统电压波动简便而有效的办法。

b. 设法增大供电容量，减小系统阻抗，如将单回线路改为双回线路，使系统的电压损耗减小，从而减小负荷变动时引起的电压波动。

c. 当系统出现严重电压波动时，可减少或切除引起电压波动的设备。

d. 对大型电弧炉的炉用变压器，选用短路容量较大或电压等级较高的电网供电。

e. 对大容量冲击性负荷，如采用上述措施达不到要求时，可装设能“吸收”冲击性无功功率和动态谐波电流的静止补偿装置（SVC）。

(3) 电网谐波及其抑制措施

① 电网谐波及危害 谐波是由谐波电流(频率为基波整数倍次的各次电流)产生的。当正弦电压施加于非线性负荷时,电流变为非正弦波,由于负荷与电网相连,非正弦电流注入电网,在电网阻抗上产生压降形成非正弦波,使电压波形发生了畸变。因此,非线性负荷就是电网的谐波源。

配电网中的谐波源可分为三类:a. 半导体非线性负载,如各种整流装置、交直流换流装置、PWM变频器、相控调制变频器以及节能和控制用的电力电子设备等。b. 磁饱和非线性负载,如变压器、电抗器、发电机等。c. 电弧非线性负载,如各种气体放电灯、冶金电弧炉、直流电弧焊等。在电力电子装置大量应用之前,主要的谐波源是b、c类,而在电力电子设备大量应用的今天,a类便成为最主要的谐波源。

谐波是电网的公害。谐波电流的存在,不仅会引起电压波形畸变,而且会对电网和电气设备产生多方面的危害。因此国家标准GB/T 14549—2008《电能质量·公共电网谐波》,规定了电压波形的畸变率,如表11-3所示。

表11-3 公共电网谐波电压(相电压)的限值

电网额定电压/kV	电压总谐波畸变率/%	各次谐波电压含有率/%	
		奇次	偶次
0.38	5.0	4.0	2.0
6	4.0	3.2	1.6
10			
35	3.0	2.4	1.2
66			
110	2.0	1.6	1.8

② 电网谐波的抑制 将系统中的谐波限制在允许的范围内,就能保证电网和设备正常运行。因此,应针对谐波产生的机理,采取合理、有效的技术措施,对电网中的谐波加以抑制。

a. 三相整流变压器采用Yd或Dy接线。由于3次及其整数倍次的谐波电流在三角形连接绕组内形成环流,不会在星形连接的绕组内出现3次及其整数倍次的谐波电流,所以采用Yd或Dy接线的三相整流变压器,能有效抑制3次及其整数倍次的谐波电流注入电网。

b. 增加整流装置的脉冲数。整流装置的脉冲数越多,对次数高的谐波消去的也越多。分析与测试表明,三相六脉冲全波整流装置出现的5次谐波电流为基波电流的18.5%,7次谐波电流为基波电流的12%;如将两组六脉冲整流装置分别接入两台接线方式为Yy和Yd的整流变压器,即将两组6脉冲整流电路变成12脉冲整流电路,则出现的5次谐波电流会降为基波电流的4.5%,7次谐波电流将降为基波电流的3%。

c. 装设无源交流滤波器。在大容量静止谐波源与电网连接处,装设无源交流滤波器,利用R、L、C电路串联谐振的原理,使滤波器各组调谐回路分别对特定谐波进行调谐发生串联谐振(呈现零阻抗),从而吸收谐波电流,以阻止该次谐波注入电网。交流滤波器对基波呈现容性,还兼有无功补偿的作用。交流滤波器因其结构简单、投资少、运行可靠、维护方便而得到广泛的应用,不足之处是滤波效果易受电网运行参数的影响。

d. 装设有源电力滤波器。有源电力滤波器的接线原理如图11-6所示。它是一种基于动态无功补偿和谐波抑制的新型电力电子装置,不仅能调节无功功率,而且对消除电网谐波、

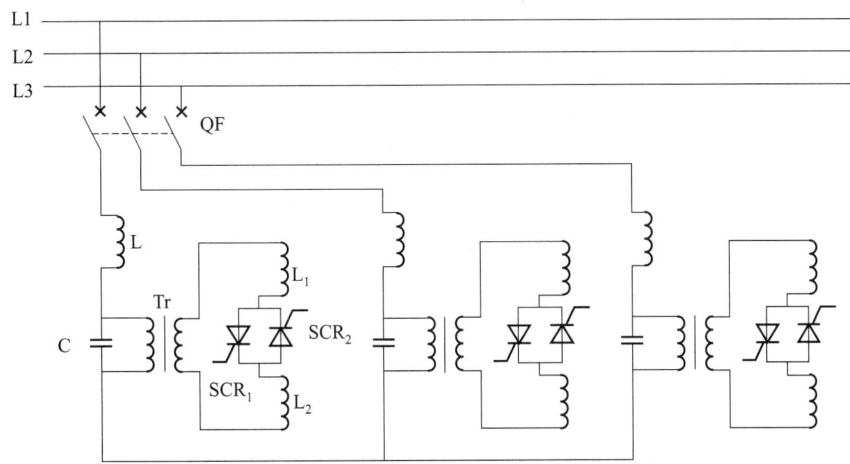

图 11-6　有源电力滤波器接线原理示意图

稳定系统电压、抑制电压闪变、平衡三相负荷和抑制系统振荡等，都有独特的作用。有源电力滤波器的主要特点是动态特性优良，具有小于 1ms 的响应时间，三相补偿谐波电流的次数可高达 50 次，还能消除中性线上 3 次谐波电流及其他零序性质的谐波，在进行无功补偿又消除谐波的同时，能将功率因数补偿到 1。有源电力滤波器适用于动态非线性负荷，如电弧炉、电气化铁路和轧钢设备等。

e. 抑制电容器组对谐波电流的放大。在电网中，并联电容器组用于补偿无功功率，但当系统存在谐波时，在一定的参数配合下，电容器组会对谐波电流放大，严重时发生谐振，危及电容器本身及附近其他电气设备的安全。解决问题的办法是在电容器回路中串联电抗器，为了取得最佳效果，需要将无功补偿与谐波抑制同时考虑。

11.3.3　供电可靠性及要求

供电可靠性，也是衡量供配电质量的一个重要指标。造成用户供电中断的原因，主要包括预安排停电、设备故障停电以及系统停电三个方面，其中预安排停电占绝大多数。

供电的可靠性，可用供电企业对电力用户全年实际供电小时数与全年总小时数（8760h）的百分比来衡量，也可用全年的停电次数和停电持续时间来衡量。在《中国县（市）电力企业现代化标准》中，要求城网供电可靠率应达到 99.8%以上，农网应达到 98%以上。

供配电系统应不断提高其供电可靠性，减少设备检修和电力系统事故对用户的停电次数及每次停电持续的时间。供用电设备计划检修应做到统一安排，对 35kV 及以上电压供电的用户，每年停电不应超过 1 次；对 10kV 供电的用户，每年停电不应超过 3 次。

思考题与习题

11-1　什么是功率因数？ 提高系统功率因数有何意义？

11-2　如何提高供配电系统自然功率因数？ 人工补偿功率因数的方法有哪些？

11-3　为什么通常采用并联电容器进行无功补偿？ 集中补偿、分组补偿和就地补偿各有何优缺点？ 各适用什么场合？

11-4　节约电能有何意义？

11-5　节约电能的管理措施是什么？ 节约电能的技术措施是什么？

11-6　电能的质量指标是什么？

11-7　电力系统频率允许偏差是多少？ 频率偏差过大有什么危害？

11-8　什么是电压偏差？ 电压偏差对电气设备运行有什么影响？ 调整电压偏差的措施是什么？

11-9　什么是电压波动和闪变？ 电压波动是如何产生的？ 如何抑制电压波动？

11-10　电网谐波产生的原因是什么？ 如何抑制电网谐波？

第12章 电气运行与检修试验

12.1 电气运行与倒闸操作

12.1.1 变电所的运行管理

（1）变电所的运行值班制度

工厂变配电所的运行值班制度，分轮班制和无人值班制。轮班制，一天三轮换，常年不间断，这对于确保变配电所的安全运行大有好处，但耗费人力多，不经济，适用于工厂总降压变电所或总配电所的运行管理。对于车间变电所，多采取无人值班制，一般由维修电工定期巡视检查和维护。这对于自动化程度低的变电所，很难保证其安全运行。现代化企业变配电所发展的方向，是要在提高自动化的基础上实现无人值守。

（2）变电所值班员的职责

变电所的值班员（运行电工），应遵守以下岗位职责。

① 遵守变配电所值班工作制度，坚守工作岗位，做好变配电所的安全保卫工作，确保变配电所的安全运行。

② 认真学习和贯彻有关运行和操作规程，能胜任本职工作。熟悉变配电所一、二次系统的接线和运行方式；熟悉设备的安装位置、结构性能、运行操作和维护方法；掌握各种安全工具、消防器材的使用方法和触电急救的方法；了解负荷的情况，并能根据系统负荷的变化进行负荷调整和电压调节。

③ 监视所内所有设备的运行状态，定期巡视检查。按照规定，及时抄报各种运行数据，记录运行日志。发现系统或设备运行不正常时，应及时处理。

④ 执行上级调度操作命令。发生事故时进行紧急处理，并做好有关记录。

⑤ 负责保管所内各种资料图表、工具仪器和消防器材等，并做好和保持所内设备和环境的清洁卫生。

⑥ 按照规定进行交接班。值班员未办完交接手续时，不得擅离岗位。在处理事故时，一般不得交接班。接班的值班员可在当班的值班员要求和主持下，协助处理事故。如果事故一时难以处理完毕，在征得接班的值班员同意或上级同意后，可进行交接班。

（3）变电所运行值班注意事项

① 不论高压设备带电与否，值班员不得单独移开或跨越高压设备的遮栏进行工作。如有必要移开遮栏时，须有监护人在场，并符合国家电网公司2009年发布的《电力安全工作规程》规定的设备不停电时的安全距离，如表12-1所示。

表 12-1　设备不停电时的安全距离

电压等级 /kV	≤10(13.8)	20,35	66,110	220	330
安全距离 /m	0.7	1.00	1.50	3.00	4.00

② 雷雨天巡视室外高压设备时，应穿绝缘靴，并且不得靠近避雷针和避雷器。

③ 高压设备发生接地故障时，室内不得接近故障点 4m 以内，室外不得接近故障点 8m 以内。进入上述范围的人员必须穿绝缘靴；接触设备的外壳或构架时，应戴绝缘手套。

12.1.2　变电所的倒闸操作

倒闸操作，是将电气设备由一种状态切换到另一种状态。如接通或断开断路器、隔离开关和直流操作回路；推入或拉出断路器手车；投入或退出继电保护；安装或拆除临时接地线等。

（1）倒闸操作的要求

倒闸操作，必须绝对安全、无误。为了确保安全，做到万无一失，倒闸操作必须按照规定的程序和要求进行。

① 基本要求　必须按规定的程序（操作票）进行，操作票的格式如表 12-2 所示。操作前，应核对设备的名称、编号和位置；操作过程中，应认真执行监护和复诵制，并按操作票填写的顺序逐项操作，每操作完一项，检查无误后在操作票该项前画一个“√”号；操作完毕，应复查所有操作步骤是否全部执行，然后由监护人在操作票上填写操作结束的时间，并向值班长汇报。对已执行的操作票，在工作日志和操作记录本上做好记录，并将操作票归档保存。

表 12-2　变电所倒闸操作票格式

操作开始时间：　年　月　日　时　分		操作终了时间：　年　月　日　时　分
操作任务：		
√	顺序	操　作　项　目
备注：		

操作人：　　　　监护人：　　　　值班负责人：　　　　值长：

② 模拟操作　实际操作前，应先在模拟电路图板上进行核对性模拟预演，验证无误后再进行操作。

③ 执行操作　倒闸操作必须由两人执行，并由对系统和设备熟悉者作监护，重要和复杂的倒闸操作应由值班长监护。

④ 送电操作　送电操作的次序是：母线侧隔离开关或刀开关→负荷侧隔离开关或刀开关→高压或低压断路器。

⑤ 停电操作　停电操作的次序是：高压或低压断路器→负荷侧隔离开关或刀开关→母线侧隔离开关或刀开关。

⑥ 安装接地线　安装接地线的顺序是：先接接地端，后接线路端或设备端。

⑦ 拆除接地线　拆除接地线的顺序是：先拆线路端或设备端，后拆接地端。

（2）操作票应填写的项目

操作票应填写的操作项目有：线路及设备的对位、对号；检查送电设备内有无遗留物；断路器手车的拉出或推入；应拉合的断路器和隔离开关；检查断路器和隔离开关的位置；检查负荷分配；检查接地线是否安装或拆除；投入或解除自动装置；安装或拆除控制回路及电压互感器回路的熔断器；切换保护回路和检验是否有电压等。

（3）变配电所的送电操作

变配电所送电时，应从电源侧的开关合起，依次合到负荷侧的开关。按这种顺序操作，可使开关的合闸电流最小，比较安全；万一某部分存在故障，也容易发现。送电操作的一般程序如下。

① 检查设备上装设的各种临时安全措施和接地线确已完全拆除。

② 检查有关的信号和仪表是否正常。

③ 检查断路器确在分闸位置，其手车在试验位置。

④ 将手车推至运行位置，检查储能正常。

⑤ 合上断路器，检查负荷电压、电流是否正常。

（4）变配电所的停电操作

变配电所停电时，应从负荷侧的开关拉起，依次拉到电源侧的开关。按这种顺序操作，可使开关的开断电流最小，也比较安全。停电操作的一般程序如下。

① 检查有关电计指示是否允许分闸。

② 断开断路器，检查断路器确在分闸位置。

③ 将断路器手车拉至试验位置。

④ 取下断路器控制回路熔断器。

【例 12-1】 某车间变电所主接线图如图 12-1 所示，试填写该变电所停电检修后恢复送电的操作票。

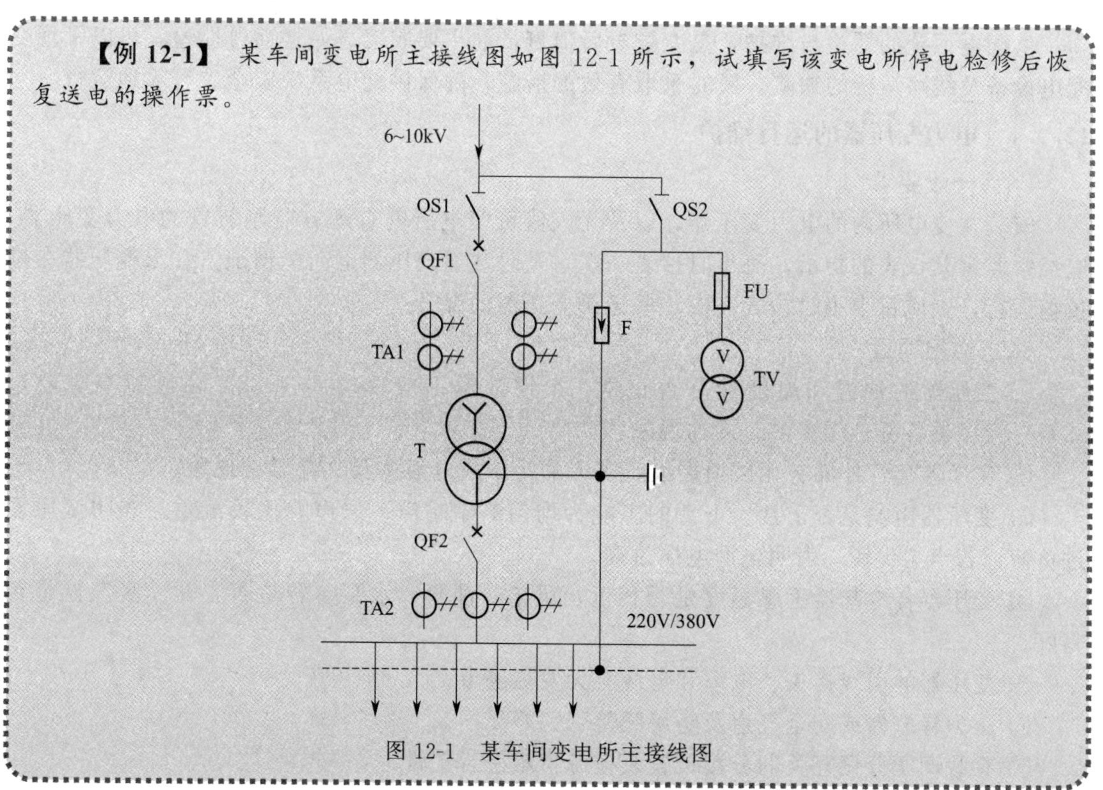

图 12-1　某车间变电所主接线图

解：图 12-1 所示变电所停电检修后，恢复送电的操作票如表 12-3 所示。

表 12-3　××车间变电所停电检修后恢复送电的操作票

操作开始时间：× 年 ×月 ×日 ×时 ×分		操作终了时间：× 年 ×月 ×日 ×时 ×分
操作任务：××车间变电所停电检修后恢复送电		
√	顺序	操　作　项　目
	1	拆除 1 号、2 号临时接地线，拆除防护栏和警告牌
	2	检查各配电间隔内无遗留物
	3	合 QS2，检查三相电源电压是否正常
	4	合 QS1，检查 QS1 确在合位
	5	合 QF1，检查 QF1 确在合位
	6	检查高压侧三相电流是否正常
	7	合 QF2，检查 QF2 确在合位
	8	检查低压母线三相电压是否正常
	9	依次合低压出线开关（逐条线路送电，并检查其是否正常，三相电流是否平衡）
	10	（以下空白）
	11	
	12	
备注：		
操作人：×××　监护人：×××		值班负责人：×××　值长：×××

12.2　供配电系统的巡检与维护

供配电系统的巡检与维护，是变配电所值班员的主要职责之一。通过巡检，可以发现变配电设备及线路运行的缺陷，及时采取有效的措施，确保供配电系统安全、可靠地运行。

12.2.1　电力变压器的运行维护

（1）一般要求

安装在变电所内的电力变压器，以及无人值班变电所内有远方监测装置的电力变压器，应经常监视其仪表的指示，每小时抄表一次，及时掌握变压器运行的情况。如果变压器在过负荷运行，则应每半小时抄表一次，并记录变压器的温升。

（2）巡检项目

① 变压器的油温和温度计是否正常。上层油温一般不应超过 85℃，最高不应超过 95℃。变压器各部位无渗油、漏油现象。

② 变压器套管外部有无破损裂纹，有无油污、放电痕迹及其他异常现象。

③ 变压器声响是否正常。正常的声响为均匀的嗡嗡声，如声响比较沉重，表明变压器过负荷；若声响尖锐，表明电源电压过高。

④ 变压器各冷却器手感温度是否相近，风扇、油泵、水泵运转是否正常。吸湿器是否完好。

⑤ 变压器的引线接头、电缆和母线有无发热迹象。

⑥ 压力释放器或安全气道及防爆膜是否完好无损。

⑦ 有载调压分接开关的分接位置及电源指示是否正常。

⑧ 变压器油枕的油位和油色是否正常。正常情况下，变压器油为透明而略带浅黄色，如油色变深变暗，表明油质变坏。

⑨ 变压器的接地线是否完好无损。

⑩ 变压器及其周围有无影响其安全运行的异物（如易燃易爆和腐蚀性物体）和异常现象。

在巡检中发现的异常情况，应计入巡检记录。重要情况应及时汇报上级，请示处理。

（3）巡检周期

变压器应定期进行外部检查。有人值班的变电所，每天至少检查一次；无人值班的变电所，每月至少检查一次。在下列情况下，应对变压器进行特殊巡检。

① 新安装使用或经过检修的变压器，在投运 72h 内。

② 有严重缺陷时。

③ 特殊气象情况下，如大风、大雾、大雪、冰雹、寒潮等。

④ 雷雨季节特别是雷雨后。

⑤ 高温季节和负荷高峰期间。

⑥ 变压器事故过负荷运行时。

12.2.2　配电装置的运行维护

（1）一般要求

配电装置应定期进行巡检，以便及时发现运行中出现的设备缺陷和故障（如导体接头的发热、绝缘子闪络或破损、油断路器漏油等），并设法采取措施予以消除，确保配电装置在良好状态下运行。

在有人值班的变电所，配电装置应每班或每天巡检一次；无人值班的变配电所，每月至少检查一次。如遇短路引起开关跳闸或其他特殊情况（如雷击时），应对配电装置进行特别巡检。

（2）巡检项目

① 检查母线及其接头的发热温度是否超过允许值。

② 开关电器中的油位和油色是否正常，有无漏油现象。

③ 绝缘子是否脏污、破损，有无放电痕迹。

④ 电缆及其终端头有无漏油和其他异常现象。

⑤ 熔断器的熔体是否熔断，熔管有无破损和放电痕迹。

⑥ 二次系统设备（如仪表、继电器等）的工作状态是否正常。

⑦ 接地装置及 PE 线或 PEN 线的连接处有无松脱和断线。

⑧ 整个配电装置的运行状态是否符合运行要求。停电检修部分是否设置了必要的安全保障措施。

⑨ 高低压配电室和电容器室的照明、通风及安全防火装置是否正常。

⑩ 配电装置本身及其周围有无影响其安全运行的异物（如易燃易爆和腐蚀性物体）和异常现象。

在巡检中发现的异常情况，应计入巡检记录。重要情况应及时汇报上级，请示处理。

12.2.3　配电线路的运行维护

（1）一般要求

要做好高低压配电线路的维护，须全面了解配电线路的走向、敷设方式、导线型号规格和开关的位置等情况，还要了解用电负荷规律以及车间变电所的相关情况。

对高压电缆线路，要做好定期巡检工作。敷设在土壤、电缆沟中的电缆，每三个月巡检一次；竖井内敷设的电缆，至少每半年巡检一次；对变电所、配电室的电缆及终端头的检查，应每月一次。如遇大雨、洪水及地震等特殊情况或发生故障时，需临时增加巡检次数。对低压室内配电线路，一般要求每周巡检一次。

(2) 低压配电线路巡检项目

① 检查导线发热情况，是否超过正常允许发热温度，特别要注意检查导线接头处有无过热现象。

② 检查线路负荷是否在允许范围内。负荷电流不得超过导线的允许载流量，否则导线过热会使绝缘层老化加剧，严重时可能引起火灾。

③ 配电箱、分线盒、开关、熔断器、仪表、母线槽及接地装置等运行是否正常。着重检查导体连接处有无过热变色、氧化、腐蚀等情况，连线有无松脱、放电和烧毛现象。

④ 检查穿线钢管、封闭式母线槽的外壳接地是否良好。

⑤ 敷设在潮湿、有腐蚀性气体场所的线路和设备，要定期检查其绝缘，绝缘电阻值一般不得低于 0.5MΩ。

⑥ 检查线路周围是否存在不安全因素。

在巡检中发现的异常情况，应计入巡检记录。重要情况应及时汇报上级，请示处理。

(3) 高压配电线路巡检项目

① 检查电缆负荷电流是否超过其允许电流。

② 检查电缆中间接头及终端头温度是否正常。

③ 检查电缆引线与电缆头接触是否良好，有无过热现象。

④ 电缆接线盒应清洁、完整，不漏油，无破损及放电现象。

⑤ 电缆应无受热、受压、受挤现象；直埋电缆线路，路面上应无堆积物和临时建筑，无挖掘取土现象。

⑥ 电缆钢铠是否正常，有无腐蚀现象。

⑦ 电缆保护管是否正常。

⑧ 充油电缆的油压、油位是否正常。

⑨ 电缆沟、电缆夹层的通风、照明是否良好，有无积水；电缆井盖是否完整无损。

⑩ 电缆带电显示器及护层过电压防护器是否正常。

⑪ 电缆有无鼠咬、白蚁蛀蚀现象。

⑫ 电缆接地线是否良好。

在巡检中发现的异常情况，应计入巡检记录。重要情况应及时汇报上级，请示处理。

(4) 线路运行中突然事故停电的处理

电力线路在运行中，可能由于事故会突然停电，这时应按不同情况分别处理。

① 进线电压突然降为零时，表明电网暂时停电。这时总开关不必拉开，但各路出线开关应全部拉开，以免突然来电时用电设备同时启动，造成负荷过大和电压骤降，影响供电系统的正常运行。

② 双电源进线中的一路进线停电时，应立即进行倒闸操作，将停电的负荷转移到另一条电源进线供电。

③ 架空线路发生故障使其开关跳闸时，如开关的断流容量允许，可以试合一次。由于架空线路的多数故障是暂时性的，所以一次试合成功的可能性很大。但若试合失败，即开关再次跳闸，表明架空线路上故障尚未消除，有可能是永久性故障，这时应对线路停电检修，并将其负荷转移到备用线路供电。

④ 放射式线路发生故障使开关跳闸时，应采用“分路合闸检查”的方法找出故障线路，并使其余线路恢复供电。

如图 12-2 所示的供配电系统，假设故障出现在 WL8 线路上，由于保护装置失灵或选择性不好，使 WL1 线路的开关越级跳闸，用“分路合闸检查”故障的具体步骤如下。

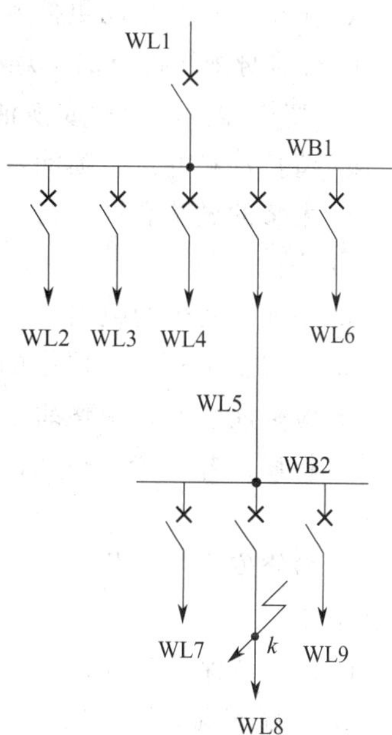

图 12-2 分路合闸检查故障说明

a. 将出线 WL2～WL6 的开关全部断开，然后合上 WL1 的开关，由于母线 WB1 正常运行，所以合闸成功。

b. 依次试合 WL2～WL6 的开关，当合到 WL5 的开关时，因其分支线 WL8 存在故障，故 WL5 的开关再次跳闸，其余出线开关均试合成功，恢复供电。

c. 将分支线 WL7～WL9 的开关全部断开，然后合上 WL5 的开关。

d. 依次合 WL7～WL9 的开关，当合到 WL8 的开关时，因其线路上存在故障，故 WL8 的开关再次跳开，其余线路均恢复供电。

这种分路合闸检查故障的方法，可将故障范围逐步缩小，最终查出故障线路，并迅速恢复其他完好线路的供电。

12.3 电气检修与试验

12.3.1 电力变压器的检修试验

电力变压器的检修，一般在投入运行后的 5 年内和以后每间隔 10 年大修一次；小修周期一般为每年一次。

(1) 变压器检修项目

① 大修项目

a. 吊开钟罩检修器身，或吊出器身检修。

b. 绕组、引线及磁（电）屏蔽装置的检修。

c. 铁芯、铁芯紧固件、压板及接地片的检修。

d. 油箱及附件的检修，包括套管、吸湿器等。

e. 冷却器、油泵、水泵、风扇、阀门及管道等附属设备的检修。

f. 安全保护装置的检修。

g. 油保护装置的检修。

h. 测温装置的校验。

i. 操作控制箱的检修和试验。

j. 无载调压分接开关和有载调压分接开关的检修。

k. 全部密封胶垫的更换和组件试漏。

l. 对器身绝缘进行的干燥处理。

m. 变压器油的处理或换油。

n. 清扫油箱并进行喷涂油漆。

o. 大修的试验和试运行。

② 小修项目

a. 处理已发现的缺陷。

b. 放出储油柜积污器中的污油。

c. 检修油位计，调整油位。

d. 检修冷却装置：包括油泵、风扇、油流继电器、差压继电器等，必要时吹扫冷却器管束。

e. 检修安全保护装置：包括储油柜、压力释放阀（安全气道）、气体继电器、速动油压继电器等。

f. 检修油保护装置。

g. 检修测温装置：包括压力式温度计、电阻温度计（绕组温度计）、棒形温度计等。

h. 检修调压装置、测量装置及控制箱，并进行调试。

i. 检查接地系统。

j. 检修全部阀门和塞子，检查全部密封状态，处理渗漏油。

k. 清扫油箱和附件，必要时进行补漆。

l. 清扫外绝缘和检查导电接头。

m. 按有关规定进行测量和试验。

（2）变压器大修现场条件及要求

① 吊钟罩（或器身）一般宜在室内进行，以保持器身的清洁，如在露天进行时，应选在晴天进行。器身暴露在空气中的时间：空气相对湿度不大于65%时，不超过16h；空气相对湿度不大于75%时，不超过12h（器身暴露时间为从变压器放油时算起，直至开始抽真空为止）。

② 为防止器身凝露，器身温度应不低于周围环境温度，否则应通过真空滤油机循环加热油，将变压器加热，使器身温度高于环境温度5℃以上。

③ 检查器身时应由专人进行，着装符合规定。不许将梯子靠在线圈或引线上，作业人员不得踩踏线圈和引线。照明应采用安全电压。

④ 器身检查使用工具应由专人保管并编号登记，防止遗留在油箱内或器身上。在箱内作业要考虑通风。

⑤ 拆卸的零部件应清洗干净，分类妥善保管，如有损坏应检修或更换。

⑥ 拆卸时，首先拆小型仪表和套管，后拆大型组件。组装时顺序相反。

⑦ 冷却器、压力释放阀、净油器及储油柜等部件拆下后，应用盖板密封。

⑧ 套管、油位计、温度计等易损部件，拆卸后应妥善保管，防止损坏和受潮。电容式套管应垂直放置。

⑨ 组装后要检查冷却器、净油器和气体继电器阀门，按照规定能开启或关闭。

⑩ 对套管升高座，上部管道孔盖、冷却器和净油器等上部的放气孔，应进行多次排气直至排尽，并重新密封好并擦除油迹。

⑪ 拆卸无载调压分接开关操作杆时，应记录分接开关的位置，并做好标记。拆卸有载调压分接开关时，分接头位置应在中间位置（或按制造厂的规定执行）。

⑫ 组装后的变压器各零部件应完整无损。

(3) 变压器大修工艺

变压器大修的工艺程序是：修前准备→办理工作票，拆除引线→电气、油试验，绝缘判断→部分排油，拆卸附件并检修→排尽油并处理，拆除分接开关连接件→吊钟罩（器身），器身检查，检修并测试绝缘→若受潮，干燥处理→按规定注油方式注油→安装套管、冷却器等附件→密封试验→油位调整→电气、油检验→结束。

① 绕组检修

a. 检查相间隔板和围屏（宜解体一相），围屏应清洁无破损，绑扎紧固完整，分接引线出口处封闭良好，围屏无变形、发热和树枝状放电。如发现异常应打开其他两相围屏进行检查，相间隔板应完整并固定牢固。

b. 检查绕组表面应无油垢和变形，整个绕组无倾斜和位移，导线轴向无明显凸出现象，匝间绝缘无破损。

c. 检查绕组各部分垫块有无松动，垫块应排列整齐，轴向间距相等，支撑牢固，有适当压紧力。

d. 检查绕组绝缘有无破损，油道有无被绝缘纸、油垢或杂物堵塞现象，必要时可用软毛刷（或用绸布、泡沫塑料）轻轻擦拭。绕组表面，如有破损裸露则应进行包裹处理。

e. 用手指按压绕组表面检查其绝缘状况，给予定级判断，是否可用。

② 引线及绝缘支架检修

a. 检查引线及应力锥的绝缘包扎有无变形、变脆、破损，引线有无断股、扭曲，引线与引线接头处焊接情况是否良好，有无过热现象等。

b. 检查绕组至分接开关的引线长度、绝缘包扎的厚度、引线接头的焊接（或连接）、引线对各部位的绝缘距离和引线的固定情况等。

c. 检查绝缘支架有无松动、损坏和位移，检查引线在绝缘支架内的固定情况，固定螺栓应有防松措施，固定引线的夹件内侧应垫以附加绝缘，以防卡伤引线绝缘。

d. 检查引线与各部位之间的绝缘距离是否符合规定要求，大电流引线（铜排或铝排）与箱壁间距一般不应小于 100mm，以防漏磁发热，铜（铝）排表面应包扎绝缘，以防异物形成短路或接地。

③ 铁芯检修

a. 检查铁芯外表是否平整，有无片间短路、变色和放电烧伤痕迹，绝缘漆膜有无脱落，上铁轭的顶部和下铁轭的底部有无油垢杂物。

b. 检查铁芯上下夹件、方铁、绕组连接片的紧固程度和绝缘状况，绝缘连接片有无爬电烧伤和放电痕迹。为便于监测运行中铁芯的绝缘状况，大修时可在变压器箱盖上加装一小套管，将铁芯接地线（片）引出接地。

c. 检查压钉、绝缘垫圈的接触情况，用专用扳手逐个紧固上下夹件、方铁和压钉等紧固螺栓。

d. 用专用扳手紧固上下铁芯的穿心螺栓，检查并测量其绝缘情况。

e. 检查铁芯间和铁芯与夹件间的油路。

f. 检查铁芯接地片的连接及绝缘状况，铁芯只允许于一点接地，接地片外露部分应包扎绝缘。

g. 检查铁芯的拉板和钢带应紧固，有足够的机械强度，并应与铁芯绝缘。

④ 油箱检修

a. 对焊缝中存在的砂眼等渗漏点进行补焊。

b. 清扫油箱内部，清除油污杂质。

c. 清扫强迫油循环管路，检查固定于下夹件上的导向绝缘管连接是否牢固，表面有无放电痕迹。

d. 检查钟罩（或油箱）法兰结合面是否平整，发现沟痕，应补焊磨平。

e. 检查器身定位钉，防止定位钉造成铁芯多点接地。

f. 检查磁（电）屏蔽装置，应固定牢固，无松动放电现象。

g. 检查钟罩（或油箱）的密封胶垫，接头良好，并处于油箱法兰的直线部位。

h. 对内部局部脱漆和锈蚀部位，应进行补漆处理。

⑤ 整体组装

a. 整体组装前的准备工作：

● 彻底清理冷却器（散热器）、储油柜、压力释放阀（安全气道）、油管、升高座、套管及所有附件，用合格的变压器油冲洗与油直接接触的部件。

● 对油箱内部、器身和箱底进行清理，确认箱内和器身上无异物。

● 各处接地片已全部恢复接地。

● 箱底排油塞及油样阀门的密封状况，已检查处理完毕。

● 工器具、材料准备已就绪。

b. 整体组装注意事项：

● 在组装套管、储油柜、安全气道（压力释放阀）前，应分别进行密封试验和外观检查，并清洗涂漆。

● 有安装标记的零部件，如气体继电器、分接开关、套管升高座及压力释放阀（安全气道）等，与油箱的相对位置和角度应按照安装标记组装。

● 变压器引线的根部不得受拉、扭及弯曲。

● 对于高压引线，所包绕的绝缘锥部分，必须进入套管的均压球内，不得扭曲。

● 在装套管前，必须检查无载调压分接开关连杆是否已插入分接开关的拨叉内，并调整至所需的分接位置上。

● 各温度计座内，应注满变压器油。

器身检查、试验结束后，即可按顺序进行钟罩、散热器、套管升高座、储油柜、套管、安全阀和气体继电器等部件的组装。

⑥ 真空注油　110kV 及以上变压器必须进行真空注油，其他变压器有条件时也应采用真空注油。真空注油应按下述方法（或按制造厂规定）进行，其操作步骤如下。

a. 油箱内真空度达到规定值保持 2h 后，开始向变压器油箱内注油，注油温度宜略高于器身温度。

b. 以 3～5t/h 速度将油注入变压器，距箱顶约 220mm 时停止，继续抽真空，并保持 4h 以上。

⑦ 补油及油位调整　变压器真空注油顶部残存空间的补油，应经储油柜注入，严禁从变压器下部阀门注入。对于不同形式的储油柜，补油方式有所不同。

⑧ 变压器干燥　变压器大修时一般不需要干燥，只有经试验证明受潮，或检修中超过允许暴露时间导致器身绝缘下降时，才考虑进行干燥，干燥的一般规定如下。

a. 变压器进行干燥时，必须对各部分温度进行监控。当不带油利用油箱发热进行干燥时，箱壁、箱底温度不得超过 110℃，绕组温度不得超过 95℃。带油干燥时，上层油温不得超过 85℃。热风干燥时，进风温度不得超过 100℃。

b. 采用真空加温干燥时，应先进行预热。抽真空时，先将油箱内抽成－0.02MPa，然后每小时均匀地增加－0.0067MPa，直至真空度为 99.7%以上，泄漏率不得大于 27Pa/h。

注意： 抽真空时应监视箱壁的弹性变形，其最大值不得超过壁厚的两倍。预热时，应使各部分温度上升均匀，温差应控制在 10℃以内。

c. 在保持温度不变的情况下，绕组绝缘电阻值的变化应符合绝缘干燥曲线，持续 12h 保持稳定，且无凝结水产生时，可以认为干燥完毕；也可采用测量绝缘件表面的含水量来判断干燥程度，其含水量应不大于 1%。

d. 干燥后的变压器应进行器身检查，所有螺栓压紧部分应无松动，绝缘表面应无过热等异常情况。如不能及时检查时，应先注以合格油，油温可预热至 50～60℃。

⑨ 滤油　滤油有压力式滤油和真空滤油。压力式滤油要求如下。

a. 采用压力式滤油机可过滤油中的水分和杂质，为提高滤油速度和质量，可将油加热至 50～60℃。

b. 滤油机使用前应先检查电源情况，滤油机及滤网是否清洁，滤油纸必须经干燥，滤油机转动方向必须正确。

c. 启动滤油机应先开出油阀门，后开进油阀门；停止时操作顺序相反。当装有加热器时，应先启动滤油机，当油流通过后，再投入加热器；停止时操作顺序相反。滤油机压力一般为 0.25～0.4MPa，最大不超过 0.5MPa。

(4) 现场起重注意事项

① 起重工作应分工明确，专人指挥，并有统一信号，起吊设备要根据变压器钟罩（或器身）的重量选择，并设专人监护。

② 起重前先拆除影响起重工作的各种连接件。

③ 起吊铁芯或钟罩（器身）时，钢丝绳应挂在专用吊点上，钢丝绳的夹角不应大于 60℃，否则应采用吊具或调整钢丝绳套。吊起离地 100mm 左右时应暂停，检查起吊情况，确认可靠后再继续进行。

④ 起吊或降落速度应均匀，掌握好重心，并在四周系缆绳，由专人扶持，使其平稳起降。高、低压侧引线，分接开关支架与箱壁间应保持一定的间隙，以免碰伤器身。当钟罩（器身）因受条件限制，起吊后不能移动而需在空中停留时，应采取支撑等防止坠落的措施。

⑤ 吊装套管时，其倾斜角度应与套管升高座的倾斜角度基本一致，并用缆绳绑扎好，防止倾倒损坏瓷件。

(5) 变压器的试验

变压器试验的目的，在于检验其性能是否符合运行的技术要求，是否存在缺陷或潜在的故障，以便确定能否出厂或检修后能否投入运行。这里主要介绍检修后的交接试验，试验包括以下各项。

a. 测量绕组连同套管的绝缘电阻和直流电阻；测量铁芯螺杆的绝缘电阻。

b. 变压器油的试验（干式变压器，无此项试验）。

c. 检查变压器的连接组别和所有分接头的变压比。

d. 绕组连同套管的交流耐压试验。

① 测量绝缘电阻

a. 绕组连同套管的绝缘电阻　3kV及以上的电力变压器，采用2500V兆欧表测量，加压时间为60s，其绝缘电阻R''_{60}应不低于出厂试验值的70%。

注意：测量时，其他未测量绕组连同其套管应予以接地。对油浸式变压器，应在充满合格油且静置24h以上待气泡消失后方可进行。当实测时温度高于20℃时，测得的绝缘电阻应乘以对应的温度换算系数（见表12-4）。

表12-4　绝缘电阻的温度换算系数

温度差/℃	5	10	15	20	25	30	35	40	45	50	55	60
换算系数	1.2	1.5	1.8	2.3	2.8	3.4	4.1	5.1	6.2	7.5	9.2	11.2

注：表中温度差为实测时温度减去20℃的绝对值。

b. 铁芯螺杆与铁芯间的绝缘电阻　3kV及以上的电力变压器，采用2500V兆欧表测量，加压时间为60s，应无闪络与击穿现象。

c. 绕组连同套管的直流电阻　采用双臂电桥，对各分接头进行直流电阻测量。按规定，1600kV·A及以下三相电力变压器，各相测得的相互差值应小于平均值的4%；相间测得的相互差值应小于平均值的2%。

② 变压器油的试验　变压器使用的绝缘油，有DB-10（10号）、DB-25（25号）和DB-45（45号）三种。油色为浅黄色，运行后变为浅红色，但均应清澈透明。如果油色变暗，表明油质已变坏。

按规定，依试验目的不同，绝缘油可进行全分析试验、简化试验和电气强度试验。这里只介绍日常检查经常进行的电气强度试验，对注入6kV及以上设备的新油，也需要进行此项试验。

变压器绝缘油电气强度试验的原理电路图如图12-3所示。油杯用瓷或玻璃制成，容积约为200mL。电极用黄铜或不锈钢制成，直径为25mm，厚4mm，倒角半径为2.5mm。两极的极面应平行、均垂直于杯底面。从电极到杯底、杯壁及到上层油面的距离，均不得小于15mm。

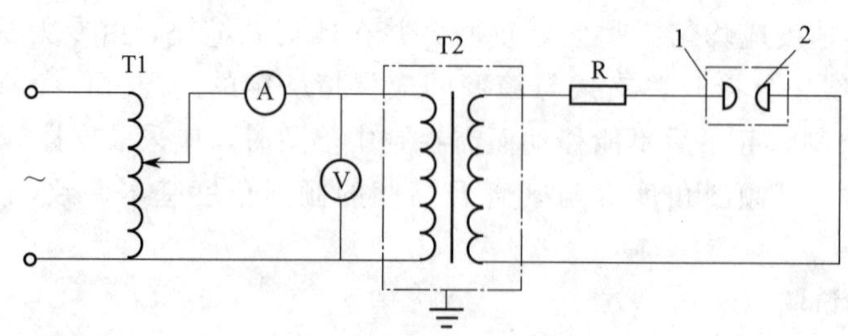

图12-3　绝缘油电气强度试验电路图

1—试验油杯；2—电极；T1—调压器；

T2—试验变压器（0～50kV）；R—保护电阻（5～10MΩ）

试验前，用汽油将油杯和电极清洗干净，将电极间距调整为 2.5mm。被试油样注入油杯后，静置 10～15min，使油中气泡逸出。

试验时，合上电源开关，调节调压器，升压速度约为 3kV/s，直至油被击穿放电，电压表读数骤降至零，电源开关自动跳闸为止。

发生击穿放电前一瞬间的最高电压，即为击穿电压。油样被击穿后，可用玻璃棒在电极中间轻轻地搅动几次（注意不要触动电极），以清除滞留在电极间隙的游离碳。静置 5min 后，重复上述升压击穿试验。如此进行 5 次，取其击穿电压平均值作为试验结果。

试验过程中应记录：各次击穿电压值；击穿电压平均值；油的颜色；有无机械混合物和灰分；油的温度；试验日期和结论等。

③ 变压器连接组别的检查与电压比测量　变压器更换绕组后，应检查其连接组别是否与变压器铭牌的规定相符。变压器连接组别的检查，常用直流感应极性测定法。如图 12-4 所示，在三相变压器低压绕组接线端 ab、bc 和 ac 间分别接入直流电压表，而在高压绕组接线端 AB 间接入直流电压（电池），观察并记录直流电压接入瞬间各电压表指针摆动的方向（正、负）。然后又在 BC 间和 AC 间相继接入直流电压，同样观察并记录直流电压接入瞬间各电压表指针摆动的方向（正、负）。

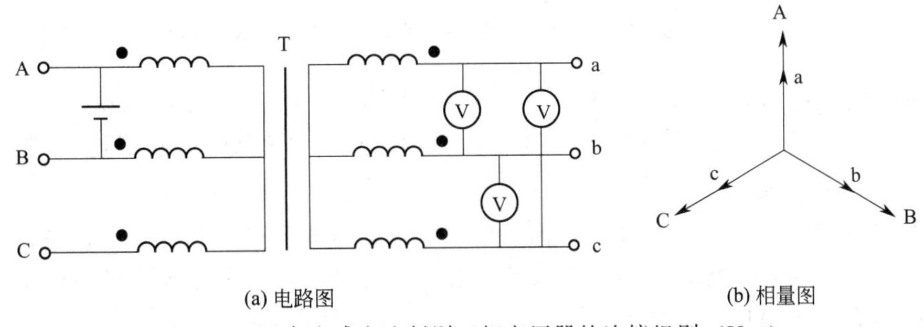

图 12-4　用直流感应法判别三相变压器的连接组别（Yy0）

表 12-5 列出了用直流感应法判别几种最常用的三相变压器连接组别时，各电压表指示的情况。根据测量结果，对照表 12-5 可检查变压器绕组连接组别的正确性。

表 12-5　用直流感应法判别三相变压器绕组连接组别

三相变压器连接组别	变压器高低压绕组电路图	加直流电压的高压绕组	低压绕组 ab	低压绕组 bc	低压绕组 ac
Yy0（或 Yyn0）		AB	+	−	+
		BC	−	+	+
		AC	+	+	+
Dy11（或 Dyn11）		AB	+	0	+
		BC	−	+	0
		AC	0	+	+
Yd11		AB	+	0	+
		BC	−	+	0
		AC	0	+	+
Yz11（或 Yzn11）		AB	+	0	+
		BC	−	+	0
		AC	0	+	+

测量变压器电压比时，可在变压器高压绕组接上比较稳定的三相电源，依次测量变压器两侧对应的相间电压，然后计算出实测的电压比。按规定，只要实测电压比对铭牌电压比的偏差不超过±1%（220kV及以上变压器为±0.5%），就是合格的。

④ 变压器交流耐压试验　变压器交流耐压试验，是检查变压器绝缘状况的主要方法，如果变压器绕组绝缘受潮、损坏或夹杂异物等，都可能在试验时产生局部放电或击穿。

图12-5为变压器交流耐压试验电路图，图中R用来保护试验变压器，一般按试验电压0.1～0.2Ω/V选择。

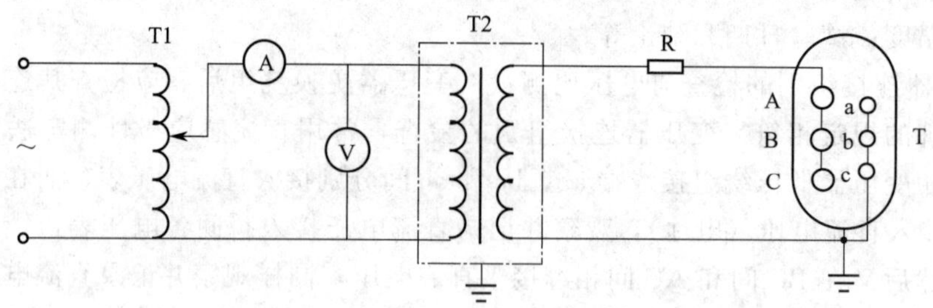

图12-5　变压器交流耐压试验电路图

T1—调压器；T2—试验变压器；T—被试变压器；R—保护电阻

试验时，合上电源，调节调压器升压，在试验电压的40%之前，电压上升速度不限；此后应以缓慢均匀的速度，将电压升至要求的数值。当电压达到试验电压后，保持1min；然后匀速降压，大约在5s内降至试验电压的25%以下时，再切断电源。

在试验过程中，应仔细探听变压器内部的声响，如果在耐压试验期间，仪表指示没有变化，没有击穿放电声，油枕及其排气孔没有表征变压器内部击穿的迹象，则应确定变压器的内部绝缘是符合规定耐压要求的。

检修后变压器的耐压试验电压，一般按出厂试验电压的85%确定。如果出厂试验电压不详，可按表12-6确定。

表12-6　电力变压器交接时的工频耐压试验电压值　　kV

额定电压	0.4	3	6	10	15	20	35	66	110
油浸式变压器试验电压	2	15	21	30	38	47	72	120	170
干式变压器试验电压	2	8.5	17	24	32	43	60	—	—

注意： 电源电压应比较稳定；被试变压器应可靠接地（见图12-5）；被试变压器注油后要静置24h以上才能进行耐压试验；被试变压器的所有气孔均应打开，以便击穿时及时排出变压器内部产生的气体和油烟。

12.3.2　配电线路的检修试验

配电线路的检修，分停电检修和不停电检修两种。不停电检修对保证电力线路的连续供电、减少停电次数有很大意义。但对一般供配电系统来说，往往还是采用停电检修。在不影响重要负荷用电的情况下，较小范围短时间的停电检修，可随时通知用户停电进行。较大范围及较长时间的停电检修，如检修高压线路或低压干线，应提前通知用户，且宜安排在节假日进行，以减少停电造成的损失。

（1）架空线路的检修

对架空线路导线，如发现缺陷时，其检修要求如表 12-7 所示。

表 12-7 架空导线缺陷的检修要求

导线类型	钢芯铝绞线	单一金属线	处理方法
导线缺陷	磨损	磨损	不作处理
	铝线 7%以下断股	截面 7%以下断股	缠绕
	铝线 7%～25%断股	截面 7%～17%断股	补修
	铝线 25%以上断股	截面 17%以上断股	锯断重接

对架空线路电杆，如果电杆受损使其截面缩减至 50%以下时，应立即补修或加绑桩。损坏严重时，应予换杆。

（2）电缆线路的检修

电缆线路的故障，可分为下述几种类型。

① 接地故障，又分为高阻性接地和低阻性接地。

② 短路故障，分两芯或三芯短路。

③ 断线故障，电缆一芯或数芯发生完全或不完全断线。

④ 闪络性故障，此故障大多发生在预防性试验中，一般出现在电缆中间接头和终端头处。其特点是当所加电压达到某一值时击穿，当电压低于某一值时绝缘又恢复。

⑤ 综合性故障，同时具有两种或两种以上性质的故障。

根据运行经验，电缆线路的故障大多发生在电缆的中间接头和终端头处，对此应停电重做电缆中间接头或电缆头。

（3）电缆故障的检测

电缆若出现故障，应先确定电缆故障的性质。常用兆欧表测量其绝缘电阻，将测量结果与过去正常运行时的数据或与该等级电缆的绝缘电阻相比较，以判断故障是对地高阻接地（漏电）还是低阻接地（短路）故障。如果各相绝缘电阻都很高，可将电缆一端所有相线短接并接地，在另一端重测相对地及相与相之间的绝缘电阻，以判断电缆是否发生了断线故障。

用兆欧表测量电缆绝缘电阻时，1kV 以下电压等级的电缆可用 500V 的兆欧表，1kV 及以上电压等级的电缆应使用 1500V 或 2500V 兆欧表。测量时，应将电缆的绝缘层接到兆欧表的保护端子，如图 12-6 所示，以消除其表面漏电流的影响。运行中的电缆要充分放电，

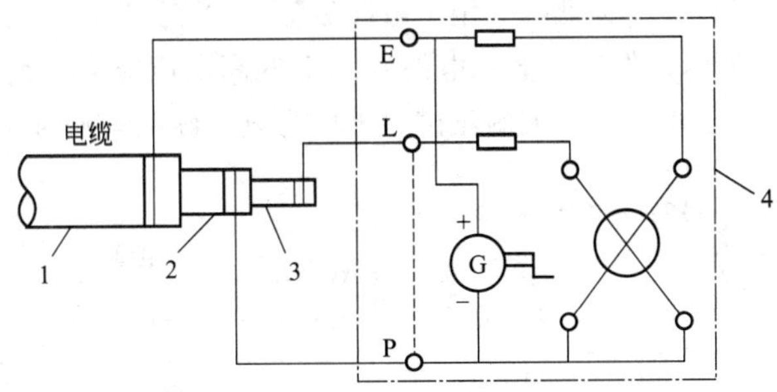

图 12-6 用兆欧表测量电缆的绝缘电阻

1—电缆外皮；2—绝缘层；3—电缆芯线；4—兆欧表；

E—接地端子；L—线路端子；P—保护端子

拆除一切对外连线，并用清洁干燥的布擦净电缆头，然后将非被测相线芯与铅皮一同接地，逐相测量。

如图 12-7 所示电缆，其内部发生了故障，通过外观无法检查，现用兆欧表对该电缆进行测量，测量结果如表 12-8 所示。

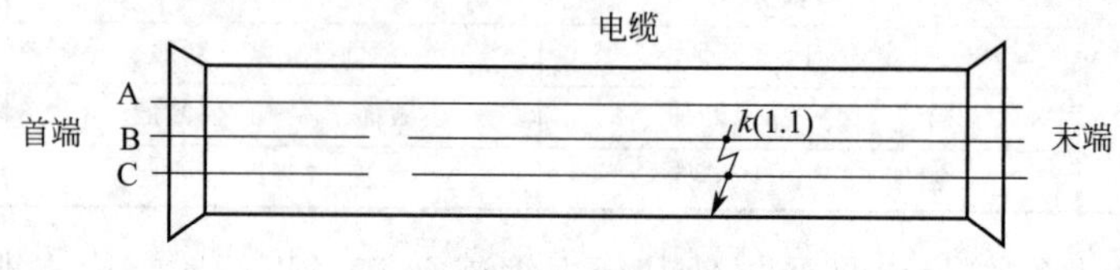

图 12-7　电缆内部故障示例

表 12-8　图 12-7 所示故障电缆绝缘电阻测量结果

测量顺序	电缆绝缘电阻 /MΩ					
	相-地			相-相		
	A	B	C	A-B	B-C	C-A
在首端测量	∞	∞	∞	∞	∞	∞
在末端测量	∞	0	0	∞	0	∞
末端短接并接地，在首端测量	0	∞	∞	∞	∞	∞

注：表中∞值在实测中可为几百或几千兆欧；表中 0 值在实测中可为几千或几万欧。

通过分析表 12-8 所示的测量结果，可得结论：该电缆不仅 B、C 两相断线，而且 B、C 两相对地（外皮）击穿短路。

对于低阻性（阻值低于 200～300 Ω）故障，常采用低压脉冲反射法预定电缆的故障段，再通过声测定点法或音频感应法确定电缆故障的精确位置。

对于高阻性（阻值可达数百兆欧以上）故障，可将故障点用高电压烧穿，使其变为低阻，再采用低压脉冲反射法，测量电缆故障的位置。因此电缆故障的测定，一般要经过烧穿、粗测和定点三道程序。

① 电缆故障的暴露（烧穿）　由于电缆内部的绝缘层较厚，往往在电缆内发生闪络性短路或接地故障以后，故障点的绝缘水平能得到一定程度的恢复而呈现高阻状态，其绝缘电阻可达 0.1MΩ以上，从而隐蔽了故障。为了使电缆故障暴露出来，以便测定和处理，需要将故障点的绝缘用高电压烧穿，使其变为低阻。用于电缆故障点“烧穿”的高压电路，与直流耐压试验电路相同，如图 12-8 所示，但加在故障电缆线芯上的高电压应为电缆额定电压的 4～5 倍，略低于电缆的直流耐压试验电压（直流耐压试验电压为电缆额定电压的 5～6 倍）。

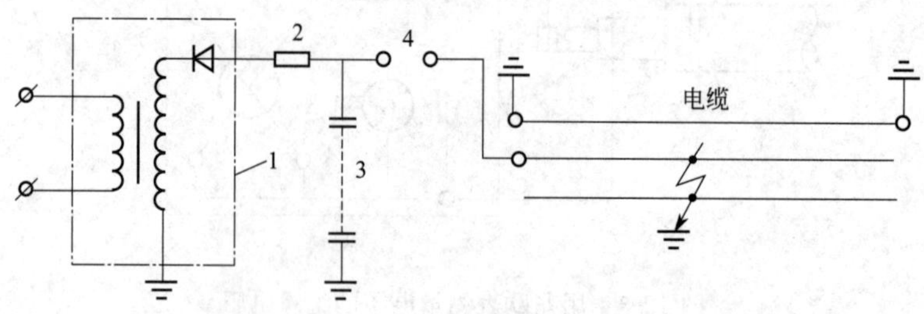

图 12-8　直流耐压试验原理图

1—高压整流设备；2—保护电阻；3—稳压滤波电容；4—放电球保护间隙

② 电缆故障的预定位（粗测）　电缆故障的预定位，就是粗略地预定电缆故障点的大致位置。测试的方法有直流单臂电桥回路法、低压脉冲反射法和冲击高压闪测法等，这里只介绍低压脉冲反射法。

低压脉冲反射法，是用脉冲反射仪给故障电缆发射低压脉冲，该脉冲沿电缆传播至特性阻抗不匹配点（如断线点、短路点和终端点等），引起脉冲波的反射并返回到测试端，脉冲反射仪给出测试波形，如图 12-9 所示。故障点距测试端的距离 $L = Vt/2$，其中 V 为波速度，如油浸纸绝缘电缆的波速度为 160m/μs，交联聚乙烯绝缘电缆的波速度为 172m/μs，t 为发射脉冲从测试端到故障点，再由故障点返回到测试端的往返时间，由脉冲反射仪测出。

低压脉冲反射法可对断线故障、短路故障、低阻故障和电缆全长进行预定位，同时还可识别电缆的中间接头。

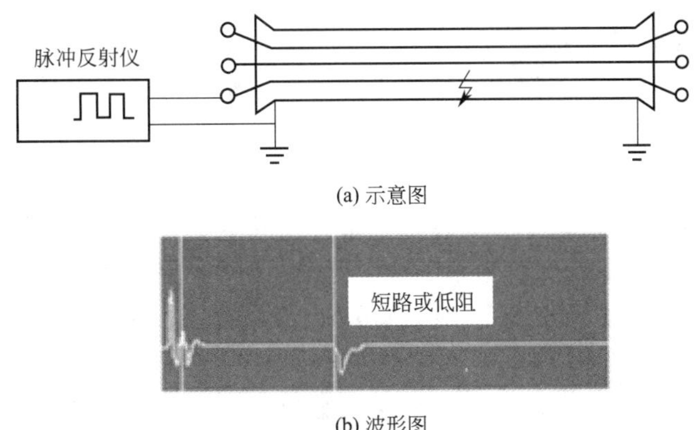

(a) 示意图

(b) 波形图

图 12-9　低压脉冲反射法测试示意图

若电缆在运行中或试验中已发生闪络故障而兆欧表却不能检测出时，可加直流高压，用冲击高压闪测法来测试电缆故障点的位置。

③ 电缆故障的精确定位（定点）　由于预定位存在仪器测距误差和人工丈量误差，所以需要通过仪器对故障点进行精确定位，常用的方法有声测定点法和声磁同步定点法等。

a. 声测定点法。声测定点法，是借助故障点在高压冲击时的击穿放电声进行精确定点的。当给故障电缆线芯施加一个足够高的冲击电压时，故障点被击穿并发生闪络放电，在故障点就会产生“啪、啪”的放电声，此时用定点仪在预定故障电缆段附近的地面上，监听故障点的放电声，听测出最响点就是故障点的精确位置，如图 12-10 所示。

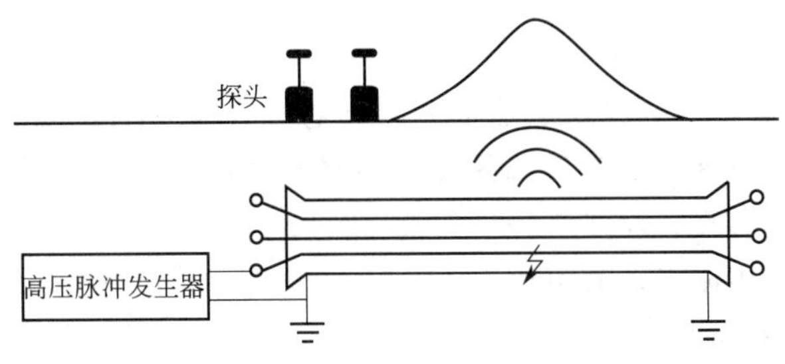

图 12-10　声测定点示意图

b. 声磁同步定点法。在向电缆施加冲击直流高压使电缆故障点放电时，故障点除产生放电声外，还会产生高频电磁波信号。在地面上用磁探头可同时接收声信号和磁信号，磁信号起辅助作用，用来确定所听到的声音是否为故障点的放电声。由于声波与电磁波传播的速度不同，在地面每一点可用声磁同步定点仪测出声信号和磁信号的时间差，时间差最小点即为故障点的精确位置，如图 12-11 所示。

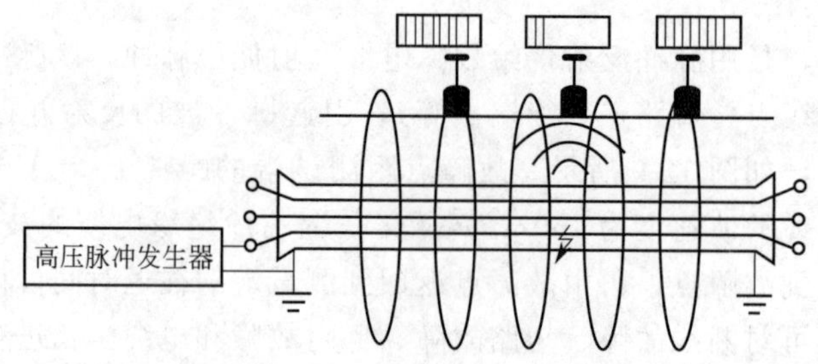

图 12-11　声磁同步定点示意图

（4）直流耐压试验与泄漏电流测试

① 试验目的　直流耐压试验是一种绝缘预防性试验，是为了测试电缆绝缘的内部缺陷和抗电强度。直流耐压试验时，绝缘内无介质损耗，长时间加直流电压不会使绝缘强度减弱，所以直流耐压试验，对绝缘造成的损害比交流耐压试验小得多。

② 试验特点　直流耐压试验所需设备容量小，成本低，有利于现场进行绝缘预防性试验，特别适用于大电容的试品，如电缆、电容器等。但在直流电压下，电缆绝缘上的电压分布、介质损耗和局部放电等情况，与交流电压作用下有较大的差异，所以直流耐压试验对绝缘的考验，不如交流耐压试验那样更符合电缆绝缘运行的实际。

③ 试验电压及泄漏电流　针对直流耐压试验的不足，应适当提高直流耐压试验的试验电压值。对于 3～10kV 电力电缆，取 5～6 倍额定电压；35kV 电缆，取 4～5 倍额定电压；1kV 以下电缆，一般不做耐压试验。运行中电缆的试验电压及泄漏电流参考值详见表 12-9。

表 12-9　运行中电缆的试验电压及泄漏电流参考值

电缆形式	额定电压 /kV	试验电压 /kV	泄漏电流 /μA
三芯电缆	3	15	20
	6	30	30
	10	50	50
	35	140	85
单芯电缆	3	15	30
	6	30	45
	10	50	70

④ 试验电路　直流耐压试验及泄漏电流测试电路的接线图如图 12-12 所示。图中高压整流硅堆 V，采用负极性输出，交流高压在负半周时通过 V 和限流电阻 R，将直流负高压加在电缆上。如果极性接反，将影响测试效果。若采用多个硅堆串联使用，应在每个硅堆两端并联均压电阻。限流电阻 R，其阻值取 10Ω/V，玻璃管的长度按 1cm/kV 选择。

⑤ 试验要求及注意事项

a. 由于直流耐压试验时绝缘内部的介质损耗很小，其内部的局部放电不易发展，因此需要延长耐压试验的时间。在试验电压下，大多采用 5～10min。如 10kV 电缆在交接试验中，用 6 倍额定电压的直流高压试验 10min；预防性试验，应以 5 倍额定电压加压 5min。

b. 试验过程，按试验电压的 25%、50%、75%、100%几个挡逐级升压，每升高到一级

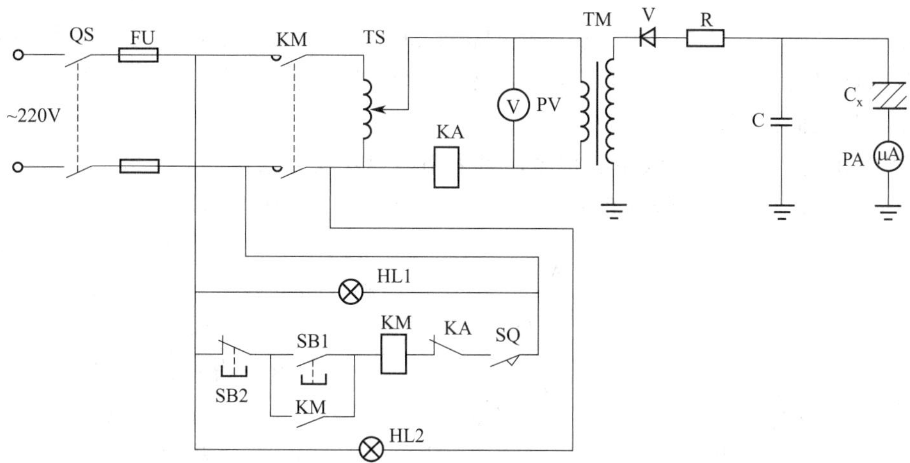

图 12-12 直流耐压试验电路接线图

TS—调压器；TM—试验变压器；KM—接触器；KA—过电流继电器；R—限流电阻；V—高压整流硅堆；C—滤波电容；PV—电压表；PA—微安表；C_x—被试电缆

电压时，停留 1min，待微安表指示稳定后再读数并记录。当电压升高到试验电压的全值时，持续时间不应超过直流耐压试验所规定的时间。升压过程应缓慢均匀，防止充电电流过大损坏试验设备。

c. 试验结束，应迅速将电压降到零，并切断电源。然后将电缆对大地充分放电，放电时间不应小于 2min。

d. 在试验加压过程中，若出现击穿、闪络或微安表指针大幅度摆动等异常情况，应立即降压至零后切断电源，进行充分放电后，再进行检查分析。

⑥ 试验结果的判断 电缆通过直流耐压试验是否合格，主要从试验时微安表有无周期性摆动、是否发生击穿、泄漏电流随耐压时间的变化及试验前后绝缘电阻的变化等方面进行综合分析判断。

a. 微安表周期性地摆动，表明被试电缆绝缘发生间歇性击穿。但在断定绝缘发生间歇性击穿之前，应排除其他因素所引起的微安表周期性摆动，如被试绝缘表面脏污、试验设备本身绝缘不良或试验电源波动等，以免造成误判断。

b. 电缆绝缘被击穿的现象，除了放电产生的声响外，还有微安表示值突然急剧地增大；电压表指示突然下降；卸掉试验电压后，在接地放电时火花很小或没有火花。

c. 在直流耐压试验过程中，如泄漏电流随加压时间的延长而增加，表明绝缘不良或内部存在缺陷，如绝缘分层、松弛、受潮等。对电缆绝缘，因无法进行处理，应延长加压时间，进一步观察绝缘是否被击穿。对于耐压试验后的绝缘电阻，若较试验前有明显降低，则说明电缆绝缘有问题，甚至在试验电压下已被击穿。

d. 试验所测的电缆泄漏电流值，应不超出表 12-9 中泄漏电流的参考值。若有明显的超出，应分析查明原因并设法消除。

注意：由于直流耐压试验属于破坏性试验，必须在其他各项非破坏性试验进行之后，没有发现问题时才能进行，并按照相关标准规定，选取恰当的试验电压。

（5）三相线路的定相

三相线路的定相，就是测定三相线路的相序和核对其相位。新安装或改装后的线路投入运行以及双回路要并列运行前，均需经过定相，以免彼此的相序和相位不一致，投入运行时造成短路或环流而损坏设备。

① 测定相序　测定三相线路的相序，可采用电容式或电感式指示灯相序表。

电容式指示灯相序表接线原理如图 12-13(a) 所示。A 相电容 C 的容抗与 B、C 两相灯泡的阻值相等。此相序表接上待测的三相线路电源后，灯亮的那一相为 B 相，而灯暗的那一相为 C 相。

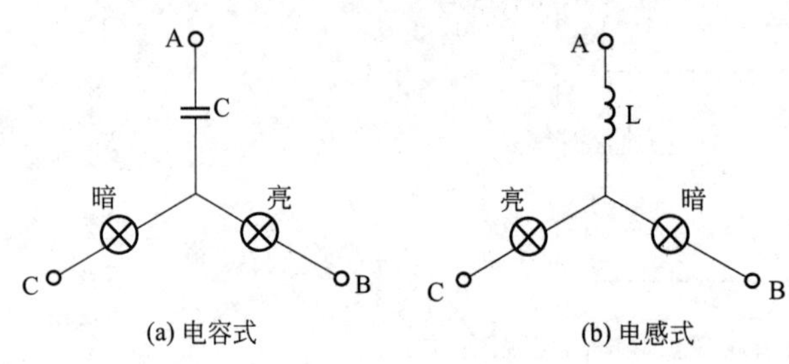

(a) 电容式　(b) 电感式

图 12-13　指示灯相序表原理接线图

电感式指示灯相序表接线原理如图 12-13(b) 所示。A 相电感 L 的感抗与 B、C 两相灯泡的阻值相等。此相序表接上待测的三相线路电源后，灯暗的那一相为 B 相，灯亮的那一相为 C 相。

② 核对相位　核对相位最常用的方法是兆欧表法和指示灯法。

图 12-14(a) 为用兆欧表核对线路两端相位的接线原理图。线路首端接兆欧表，其 L 端接线路，E 端接地，线路末端逐相接地。如果兆欧表指示为零，表明末端接地的相线与首端测量的相线属同一相。如此三相轮换测试，即可确定线路首端和末端各自对应的相位。

图 12-14(b) 为用指示灯核对线路两端相位的接线原理图。线路首端接指示灯，其末端逐相接地。如果线路接上电源时，指示灯亮，则表明末端接地的相线与首端接指示灯的相线属同一相。如此三相轮换测试，亦可确定线路两端各自对应的相位。

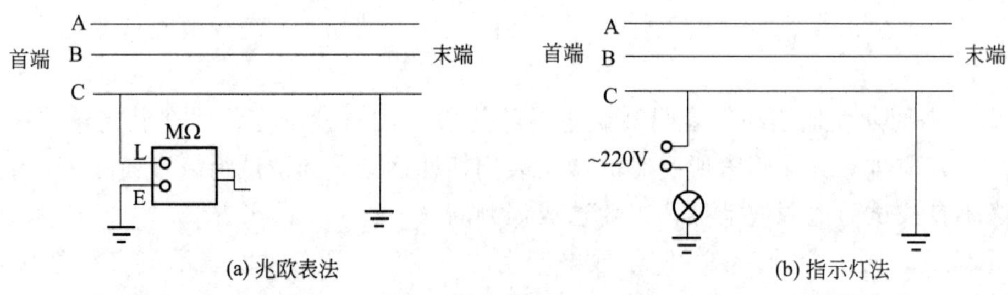

(a) 兆欧表法　(b) 指示灯法

图 12-14　核对线路两端相位的接线原理图

思考题与习题

12-1　变电所值班员的职责是什么？ 变电所运行值班应注意哪些事项？

12-2　什么是倒闸操作？ 倒闸操作的要求是什么？

12-3　一般情况下，变电所停、送电操作的程序是什么？

12-4　如果突然停电，变电所值班员应如何处理？

12-5　电力变压器巡检的项目有哪些？

12-6　配电装置巡检的项目有哪些？

12-7　高低压配电线路巡检的项目有哪些?

12-8　电力变压器大修的项目有哪些? 其工艺过程是什么?

12-9　电力变压器检修后，应做哪些试验?

12-10　如何探测电缆的故障点?

12-11　电缆直流耐压试验的目的是什么? 试验中应注意哪些事项?

12-12　如何测定三相线路的相序? 如何核对线路两端的相位?

第 13 章 供配电系统新技术

13.1 电力物联网

13.1.1 电力物联网基本特征概述

电力物联网是物联网技术在智能电网中的应用，是信息通信技术发展到一定水平，应用推广的结果，能够有效整合通信基础设施资源和电力系统基础设施资源，从而提高电力系统的信息化水平，改善电力系统现有基础设施的利用效率，为电网发电、输电、变电、配电和用电等环节提供重要的技术支撑。

国家电网公司，成立了专门的从事物联网技术在电力系统应用的研发机构，定位在集研发、试验、工程、服务、评测与验证于一体的电力物联网研发和产业化孵化基地，重点研究方向是，面向智能电网的物联网核心技术攻关、产品和应用系统开发、芯片研制、标准制定和产品评测、智能电网重大信息通信装备制造以及智能服务和感知电力中心建设，成立至今，已经成功申报了多个物联网相关国家级重大科技项目和咨询项目。经过多年建设和优化，电力通信系统的主干网络，已经基本实现：传输媒介光纤化、业务承载网络化、运行监视和管理自动化和信息化。

（1）电力物联网特点

1）可感知

可感知是电力物联网比较基础，也是较重要的特征之一，通过传感器、射频识别、二维码等感知、捕获、测量技术对物体进行实时信息的采集。再利用相关设备进行及时反馈，使得人们能够对配电网中的每一个流程运行情况进行实时掌握，避免其他干扰因素引起的系统紊乱，降低配电系统的突发故障概率。

2）智能化

首先将物体接入信息网络，借助各类通信网络来可靠地进行信息的实时同步和共享；再通过平台技术对数据进行分类和筛选，将有用信息数据通过图形化、表格化进行展示，方便运维人员进行数据查询和故障分析及处理。

3）互联性强

无线技术（4G、5G、LORA、NB）的支撑，使各个能源客户端能够同配电网系统进行信息数据交流，以便及时对配电网系统运行进行及时调整。而安科瑞推出的 ADW 系列物联网通讯电力监测设备正是切合了该特点，通过多样的上传方式（4G、NB、LORA 等）将采集到的数据实时的上传到云端的平台，再结合平台的数据分析功能，给用户提供较详细、较简洁明了的数据报表。这也是万物互联、智慧电网的表现形态。

（2）电力物联网在智能电网中的应用内容

1）配电网的监控

配电网流程与环节众多，任何微小问题都可能导致运行故障，因此实现电力设备状态的在线监测是配电网智能化的关键步骤。对于电力系统现有的 10kV 变电站设备加装状态监测系统，利用物联网技术实现对高压系统的在线监测与故障分析，然后由人工根据系统诊断结果进行检修计划的制定，以便在设备发生故障前就能及时排除隐患，避免不必要的经济损失，降低维护成本，提高设备运行的经济性和稳定性，以下以安科瑞微电网能效管理平台为例，通过云端平台可以结合曲线图、树状图等即可直观地了解到设备的运行情况。

2）智能用电管理

智能用电管理利用物联网技术有助于实现智能用电的双向交互服务、用电、信息采集、家居智能化、家庭能效管理、分布式电源接入以及充电桩技术，为实现用户与电网的双向互动、提高供电可靠性与用电效率以及节能减排提供技术保障。通过在电动汽车、电池、充电设施中设置传感器和射频识别装置，可以实时感知电动汽车的运行状态、电池使用状态、充电设施状态以及当前网内能源供给状态，实现电动汽车及充电设施的综合监测与分析，保证电动汽车的稳定、经济、合理运行。物联网技术有助于实现家居智能化，通过在各种家用电器中内嵌智能采集模块和通信模块，可实现家用电器的智能化和网络化，完成对家用电器运行状态的监测、分析以及控制。安科瑞针对“源网荷储充”开发的云平台即是智能用电管理的具体表现。

（3）电力物联网采集终端

采集终端即为感知层设备，通过射频识别、传感器、二维码等感知、捕获、测量技术对物体进行实时信息的采集设备，如电能表、水表、燃气表、温度传感器等。而在配电网系统中应用广泛的便是智能电表。

区别于传统的基于电参量监测功能的电能表，智能电表的优势主要体现在强大的互联功能和智能化监测上，这里以安科瑞推出的 ADW300 物联网在线监测仪表为例说明智能电表相较于传统电表的优势。

强大的互联功能：相较于传统电表的本地采集方式，通过与物联网技术的结合，目前该款终端监测设备除了可支持 RS-485 通讯，在网络通信层也可支持采用 GPRS、WiFi、NB-IoT 等各种通讯技术，同时在通讯协议的适配方面也涵盖了目前市面上的大部分通用协议。

智能化监测：主要是通过附加功能来协助终端采集设备的智能交互，如：支持开关量输入输出，可结合具体现场实现开合闸的保护功能；支持多路的温度测量和漏电监测，防止因为故障、老化导致的温度过高而出现的安全隐患；报警上传功能，支持各项电参量的报警设定，及时上传报警数据，再通过平台短信预警等措施及时通知到用户端进行现场故障的处理。

（4）电力物联网发展前景

从国家政策层面的规划来看，2025 年前建成电力互联网势在必行，这几年通信运营商在物联网应用方面做了许多工作，电力系统针对智能配电网的物联网应用也做了很多工作，同时国家也正与国内外智能配电网以及物联网方面的机构合作开展一些深入的研究工作，各地关于智能电网的投资也在持续增长，招标数量也呈上升趋势。南方电网近 2 年也投入了上千亿来进行电网的智能化建设。另一方面，电网需求的增长也促使电网供给端进行自动化和智能化升级，从而创造海量的电力物联网市场。近些年，安科瑞陆续与多地电力公司进行合作，提供终端设备、云端平台等服务，并且不断根据用户的需求完善产品功能，全力参与建设电力物联网下的智能电网。

我国政府同时也非常重视物联网的标准化工作，早在2006年，全国信息技术标准化委员会就已经成立传感网标准研究项目组，进行传感器网络标准方面的研究工作，并于2009年完成了传感器网络标准工作组的筹建，在8个领域展开国家标准的制定工作。国家电网公司也积极支持和参与，国网信通公司成为该工作组的副组长单位。在物联网国际标准化方面，目前尚未有成体系的物联网相关标准，中国物联网发展的起步时间与欧美几乎同步，我国在物联网的某些技术领域甚至已经走在世界前列。自2007年以来，我国提出了多项传感网通信技术标准提案在IEEE802.15.4e、IEEE802.15.4g中均已被采纳，成为IEEE802.15.4系列标准的组成部分。2009年10月中国联合美国、德国和韩国等推动ISO/IECJTC1正式成立传感器网络国际标准化工作组（wG7），使我国成为国际传感网标准化的主导国之一。2010年5月我国承办了IEEE802的首次标准全会，代表着我国在信息技术领域的国际地位和影响力显著提高。

2010年8月底，在美国华盛顿举行的ISO/IECJTC1国际传感网标准工作组（wG7）会议上，正式确定中国专家担任我国主导提出的第一项传感网国际标准《智能传感器网络协同信息处理支撑服务和接口》的主编，并通过了由我国提交的第一版标准草案。同时确定我国多名专家担任传感网系统架构部分标准的主编和联合编辑。这意味着中国在总体架构和核心技术层面开始主导传感网国际标准的制定。

13.1.2 电力物联网的建设

（1）总体结构设计

输变电设备物联网总体架构分为四个层级：感知层、网络层、平台层和应用层，如图13-1所示。

1）感知层

感知层由各类物联网传感器、网络节点组成，分为传感器层与数据汇聚层两部分，实现传感信息采集和汇聚。传感器层由各类物联网传感器组成，用于采集不同类型的设备状态量，并通过网络将数据上传至汇聚节点。物联网传感器分为微功率无线传感器（μW级）、低功耗无线传感器（mW级）、有线传感器三类；数据汇聚层由汇聚节点、接入节点等网络节点组成，各类节点装备构成微功率/低功耗无线传感网和有线传输网络全兼容、业务场景全覆盖的传感器网络，同时搭载可软件定义的边缘计算框架，实现一定范围内传感器数据的汇聚、边缘计算与内网回传。

2）网络层

网络层由电力无线专网、电力APN通道、电力光纤网等通信通道及相关网络设备组成，为输变电设备物联网提供高可靠、高安全、高带宽的数据传输通道。

3）平台层

基于公司统一的物联管理平台实现物联网各类传感器及网络节点装备的管理、协调与监控，对物联网边缘计算算法进行远程配置，实现多源异构物联网数据的开放式接入和海量数据存储。

4）应用层

应用层用于数据高级分析应用以及支撑运检业务管理。针对传感数据类型繁杂、诊断算

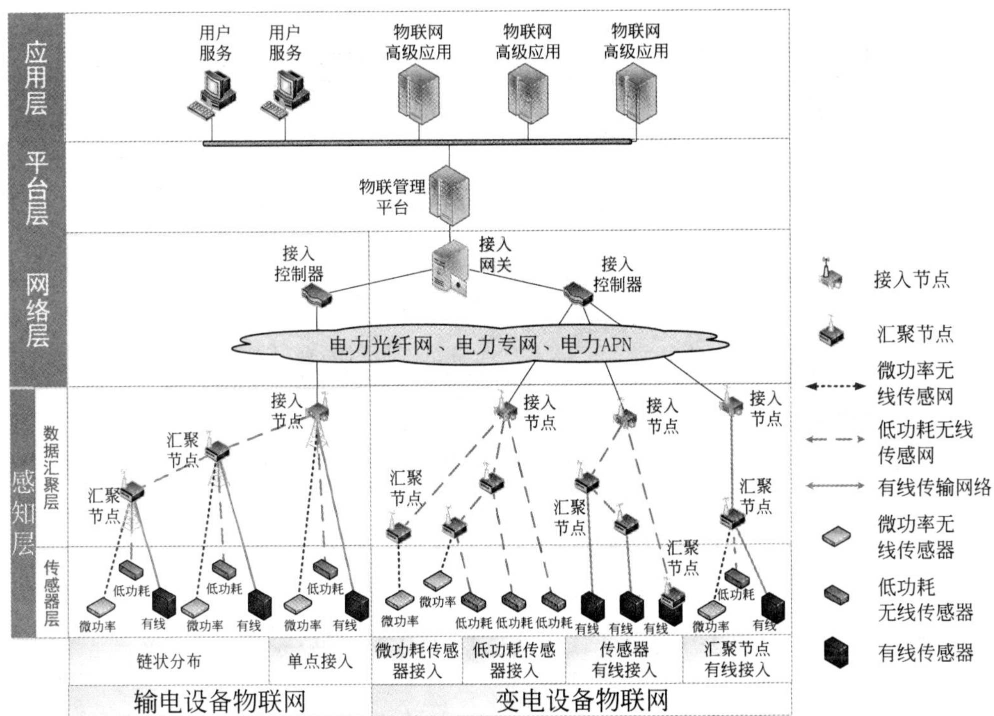

图 13-1　输变电设备物联网总体架构图

法多样化等需求，部署开放式算法扩展坞，建立统一算法容器及 I/O 接口，利用大数据、人工智能等技术，实现算法模块标准化调用，为电网运检智能化分析管控系统以及 PMS 等其他生产管理系统提供业务数据和算法能力支撑。

（2）整体功能

输变电设备物联网通过感知层的多种类型传感器实现设备状态全面感知；通过网络层对感知数据进行可靠传输，实现信息高效处理；在平台层，通过公司统一的物联管理平台汇集物联采集数据，进行标准化转换后分发到公司数据中台；基于公司数据中台，通过应用层对物联网感知数据进行高级分析与应用，实现信息共享和辅助决策。输变电设备物联网各层级功能定位如图 13-2 所示。

电网运检智能化分析管控系统将物联网数据与其他系统数据进行联合高级分析与应用，以微应用模块为交互窗口对结果进行集中展示，实现输变电设备物联网各类数据信息的及时推送和实时共享。

生产管理系统（PMS2.0）基于公司数据中台向物联网应用层提供输变电设备台账和历史试验数据信息，与物联网感知数据进行设备对应和身份识别，实现快速资产定位和历史信息追溯。

雷电、覆冰、山火、台风、地质灾害、电缆线路、气象、架空线路等通道环境监测预警系统基于公司数据中台向物联网应用层系统提供输变电设备本体和环境等信息，实现多源数据融合与多维综合分析。

各类在线监测系统向物联网应用层系统基于公司数据中台提供已有在线监测设备获取的实时监测数据，与物联网感知数据互为补充，共同支撑物联网高级分析与应用。

调度管理系统（OMS）、用电信息采集系统、营销业务系统等其他专业生产系统基于公

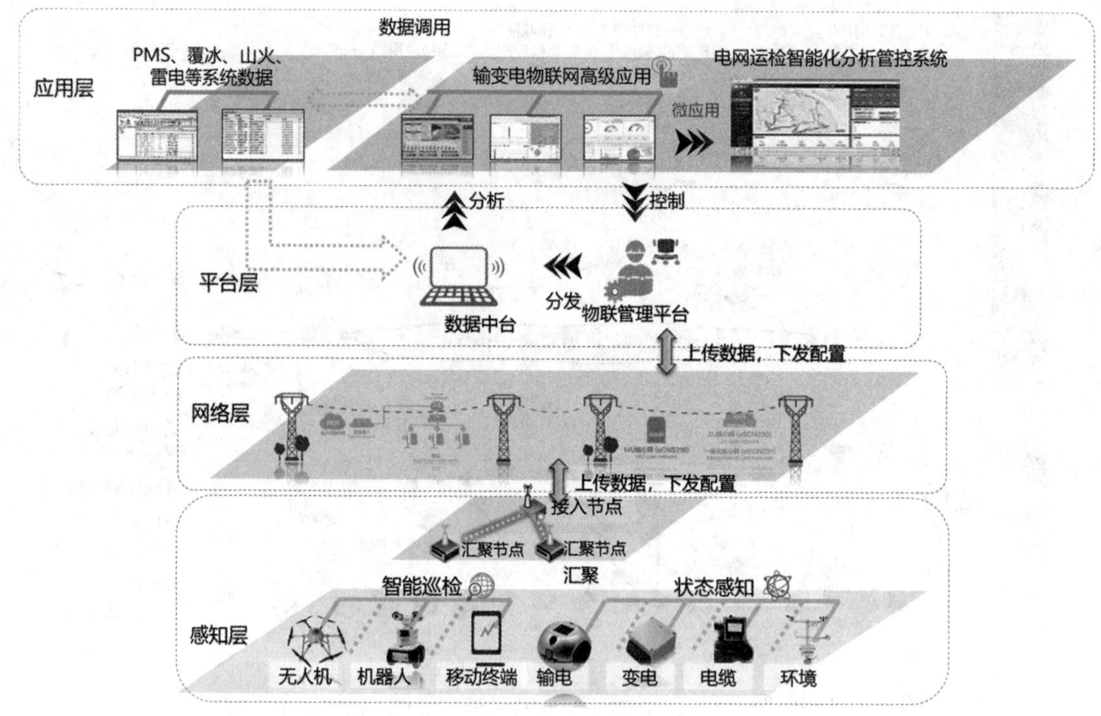

图 13-2　输变电设备物联网功能定位图

司数据中台向物联网应用层系统提供相关数据，通过物联网高级分析与应用产生共享数据信息，辅助其他专业管理人员决策，促进输变电设备物联网价值共享，支撑公司泛在物联网建设。

（3）通信协议与规约

通信协议与规约包括《输变电设备物联网微功率无线网通信协议》《输变电设备物联网节点装备无线组网协议》《输变电设备物联网安全通信协议》《输变电设备物联网传感器数据通信规范》《输变电设备物联网系统网络管理协议》。通信协议与规约逻辑关系如图 13-3 所示。

《输变电设备物联网微功率无线网通信协议》定义了适合输变电微功率（μW 级）传感器的底层通信协议。

《输变电设备物联网节点装备无线组网协议》定义了低功耗传感器（mW 级）、汇聚节点、汇聚节点（中继）及接入节点之间的通信组网底层协议。

《输变电设备物联网安全通信协议》规范输变电设备物联网的信息安全要求，明确从感知层到应用层各类设备的数据加密要求和方法。确保通信数据的机密性、完整性和可用性。

《输变电设备物联网传感器数据通信规范》规定了传感器感知数据的编码方式，将微功率传感器、低功耗传感器、汇聚节点、汇聚节点（中继）、接入节点之间的通信数据编译为输变电设备物联网的标准格式数据包。

《输变电设备物联网系统网络管理协议》基于公司统一物联管理平台，定义输变电接入节点和传感器、汇聚节点、接入节点等设备输变电专业应用之间的参数配置接口和方法。

（4）边缘计算标准

边缘计算主要包括《输变电设备物联网边缘计算应用软件接口技术标准》，基于公司统

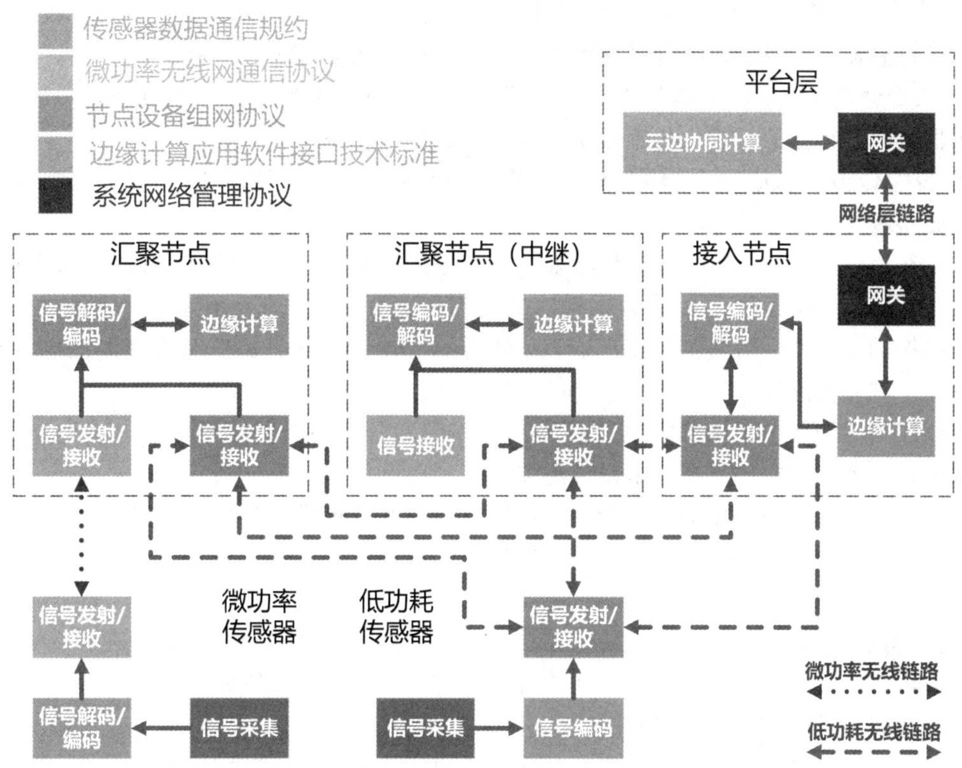

图 13-3 输变电设备物联网通信协议与规约逻辑关系

一边缘计算框架定义输变电边缘分析算法与边缘计算框架间的接口协议。

（5）装备技术规范

装备技术规范包括《输变电设备物联网微功率传感器装置通用技术规范》《输变电设备物联网微功率无线传感网模组技术规范》《输变电设备物联网节点装置技术规范》《输变电设备物联网模组入网检测标准》《输变电设备传感器采购技术标准》，规范了传感器、节点装备外形、尺寸、寿命、安全防护等级、电磁兼容性、测试方法等方面的标准和要求。

（6）装备管理规范

装备管理规范包括《输变电设备物联网传感器现场施工安装技术规范》《输变电设备物联网节点装备现场施工安装技术规范》《输变电设备物联网验收规范》《输变电设备物联网装备命名规范》《输变电设备物联网传感器运维规程》《输变电设备物联网节点装备运维规程》等，统一了传感器和节点装备的采购、安装、调试、验收和运维等方面的标准和要求。

（7）关键技术

1）传感器技术装备

为实现设备状态全面感知，提高物联网传感器的可靠性、经济性、有效性，重点从微功率无线通信技术、传感器能量收集技术、长寿命电池选型及测试技术等方面开展研究，推动输变电设备物联网系列智能传感器研制。

① 微功率无线通信技术研究 研究面向输变电设备物联网的标准化微功率无线通信协议技术，优化设计微功率无线通信模组，实现 20mA 以下峰值脉冲电流的无线通信，满足电池供电、自取能类传感器的微功率通信需求。建立微功率协议一致性检测平台，确保微功率无线传感器与通用网络节点装备互联互通。

② 传感器能量收集技术研究　研究电流感应、电压感应、温差取能等能量收集技术，优化设计传感器取能模块，提升微功率无线传感器长时间运行能力。

③ 长寿命电池选型及测试技术研究　研究传感器电池选型及寿命测试技术，形成物联网传感器电池选型方法，建立传感器电池性能测试平台。

④ 智能传感器研究　研究输变电设备物联网系列传感器及性能检测方法，实现电力设备、设施全方位立体感知。

架空线路设备感知装备：温度传感器、微气象传感器（湿度、风力、雨量及光照强度）、磁场感应传感器、接近距离传感器、舞动加速度传感器、覆冰张力传感器、倾斜角度传感器、微风振动传感器、图像传感器、电流传感器（导线、地线、雷电及沿面泄漏电流）、位移传感器、红外传感器。

电缆线路感知装备：局部放电传感器、气体传感器、光纤测温传感器、接地环流传感器、温度传感器、烟雾传感器、水浸传感器等。

变电设备感知装备：接头温度传感器、环境温湿度传感器、伸缩节长度传感器、电容器形变传感器、SF_6 气体密度传感器、油压传感器、特高频局放传感器、超声波局放传感器、暂态地电波传感器、断路器机械特性传感器、振动传感器、避雷器泄漏电流传感器、铁芯电流传感器、油色谱监测装置、图像传感器、红外传感器、烟雾/火灾传感器等。

辅助设施传感器：水浸传感器、环境温湿度传感器、安防红外传感器、气体传感器等。

2）低功耗传感网节点技术研究与装备

为实现传感器网络全业务场景覆盖和前端感知层就地运算，提高感知层的统一性、可靠性、经济性及智能化水平，从传感器网络组网技术、边缘计算技术两方面开展研究，并研制系列网络节点装备。

① 低功耗无线传感器网络组网技术　研究面向输变电设备管理业务现场的网络节点装备无线组网协议，通过高抗干扰性无线传输调制方式、海量异构数据接入调度方式以及自适应同步机制，实现接入节点、汇聚节点和低功耗传感器的可靠组网接入。

② 物联网边缘计算技术　针对海量传感器接入与运算需求，基于公司统一边缘计算框架，研究面向设备管理业务的边缘算法 APP 化就地搭载和算法远程配置机制，实现数据就地计算、算法远程配置、接口标准统一。边缘计算体系各部分功能定位如图 13-4 所示。

③ 标准化网络节点装备　研发标准化网络节点装备，包括汇聚节点和接入节点，实现感知数据就地边缘计算，并建立六种典型的传感器和节点装备组网方案，满足设备管理现场不同业务需求。

在变电站组网方面，采用标准化的汇聚节点和接入节点，根据不同的应用需求构建四种组网方式，如图 13-5 所示。

方案 1：针对电池供电、自取能的微功率传感器，采用双层组网方式，传感器通过微功率无线传感网与汇聚节点连接，汇聚节点、接入节点间采用低功耗无线传感网组网，最终通过接入节点对接网络层。

方案 2：针对局部放电、泄漏电流等采样频率低、单次采集功耗大的低功耗传感器，采用低功耗传感网进行组网。低功耗传感器直接与接入节点连接，或经由一个或多个汇聚节点与接入节点连接，通过接入节点对接网络层。

方案 3：针对传统在线监测传感系统无线化改造需求，将传统有线传感器（或 IED）与汇聚节点进行有线连接或内部集成。汇聚节点、接入节点间采用低功耗无线传感网组网，最

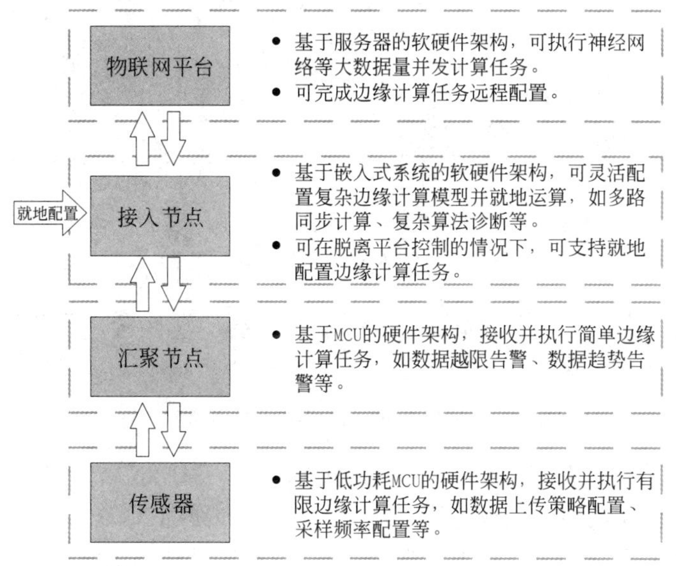

图 13-4 边缘计算体系功能设计

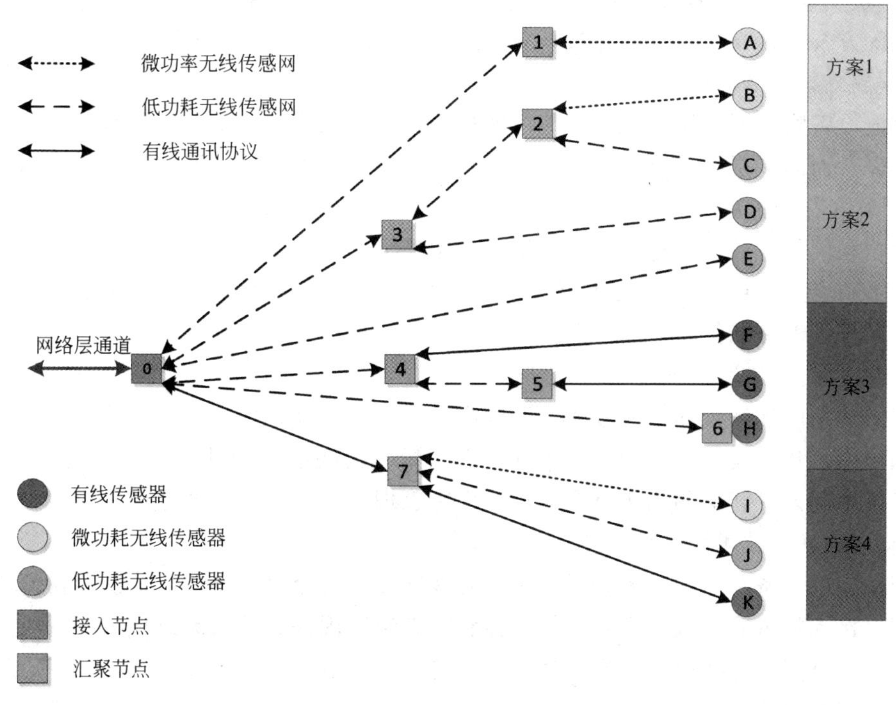

图 13-5 传感器网络拓扑结构变电站组网方案

终通过接入节点对接网络层。

方案 4：针对具备有线网络布线条件的室内环境等情况，将汇聚节点采用有线方式与接入节点连接，降低无线网络结构复杂度。汇聚节点向下可接入有线传感器、低功耗传感器、微功率传感器。

在输电线路组网方面，采用标准化汇聚节点、接入节点，根据不同应用需求建立两种组网方式，如图 13-6 所示。

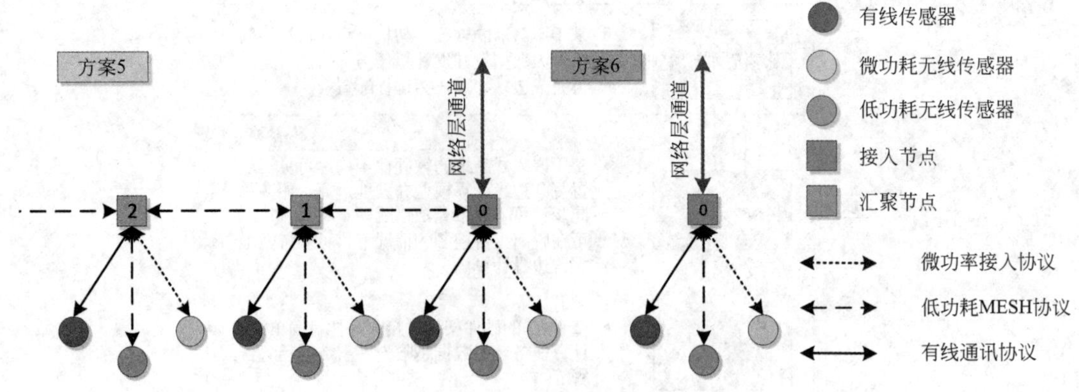

图 13-6　传感器网络拓扑结构线路组网方案

方案 5：针对线路传感器逐塔配置的链状分布情况，采用双层组网方式，传感器通过微功率无线传感网、低功耗传感网或有线电缆等方式与就近的汇聚节点或接入节点连接，汇聚节点、接入节点间采用低功耗无线传感网进行链状多跳组网，最终通过接入节点对接至网络层。

方案 6：针对传感器零星部署的线路传感器，通过微功率无线传感网、低功耗传感网或有线电缆等方式直接与接入节点连接，并通过接入节点对接数据至网络层。

3）开放式物联网应用层技术

输变电设备物联网应用层区别于传统的集中监控与数据应用平台，具有可灵活扩展、算法快速部署、面向基层等特点，基于此开展开放式算法扩展坞、电网主设备知识库研究。

• 开放式算法扩展坞技术研究

针对物联网传感数据类型和诊断算法多样化需求，研究开放式算法扩展坞技术，建立统一的算法 I/O 接口定义，实现专家算法、神经网络、知识图谱等算法程序的标准化调用，为物联网数据智能诊断提供统一平台。

• 电网主设备知识库研究

采用图数据库和知识图谱等技术，开发电网各类设备知识模型，形成设备模型管理体系和通用知识库，建立设备知识地图、个性设备画像、关联设备属性等多层次设备知识结构，实现信息技术和人工智能的高级融合应用，支撑管理决策和现场作业应用。

4）物联网安全技术防护体系

结合输变电设备物联网业务场景，重点开展感知层安全风险分析：一是存在传感器和节点装置仿冒接入的风险，攻击者篡改传感器和节点装置固件、植入恶意代码，造成装置运行异常；二是节点装置存在端口异常、违规外联的风险，造成信息泄露；三是无线传感网存在明文数据被窃取或篡改的风险。

为强化输变电设备物联网安全技术防护能力，按照《公司信息安全工作纲要》（国家电网信通〔2014〕907 号）、《信息安全技术 网络安全等级保护基本要求》（GB/T 22239—2019）、《信息安全技术物联网安全参考模型及通用要求》（GB/T 37044—2018）等要求，遵循“可信互联、精准防护、安全互动、智能防御”安全策略，构建全方位的输变电设备物联网安全技术防护体系，如图 13-7 所示。

1）感知层安全防护

传感器和节点装置应具备固件完整性查询功能；涉及控制指令的无线传感器（如控制水

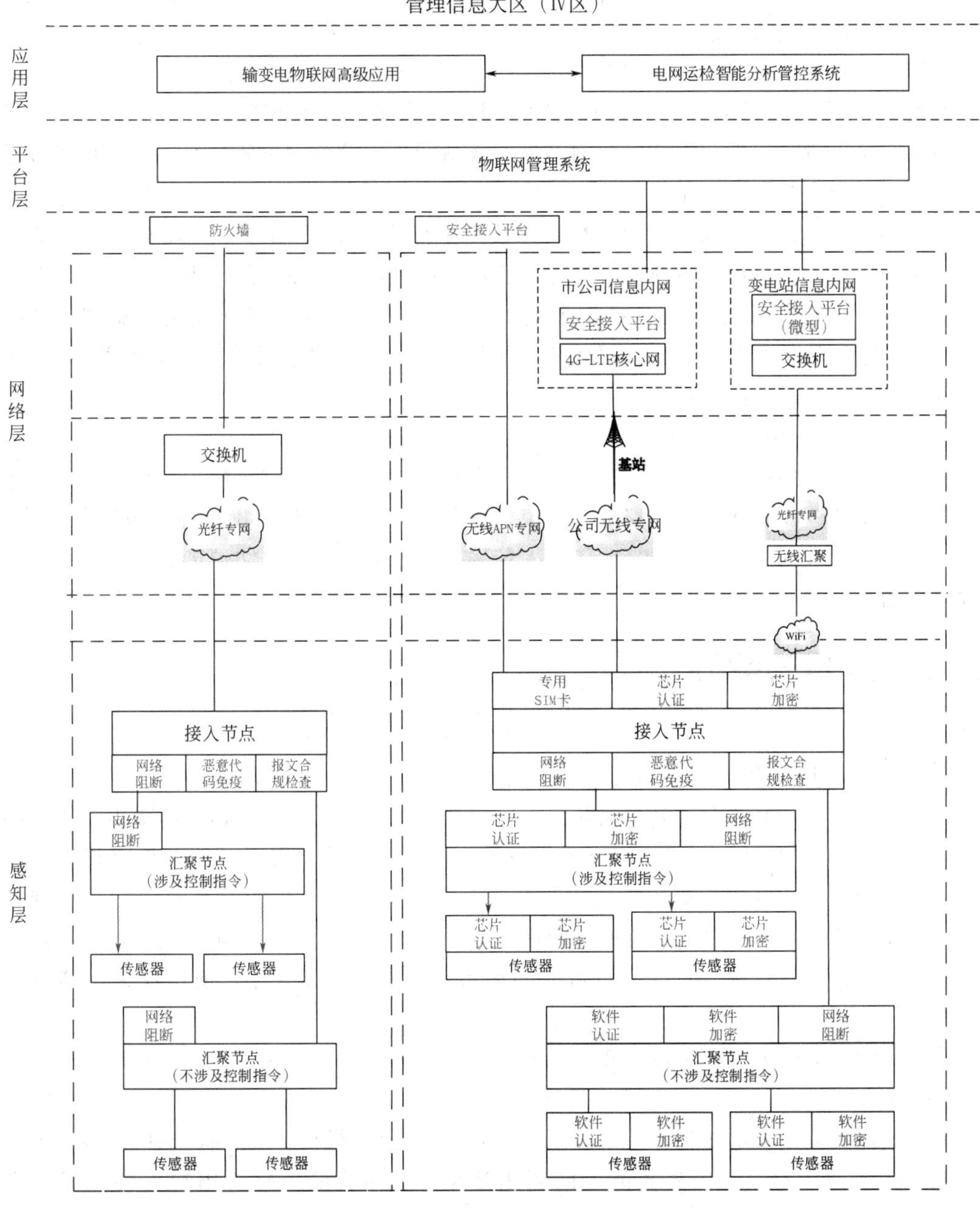

图 13-7　输变电设备物联网网络安全构架

泵、空调的传感器）和节点装置，应集成安全芯片，实现强身份认证与控制指令的数据加密。不涉及控制指令的无线传感器（如温湿度、压力、形变监测传感器）和节点装置，不要求安装安全芯片，只进行软件认证和软件加密。节点装置应具备网络阻断与重置功能，防范装置违规外联等恶意行为。汇聚节点装置只允许对传感器下发指令，不允许对接入节点下发指令。

接入节点装置应具备恶意代码免疫能力和协议报文合规检查功能。

2）网络层安全防护

物联网传感器接入分为光纤和无线两种方式。

光纤接入：输变电设备物联网传感设备通过防火墙接入省、地市公司信息内网。该方式适用于光纤资源充足的单位。

无线接入：分为无线 APN 专网、公司无线专网及 WiFi 三种方式。

无线 APN 专网方式：输变电设备物联网接入节点采用专用 SIM 卡+安全芯片，通过安全接入平台接入省、地市公司信息内网。该方式适用于运营商网络质量好、感知设备分散分布的省公司和地市公司。

公司无线专网方式：输变电设备物联网接入节点采用专用 SIM 卡+安全芯片，通过安全接入平台接入地市公司信息内网。该方式适用于已建设无线专网的地市公司。

加密 WiFi 方式：输变电设备物联网接入节点采用安全芯片，通过变电站微型安全接入平台接入变电站信息内网，实现双向认证与通信加密，该方式适用于已具备加密 WiFi 接入设备的变电站。

3）平台层与应用层安全防护

平台层与应用层的系统遵循信息系统安全等级保护相关要求进行防护，根据确定安全等级，采用身份认证、访问控制、安全审计、数据加密等防护措施，确保业务安全。平台层、应用层系统间的数据交互应采用接口认证、传输加密、数据脱敏等防护措施，确保系统交互过程中的数据安全。

13.2 分布式能源

13.2.1 分布式能源及其主要特征

国际分布式能源联盟对“分布式能源”（Distributed Energy Resource，DER）给出的定义如下：安装在用户端的高效冷/热电联供系统，能够在消费地点或离消费地点很近的地方发电，高效地利用发电产生的废能生成热和电；现场端的可再生能源系统包括利用现场废气、废热及多余压差来发电的能源循环利用系统。简而言之，分布式能源是一种建在用户端的能源供应方式，既可独立运行，也可并网运行，而不论规模大小、使用什么燃料或应用技术。

分布式能源的主要特征有以下几个方面。

（1）高效性

分布式能源可用发电或工作的余热制热、制冷，合理梯级利用能源，也可以根据自身所需向电网输电或购电，从而提高能源的利用效率；分布式能源靠近用户安装，可以降低网损。

（2）环保性

分布式能源大多采用清洁能源发电，如太阳能、风能、天然气等，减少有害物的排放总量，减轻环保压力；分布式能源采用就近供电，减少高压输电线路的电磁污染，也减少了高压输电线路走廊占用的土地。

（3）能源利用多样性

分布式能源可利用多种能源，如风、光、潮汐、地热等清洁可再生能源，并同时为用户提供电、热、冷等多种能源应用方式，因此是节约能源、解决能源危机和实现能源安全的好途径。

（4）调峰作用

夏季和冬季往往是电力负荷的高峰时期，分布式能源热、电、冷三联系统，不但可以解决冬夏季的供热与制冷需求，同时也提供了一部分电力，降低了电力峰荷，起到调峰作用。

（5）安全性和可靠性

当大电网出现大面积停电事故时，分布式能源系统仍可孤岛运行，提高供电可靠性，同时有助于大电力系统在崩溃后的再启动，提高系统运行的安全性。

（6）减少输配电投资

分布式能源采用就地组合协同供应模式，可以节省电网投资，降低运行费用和损耗。

（7）解决边远地区供电

我国许多边远和农村地区远离大电网，采用太阳能发电、小型风力发电和生物质发电的分布式能源系统是解决该类地区供电的好办法。

13.2.2　分布式发电简介

（1）风能发电

风力发电的过程就是一个能量转换的过程。风力发电机组包括两大部分，风力机和发电机。风力机的桨叶具有良好的空气动力外形，在气流作用下能产生空气动力使风轮旋转，将风能转换成机械能，再通过齿轮箱增速驱动发电机，将机械能转变成电能。

风力机多采用水平轴、三叶片结构，主要由叶轮、塔架及对风装置组成，如图 13-8 所示。风力发电机的基本类型有：普通异步风力发电机、双馈异步风力发电机、直驱式同步风力发电机、混合式风力发电机。风力发电机系统可独立运行，也可与系统联网运行，如图 13-8、图 13-9 所示。

风力发电的主要优点是风能蕴藏量大、可再生、无大气污染、建设周期短、投资灵活、自动控制水平高且安全耐用。特别是缺乏水力资源、燃料和交通不便的沿海岛屿、山区和高原地带，都具有较丰富的风力资源。缺点主要是风能是一种密度小的随机性能源，为了保证系统供电的连续性和稳定性，需要安装储能电池，增加了系统成本；风力发电机旋转运动组件多，维护、检修费用大，且有噪声；风力发电机对安装地理位置要求较高。

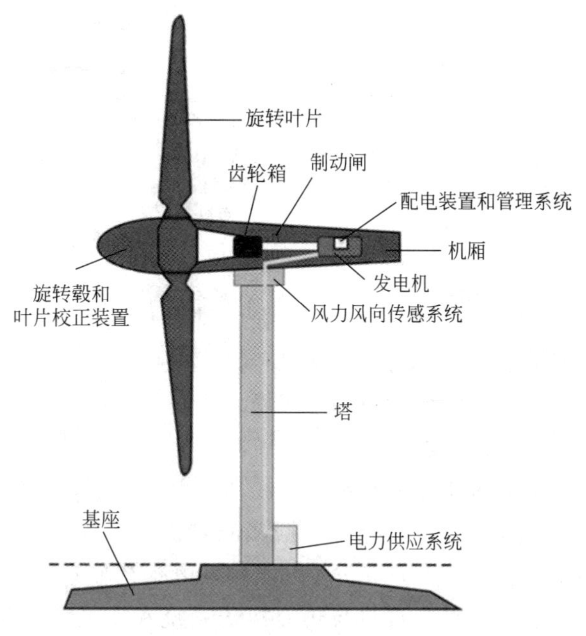

图 13-8　风机剖面图

（2）太阳能发电

目前成熟的太阳能发电形式有两种：光伏发电和光热发电。

1）光伏发电

“光伏”来源于“光生伏打效应”（简称“光伏效应”），指的是光照使不均匀半导体或半导体与金属结合的不同部位之间产生电位差的现象。太阳能电池是利用光伏效应将太阳能直接转换成电能的部件。太阳光照射太阳能电池，太阳光的光子在电池里激发出电子空穴对，电子和空穴分别向

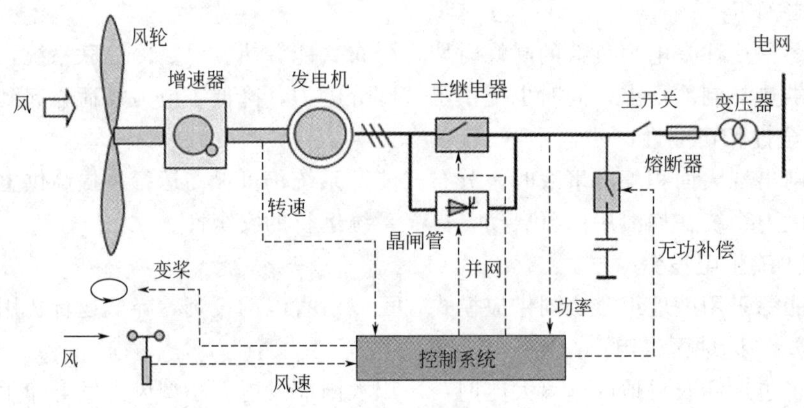

图 13-9 风力发电系统

电池的两端移动，如果外部构成通路，就形成电流，产生电能。

太阳能电池单元是光伏发电的最小单元。在规模化光伏发电应用中，一般将多个太阳能电池组件按照电气性能串并联，构成太阳能电池阵列。光伏发电系统将太阳能电池输出的直流电通过功率变换装置向负荷供电（交流或直流）或者接入电网。光伏发电系统原理示意如图 13-10 所示。

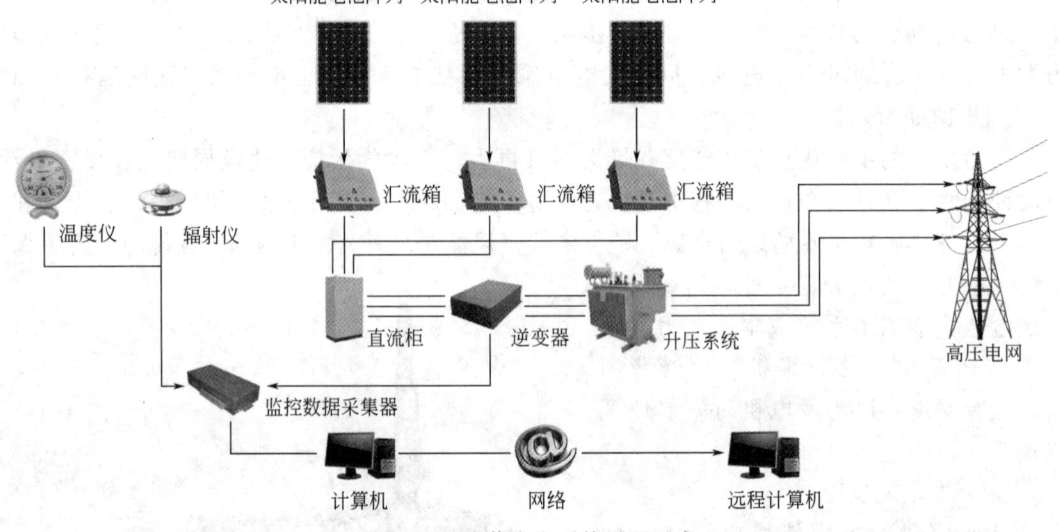

图 13-10 光伏发电系统原理示意

太阳能光伏发电的优点是对地理位置要求不高，只要有阳光、有空间安装太阳能电池板即可，而且无污染、无噪声、发电技术简单、主要部件易维护、零燃料费用及维护费用等。太阳能电池的应用局限性在于安装费用较高、电力供应具有随机性、发电效率较低。

2）光热发电

光热发电主要是利用聚光器汇聚太阳能，对工作介质进行加热，使其由液态变为气态，推动汽轮发电机发电。根据聚光方式的不同，光热发电系统主要分为槽式、塔式、碟式三种，如图 13-11 为塔式太阳能热发电系统原理。太阳聚焦发电组件由反射镜、集热子系统、热传输子系统、蓄热与热交换子系统和发电子系统组成。首先将许多面反射镜（亦称定日镜）按一定规律排列成反射镜阵列，这些反射镜自动跟踪太阳，使反射光精确投射到集热器窗口。当阳光投射到集热器被吸收转化成热能后，加热盘管内流动着的介质产生蒸汽。一部分热量通过热传输系统 传送至汽轮发电机组发电，另一部分热量则被储存在蓄热器里，以备没有阳光时发电用。

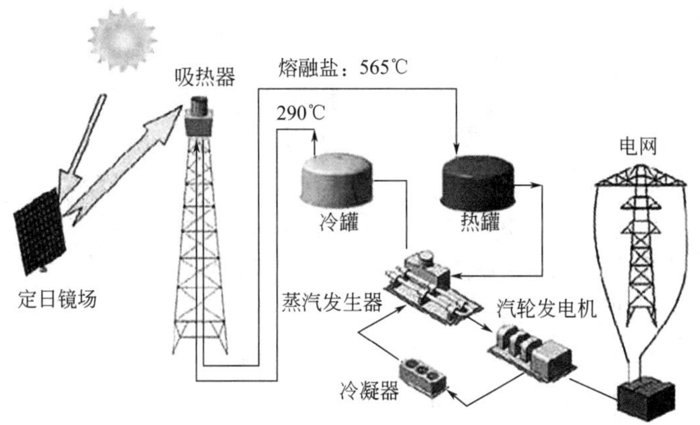

图 13-11　塔式太阳能热发电系统示意

太阳能光热发电投资费用与太阳能光伏发电或风能发电相比较低，其发电成本甚至可以与常规热电站相当。

（3）海洋能发电

海洋能是指蕴藏于海洋中的可再生能源，主要包括潮汐能、波浪能、海流能等。海洋能开发利用的方式主要是发电，其中潮汐发电和小型波浪发电技术已经得到实际应用。

1）潮汐发电

潮汐发电是利用潮水涨落产生的水位差所具有的势能来发电的。潮汐发电工作原理与常规水力发电的原理类似，即在河流或海湾筑一条大坝，以形成天然水库。水轮发电机就装在拦海大坝里，如图 13-12 所示。因此，利用潮汐发电必须具备两个物理条件：第一，潮汐的幅度必须大，至少要有几米；第二，海岸地形必须能储蓄大量海水，并可进行土建工程。

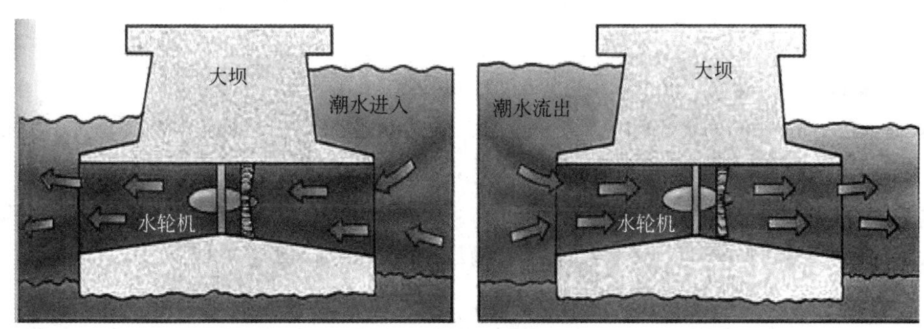

图 13-12　潮汐发电原理

潮汐能属于可再生能源，蕴藏量大，运行成本低。潮汐发电对环境影响小，无污染。潮汐发电的水库都是利用河口或海湾建成的，不占用耕地。潮汐发电不受洪水、枯水期等水文因素影响。潮汐电站的堤坝较低，容易建造，投资也较少。

2）波浪发电

波浪发电的原理主要是将波浪能通过转换装置转换为机械、气压或液压的能量，然后通过传动机构驱动发电机发电。波浪发电过程中，波浪能通常要经过三级转换：第一级为受波体，它将大海的波浪能吸收进来；第二级为中间转换装置，它优化第一级转换，产生出足够稳定的能量，中间转换装置是波浪发电的关键设备；第三级为发电装置，与其他发电装置一样。波浪能开发的技术复杂、成本高、投资回收期长。

（4）生物质发电

生物质能是太阳能以化学能形式储存在生物质中的一种能量形式，一种以生物质为载体的能量，它直接或间接地来源于植物的光合作用。生物质能资源通常包括木材及林业废弃物、农业废弃物、水生植物、油料植物、城市生活垃圾和工业有机废弃物、动物粪便等。

生物质发电是现代生物质能利用的一种重要方式，主要有直燃发电、混燃发电、气化发电、沼气发电等几种技术路线。生物质能突出的优点在环境效益上，生物质能蕴藏量极大，且生物质生产过程中会吸收大气中的 CO_2，有利于环保。但生物质原料收获、储存、加工及运输过程中需要额外投入，导致原料总成本相对较高。

13.2.3 分布式能源对传统配电系统的影响

分布式能源的接入改变了系统的潮流分布与运行方式，对传统配电系统的影响既有积极的方面也有消极的方面，这主要取决于系统和分布式发电的运行特性。总的来说积极作用主要体现在改善系统运行方式，支持系统高效、可靠地运行，具体包括以下几个方面：

① 分布式电源增加了电网的备用容量，具有削峰填谷、平衡负荷的功能；

② 分布式电源的大量出现减轻了不断新建大型发电厂的需要，节省了建设电厂和输电设备的投资；

③ 分布式发电使电能生产更靠近负荷，降低了电能传输中的网络损耗；

④ 分布式发电可以带负荷孤岛运行。当系统故障时，分布式电源继续向部分负荷供电。这样可以缩小停电范围，提高供电可靠性。然而，这些分布式发电的积极作用在实际中并不容易实现。它要求分布式发电必须具有很高的运行可靠性、可以任意调度，而且具有合适的接入位置和容量，此外还需要满足其他一些运行限制。由于大多数分布式能源不是电网公司所有，而且利用太阳能、风能等气候性能源发电本身就具有功率不确定的特点，所以这些条件很难保证。事实上，由于一些条件常常得不到满足，分布式发电的接入反而对配电系统造成诸多不利影响。

分布式发电对电力系统的消极影响主要包括以下几个方面。

① 线路过电压。在传统的配电网络中，线路上的电压一般都是沿着远离配电变压器的方向不断下降。为了保证终端用户的电压水平，在实际运行中一般利用调压变压器调节分接头使电压曲线提升。系统接入分布式发电以后，线路上的潮流将会发生变化，电压曲线也将随之变化。当负荷非常小时，分布式发电的输出功率有可能流向系统侧，此时线路上的电压从配电变压器到分布式发电接入点将不断上升。

② 增加配电网故障等级。当配电网发生短路故障时，分布式发电会提供短路电流。如果当前配电系统的短路电流水平已经接近开关设备的额定电流，那么故障等级的提高将要求电力系统增加投资成本改进开关设备。

③ 电能质量。由于分布式发电是由用户来控制的，用户将根据其自身的需要启动和停运分布式发电。如果用户在分布式发电机端电压与系统电压不同步时投入分布式发电，或者在系统能量缺额时切除分布式发电，可能会造成较大的系统电压波动，从而降低系统的电能质量。

④ 保护。目前的配电网保护系统是按照传统的单电源、辐射式结构设计的。分布式发电接入将对配电网故障行为和保护功能产生很大影响，使得原先的保护系统不再适用。同时，分布式发电作为一种新型的电力电源技术，对其本体的保护也是继电保护工作者面临的新问题。

⑤ 其他。分布式发电大量接入还将对电力系统的可靠性、中性点接地方式，以及电力系统的谐振过电压产生影响。

13.3 微电网技术

13.3.1 微电网及其主要特征

（1）微电网的概念及优点

微电网（micro grid）是由分布式电源、储能系统、能量转换装置、监控和保护装置、负荷等汇集而成的小型发、配、用电系统，是一个具备自我控制和自我能量管理的自治系统，既可以独立运行，又能作为一个可控单元并网运行。从微观看，微电网可以看作小型的电力系统；从宏观看，微电网可以认为是配电系统中的一个“虚拟”的电源或负荷。某些情况下，微电网在满足用户电能需求的同时，还能满足用户热能的需求，此时的微电网实际上是一个能源网。

将分布式电源组成微电网的形式运行，具有多方面的优点，例如：①有助于提高配电系统对分布式电源的接纳能力。凭借微电网的运行控制和能量管理等关键技术，可以实现其并网或孤岛运行、降低间歇性分布式电源给配电网带来的不利影响，最大限度地利用分布式电源。②可有效提高间歇式可再生能源的利用效率，在满足冷/热/电等多种负荷需求的前提下实现用能优化；亦可降低配电网络损耗，优化配电网运行方式。③在电网严重故障时，可保证关键负荷供电，提高供电可靠性。④可用于解决偏远地区、海岛和荒漠中用户的供电问题。

（2）微电网的运行模式

微电网具有孤网运行（或独立运行）和并网运行两种不同的运行模式。孤网运行是指微电网与大电网断开连接，只依靠自身内部的分布式电源来提供稳定可靠的电力供应以满足负荷需求。并网运行是指微电网通过公共连接点（PCC）的静态开关接入大电网并列运行。

根据微电网与外部大电网之间的关系，微电网的孤网运行模式可以划分为两种：一种是完全不与外部大电网相连接的微电网，主要用于解决海岛、山区等偏远地区的分散电力需求，如希腊 Kythnos 岛的风光柴蓄独立微电网和中国浙江东福山风光柴蓄独立微电网等；另一种是由于电网故障或电能质量不能满足要求等原因，暂时与外部大电网断开而进入孤岛运行模式的微电网，可以有效提高所辖负荷的用电可靠性和安全性，如丹麦 Bornholm 微电网等。

此外，微电网的并网运行模式根据微电网与大电网之间的能量交互关系又可以分为两种：①微电网可从大电网吸收功率，但不能向大电网输出功率，如日本 Hachinohe 微电网；②微电网与大电网间可以自由双向交换功率，如德国 Demotec 微电网。

（3）微电网的容量及电压等级

一般而言，从微电网容量规模和电压等级的角度可以将微电网划分为 4 类：①低压等级且容量规模小于 2MW 的单设施级微电网，主要应用于小型工业或商业建筑、大的居民楼或单幢建筑物等；②低压等级且容量规模在 2～5MW 范围的多设施级微电网，应用范围一般包含多种建筑物、多样负荷类型的网络，如小型工商区和居民区等；③中低压等级且容量规模在 5～10MW 范围的馈线级微电网，一般由多个小型微电网组合而成，主要适用于公共设施、政府机构等；④中低压等级且容量规模在 5～10MW 范围的变电站级微电网，一般包含变电站和一些馈线级和用户级的微电网，适用于变电站供电的区域。在实际规划中可根据实际负荷需要采用不同级别的微电网形式。

13.3.2 微电网的结构

微电网的构成可以很简单，但也可能比较复杂。例如：光伏发电系统和储能系统可以组成简单的用户级光/储微电网，风力发电系统、光伏发电系统、储能系统、冷/热/电联供微型燃气轮机发电系统可组成满足用户冷/热/电综合能源需求的复杂微电网。一个微电网内还可以含有若干个规模相对小的微电网，微电网内分布式电源的接入电压等级也可能不同，如图 13-13 所示，也可以有多种结构形式。

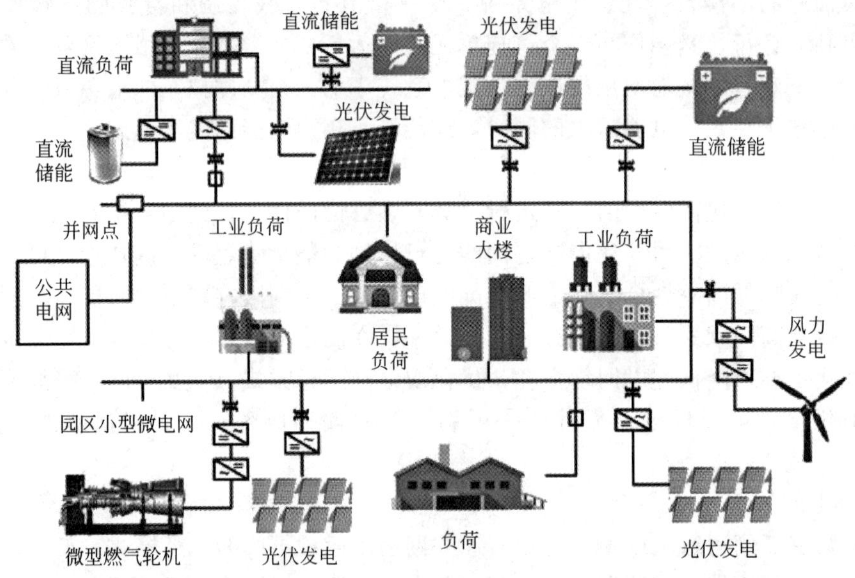

图 13-13 微电网结构示意

按照接入配电系统的方式不同，微电网可分为用户级、馈线级和变电站级微电网。用户级微电网与外部配电系统通过一个公共连接点连接，一般由用户负责其运行及管理；馈线级微电网是指将接入中压配电系统某一馈线的分布式电源和负荷等加以有效管理所形成的微电网；变电站级微电网是指将接入某一变电站及其出线上的分布式电源及负荷实施有效管理后形成的规模较大的微电网。后两者一般属于配电公司所有，是智能配电系统的重要组成部分。

按照微电网内主网络供电方式不同，微电网还可分为直流型微电网、交流型微电网和混合型微电网。在直流型微电网中，大量分布式电源和储能系统通过直流主网架直接为直流负荷供电；对于交流负荷，则利用电力电子换流装置，将直流电转换为交流电供电。在交流型微电网中，将所有分布式电源和储能系统的输出首先转换为交流电，形成交流主干网络为交流负荷直接供电；对于直流负荷，需通过电力电子换流装置将交流电转换为直流电后为负荷供电。在混合型微电网中，无论是直流负荷还是交流负荷，都可以不通过交直流间的功率变换直接由微电网供电。

13.3.3　微电网的关键技术

目前大多数微电网相关技术已经在工业和电力系统中得到了应用，主要包含新型电力电子技术、分布式发电技术、储能技术及热电冷联产技术等。微电网关键技术具体涵盖如下。

（1）可再生能源发电与储能技术

目前智能微电网主要以多种可再生能源为主，电源输入主要为光伏、风力、氢、天然气、沼气等多种成熟的能源发电技术。

储能是微电网中不可缺少的一部分，它在微电网中能够起到削峰填谷和平抑新能源发电波动的作用，极大地提高间歇式能源的利用效率。目前的储能主要有蓄电池储能、飞轮储能、超导磁储能、超级电容器储能。目前较为成熟的储能技术是铅酸蓄电池，但有寿命短和铅污染的问题。未来高储能、低成本、优质性能的石墨烯电池市场化将给储能行业带来春天。

（2）电力电子技术

大部分的新能源发电技术所发出的电能在频率和电压水平上不能满足现有互联电网的要求，因此无法直接接入电网，需通过电力电子设备才能接入。为此要大力加强对电力电子技术的研究，研制一些新型的电力电子设备作为配套设施，如并网逆变器、静态开关和电能控制装置。

（3）微电网优化调度技术

与传统电网调度系统不同，微电网调度系统属于横向的多种能源互补的优化调度技术，可充分挖掘和利用不同能源直接的互补替代性，不仅可以实现热、电、冷的输出，同时可以实现光/电、热/冷、风/电、直/交流的能源交换。各类能源在源—储—荷各环节上的分层有序梯级优化调度，达到能源利用效率最优。

（4）微电网保护控制技术

微电网中有多个电源和多处负荷，负载的变化、电源的波动，都需要通过储能系统或外部电网进行调节控制。这些电源的调节、切换和控制就是由微网控制中心来完成的。微网控制中心除了监控每个新能源发电系统、储能系统和负载的电力参数、开关状态和电力质量与能量参数外，还要负责节能控制和电力质量的提高。

微电网是目前发展较快的新型的网络结构，微电网和大电网进行能量交换，双方互为备用，是实现主动式配电网的一种有效的方式，从而提高了供电的可靠性。微电网的悄然兴起将从根本上改变传统电网应对负荷增长的方式，其在降低能耗、提高电力系统可靠性和灵活性等方面具有巨大潜力。目前，微电网技术已经成为电力系统改革的新方向，市场化的进程中必然会加快关键设备的性能提升。

13.4　智能变电站

13.4.1　智能变电站的概念

智能变电站（smart substation）是在智能电网背景下提出的概念，它是建设智能电网的重要基础和支撑。在现代输电网中，大部分传感器和执行机构等一次设备，以及保护、测量、控制等二次设备皆安装于变电站中。作为衔接智能电网发电、输电、变电、配电、用电和调度六大环节的关键，智能变电站是智能电网中变换电压、接受和分配电能、控制电力流向和调整电压的重要电力设施，是智能电网“电力流、信息流、业务流”三流汇集的焦点，对建设坚强的智能电网具有极为重要的作用。

智能变电站是采用先进、可靠、集成、低碳、环保的智能设备，以全站信息数字化、通信平台网络化、信息共享标准化为基本要求，自动完成信息采集、测量、控制、保护、计量和监测等基本功能，并可根据需要支持电网实时自动控制、智能调节、在线分析决策、协同互动等高级功能，实现与相邻变电站、电网调度等互动的变电站。

13.4.2 智能变电站的结构

智能变电站在逻辑结构上，根据 IEC61850 标准可以分为过程层、间隔层和站控层三层结构，各层之间通过高速网络连接，如图 13-14 所示。过程层主要包括电子式互感器、断路器和变压器等高压一次设备及其智能终端。该层主要完成与一次设备接口相关的功能，包括实施运行电气量的采集、设备运行状态的监测、控制命令的执行等。间隔层包括数字式保护、计量、测控等二次设备，负责间隔内信息的运算处理与控制，以及与过程层和站控层的网络通信工作。站控层主要设备包括监控系统、工程师站、远动通信装置、对时系统等，其主要功能是实现面向全站信息的管理和远方调度等信息的通信。

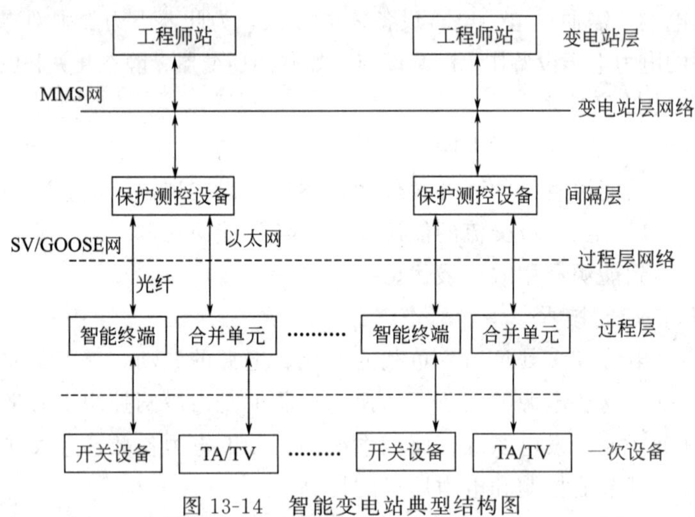

图 13-14 智能变电站典型结构图

13.4.3 智能变电站的主要特征

（1）数据采集数字化、就地化

智能变电站的主要标志是采用数字化电气量测系统（如光电式互感器或电子式互感器）采集电流、电压等电气量，实现了一、二次系统电气上的有效隔离，增大了电气量的动态测量范围，并提高了测量精度，从而为实现常规变电站装置冗余向信息冗余的转变以及信息集成化应用提供了基础。

数字化电气量测系统具有体积小、重量轻等特点，可以将其集成在智能开关设备系统中，按变电站机电一体化理念进行功能优化组合和设备布置，实现数据的就地采集。在高压和超高压变电站中，保护装置、测控装置、故障录播及其他自动装置的 I/O 单元（如 A/D 变换、光隔离器件、控制操作回路等）作为一次设备的一部分，实现了 IED 的近过程化设计；在中低压变电站可将保护及监控装置小型化、紧凑化并完整地安装在开关柜上。

（2）系统建模标准化

IEC61850 确立电力系统的建模标准，为变电站自动化系统定义了统一、标准的信息模型和信息交换模型，其意义主要体现在实现智能设备的互操作性、实现变电站的信息共享和简化系统的维护、配置和工程实施等方面。

（3）信息交互网络化

智能变电站采用低功率、数字化的新型互感器代替常规互感器，将高电压、大电流直接变换为数字信号。变电站内各设备之间通过高速网络进行信息交互，二次设备不再出现功能重复的 I/O 接口，常规的功能装置变成了逻辑的功能模块，即通过采用标准以太网技术真正实现了数据及资源共享。

（4）信息应用集成化

常规变电站的监视、控制、保护、故障录播、量测等装置几乎都是功能单一、相互独立的系统。这些系统往往存在硬件配置重复、信息不共享及投资成本大等缺点。智能变电站则对原来分散的二次系统装置进行了信息集成及功能优化处理，因此有效地避免了上述问题的发生。

（5）设备检修状态化

在智能变电站中，可以有效地获取电网运行状态数据以及各种 IED 装置的故障和动作信息，实现对操作及信号回路状态的有效监视。智能变电站中几乎不存在未被监视的功能单元，设备状态特征量的采集没有盲区。设备检修策略可以从常规变电站设备的“定期检修”变成“状态检修”，从而大大提高系统的可用性。

（6）设备操作智能化

智能变电站中采用的新型断路器的智能性由微机控制的二次系统、IED 和相应的智能软件实现，保护和控制命令可以通过光纤网络到达常规变电站的二次回路系统，从而实现与断路器操作机构的数字化接口应用。智能断路器可按电压波形控制跳、合闸角度，精确控制跳、合闸过程的时间，减少暂态过电压幅值；智能断路器的专用信息由装在设备内部的智能控制单元直接处理，使断路器能独立地执行其功能，而不依赖于变电站层的控制系统。

思考题与习题

13-1 电力物联网特点有哪些?

13-2 电力物联网在智能电网中的应用内容有哪些?

13-3 输变电设备物联网总体架构分为几个层级？ 都有哪些?

13-4 电力物联网通信协议与规约包括哪些内容?

13-5 电力物联网关键技术有哪些?

13-6 什么是分布式能源？ 它与传统的集中发电有什么区别?

13-7 分布式能源的主要特征有哪些?

13-8 分布式发电的类型有哪些?

13-9 分布式能源接入电网以后，会对电力系统产生什么影响?

13-10 什么是微电网？ 与传统电网相比，微电网有何特点?

13-11 微电网有哪几种运行模式?

13-12 微电网有哪些典型结构？ 分别对应的容量和电压等级是多少?

13-13 微电网涉及哪些关键性技术?

13-14 智能变电站和常规变电站有何区别?

13-15 试简要阐述智能变电站逻辑结构上的分层分布化的含义。

13-16 智能变电站具有哪些主要特征?

附 录

附表1 民用建筑用电设备组的需要系数及功率因数参考值

序号	用电设备分类		需要系数 K_d	cosφ	tanφ
1	通风和采暖用电	各种风机，空调器	0.7～0.8	0.8	0.75
		恒温空调箱	0.6～0.7	0.95	0.33
		冷冻机	0.85～0.9	0.8	0.75
		集中式电热器	1.0	1.0	0
		分散式电热器(20kW 以下)	0.85～0.95	1.0	0
		分散式电热器(100kW 以上)	0.75～0.85	1.0	0
		小型电热设备	0.3～0.5	0.95	0.33
2	给排水用电	各种水泵(15kW 以下)	0.75～0.8	0.8	0.75
		各种水泵(17kW 以上)	0.6～0.7	0.87	0.57
3	起重运输用电	客梯(1.5t 及以下)	0.35～0.5	0.5	1.73
		客梯(2t 及以上)	0.6	0.7	1.02
		货梯	0.25～0.35	0.5	1.73
		输送带	0.6～0.65	0.75	0.88
		起重机械	0.1～0.2	0.5	1.73
4	锅炉房用电		0.75～0.85	0.85	0.62
5	消防用电		0.4～0.6	0.8	0.75
6	厨房及卫生用电	食品加工机械	0.5～0.7	0.8	0.75
		电饭锅、电烤箱	0.85	1.0	0
		电炒锅	0.7	1.0	0
		电冰箱	0.6～0.7	0.7	1.02
		热水器(淋浴用)	0.65	1.0	0
		除尘器	0.3	0.85	0.62
7	机修用电	修理间机械设备	0.15～0.2	0.5	1.73
		电焊机	0.35	0.35	2.68
		移动式电动工具	0.2	0.5	1.73
8	其他动力用电	打包机	0.2	0.6	1.33
		洗衣房动力	0.65～0.75	0.5	1.73
		天窗开闭机	0.1	0.5	1.73
9	家用电器	包括：电视机、收录机、洗衣机、电冰箱、风扇、吊扇、冷热风扇、电吹风、电熨斗、电褥、电钟、电铃等	0.5～0.55	0.75	0.88
10	通信及信号设备	载波机	0.85～0.95	0.8	0.75
		收讯机	0.8～0.9	0.8	0.75
		发讯机	0.7～0.8	0.8	0.75
		电话交换机	0.75～0.85	0.8	0.75
		客房床头电气控制箱	0.15～0.25	0.6	1.33

附表 2　工业用电设备组的需要系数、二项式系数及功率因数参考值

用电设备组名称	需要系数 K_d	二项式系数		最大容量设备台数 x①	cosφ	tanφ
		b	c			
小批生产的金属冷加工机床电动机	0.16～0.2	0.14	0.4	5	0.5	1.73
大批生产的金属冷加工机床电动机	0.18～0.25	0.14	0.5	5	0.5	1.73
小批生产的金属热加工机床电动机	0.25～0.3	0.24	0.4	5	0.6	1.33
大批生产的金属热加工机床电动机	0.3～0.35	0.26	0.5	5	0.65	1.17
通风机、水泵、空压机及电动发电机组电动机	0.7～0.8	0.65	0.25	5	0.8	0.75
非联锁的连续运输机械及铸造车间整砂机械	0.5～0.6	0.4	0.4	5	0.75	0.88
联锁的连续运输机械及铸造车间整砂机械	0.65～0.7	0.6	0.2	5	0.75	0.88
锅炉房和机加、机修、装配等类车间的起重机($\varepsilon=25\%$)	0.1～0.15	0.06	0.2	3	0.5	1.73
铸造车间的起重机($\varepsilon=25\%$)	0.15～0.25	0.09	0.3	3	0.5	1.73
自动连续装料的电阻炉设备	0.75～0.8	0.7	0.3	2	0.95	0.33
实验室用的小型电热设备(电阻炉、干燥箱等)	0.7	0.7	0	—	1.0	0
工频感应电炉(未带无功补偿装置)	0.8	—	—	—	0.35	2.68
高频感应电炉(未带无功补偿装置)	0.8	—	—	—	0.6	1.33
电弧熔炉	0.9	—	—	—	0.87	0.57
点焊机、缝焊机	0.35	—	—	—	0.6	1.33
对焊机、铆钉加热机	0.35	—	—	—	0.7	1.02
自动弧焊变压器	0.5	—	—	—	0.4	2.29
单头手动弧焊变压器	0.35	—	—	—	0.35	2.68
多头手动弧焊变压器	0.4	—	—	—	0.35	2.68
单头弧焊电动发电机组	0.35	—	—	—	0.6	1.33
多头弧焊电动发电机组	0.7	—	—	—	0.75	0.88
生产厂房及办公室、阅览室、实验室照明②	0.8～1	—	—	—	1.0	0
变配电所、仓库照明②	0.5～0.7	—	—	—	1.0	0
宿舍(生活区)照明②	0.6～0.8	—	—	—	1.0	0
室外照明、应急照明②	1	—	—	—	1.0	0

① 如果用电设备组的设备总台数 $n<2x$ 时，则最大容量设备台数取 $x=n/2$，且按“四舍五入”修约规则取整数。

② 这里的 $\cos\varphi$ 和 $\tan\varphi$ 值均为白炽灯照明数据。如为荧光灯照明，则 $\cos\varphi=0.9$，$\tan\varphi=0.48$；如为高压汞灯、钠灯，则 $\cos\varphi=0.5$，$\tan\varphi=1.73$。

附表 3　部分工厂的需要系数、功率因数及年最大有功负荷利用小时参考值

工厂名称	需要系数	功率因数	年最大有功负荷利用小时数	工厂名称	需要系数	功率因数	年最大有功负荷利用小时数
汽轮机制造厂	0.38	0.88	5000	量具刃具制造厂	0.26	0.60	3800
锅炉制造厂	0.27	0.73	4500	工具制造厂	0.34	0.65	3800
柴油机制造厂	0.32	0.74	4500	电机制造厂	0.33	0.65	3000
重型机械制造厂	0.35	0.79	3700	电器开关制造厂	0.35	0.75	3400
重型机床制造厂	0.32	0.71	3700	电线电缆制造厂	0.35	0.73	3500
机床制造厂	0.20	0.65	3200	仪器仪表制造厂	0.37	0.81	3500
石油机械制造厂	0.45	0.78	3500	滚珠轴承制造厂	0.28	0.70	5800

附表 4 并联电容器的无功补偿率（Δq_C）

补偿前的功率因数 $\cos\varphi_1$	补偿后的功率因数 $\cos\varphi_2$								
	0.85	0.86	0.88	0.90	0.92	0.94	0.96	0.98	1.00
0.60	0.71	0.74	0.79	0.85	0.91	0.97	1.04	1.13	1.33
0.62	0.65	0.67	0.73	0.78	0.84	0.90	0.98	1.06	1.27
0.64	0.58	0.61	0.66	0.72	0.77	0.84	0.91	1.00	1.20
0.66	0.52	0.55	0.60	0.65	0.71	0.78	0.85	0.94	1.14
0.68	0.46	0.48	0.54	0.59	0.65	0.71	0.79	0.88	1.08
0.70	0.40	0.43	0.48	0.54	0.59	0.66	0.73	0.82	1.02
0.72	0.34	0.37	0.42	0.48	0.54	0.60	0.67	0.76	0.96
0.74	0.29	0.31	0.37	0.42	0.48	0.54	0.62	0.71	0.91
0.76	0.23	0.26	0.31	0.37	0.43	0.49	0.56	0.65	0.85
0.78	0.18	0.21	0.26	0.32	0.38	0.44	0.51	0.60	0.80
0.80	0.13	0.16	0.21	0.27	0.32	0.39	0.46	0.55	0.75

附表 5 部分并联电容器的主要技术数据

型　号	额定容量/kvar	额定电容/μF	型　号	额定容量/kvar	额定电容/μF
BCMJ0.4-4-3	4	80	BGMJ0.4-3.3-3	3.3	66
BCMJ0.4-5-3	5	100	BGMJ0.4-5-3	5	99
BCMJ0.4-8-3	8	160	BGMJ0.4-10-3	10	198
BCMJ0.4-10-3	10	200	BGMJ0.4-12-3	12	230
BCMJ0.4-15-3	15	300	BGMJ0.4-15-3	15	298
BCMJ0.4-20-3	20	400	BGMJ0.4-20-3	20	398
BCMJ0.4-25-3	25	500	BGMJ0.4-25-3	25	498
BCMJ0.4-30-3	30	600	BGMJ0.4-30-3	30	598
BCMJ0.4-40-3	40	800	BWF0.4-14-1/3	14	279

附表 6 部分 10kV 级电力变压器的主要技术数据

1. S9 系列油浸式铜绕组电力变压器的主要技术数据

型　号	额定容量/kV·A	额定电压/kV		连接组标号	损耗/W		空载电流/%	阻抗电压/%
		一次	二次		空载	负载		
S9-315/10(6)	315	11,10.5,10,6.3,6	0.4	Yyn0	670	3650	1.1	4
				Dyn11	720	3450	3.0	4
S9-400/10(6)	400	11,10.5,10,6.3,6	0.4	Yyn0	800	4300	1.0	4
				Dyn11	870	4200	3.0	4
S9-500/10(6)	500	11,10.5,10,6.3,6	0.4	Yyn0	960	5100	1.0	4
				Dyn11	1030	4950	3.0	4
		11,10.5,10	6.3	Yd11	1030	4950	1.5	4.5

续表

1. S9 系列油浸式铜绕组电力变压器的主要技术数据

型　号	额定容量/kV·A	额定电压/kV		连接组标号	损耗/W		空载电流/%	阻抗电压/%
		一次	二次		空载	负载		
S9-630/10(6)	630	11,10.5,10,6.3,6	0.4	Yyn0	1200	6200	0.9	4.5
				Dyn11	1300	5800	3.0	5
		11,10.5,10	6.3	Yd11	1200	6200	1.5	4.5
S9-800/10(6)	800	11,10.5,10,6.3,6	0.4	Yyn0	1400	7500	0.8	4.5
				Dyn11	1400	7500	2.5	5
		11,10.5,10	6.3	Yd11	1400	7500	1.4	5.5
S9-1000/10(6)	1000	11,10.5,10,6.3,6	0.4	Yyn0	1700	10300	0.7	4.5
				Dyn11	1700	9200	1.7	5
		11,10.5,10	6.3	Yd11	1700	9200	1.4	5.5
S9-1250/10(6)	1250	11,10.5,10,6.3,6	0.4	Yyn0	1950	12000	0.6	4.5
				Dyn11	2000	11000	2.5	5
		11,10.5,10	6.3	Yd11	1950	12000	1.3	5.5
S9-1600/10(6)	1600	11,10.5,10,6.3,6	0.4	Yyn0	2400	14500	0.6	4.5
				Dyn11	2400	14000	2.5	6
		11,10.5,10	6.3	Yd11	2400	14500	1.3	5.5

2. SC9 系列树脂浇注干式铜绕组电力变压器的主要技术数据

型　号	额定容量/kV·A	额定电压/kV		连接组标号	损耗/W		空载电流/%	阻抗电压/%
		一次	二次		空载	负载		
SC9-200/10	200	10	0.4	Yyn0 Dyn11	480	2670	1.2	4
SC9-250/10	250				550	2910	1.2	4
SC9-315/10	315				650	3200	1.2	4
SC9-400/10	400				750	3690	1.0	4
SC9-500/10	500				900	4500	1.0	4
SC9-630/10	630				1100	5420	0.9	4
SC9-800/10	800				1200	6430	0.9	6
SC9-1000/10	1000				1400	7510	0.8	6
SC9-1250/10	1250				1650	8960	0.8	6

附表 7　部分高压断路器的主要技术数据

类别	型　号	额定电压/kV	额定电流/A	开断电流/kA	断流容量/MV·A	动稳定电流峰值/kA	热稳定电流/kA	固有分闸时间/s≤	合闸时间/s≤	配用操动机构型号
少油户外	SW2-35/1000	35 (40.5)	1000	16.5	1000	45	16.5(4s)	0.06	0.4	CT2-XG
	SW2-35/1500		1500	24.8	1500	63.4	24.8(4s)			
少油户内	SN10-10Ⅰ	10 (12)	630	16	300	40	16(4s)	0.06	0.15	CT7、8
			1000	16	300	40	16(4s)		0.2	CD10Ⅰ
	SN10-10Ⅱ		1000	31.5	500	80	31.5(2s)	0.06	0.2	CD10Ⅰ、Ⅱ
	SN10-10Ⅲ		1250	40	750	125	40(2s)	0.07	0.2	CD10Ⅲ
			2000	40	750	125	40(4s)			
			3000	40	750	125	40(4s)			

续表

类别	型号	额定电压/kV	额定电流/A	开断电流/kA	断流容量/MV·A	动稳定电流峰值/kA	热稳定电流/kA	固有分闸时间/s≤	合闸时间/s≤	配用操动机构型号
真空户内	VS1-12/630～3150	12	630	20 31.5 40 50		50 80 100 125	20(4s) 31.5(4s) 40(4s) 50(4s)	0.05	0.1	CD 型 CT 型
			1250							
			1600							
			2000							
			2500							
			3150							
	ZN12-12/1250～3150	10 (12)	1250	31.5 40		80 100	31.5(4s) 40(4s)	0.06	0.1	CT8 等
			2000							
			2500							
			3150							
	VD4-12/630～3150	12	630	16 20 25 31.5 40		40	16(3s) 20(3s) 25(3s) 31.5(3s) 40(3s)	0.045	0.07	CD 型 CT 型
			1250			50				
			1600			63				
			2000			80				
			2500			100				
			3150			125				
	ZN23-40.5	40.5	1600	25		63	25(4s)	0.06	0.075	CT12
六氟化硫(SF_6)户内	LN2-10	10 (12)	1250	25		63	25(4s)	0.06	0.15	CT12 Ⅰ CT8 Ⅰ
	LN2-35 Ⅰ	35 (40.5)	1250	16		40	16(4s)	0.06	0.15	CT12 Ⅱ
	LN2-35 Ⅱ		1250	25		63	25(4s)			
	LN2-35 Ⅲ		1600	25		63	25(4s)			

附表 8　部分 10kV 高压隔离开关技术数据

型　号	额定电压/kV	最大工作电压/kV	额定电流/A	极限电流/kA		热稳定电流/kA		
				峰值	有效值	1s	5s	10s
GN6-10T/600 GN8-10T/600-Ⅰ、Ⅱ、Ⅲ	10	11.5	600	52	30	30	20	11
GN6-10T/1000 GN8-10T/1000-Ⅰ、Ⅱ、Ⅲ	10	11.5	1000	75	43	43	30	21

附表 9　LQJ-10 型电流互感器的主要技术数据

1. 额定二次负荷

铁芯代号	额定二次负荷					
	0.5 级		1 级		3 级	
	阻抗/Ω	容量/V·A	阻抗/Ω	容量/V·A	阻抗/Ω	容量/V·A
0.5	0.4	10	0.6	15	—	—
3	—	—	—	—	1.2	30

续表

2. 热稳定度和动稳定度		
额定一次电流/A	1s 热稳定倍数	动稳定倍数
5,10,15,20,30,40,50,60,75,100	90	225
160(150),200,315(300),400	75	160

注：括号内数据，仅限老产品。

附表 10　部分 DW 型低压断路器的主要技术数据

型　号	脱扣器额定电流/A	长延时动作整定电流/A	短延时动作整定电流/A	瞬间动作整定电流/A	单相接地短路动作电流/A	分断能力	
						电流/kA	cosφ
DW15-200	100	64～100	300～1000	300～1000 800～2000	—	20	0.35
	150	98～150	—	—			
	200	128～200	600～2000	600～2000 1600～4000			
DW15-400	200	128～200	600～2000	600～2000 1600～4000	—	25	0.35
	300	192～300	—	—			
	400	256～400	1200～4000	3200～8000			
DW16-630	200	128～200	—	600～1200	100	30 (380V) 20 (660V)	0.25 (380V) 0.3 (660V)
	250	160～250		750～1500	125		
	315	202～315		945～1890	158		
	400	256～400		1200～2400	200		
	630	403～630		1890～3780	315		
DW17-1000 (ME1000)	1000	350～630 500～1000	3000～5000 5000～8000	1500～3000 2000～4000 4000～8000	—	50	0.25

注：表中低压断路器的额定电压，DW15：直流 220V，交流 380V、660V、1140V；DW16：交流 400V、660V；DW17（ME）：交流 380～660V。

附表 11　DZ10、DZ20 系列低压断路器的技术数据

型号	额定电压/V	额定电流/A	过电流脱扣器额定电流/A	极限分断电流峰值/kA	操作频率/(次/h)
DZ10-100	380	100	15,20 25,30,40,50 60,80,100	3.5 4.7 7.0	60 30 30
DZ10-250	380	250	100,140,150,170,200,250	17.7	30
DZ10-600	380	600	200,250,350,400,500,600	25.5	30
DZ20-100	380	100	16,20,32, 40,50,63,80,100	14～18	120
DZ20-225	380	200	100,125,160,180,200,225	25	120
DZ20-400	380	400	200,250,315,350,400	25	60
DZ20-630	380	630	250,315,350,400,500,630	25	60
DZ20-1250	380	1250	630,700,800,1000,1250	30	30

附表 12 RM10 型低压熔断器的主要技术数据

型 号	熔管额定电压/V	额定电流/A		最大分断电流	
		熔管	熔 体	电流/kA	cosφ
RM10-15	交流 220,380,500 直流 220,440	15	6,10,15	1.2	0.8
RM10-60		60	15,20,25,35,45,60	3.5	0.7
RM10-100		100	60,80,100	10	0.35
RM10-200		200	100,125,160,200	10	0.35
RM10-350		350	200,225,260,300,350	10	0.35
RM10-600		600	350,430,500,600	10	0.35

附表 13 RT0 型低压熔断器的主要技术数据

型 号	熔管额定电压/V	额定电流/A		最大分断电流/kA
		熔管	熔 体	
RT0-100	交流 380 直流 440	100	30,40,50,60,80,100	50 (cosφ=0.1～0.2)
RT0-200		200	(80,100),120,150,200	
RT0-400		400	(150,200),250,300,350,400	
RT0-600		600	(350,400),450,500,550,600	
RT0-1000		1000	700,800,900,1000	

注：括号内的熔体电流尽量不采用。

附表 14 电力变压器配用的高压熔断器规格

<table>
<tr><td colspan="2">变压器容量/kV·A</td><td>100</td><td>125</td><td>160</td><td>200</td><td>250</td><td>315</td><td>400</td><td>500</td><td>630</td><td>800</td><td>1000</td></tr>
<tr><td rowspan="2">$I_{1N.T}$ /A</td><td>6kV</td><td>9.6</td><td>12</td><td>15.4</td><td>19.2</td><td>24</td><td>30.2</td><td>38.4</td><td>48</td><td>60.5</td><td>76.8</td><td>96</td></tr>
<tr><td>10kV</td><td>5.8</td><td>7.2</td><td>9.3</td><td>11.6</td><td>14.4</td><td>18.2</td><td>23</td><td>29</td><td>36.5</td><td>46.2</td><td>58</td></tr>
<tr><td rowspan="2">RN1 型熔断器 $I_{N.FU}/I_{N.FE}$(A/A)</td><td>6kV</td><td colspan="2">20/20</td><td colspan="2">75/30</td><td>75/40</td><td>75/50</td><td colspan="2">75/75</td><td>100/100</td><td colspan="2">200/150</td></tr>
<tr><td>10kV</td><td colspan="3">20/15</td><td>20/20</td><td colspan="2">50/30</td><td>50/40</td><td>50/50</td><td colspan="2">100/75</td><td>100/100</td></tr>
<tr><td rowspan="2">RW4 型熔断器 $I_{N.FU}/I_{N.FE}$(A/A)</td><td>6kV</td><td colspan="2">50/20</td><td>50/30</td><td colspan="2">50/40</td><td>50/50</td><td colspan="2">100/75</td><td>100/100</td><td colspan="2">200/150</td></tr>
<tr><td>10kV</td><td colspan="2">50/15</td><td colspan="2">50/20</td><td>50/30</td><td colspan="2">50/40</td><td>50/50</td><td colspan="2">100/75</td><td>100/100</td></tr>
</table>

附表 15 绝缘导线和电缆的电阻和电抗值

1. 室内明敷和穿管的绝缘导线的电阻和电抗值

导线线芯额定截面积/mm²	电阻/(Ω/km)				电抗/(Ω/km)					
	导线温度/℃				明敷线距/mm				导线穿管	
	50		60		100		150			
	铝芯	铜芯	铝芯	铜芯	铝芯	铜芯	铝芯	铜芯	铝芯	铜芯
2.5	13.33	8.40	13.80	8.70	0.327	0.327	0.353	0.353	0.127	0.127
4	8.25	5.20	8.55	5.38	0.312	0.312	0.338	0.338	0.199	0.119
6	5.53	3.48	5.75	3.61	0.300	0.300	0.325	0.325	0.112	0.112
10	3.33	2.05	3.45	2.12	0.280	0.280	0.306	0.306	0.108	0.108
16	2.08	1.25	2.16	1.30	0.265	0.265	0.290	0.290	0.102	0.102
25	1.31	0.81	1.36	0.84	0.251	0.251	0.277	0.277	0.099	0.099
35	0.94	0.58	0.97	0.60	0.241	0.241	0.266	0.266	0.095	0.095
50	0.65	0.40	0.67	0.41	0.229	0.229	0.251	0.251	0.091	0.091
70	0.47	0.29	0.49	0.30	0.219	0.219	0.242	0.242	0.088	0.088

续表

1. 室内明敷和穿管的绝缘导线的电阻和电抗值

导线线芯额定截面积/mm^2	电阻/(Ω/km)				电抗/(Ω/km)					
	导线温度/℃				明敷线距/mm				导线穿管	
	50		60		100		150			
	铝芯	铜芯	铝芯	铜芯	铝芯	铜芯	铝芯	铜芯	铝芯	铜芯
95	0.35	0.22	0.36	0.23	0.206	0.206	0.231	0.231	0.085	0.085
120	0.28	0.17	0.29	0.18	0.199	0.199	0.223	0.223	0.083	0.083
150	0.22	0.14	0.23	0.14	0.191	0.191	0.216	0.216	0.082	0.082
185	0.18	0.11	0.19	0.12	0.184	0.184	0.209	0.209	0.081	0.081
240	0.14	0.09	0.14	0.09	0.178	0.178	0.200	0.200	0.080	0.080

2. 电力电缆的电阻和电抗值

额定截面积/mm^2	电阻/(Ω/km)								电抗/(Ω/km)					
	铝芯电缆				铜芯电缆				纸绝缘电缆			塑料电缆		
	缆芯工作温度/℃								额定电压/kV					
	55	60	75	80	55	60	75	80	1	6	10	1	6	10
2.5	—	14.38	15.13	—	—	8.54	8.98	—	0.098	—	—	0.100	—	—
4	—	8.99	9.45	—	—	5.34	5.61	—	0.091	—	—	0.093	—	—
6	—	6.00	6.31	—	—	3.56	3.75	—	0.087	—	—	0.091	—	—
10	—	3.60	3.78	—	—	2.13	2.25	—	0.081	—	—	0.087	—	—
16	2.21	2.25	2.36	2.40	1.31	1.33	1.40	1.43	0.077	0.099	0.110	0.082	0.124	0.133
25	1.41	1.44	1.51	1.54	0.84	0.85	0.90	0.91	0.067	0.088	0.098	0.075	0.111	0.120
35	1.01	1.03	1.08	1.10	0.60	0.61	0.64	0.65	0.065	0.083	0.092	0.073	0.105	0.113
50	0.71	0.72	0.76	0.77	0.42	0.43	0.45	0.46	0.063	0.079	0.087	0.071	0.099	0.107
70	0.51	0.52	0.54	0.56	0.30	0.31	0.32	0.33	0.062	0.076	0.083	0.070	0.093	0.101
95	0.37	0.38	0.40	0.41	0.22	0.23	0.24	0.24	0.062	0.074	0.080	0.070	0.089	0.096
120	0.29	0.30	0.31	0.32	0.17	0.18	0.19	0.19	0.062	0.072	0.078	0.070	0.087	0.095
150	0.24	0.24	0.25	0.26	0.14	0.14	0.15	0.15	0.062	0.071	0.077	0.070	0.085	0.093
185	0.20	0.20	0.21	0.21	0.12	0.12	0.12	0.13	0.062	0.070	0.075	0.070	0.082	0.090
240	0.15	0.16	0.16	0.17	0.09	0.09	0.10	0.11	0.062	0.069	0.073	0.070	0.080	0.087

附表 16　导体在正常和短路时的最高允许温度及热稳定系数

导体种类及材料			最高允许温度/℃		热稳定系数 C /$(A\sqrt{s}/mm^2)$
			正常 θ_L	短路 θ_k	
母线	铜		70	300	171
	铜(接触面有锡层)		85	200	164
	铝		70	200	87
油浸纸绝缘电缆	铜芯	1～3kV	80	250	148
		6kV	65	220	145
		10kV	60	220	148
	铝芯	1～3kV	80	200	84
		6kV	65	200	90
		10kV	60	200	92

续表

导体种类及材料		最高允许温度/℃		热稳定系数 C /($A\sqrt{s}/mm^2$)
		正常 θ_L	短路 θ_k	
橡皮绝缘导线和电缆	铜芯	65	150	112
	铝芯	65	150	74
聚氯乙烯绝缘导线和电缆	铜芯	65	130	100
	铝芯	65	130	65
交联聚乙烯绝缘电缆	铜芯	80	230	140
	铝芯	80	200	84
有中间接头的电缆（不包括聚氯乙烯绝缘电缆）	铜芯	—	150	—
	铝芯	—	150	—

附表 17　LJ 型铝绞线、LGJ 型钢芯铝绞线和 LMY 型硬铝母线的主要技术数据

1. LJ 型铝绞线的主要技术数据

额定截面积/mm^2		16	25	35	50	70	95	120	150	185	240
50℃时电阻/(Ω/km)		2.07	1.33	0.96	0.66	0.48	0.36	0.28	0.23	0.18	0.14
导线温度	环境温度/℃	允许持续载流量/A									
70℃（室外架设）	20	110	142	179	226	278	341	394	462	525	641
	25	105	135	170	215	265	325	375	440	500	610
	30	98.7	127	160	202	249	306	353	414	470	573
	35	93.5	120	151	191	236	289	334	392	445	543
	40	86.1	111	139	176	217	267	308	361	410	500
线间几何均距/mm		线路电抗/(Ω/km)									
600		0.36	0.35	0.34	0.33	0.32	0.31	0.30	0.29	0.28	0.28
800		0.38	0.37	0.36	0.35	0.34	0.33	0.32	0.31	0.30	0.30
1000		0.40	0.38	0.37	0.36	0.35	0.34	0.33	0.32	0.31	0.31
1250		0.41	0.40	0.39	0.37	0.36	0.35	0.34	0.34	0.33	0.32
1500		0.42	0.41	0.40	0.38	0.37	0.36	0.35	0.35	0.34	0.33
2000		0.44	0.43	0.41	0.40	0.40	0.38	0.37	0.37	0.36	0.35
备　注		①线间几何均距 $a_{av}=\sqrt[3]{a_1a_2a_3}$，式中，$a_1$、$a_2$、$a_3$ 为三相导线各相之间的线距。三相导线等边三角形排列时，$a_{av}=a$；三相导线等距水平排列时，$a_{av}=1.26a$ ②铜绞线 TJ 的电阻约为同截面 LJ 电阻的 61%；TJ 的电抗与同截面 LJ 的电抗相同；TJ 的载流量约为同截面 LJ 载流量的 1.29 倍									

2. LGJ 型钢芯铝线的主要技术数据

额定截面积/mm^2		35	50	70	95	120	150	185	240
50℃时电阻/(Ω/km)		0.89	0.68	0.48	0.35	0.29	0.24	0.18	0.15
导线温度	环境温度/℃	允许持续载流量/A							
70℃（室外架设）	20	179	231	289	352	399	467	541	641
	25	170	220	275	335	380	445	515	610
	30	159	207	259	315	357	418	484	574
	35	149	193	228	295	335	391	453	536
	40	137	178	222	272	307	360	416	494

续表

线间几何距离/mm	线路电抗/(Ω/km)							
1500	0.39	0.38	0.37	0.35	0.35	0.34	0.33	0.33
2000	0.40	0.39	0.38	0.37	0.37	0.36	0.35	0.34
2500	0.41	0.41	0.40	0.39	0.38	0.37	0.37	0.36
3000	0.43	0.42	0.41	0.40	0.39	0.39	0.38	0.37
3500	0.44	0.43	0.42	0.41	0.40	0.40	0.39	0.38
4000	0.45	0.44	0.43	0.42	0.41	0.40	0.40	0.39

3. LMY 型涂漆矩形硬铝母线的主要技术数据

母线截面积(宽×厚)/mm	65℃时电阻/(Ω/km)	相间距离为 250mm 时电抗/(Ω/km)		母线竖放时的允许持续载流量(导线温度 70℃)/A			
				环境温度			
		竖放	平放	25℃	30℃	35℃	40℃
25×3	0.47	0.24	0.22	265	249	233	215
30×4	0.29	0.23	0.21	365	343	321	296
40×4	0.22	0.21	0.19	480	451	422	389
40×5	0.18	0.21	0.19	540	507	475	438
50×5	0.14	0.20	0.17	665	625	585	539
50×6	0.12	0.20	0.17	740	695	651	600
60×6	0.10	0.19	0.16	870	818	765	705
80×6	0.076	0.17	0.15	1150	1080	1010	932
100×6	0.062	0.16	0.13	1425	1340	1255	1155
60×8	0.076	0.19	0.16	1025	965	902	831
80×8	0.059	0.17	0.15	1320	1240	1160	1070
100×8	0.048	0.16	0.13	1625	1530	1430	1315
备注	本表母线载流量系母线竖放时的数据。如母线平放，且宽度大于 60mm 时，表中数据应乘以 0.92；如母线平放，且宽度不大于 60mm 时，表中数据应乘以 0.95						

附表 18　10kV 常用三芯电缆的允许载流量及校正系数

1. 10kV 常用三芯(铝芯)电缆的允许载流量

项　目		电缆允许载流量/A					
绝缘类型		不滴流纸		交联聚乙烯			
钢铠护套				无		有	
缆芯最高工作温度		65℃		90℃			
敷设方式		空气中	直埋	空气中	直埋	空气中	直埋
缆芯截面/mm²	16	47	59	—	—	—	—
	25	63	79	100	90	100	90
	35	77	95	123	110	123	105
	50	92	111	146	125	141	120
	70	118	138	178	152	173	152
	95	143	169	219	182	214	182
	120	168	196	251	205	246	205
	150	189	220	283	223	278	219
	185	218	246	324	252	320	247

续表

缆芯截面/mm^2	240	261	290	378	292	373	292
	300	295	325	433	332	428	328
	400	—	—	506	378	501	374
	500	—	—	579	428	574	424
环境温度		40℃	25℃	40℃	25℃	40℃	25℃
土壤热阻系数/(℃·m/W)		—	1.2	—	2.0	—	2.0

注:1. 本表系铝芯电缆数值。铜芯电缆的允许载流量可乘以1.29

2. 当地环境温度不同时的载流量校正系数如附表17-2所示

3. 当地土壤热阻系数不同时(以热阻系数1.2为基准)的载流量校正系数如附表17-3所示

4. 本表据GB 50217—2007《电力工程电缆设计规范》编制

2. 电缆在不同环境温度时的载流量校正系数

电缆敷设地点		空气中				土壤中			
环境温度		30℃	35℃	40℃	45℃	20℃	25℃	30℃	35℃
缆芯最高工作温度	60℃	1.22	1.11	1.0	0.86	1.07	1.0	0.93	0.85
	65℃	1.18	1.09	1.0	0.89	1.06	1.0	0.94	0.87
	70℃	1.15	1.08	1.0	0.91	1.05	1.0	0.94	0.88
	80℃	1.11	1.06	1.0	0.93	1.04	1.0	0.95	0.90
	90℃	1.09	1.05	1.0	0.94	1.04	1.0	0.96	0.92

3. 电缆在不同土壤热阻系数时的载流量校正系数

土壤热阻系数/(℃·m/W)	分类特征(土壤特性和雨量)	校正系数
0.8	土壤很潮湿,经常下雨。如湿度大于9%的沙土;湿度大于14%的沙-泥土等	1.05
1.2	土壤潮湿,规律性下雨。如湿度大于7%但小于9%的沙土;湿度为12%~14%的沙-泥土等	1.0
1.5	土壤较干燥,雨量不大。如湿度为8%~12%的沙-泥土等	0.93
2.0	土壤干燥,少雨。如湿度大于4%但小于7%的沙土;湿度为4%~8%的沙-泥土等	0.87
3.0	多石地层,非常干燥。如湿度小于4%的沙土等	0.75

附表19 部分绝缘导线明敷、穿钢管和穿塑料管时的允许载流量

(导线正常最高允许温度为65℃) A

1. 绝缘导线明敷时的允许载流量

芯线截面积/mm^2	橡皮绝缘线								塑料绝缘线							
	环境温度								环境温度							
	25℃		30℃		35℃		40℃		25℃		30℃		35℃		40℃	
	铜芯	铝芯	铜芯	铝芯	铜芯	铝芯	铜芯	铝芯	铜芯	铝芯	铜芯	铝芯	铜芯	铝芯	铜芯	铝芯
2.5	35	27	32	25	30	23	27	21	32	25	30	23	27	21	25	19
4	45	35	41	32	39	30	35	27	41	32	37	29	35	27	32	25
6	58	45	54	42	49	38	45	35	54	42	50	39	46	36	43	33
10	84	65	77	60	72	56	66	51	76	59	71	55	66	51	59	46
16	110	85	102	79	94	73	86	67	103	80	95	74	89	69	81	63
25	142	110	132	102	123	95	112	87	135	105	126	98	116	90	107	83
35	178	138	166	129	154	119	141	109	168	130	156	121	144	112	132	102
50	226	175	210	163	195	151	178	138	213	165	199	154	183	142	168	130
70	284	220	266	206	245	190	224	174	264	205	246	191	228	177	209	162

注:型号表示:BX—铜芯橡皮线;BLX—铝芯橡皮线;BV—铜芯塑料线;BLV—铝芯塑料线

续表

2. 橡皮绝缘导线穿钢管时的允许载流量

芯线截面积/mm²	线芯材质	2根单芯线 环境温度/℃				2根穿管管径/mm		3根单芯线 环境温度/℃				3根穿管管径/mm		4~5根单芯线 环境温度/℃				4根穿管管径/mm		5根穿管管径/mm	
		25	30	35	40	SC	MT	25	30	35	40	SC	MT	25	30	35	40	SC	MT	SC	MT
2.5	铜	27	25	24	21	15	20	25	22	21	19	15	20	21	18	17	15	20	25	20	25
	铝	21	19	18	16			19	17	16	15			16	14	13	12				
4	铜	36	34	31	28	20	25	32	30	27	25	20	25	30	27	25	23	20	25	20	25
	铝	28	26	24	22			25	23	21	19			23	21	19	18				
6	铜	48	44	41	37	20	25	44	40	37	34	20	25	39	36	32	30	25	25	25	32
	铝	37	34	32	29			34	31	29	26			30	28	25	23				
10	铜	67	62	57	53	25	32	59	55	50	46	25	32	52	48	44	40	25	32	32	40
	铝	52	48	44	41			46	43	39	36			40	37	34	31				
16	铜	85	79	74	67	25	32	76	71	66	59	32	32	67	62	57	53	32	40	40	50
	铝	66	61	57	52			59	55	51	46			52	48	44	41				
25	铜	111	103	95	88	32	40	98	92	84	77	32	40	88	81	75	68	40	50	40	—
	铝	86	80	74	68			76	71	65	60			68	63	58	53				
35	铜	137	128	117	107	32	40	121	112	104	95	32	50	107	99	92	84	40	50	50	—
	铝	106	99	91	83			94	87	83	74			83	77	71	65				
50	铜	172	160	148	135	40	50	152	142	132	120	50	50	135	126	116	107	50	—	70	—
	铝	135	124	115	105			118	110	102	93			105	98	90	83				

注:1. 穿线管符号:SC—焊接钢管,管径按内径计;MT—电线管,管径按外径计

2. 4~5根单芯线穿管的载流量,是指低压TN-C系统、TN-S系统或TN-C-S系统中的相线载流量,其中N线或PEN线中可有不平衡电流通过。如三相负荷平衡,则虽有4根或5根线穿管,但其载流量仍按三根线穿管考虑,而穿线管管径则按实际穿管导线数选择

3. 塑料绝缘导线穿钢管时的允许载流量

芯线截面积/mm²	线芯材质	2根单芯线 环境温度/℃				2根穿管管径/mm		3根单芯线 环境温度/℃				3根穿管管径/mm		4~5根单芯线 环境温度/℃				4根穿管管径/mm		5根穿管管径/mm	
		25	30	35	40	SC	MT	25	30	35	40	SC	MT	25	30	35	40	SC	MT	SC	MT
2.5	铜	26	23	21	19	15	15	23	21	19	18	15	15	19	18	16	14	15	15	15	20
	铝	20	18	17	15			18	16	15	14			15	14	12	11				
4	铜	35	32	30	27	15	15	31	28	26	23	15	15	28	26	23	21	15	20	20	20
	铝	27	25	23	21			24	22	20	18			22	20	19	17				
6	铜	45	41	39	35	15	20	41	37	35	32	15	20	36	34	31	28	20	25	25	25
	铝	32	32	30	27			32	29	27	25			28	26	24	22				
10	铜	63	58	54	49	20	25	57	53	49	44	20	25	49	45	41	39	25	25	25	32
	铝	49	45	42	38			44	41	38	34			38	35	32	30				
16	铜	81	75	70	63	25	25	72	67	62	57	25	32	65	59	55	50	25	32	32	40
	铝	63	58	54	49			56	52	48	44			50	46	43	39				
25	铜	103	95	89	81	25	32	90	84	77	71	32	32	84	77	72	66	32	40	32	50
	铝	80	74	69	63			70	65	60	55			65	60	56	51				

续表

芯线截面积/mm^2	线芯材质	2根单芯线 环境温度/℃				2根穿管管径/mm		3根单芯线 环境温度/℃				3根穿管管径/mm		4～5根单芯线 环境温度/℃				4根穿管管径/mm		5根穿管管径/mm	
		25	30	35	40	SC	MT	25	30	35	40	SC	MT	25	30	35	40	SC	MT	SC	MT
35	铜	129	120	111	102	32	40	116	108	99	92	32	40	103	95	89	81	40	50	40	—
	铝	100	93	86	79			90	84	77	71			80	74	69	63				
50	铜	161	150	139	126	40	50	142	132	123	112	40	50	129	120	111	102	50	50	50	—
	铝	125	116	108	98			110	102	95	87			100	93	86	79				

注:同上表注

4. 橡皮绝缘导线穿硬塑料管时的允许载流量

芯线截面积/mm^2	线芯材质	2根单芯线 环境温度/℃				2根穿管管径/mm	3根单芯线 环境温度/℃				3根穿管管径/mm	4～5根单芯线 环境温度/℃				4根穿管管径/mm	5根穿管管径/mm
		25	30	35	40		25	30	35	40		25	30	35	40		
2.5	铜	25	22	21	19	15	22	19	18	17	15	19	18	16	14	20	25
	铝	19	17	16	15		17	15	14	13		15	14	12	11		
4	铜	32	30	27	25	20	30	27	25	23	20	26	23	22	20	20	25
	铝	25	23	21	19		23	21	19	18		20	18	17	15		
6	铜	43	39	36	34	20	37	35	32	28	20	34	31	28	26	25	32
	铝	33	30	28	26		29	27	25	22		26	24	22	20		
10	铜	57	53	49	44	25	52	48	44	40	25	45	41	38	35	32	32
	铝	44	41	38	34		40	37	34	31		35	32	30	27		
16	铜	75	70	65	58	32	67	62	57	53	32	59	55	50	46	32	40
	铝	58	54	50	45		52	48	44	41		46	43	39	36		
25	铜	99	92	85	77	32	88	81	75	68	32	77	72	66	61	40	40
	铝	77	71	66	60		68	63	58	53		60	56	51	47		
35	铜	123	114	106	97	40	108	101	93	85	40	95	89	83	75	40	50
	铝	95	88	82	75		84	78	72	66		74	69	64	58		
50	铜	155	145	133	121	40	139	129	120	111	50	123	114	106	97	50	65
	铝	120	112	103	94		108	100	93	86		95	88	82	75		

注:如附表19注2所述,如三相负荷平衡,则虽有4根或5根线穿管,但导线载流量仍应按三根线穿管的载流量选择,但穿线管管径则按实际穿管导线数选择。硬塑料管符号为PC

5. 塑料绝缘导线穿硬塑料管时的允许载流量

芯线截面积/mm^2	线芯材质	2根单芯线 环境温度/℃				2根穿管管径/mm	3根单芯线 环境温度/℃				3根穿管管径/mm	4～5根单芯线 环境温度/℃				4根穿管管径/mm	5根穿管管径/mm
		25	30	35	40		25	30	35	40		25	30	35	40		
2.5	铜	23	21	19	18	15	21	18	17	15	15	18	17	15	14	20	25
	铝	18	16	15	14		16	14	13	12		14	13	12	11		
4	铜	31	28	26	23	20	28	26	24	22	20	25	22	20	10	20	25
	铝	24	22	20	18		22	20	19	17		19	17	16	15		
6	铜	40	36	34	31	20	35	32	30	27	20	32	30	27	25	25	32
	铝	31	28	26	24		27	25	23	21		25	23	21	19		
10	铜	54	50	46	43	25	49	45	42	39	25	43	39	36	34	32	32
	铝	42	39	36	33		38	35	32	30		33	30	28	26		

续表

芯线截面积/mm^2	线芯材质	2根单芯线 环境温度/℃				2根穿管管径/mm	3根单芯线 环境温度/℃				3根穿管管径/mm	4～5根单芯线 环境温度/℃				4根穿管管径/mm	5根穿管管径/mm
		25	30	35	40		25	30	35	40		25	30	35	40		
16	铜	71	66	61	51	32	63	58	54	49	32	57	53	49	44	32	40
	铝	55	51	47	43		49	45	42	38		44	41	38	34		
25	铜	94	88	81	74	32	84	77	72	66	40	74	68	63	58	40	50
	铝	73	68	63	57		65	60	56	51		57	53	49	45		
35	铜	116	108	99	92	40	103	95	89	81	40	90	84	77	71	50	65
	铝	90	84	77	71		80	74	69	63		70	65	60	55		
50	铜	147	137	126	116	50	132	123	114	103	50	116	108	99	92	65	65
	铝	114	106	98	90		102	95	89	80		90	84	77	71		
70	铜	187	174	161	147	50	168	156	144	132	50	148	138	128	116	65	75
	铝	145	135	125	114		130	121	112	102		115	107	98	90		
95	铜	226	210	195	178	65	204	190	175	160	65	181	168	156	142	75	75
	铝	175	163	151	138		158	147	136	124		140	130	121	110		

注：同上表注

附表 20　架空裸导线的最小截面积

线路类别		导线最小截面积/mm^2		
		铝及铝合金线	钢芯铝线	铜绞线
35kV及以上线路		35	35	35
3～10kV线路	居民区	35	25	25
	非居民区	25	16	16
低压线路	一般	16	16	16
	与铁路交叉跨越挡	35	16	16

附表 21　绝缘导线芯线的最小截面积

线路类别			芯线最小截面积/mm^2		
			铜芯软线	铜芯线	铝芯线
照明用灯头引下线		室内	0.5	1.0	2.5
		室外	1.0	1.0	2.5
移动式设备线路		生活用	0.75	—	—
		生产用	1.0	—	—
敷设在绝缘支持件上的绝缘导线（L为支持点间距）	室内	$L\leqslant2m$	—	1.0	2.5
	室外	$L\leqslant2m$	—	1.5	2.5
		$2m\leqslant L\leqslant6m$	—	2.5	4
		$6m\leqslant L\leqslant15m$	—	4	6
		$15m\leqslant L\leqslant25m$	—	6	10
穿管敷设的绝缘导线			1.0	1.0	2.5
沿墙明敷的塑料护套线			—	1.0	2.5
板孔穿线敷设的绝缘导线			—	1.0	2.5
PE线和PEN线	有机械保护时		—	1.5	2.5
	无机械保护时	多芯线	—	2.5	4
		单芯干线	—	10	16

注：GB 50096—1999《住宅设计规范》规定，住宅导线应采用铜芯绝缘线，住宅分支回路导线截面积不应小于2.5mm^2。

附表 22　GL-11、15、21、25 型电流继电器的主要技术数据

型　号	额定电流/A	额定值		速断电流倍数	返回系数
		动作电流/A	10 倍动作电流的动作时间/s		
GL-11/10(-21/10)	10	4,5,6,7,8,9,10	0.5,1,2,3,4	2～8	0.85
GL-11/5(-21/5)	5	2,2.5,3,3.5,4,4.5,5			
GL-15/10(-25/10)	10	4,5,6,7,8,9,10	0.5,1,2,3,4		0.8
GL-15/5(-25/5)	5	2,2.5,3,3.5,4,4.5,5			

附表 23　部分电力装置要求的工作接地电阻值

序号	电力装置名称	接地的电力装置特点		接地电阻值
1	1kV 以上大电流接地系统	仅用于该系统的接地装置		$R_E \leqslant 2000/I_k^{(1)}$ 当 $I_k^{(1)} > 4000$A 时，$R_E \leqslant 0.5\Omega$
2	1kV 以上小电流接地系统	仅用于该系统的接地装置		$R_E \leqslant 250/I_E$ 且 $R_E \leqslant 10\Omega$
3		与 1kV 以下系统共用的接地装置		$R_E \leqslant 120/I_E$ 且 $R_E \leqslant 10\Omega$
4	1kV 以下系统	与总容量在 100kV·A 以上的发电机或变压器相连的接地装置		$R_E \leqslant 10\Omega$
5		上述(序号 4)装置的重复接地		$R_E \leqslant 10\Omega$
6		与总容量在 100kV·A 及以下的发电机或变压器相连的接地装置		$R_E \leqslant 10\Omega$
7		上述(序号 6)装置的重复接地		$R_E \leqslant 30\Omega$
8	避雷装置	独立避雷针和避雷线		$R_{sh} \leqslant 10\Omega$
9		变配电所装设的避雷器	与序号 4 装置共用	$R_E \leqslant 4\Omega$
10			与序号 6 装置共用	$R_E \leqslant 10\Omega$
11		线路上装设的避雷器或保护间隙	与电机无电气关系	$R_E \leqslant 10\Omega$
12			与电机有电气关系	$R_E \leqslant 5\Omega$

附表 24　GGY-125 型工厂配照灯的主要技术数据

1. 主要规格数据

光源型号	光源功率	光源光通量	遮光角	灯具效率	最大距高比
GGY-125	125W	4750lm	0°	66%	1.35

2. 灯具利用系数 u

顶棚发射比 ρ_c/%		70			50			30			0
墙壁反射比 ρ_ω/%		50	30	10	50	30	10	50	30	10	0
室空间比(RCR)[地面反射比(ρ_f=20%)]	1	0.66	0.64	0.61	0.64	0.61	0.59	0.61	0.59	0.57	0.54
	2	0.57	0.53	0.49	0.55	0.51	0.48	0.52	0.49	0.47	0.44
	3	0.49	0.44	0.40	0.47	0.43	0.39	0.45	0.41	0.38	0.36
	4	0.43	0.38	0.33	0.42	0.37	0.33	0.40	0.36	0.32	0.30
	5	0.38	0.32	0.28	0.37	0.31	0.27	0.35	0.31	0.27	0.25
	6	0.34	0.28	0.23	0.32	0.27	0.23	0.31	0.27	0.23	0.21
	7	0.30	0.24	0.20	0.29	0.23	0.19	0.28	0.23	0.19	0.18
	8	0.27	0.21	0.17	0.26	0.21	0.17	0.25	0.20	0.17	0.15
	9	0.24	0.19	0.15	0.23	0.18	0.15	0.23	0.18	0.15	0.13
	10	0.22	0.16	0.13	0.21	0.16	0.13	0.21	0.16	0.13	0.11

附表 25　主要电气设备型号的含义

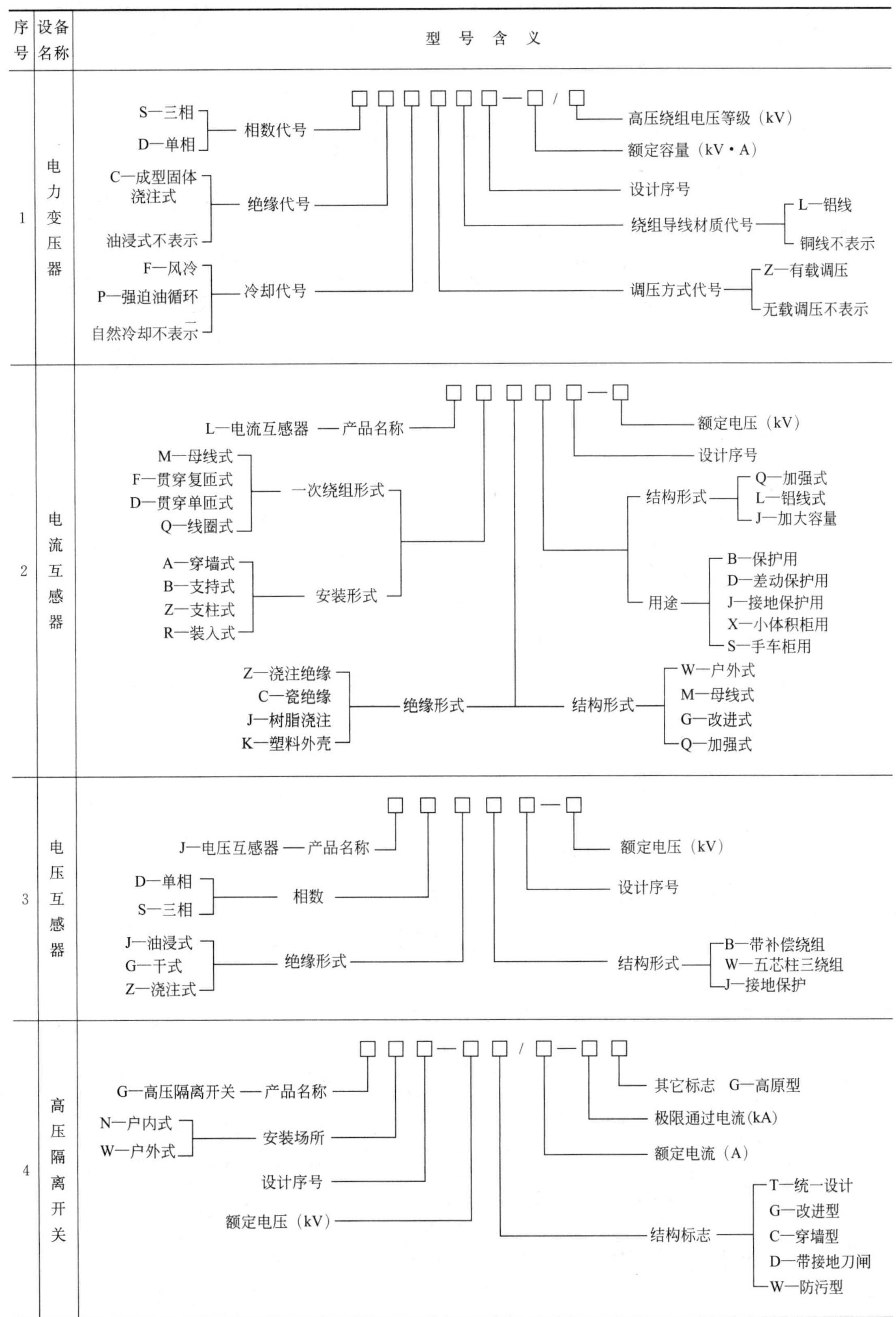

续表

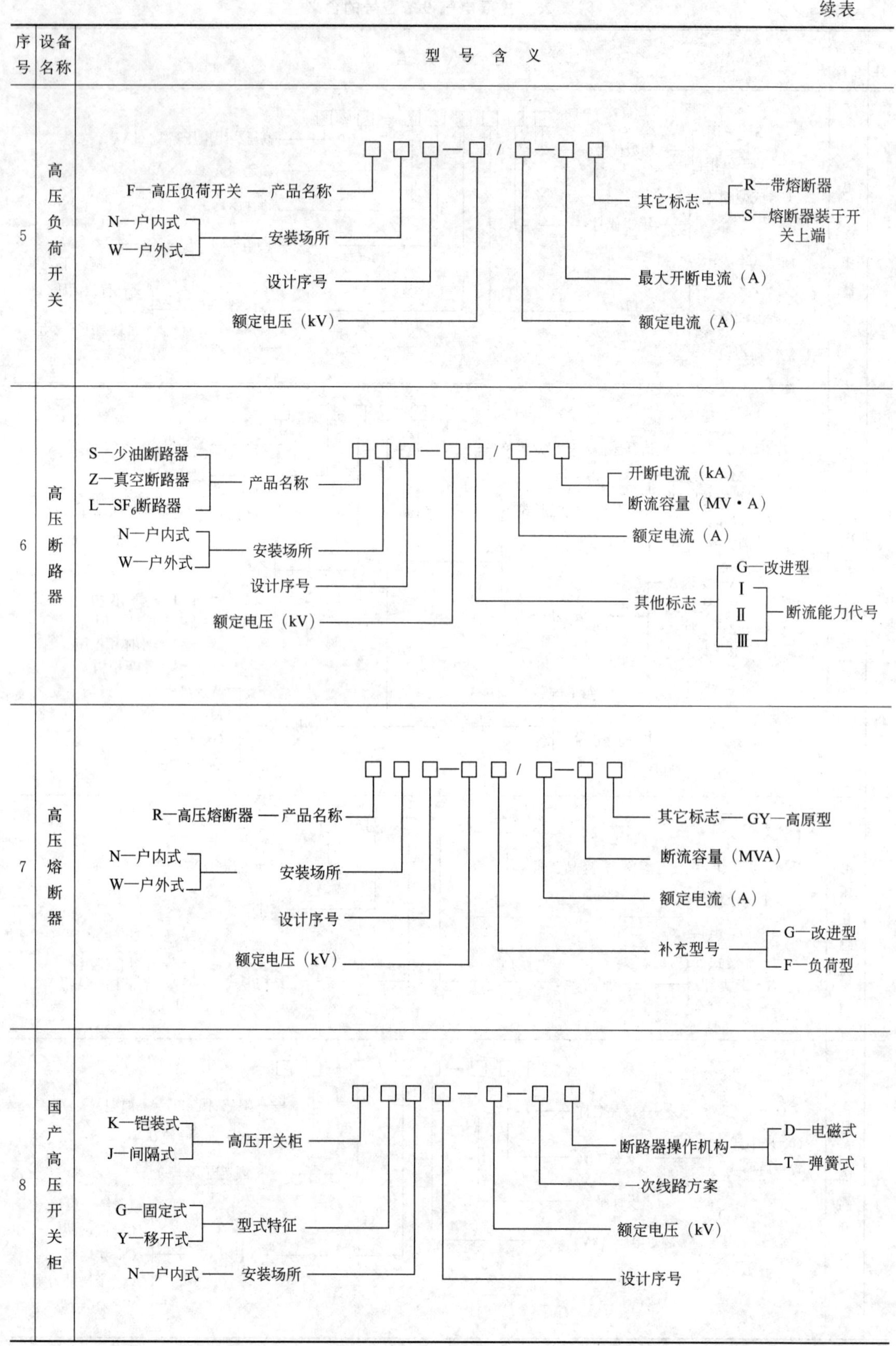
序号
设备名称
型号含义
5
高压负荷开关
F—高压负荷开关
产品名称
N—户内式
W—户外式
安装场所
设计序号
额定电压（kV）
其它标志
R—带熔断器
S—熔断器装于开关上端
最大开断电流（A）
额定电流（A）
6
高压断路器
S—少油断路器
Z—真空断路器
L—SF_6断路器
产品名称
N—户内式
W—户外式
安装场所
设计序号
额定电压（kV）
开断电流（kA）
断流容量（MV・A）
额定电流（A）
其他标志
G—改进型
Ⅰ
Ⅱ
Ⅲ
断流能力代号
7
高压熔断器
R—高压熔断器
产品名称
N—户内式
W—户外式
安装场所
设计序号
额定电压（kV）
其它标志
GY—高原型
断流容量（MVA）
额定电流（A）
补充型号
G—改进型
F—负荷型
8
国产高压开关柜
K—铠装式
J—间隔式
高压开关柜
G—固定式
Y—移开式
型式特征
N—户内式
安装场所
断路器操作机构
D—电磁式
T—弹簧式
一次线路方案
额定电压（kV）
设计序号

续表

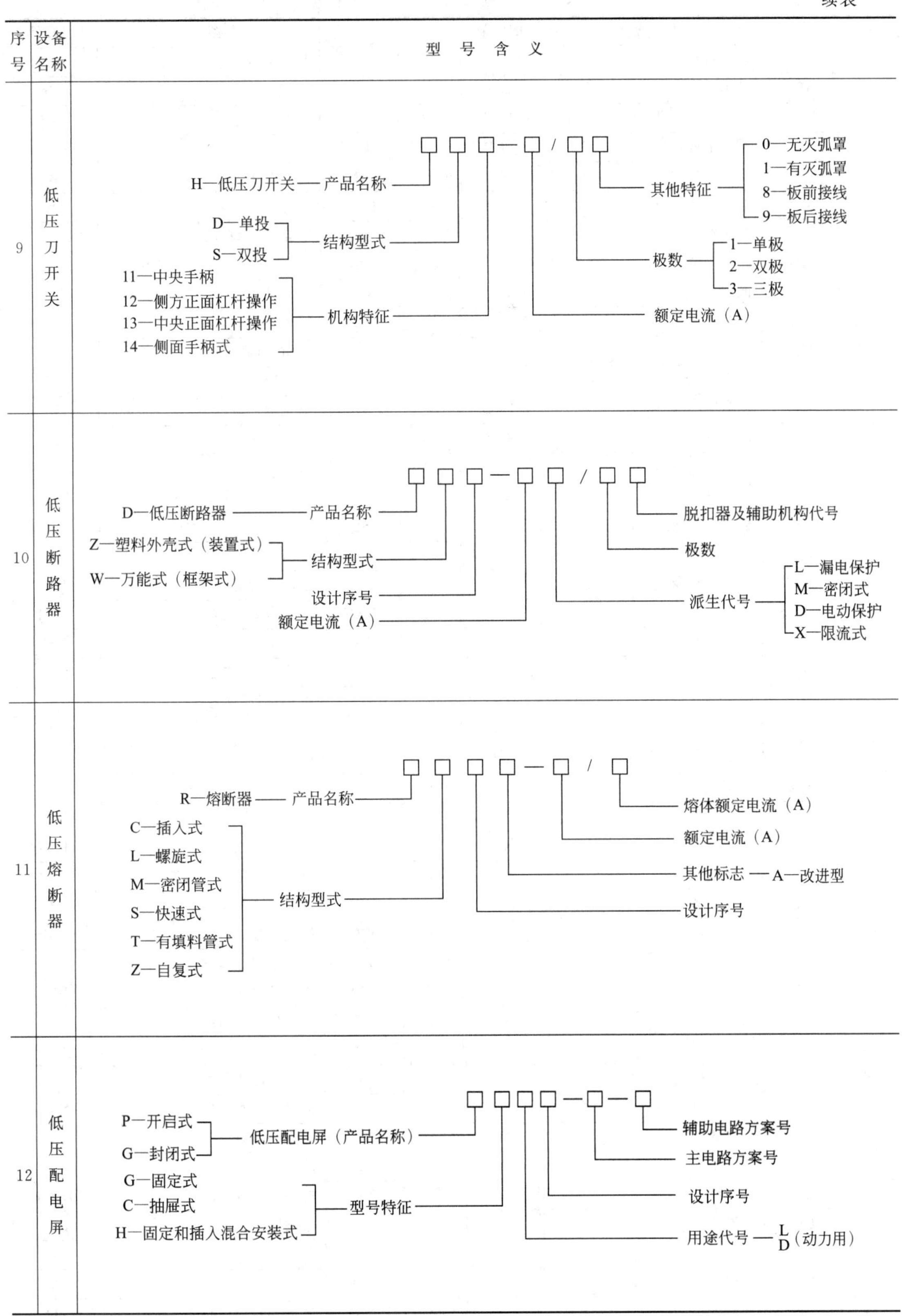
序号
设备名称
型号含义
9
低压刀开关
H—低压刀开关—— 产品名称
D—单投
S—双投
结构型式
11—中央手柄
12—侧方正面杠杆操作
13—中央正面杠杆操作
14—侧面手柄式
机构特征
其他特征
0—无灭弧罩
1—有灭弧罩
8—板前接线
9—板后接线
极数
1—单极
2—双极
3—三极
额定电流（A）
10
低压断路器
D—低压断路器 —— 产品名称
Z—塑料外壳式（装置式）
W—万能式（框架式）
结构型式
设计序号
额定电流（A）
脱扣器及辅助机构代号
极数
派生代号
L—漏电保护
M—密闭式
D—电动保护
X—限流式
11
低压熔断器
R—熔断器 —— 产品名称
C—插入式
L—螺旋式
M—密闭管式
S—快速式
T—有填料管式
Z—自复式
结构型式
熔体额定电流（A）
额定电流（A）
其他标志 — A—改进型
设计序号
12
低压配电屏
P—开启式
G—封闭式
低压配电屏（产品名称）
G—固定式
C—抽屉式
H—固定和插入混合安装式
型号特征
辅助电路方案号
主电路方案号
设计序号
用途代号 — L D（动力用）

附表 26 电气设备常用的文字符号

序号	新符号	中文含义	旧符号	序号	新符号	中文含义	旧符号
1	A	装置;设备	—	45	PPA	相位表	φ
2	APD	备用电源自动投入装置	BZT	46	PJ	电能表	Wh
3	ARD	自动重合闸装置	ZCH	47	PF	功率因数表	$\cos\varphi$
4	ACP	并联电容器屏	BCP	48	PV	电压表	V
5	AD	直流配电屏	ZP	49	Q	电力开关	K
6	AEL	应急照明配电箱	SMX	50	QDF	跌开式熔断器	DR
7	AEP	事故电源配电箱	SDX	51	QF	断路器(含自动开关)	DL(ZK)
8	AH	高压开关柜	GKG	52	QK	刀开关	DK
9	AL	低压配电屏	DP	53	QL	负荷开关	FK
10	ALD	照明配电箱	MX	54	QS	隔离开关	GK
11	APD	动力配电箱	DX	55	R	电阻;电阻器	R
12	C	电容;电容器	C	56	RD	红色指示灯	HD
13	EL	照明器	ZMQ	57	RP	电位器	W
14	F	避雷器	BL	58	S	电力系统	XT
15	FE	排气式避雷器	GB	59	S	启辉器	S
16	FG	保护间隙	JX	60	SA	控制开关;选择开关	KK;XK
17	FMO	金属氧化物避雷器	—	61	SB	按钮	AN
18	FU	熔断器	RD	62	T	变压器	B
19	FV	阀式避雷器	FB	63	TA	电流互感器	LH
20	G	发电机	F	64	TAN	零序电流互感器	LLH
21	GB	蓄电池	XDC	65	TV	电压互感器	YH
22	GN	绿色指示灯	LD	66	U	变流器;整流器	BL;ZL
23	HL	指示灯;信号灯	XD	67	V	电子管;晶体管	—
24	HR	热脱扣器	RT	68	VD	二极管	D
25	K	继电器;接触器	J;JC	69	VE	电子管	
26	KA	电流继电器	LJ	70	VT	晶体(三极)管	T
27	KAR	重合闸继电器	CHJ	71	W	母线;导线	M;XL
28	KF	闪光继电器	SGJ	72	WA	辅助小母线	FM
29	KG	瓦斯继电器	WSJ	73	WAS	事故音响信号小母线	SYM
30	KH	热继电器	RJ	74	WB	母线	M
31	KM	中间继电器	ZJ	75	WC	控制小母线	KM
32	KM	接触器	JC,C	76	WF	闪光信号小母线	SM
33	KO	合闸继电器	HC	77	WFS	预告信号小母线	YBM
34	KS	信号继电器	XJ	78	WL	灯光信号小母线	DM
35	KT	时间继电器	SJ	79	WL	线路	XL
36	KV	电压继电器	YJ	80	WO	合闸电源小母线	HM
37	L	电感;电感线圈	L	81	WS	信号电源小母线	XM
38	L	电抗器	DK	82	WV	电压小母线	YM
39	M	电动机	D	83	X	端子板	—
40	N	中性线	N	84	XB	连接片;切换片	LP;QP
41	PA	电流表	A	85	YA	电磁铁	DC
42	PE	保护线	—	86	YE	黄色指示灯	UD
43	PEN	保护中性线	N	87	YO	合闸线圈	HQ
44	PP	功率表	W	88	YR	跳闸线圈;脱扣器	TQ

附表 27　变配电所主要电气设备和导线的图形符号和文字符号

电气设备名称	文字符号	图形符号	电气设备名称	文字符号	图形符号
刀开关	QK		母线(汇流排)	W 或 WB	
断路器(自动开关)	QF		导线、线路	W 或 WL	
隔离开关	QS		电缆及其终端头		
负荷开关	QL		交流发电机	G	G~
熔断器	FU		交流电动机	M	M~
熔断器式隔离开关	FD		单相变压器	T	
阀式避雷器	F		电压互感器	TV	
三相变压器	T	Y Y	三绕组变压器	T	
三相变压器	T	Y △	三绕组电压互感器	TV	
电流互感器(具有一个二次绕组)	TA		电抗器	L	
电流互感器(具有两个铁芯和两个二次绕组)	TA		三相导线		
电容器	C				

参 考 文 献

[1] 刘介才编著．供配电技术．3版．北京：机械工业出版社，2013.
[2] 李颖峰主编．工厂供电．重庆：重庆大学出版社，2007.
[3] 孙琴梅主编．工厂供配电技术．北京：化学工业出版社，2010.
[4] 劳动部培训司组织编写．高级电工培训教材，工厂变配电技术．北京：中国劳动出版社，2001.
[5] 狄富清等编著．配电实用技术．2版．北京：机械工业出版社，2012.
[6] 胡浩等著．供配电实用技术．北京：电子工业出版社，2012.
[7] 翁双安主编．供配电工程设计指导．北京：机械工业出版社，2009.
[8] 刘介才主编．工厂供电设计指导．北京：机械工业出版社，2002.
[9] 施怀瑾主编．电力系统继电保护．2版．重庆：重庆大学出版社，2007.
[10] 邹有明主编．现代供电技术．北京：中国电力出版社，2008.
[11] 李光沛等主编．纺织企业供电．北京：纺织工业出版社，1990.
[12] 卢文鹏等主编．发电厂变电所电气设备．北京：中国电力出版社，2005.
[13] 姚建刚编著．建筑电气与照明．北京：高等教育出版社，1994.
[14] 工厂常用电气设备手册编写组编．工厂常用电气设备手册．北京：水利水电出版社，1990.
[15] 中国航空工业规划设计研究院．工业与民用配电设计手册．3版．北京：水利电力出版社，2005.
[16] 电气标准规范汇编．2版．北京：中国计划出版社，2000.
[17] 李俊秀主编．工厂供配电技术．北京：化学工业出版社，2014.
[18] 唐小波等主编．供配电技术．西安：西安电子科技大学出版社，2018.
[19] 李瑞福主编．工厂供配电技术．成都：电子科技大学出版社，2016.